Christian Schlieder

Autodesk® Inventor® 2017

Grundlagen in Theorie und Praxis

Viele praktische Übungen am
Konstruktionsobjekt 4-Takt-Motor

MIX
Papier aus verantwortungsvollen Quellen
Paper from responsible sources
FSC® C105338

Christian Schlieder

Autodesk® Inventor® 2017

Grundlagen in Theorie und Praxis

Viele praktische Übungen am Konstruktionsobjekt 4-Takt-Motor

Weiterführende Literatur

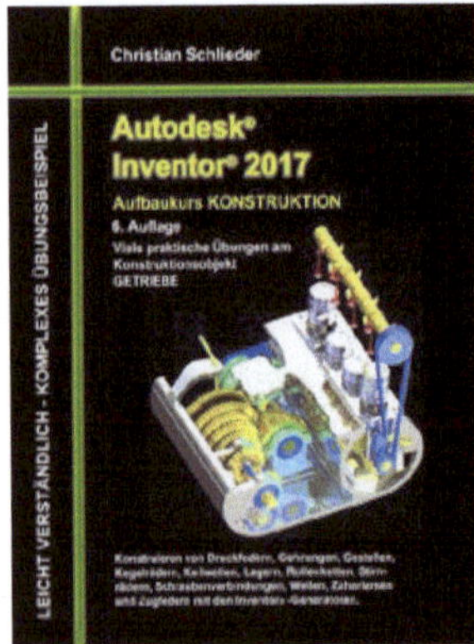

Autodesk Inventor 2017
KONSTRUKTION
ISBN: 978-3-7412-2710-3
132 Seiten - 18,95 Eur

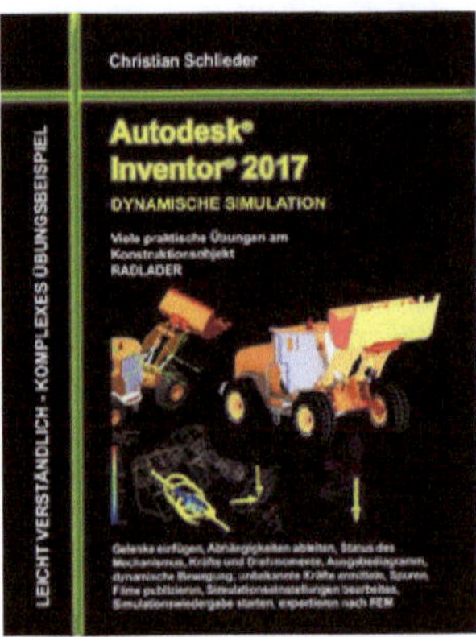

Autodesk Inventor 2017
Dynamische Simulation
ISBN: 978-3-7412-5027-9
188 Seiten - 18,95 Eur

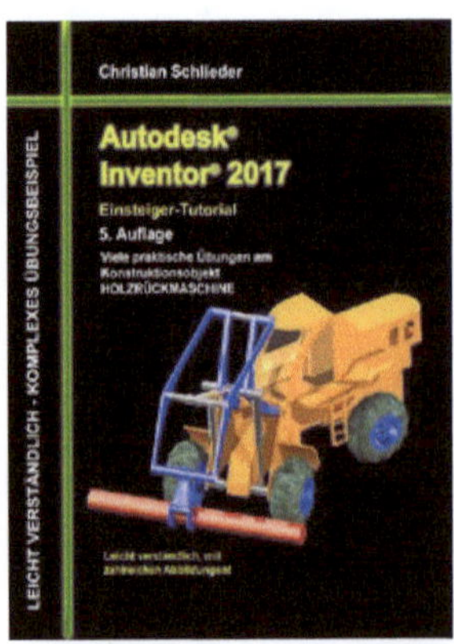

Autodesk Inventor 2017
HOLZRÜCKMASCHINE
ISBN: 978-3-7412-5237-2
188 Seiten - 16,95 Eur

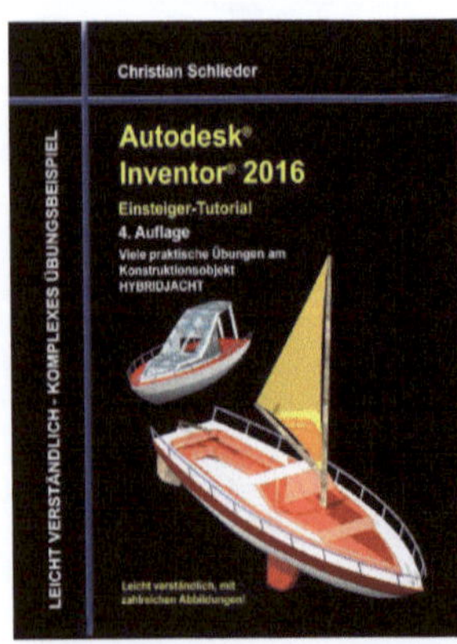

Autodesk Inventor 2016
HYBRIDJACHT
ISBN: 978-3-7347-7655-7
144 Seiten - 16,95 Eur

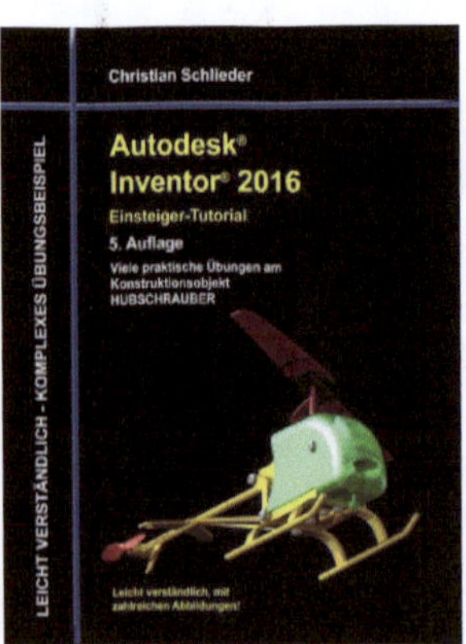

Autodesk Inventor 2016
HUBSCHRAUBER
ISBN: 978-3-7386-2941-5
160 Seiten - 16,95 Eur

Autodesk AutoCAD 2015
Grundlagen in Theorie ...
ISBN: 978-3-7347-7475-1
120 - Seiten - 18,95 Eur

---

http://www.cad-trainings.de/html/Literatur.html

ISBN

9-783-7412-2515-4

IMPRESSUM

Dipl.- Ing. Christian Schlieder
www.cad-trainings.de
Fax: +49 (0) 3212 - 1122290

HERSTELLUNG UND VERLAG

BoD - Books on Demand, Norderstedt
www.BoD.de

INHALTSVERZEICHNIS

1 Grundlegendes zum Buch

1.1 Zielgruppe und Aufbau des Buches

Dieses Übungsbuch für ***Autodesk® Inventor® 2017*** richtet sich an alle interessierten Personen, die den Umgang mit dieser Software von Grund auf erlernen möchten. Die Bereiche 2D-Skizze, 3D-Modell, Baugruppe (Zusammenfügen), Zeichnungserstellung (Ansichten platzieren, Mit Anmerkung versehen) und Präsentation werden ausführlich behandelt.

Viele wichtige Befehle des Programms werden erläutert und in kleinen Schritten praktisch gefestigt. Als Übungsbeispiel dient ein Viertaktmotor, dessen Bauteile schrittweise erzeugt und später in einer Hauptbaugruppe miteinander verbunden werden.

1.2 Erzeugen des Projektordners/ Herunterladen der Übungsdateien

Bevor Sie mit der Umsetzung des Projekts beginnen, sollten die folgenden Arbeiten erledigt werden:

Erzeugen eines neuen Projektordners

Erstellen Sie auf Ihrem PC an geeigneter Stelle einen neuen Ordner:

- ***Inventor-2017-Übung-4-Takt-Motor***

Herunterladen der Übungsdateien

Besuchen Sie im Internet die folgende Website:

- ***http://www.cad-trainings.de/html/Download.html***

Suchen Sie das passende Buch und klicken Sie auf den nebenstehenden Link, um die zum Buch gehörende Übungsdatei (ZIP-Format) auf Ihrem PC zu speichern. Speichern Sie die Datei in dem vorher erzeugten Projektordner ***Inventor-2017-Übung-4-Takt-Motor*** und entpacken Sie die Datei dort hinein. Die darin enthaltenen Dateien werden später benötigt.

2 Installation von Autodesk® Inventor® 2017

2.1 Systemanforderungen

Die folgenden von Autodesk® empfohlenen Systemanforderungen gelten für Bauteile und Baugruppen mit weniger als 1000 Bauteilen:

Betriebssystem	64-Bit-Version von Microsoft® Windows® 10 64-Bit-Version von Microsoft Windows 8.1 mit Update KB2919355 64-Bit-Version von Microsoft Windows 7 SP1
CPU-Typ	Mindestens: 64-Bit Intel oder AMD, 2 GHz oder schneller Empfohlen: Intel® Xeon® E3 oder Core i7 3,0 GHz oder höher
Arbeitsspeicher	Mindestens: 8 GB RAM Empfohlen: 20 GB Ram oder mehr
Festplatte	Installationsprogramm sowie vollständige Installation: 40 GB
Grafikkarte	Mindestens: Microsoft Direct3D 10®-fähige Grafikkarte oder höher Empfohlen: Microsoft Direct3D 11®-fähige Grafikkarte oder höher
Sonstiges	DVD-ROM oder USB, 1280 x 1024 oder höhere Bildschirmauflösung, Internetverbindung für Autodesk® 360-Funktionalität, Web-Downloads und Zugriff auf die Subskriptionsüberprüfung, Adobe® Flash® Player 15, Microsoft® Internet Explorer® 11 oder höher, Microsoft® Excel® 2010, 2013, 2016 für iFeatures, iParts, iAssemblies, Gewindeanpassungen, globale Stückliste, Teilelisten, Revisionstabellen und tabellenbasierte Konstruktionen (Excel Starter®, Online Office 365® und OpenOffice® werden nicht unterstützt), 64-Bit-Microsoft® Office® Access® 2007, -dBase IV, Text und CSV-Format, Microsoft® .NET Framework 4. 5, Virtualisierung unterstützt auf Citrix® XenApp™ 7.7 und 7.8; Citrix XenDesktop™ 7.7 und 7.8 (erfordert Inventor-Netzwerklizenzierung)

2.2 Anforderungen an das Betriebssystem

Die Installation von Autodesk® Inventor® 2017 erfordert ein Windows® Betriebssystem. Nutzer eines Apple® Betriebssystems, können das Programm mithilfe von Boot Camp® oder Parallels Desktop® unter Beachtung der folgenden Systemvoraussetzungen installieren:

Betriebssystem	Mindestens: Mac OS® X 10.9.x Empfohlen: Mac OS® X 10. 10.x
CPU-Typ	Mindestens: Intel® Core 2 Duo (3 GHz oder höher)
Arbeitsspeicher	Mindestens: 8 GB RAM Empfohlen: 16 GB Ram oder mehr
Partitionsgröße ***Partitionsgröße***	Mindestens: 200 GB freier Festplattenspeicher Empfohlen: 500 GB freier Festplattenspeicher oder mehr
Betriebssystem	64-Bit-Version von Microsoft Windows 10 64-Bit-Version von Microsoft Windows 8.1 mit Update KB2919355 64-Bit-Version von Microsoft Windows 7 SP1

2.3 Download des Programms

Sollten Sie die Software nicht bereits besitzen, haben Sie die folgenden Möglichkeiten, Autodesk®-Produkte unter den folgenden Links herunterzuladen:

Autodesk® Store	Wenn Sie die Programmversion kaufen möchten: ➢ http://www.autodesk.com/store/storeselect.htm
Autodesk®-Konto	Als Subscription-Kunde bei Ihrem Autodesk® Konto: ➢ https://accounts.autodesk.com/
Education Community	Als Mitglied der Education Community: ➢ http://www.autodesk.com/education/free-software/all
Kostenlose Testversionen	Als kostenlose Testversion mit 30 Tagen Laufzeit: ➢ http://www.autodesk.com/free-trials

Unter dem folgenden Link finden Sie weitere Informationen zu kostenlosen Programmversionen von Autodesk® für Studenten und Lehrkräfte:

➢ ***http://help.autodesk.com/view/INVNTOR/2017/DEU/?guid=GUID-32F591DA-32BF-42F2-8FAC-DF215412D1C3***

2.4 Installationsvoraussetzungen

Zugriffsrechte

Sie müssen über lokale Benutzer-Administratorrechte verfügen.

➢ ***Systemsteuerung > Benutzerkonten > Benutzerkonten verwalten***

System-Updates/ Antivirenprogramm

Vor der Installation von Autodesk® Inventor® 2017 sollten eventuell noch ausstehende Updates von Windows® durchgeführt werden. Starten Sie den Rechner danach neu. Antivirenprogramme müssen während der Installation eventuell vorübergehend deaktiviert werden.

Language Packs

Prüfen Sie vor der Installation von Autodesk® Inventor® 2017, ob die heruntergeladene Programmversion in der richtigen Sprache vorhanden ist. Eventuell muss vorab ein Sprachpaket heruntergeladen und installiert werden.

Seriennummer/ Produktschlüssel

Vor der Installation sollten Seriennummer und Produktschlüssel in Erfahrung gebracht werden. Diese werden bereits während der Installation benötigt (Ausnahme: kostenlose Testversion). Weitere Informationen zum Thema finden Sie unter dem Link:

- **_https://knowledge.autodesk.com/customer-service/installation-activation-licensing/get-ready/find-serial-number-product-key/product-key-look/2017-product-keys_**

Beenden anderer Programme

Beenden Sie alle anderen Programme vor der Installation von Autodesk® Inventor® 2017.

2.5 Installation von Autodesk® Inventor® 2017

Stellen Sie vor der Installation von Autodesk® Inventor® 2017 sicher, dass alle Teile des Programms vollständig vorhanden sind. Wurden diese vollständig heruntergeladen (Schritt entfällt, wenn die Software auf DVD vorhanden ist), kann mit der Installation begonnen werden. Sollte das Installationsprogramm noch nicht geöffnet sein, starten Sie dieses. Sie finden es für gewöhnlich im Pfad:

- **_C:\Autodesk\Inventor_2017_...\Setup.exe_**

Nachdem Sie die Lizenzvereinbarung gelesen und akzeptiert haben, muss im Dropdown-Menü mit den Produktsprachen einer der folgenden Schritte durchgeführt werden:

1) Wählen Sie eine Sprache aus.
2) Wählen Sie unter Lizenztyp die Option ***Einzelplatz***.
3) Geben Sie Seriennummer und Produktschlüssel ein (falls erforderlich).
4) Bestimmen Sie den Installationspfad (dieser Pfad darf maximal 260 Zeichen lang sein).
5) Übernehmen Sie die vorgegebene Konfiguration oder passen Sie die Installation an (weitere Informationen zur Konfiguration finden Sie in der Produktdokumentation).
6) Klicken Sie auf ***Installieren***.
7) Nach der Installation: Klicken Sie auf ***Fertigstellen***.

2.6 Aktivierung von Autodesk® Inventor® 2017

Online aktivieren und registrieren

Sobald Autodesk® Inventor® 2017 das erste Mal gestartet wurden, startet auch automatisch der Aktivierungsvorgang. Sollte der PC über eine bestehende Internetverbindung verfügen, führen Sie die folgenden Schritte aus:

1) Achten Sie darauf, dass Ihre Firewall den Datenaustausch zwischen Autodesk® Inventor® 2017 und dem Server von Autodesk® nicht unterbricht.
2) Starten Sie Autodesk® Inventor® 2017.
3) Stimmen Sie den Datenschutzrichtlinien zu.
4) Klicken Sie auf ***Aktivieren***.
5) Geben Sie den Produktschlüssel ein, wenn Sie dazu aufgefordert werden sollten. Melden Sie sich an und registrieren Sie das Produkt.

Autodesk® überprüft jetzt die Berechtigungsinformationen, wie z. B. Ihre Seriennummer. Wenn Sie die Aktivierungsaufforderung sehen und keine Verbindung mit dem Internet herstellen können, ist die Aktivierung manuell vorzunehmen.

Manuelles Aktivieren und Registrieren (offline)

Sollte der PC über keine bestehende Internetverbindung verfügen, führen Sie die folgenden Schritte aus:

1) Starten Sie Autodesk® Inventor® 2017.
2) Stimmen Sie den Datenschutzrichtlinien zu.
3) Klicken Sie auf ***Aktivieren***.
4) Wählen Sie Aktivierungscode ***Mit einer Offlinemethode anfordern***.
5) Klicken Sie auf ***Weiter***.
6) Notieren Sie die Aktivierungsinformationen, die auf dem Bildschirm angezeigt werden, einschließlich der URL.
7) Starten Sie ein Gerät mit einer bestehenden Internetverbindung.
8) Öffnen Sie die URL aus Punkt (6). Melden Sie sich an und registrieren Sie das Produkt.
9) Notieren Sie den Aktivierungscode.
10) Starten Sie Autodesk® Inventor® 2017.
11) Klicken Sie auf ***Aktivieren***.
12) Wählen Sie die Option ***Ich habe einen Aktivierungscode von Autodesk***.
13) Kopieren Sie den Aktivierungscode, und fügen Sie ihn in das erste Feld ein, um automatisch die anderen Felder auszufüllen.
14) Klicken Sie auf ***Weiter***.

Weitere Informationen zu Installation und Aktivierung erhalten Sie unter dem folgenden Link:

- ***http://knowledge.autodesk.com/customer-service/installation-activation-licensing***

3 Programmaufbau und Programmoberfläche

3.1 Programmaufbau

Nach dem Start von Autodesk® Inventor® 2017 öffnet sich das Programm mit der folgenden ***Benutzeroberfläche***:

1) Hauptmenü
2) Schnellzugriff-Werkzeuge
3) Multifunktionsleiste
4) InfoCenter
5) Neue Datei erstellen
6) Projektverwaltung
7) Zuletzt verwendete Dateien

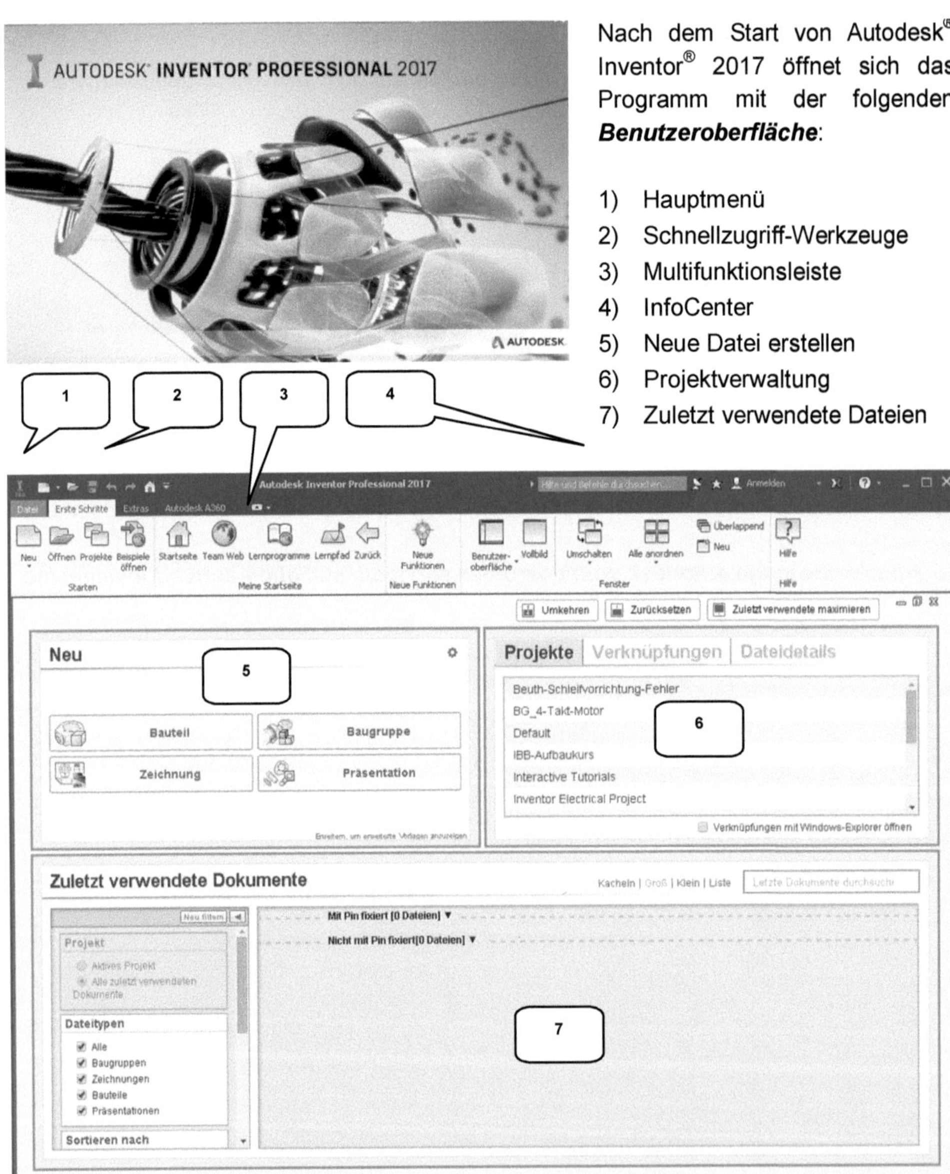

3.2 Hauptmenü

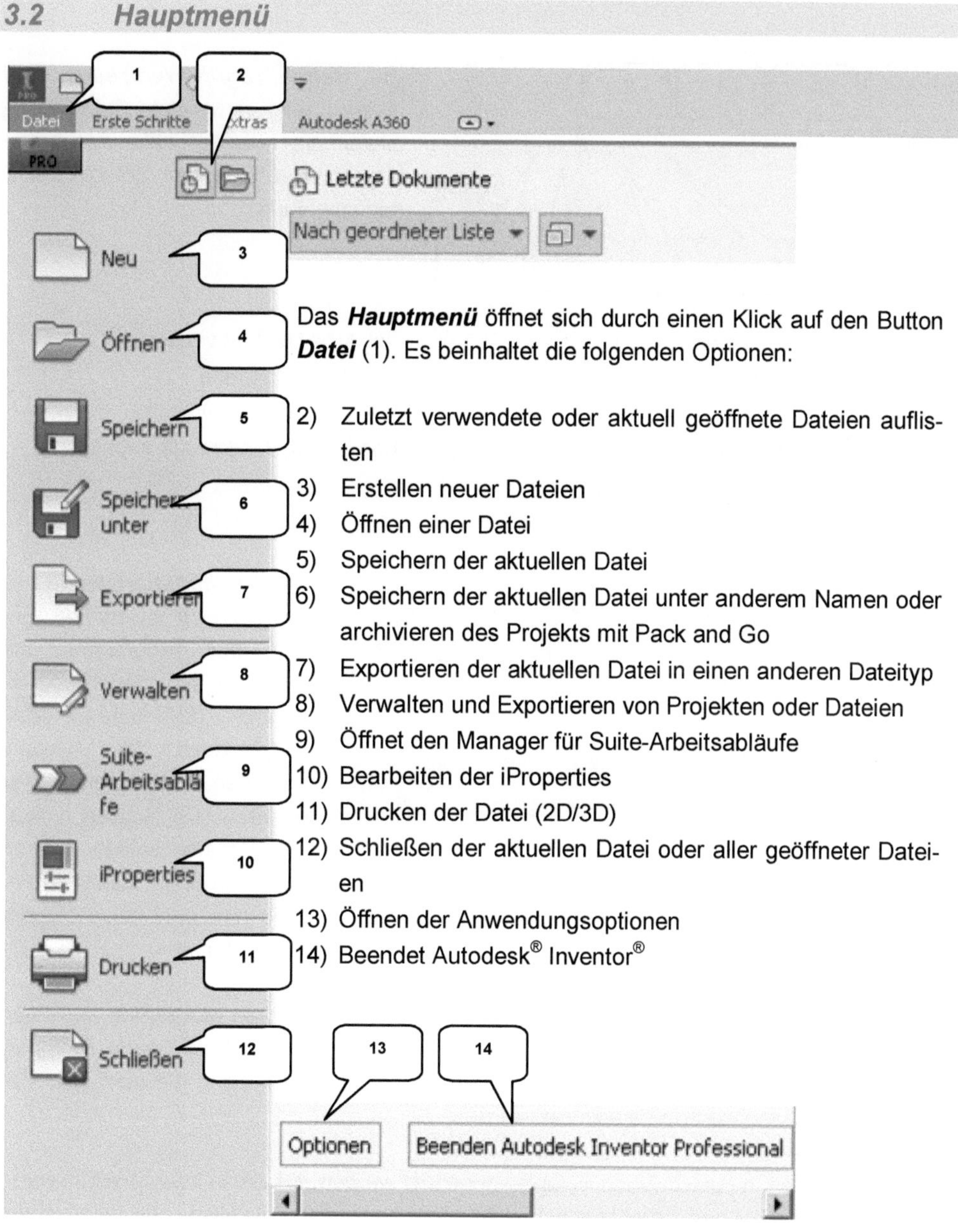

Das ***Hauptmenü*** öffnet sich durch einen Klick auf den Button ***Datei*** (1). Es beinhaltet die folgenden Optionen:

2) Zuletzt verwendete oder aktuell geöffnete Dateien auflisten
3) Erstellen neuer Dateien
4) Öffnen einer Datei
5) Speichern der aktuellen Datei
6) Speichern der aktuellen Datei unter anderem Namen oder archivieren des Projekts mit Pack and Go
7) Exportieren der aktuellen Datei in einen anderen Dateityp
8) Verwalten und Exportieren von Projekten oder Dateien
9) Öffnet den Manager für Suite-Arbeitsabläufe
10) Bearbeiten der iProperties
11) Drucken der Datei (2D/3D)
12) Schließen der aktuellen Datei oder aller geöffneter Dateien
13) Öffnen der Anwendungsoptionen
14) Beendet Autodesk® Inventor®

<u>HINWEIS</u>: Die jeweiligen Befehle können mit einem Klick der linken Maustaste auf die nebenstehenden Dreiecke noch erweitert werden.

3.3 Schnellzugriff-Werkzeuge

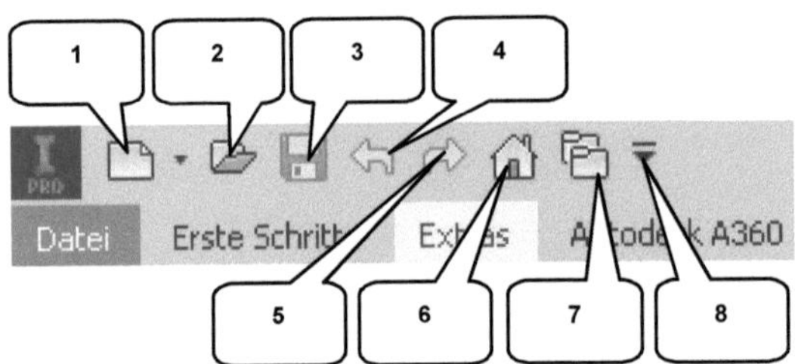

Die ***Schnellzugriff-Werkzeuge*** sind einige häufig verwendete Befehle, die einzeln ein- oder ausgeblendet werden können. Die folgenden Befehle befinden sich darin:

1) Erstellen einer neuen Datei
2) Öffnen einer vorhandenen Datei
3) Speichern der aktuell geöffneten Datei
4) Einen Arbeitsschritt zurück
5) Einen Arbeitsschritt vorwärts
6) Aktiviert die Startseite
7) Öffnet die Projektverwaltung
8) Schnellzugriff-Werkzeuge anpassen

3.4 Multifunktionsleiste

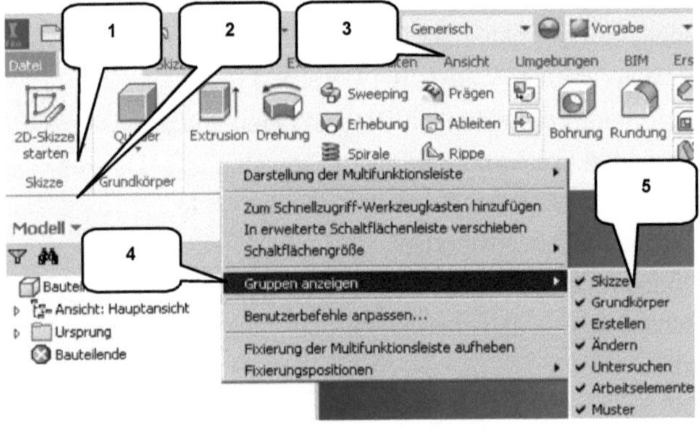

Die ***Multifunktionsleiste*** (1) befindet sich im oberen Bereich des Programms und enthält verschiedene Befehlsgruppen (2), deren Inhalt entsprechend der Auswahl einer der verfügbaren Registerkarten (3) variiert. Jede Registerkarte enthält diverse Befehlsgruppen, welche beliebig ein- oder ausgeblendet werden können.

Um Befehlsgruppen ein- oder auszublenden, muss mit der ***rechten Maustaste*** auf einen beliebigen Punkt im Bereich der Multifunktionsleiste (1) geklickt und die Option ***Gruppen anzeigen*** (4) gewählt werden. In der erweiterten Auswahl (5), können die einzelnen Befehlsgruppen danach aktiviert/deaktiviert werden.

HINWEIS: Sollten in diesem Buch Befehle verwendet werden, die Sie in Ihrer Multifunktionsleiste im entsprechenden Arbeitsbereich nicht finden können, kontrollieren Sie bitte, ob die entsprechende Befehlsgruppe aktiviert ist.

3.5 Browser

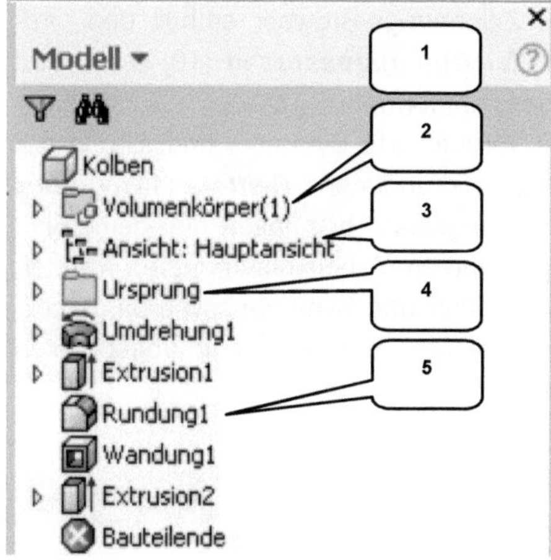

Der ***Browser*** (1) spiegelt den grundlegenden Aufbau eines Objektes wieder. Je nach Arbeitsbereich kann dieser inhaltlich variieren:

➢ ***Bauteil-Browser***

Im Bauteil-Browser befinden sich der Ordner ***Volumenkörper*** (2) (listet die Anzahl der einzelnen Volumenkörper eines Bauteils auf), der Ordner ***Ansicht*** (3) (speichert verschiedene Ansichten eines Bauteils) und der Ordner ***Ursprung*** (4) (beinhaltet die Achsen und Ebenen des Bauteils). Außerdem werden alle bereits am Bauteil vorgenommenen ***Arbeitsschritte*** (5) chronologisch aufgelistet und können hier bearbeitet werden.

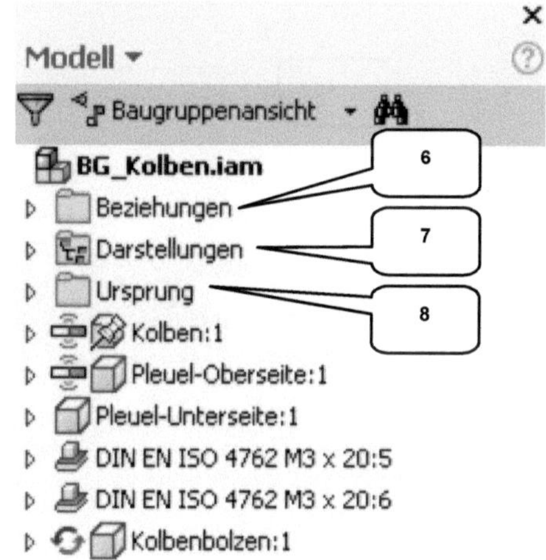

➢ ***Baugruppen-Browser***

Im Baugruppen-Browser befinden sich der Ordner ***Beziehungen*** (6) (listet alle in einer Baugruppe vorhandenen Abhängigkeiten auf), der Ordner ***Darstellungen*** (7) (beinhaltet Ansichten, Positionen und Detailgenauigkeiten) und der Ordner ***Ursprung*** (8). Außerdem werden alle in der Baugruppe vorhandenen Komponenten aufgelistet.

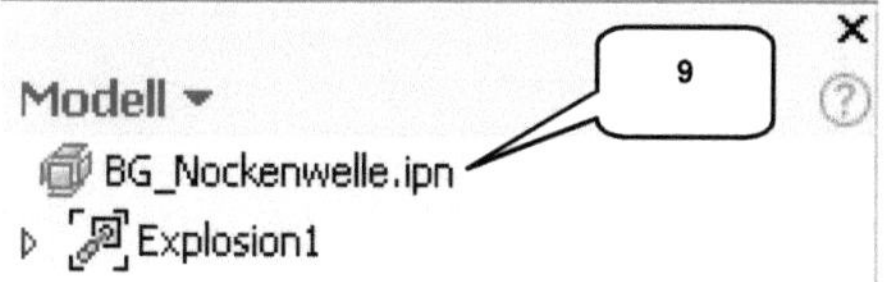

➢ ***Präsentations-Browser***

Im Präsentations-Browser ist die dargestellte Baugruppe (9) aufgelistet. Jedes in der Präsentation animierte Bauteil wird zusätzlich um die hinzugefügten Animationspfade ergänzt.

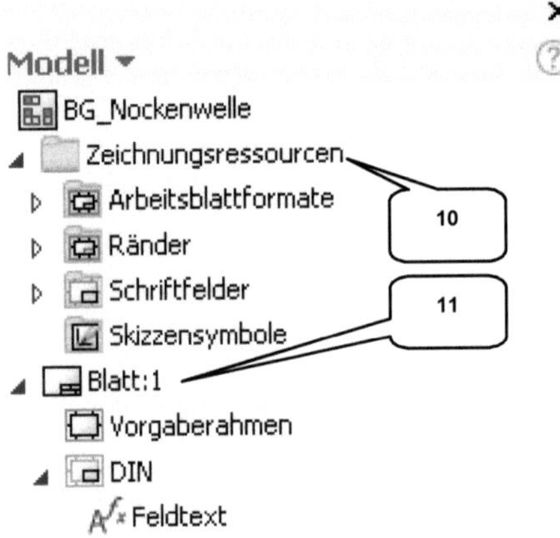

➤ ***Zeichnungs-Browser***

Der Zeichnungs-Browser enthält den Ordner ***Zeichnungsressorcen*** (10) (beinhaltet Arbeitsblattformate, Ränder, Schriftfelder und vordefinierte Symbole) und alle, in der Datei vorhandenen ***Blätter*** (11). Jedes Zeichnungsblatt beinhaltet die dem Blatt zugeordneten Arbeitsblattformate, Ränder, Schriftfelder und Symbole sowie dargestellten Ansichten mit den darin abgebildeten Komponenten.

3.6 Arbeitsbereich

3.6.1 Startbildschirm

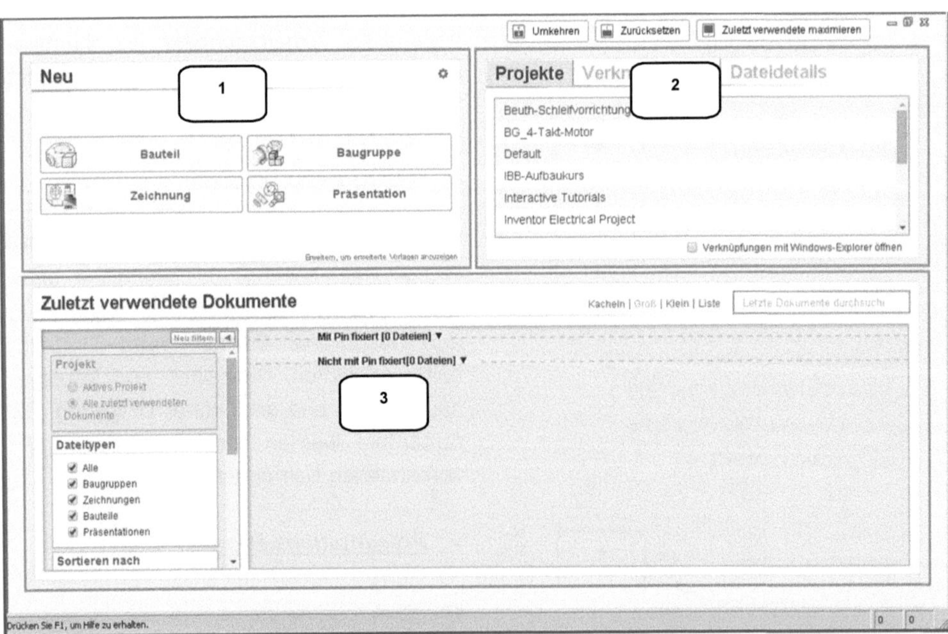

Nach dem Start von Autodesk® Inventor® 2017 wird dem Benutzer ein ***Startbildschirm*** mit den folgenden Inhalten angeboten: 1) Erstellen einer neuen Datei, 2) Aktivieren vorhandener Projekte und Darstellen zugehöriger Verknüpfungen und Details,3) Darstellen zuletzt verwendeter Dateien mit erweiterten Filteroptionen

4 Die ersten Schritte

4.1 Programmhilfe und neue Funktionen

Im Register ***Erste Schritte*** (Befehlsgruppe ***Meine Startseite***) befindet sich der Befehl Hilfe (1). Ein Klick darauf öffnet im Arbeitsbereich die Autodesk® Inventor® 2017 Online-Hilfe (Internetzugang erforderlich).

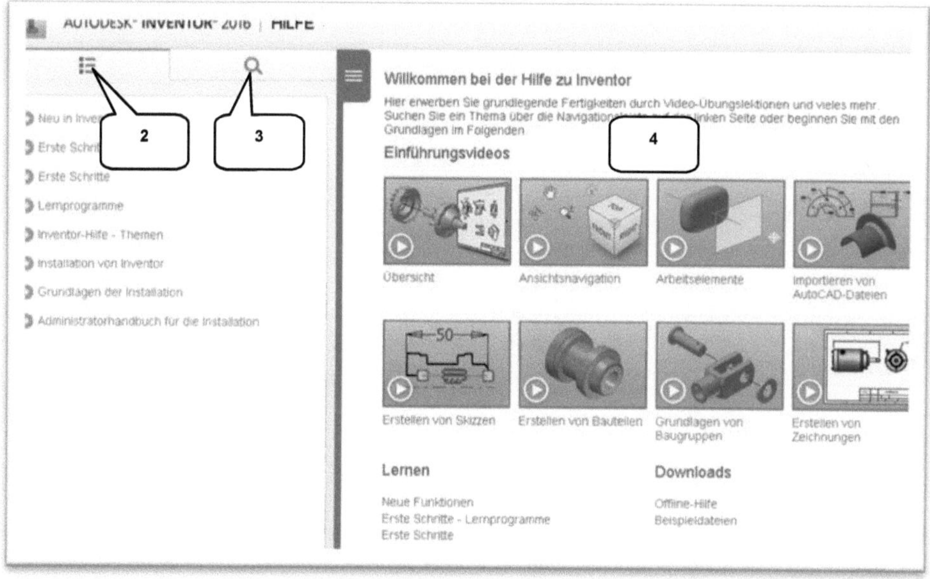

Hier können Sie entweder in der ***Inhaltsübersicht*** (2) aus einem der angebotenen Themengebiete auswählen, oder bestimmte Befehle oder Begriffe ***suchen*** (3). Im ***Ausgabebereich*** (4) werden die jeweiligen Ergebnisse angezeigt. Die lokale Hilfedatei kann zusätzlich aus dem Internet geladen werden:

- ***https://knowledge.autodesk.com/de/support/inventor-products/downloads/caas/down-loads/downloads/DEU/content/inventor-2017-online-help-and-local-help-page.html***

4.2 Videos und Lernprogramme

Im Register ***Erste Schritte*** (Befehlsgruppe ***Meine Startseite***) befindet sich der Lernpfad (1). Ein Klick darauf öffnet eine interaktive Lernumgebung (2), in der Sie schrittweise den Umgang mit der Software erlernen und verschiedene Lernprogramme starten können.

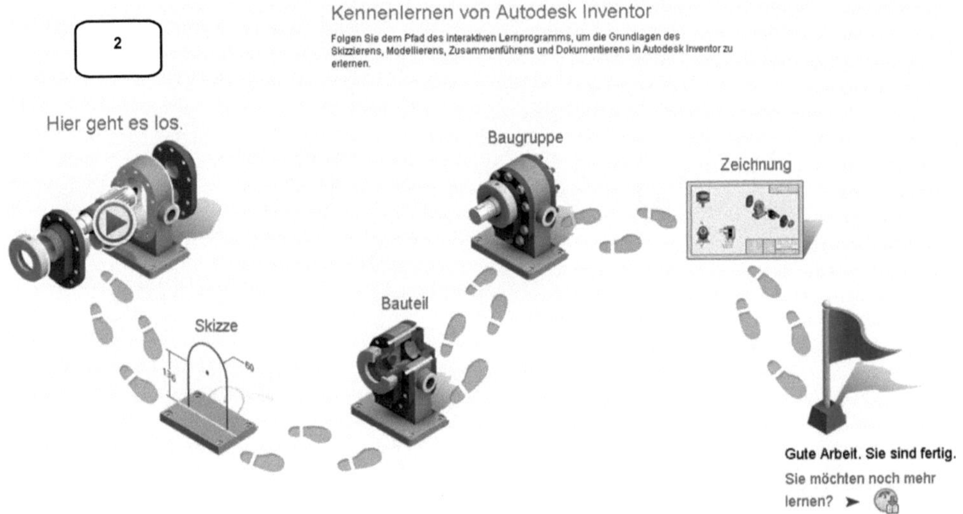

Mit dem Befehl *Lernprogramme* (3) öffnet sich im Arbeitsbereich eine Übersicht, weiterer verfügbarer Lernprogramme (4), welche zusätzlich heruntergeladen werden können.

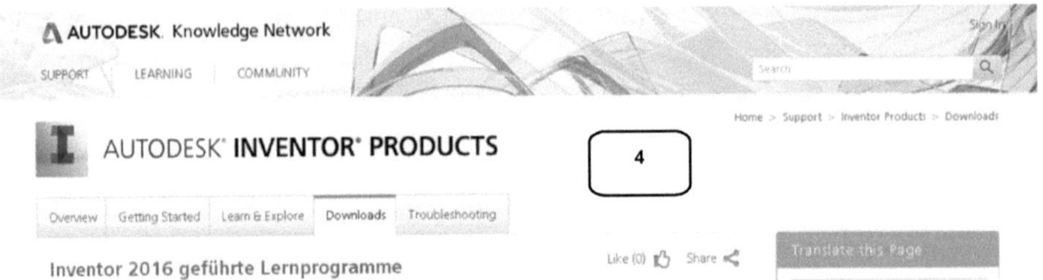

4.3 Zusatzmodule (empfohlene Einstellungen)

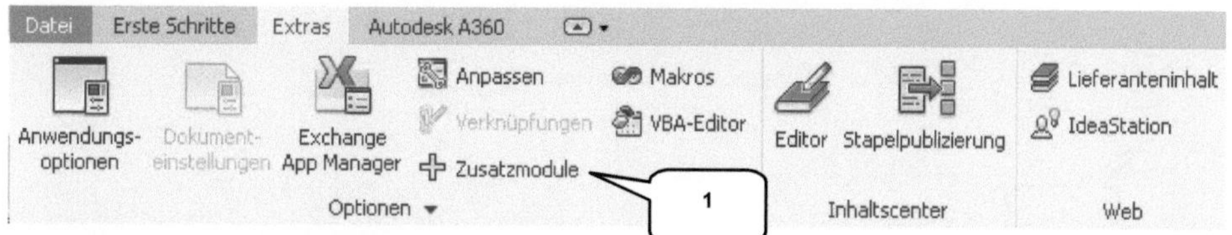

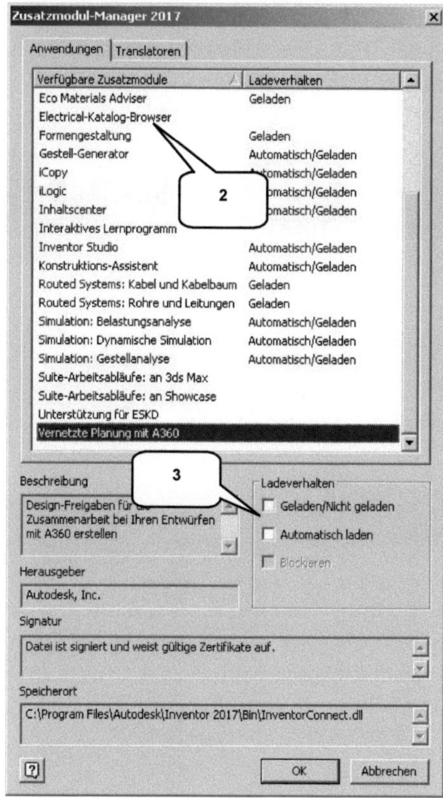

HINWEIS: Je nach Programversion (Inventor® 2017 oder Inventor® Professional 2017) können einige der Module unter Umständen nicht verwendet werden. Bitte beachten Sie, dass eine generelle Aktivierung aller Module die Leistungsfähigkeit Ihres PCs negativ beeinträchtigen kann.

Im Register ***Extras*** (Befehlsgruppe ***Optionen***) befindet sich der Befehl Zusatzmodule (1). Ein Klick darauf öffnet den ***Zusatzmodul-Manager***. Mit diesem Befehl können die automatisch beim Programmstart zu aktivierenden Programmteile definiert werden. Um ein Modul automatisch laden zu lassen, muss dieses in der ***Liste*** (2) aktiviert werden, um anschließend die beiden Haken im Bereich ***Ladeverhalten*** (3) zu setzen. Um ein Modul nicht automatisch bei Programmstart laden zu lassen, sind die beiden Haken zu entfernen.

Die Aktivierung der folgenden Module wird empfohlen:

- Additive Herstellung
- Automatische Begrenzungen
- Baugruppe - Bonuswerkzeuge
- BIM-Austausch
- BIM-Vereinfachen
- Gestell-Generator
- iCopy
- iLogic
- Inhaltscenter
- Inventor Studio
- Konstruktions-Assistent
- Simulation: Belastungsanalyse
- Simulation: Dynamische Simulation
- Simulation: Gestellanalyse

4.4 Anwendungsoptionen (empfohlene Einstellungen)

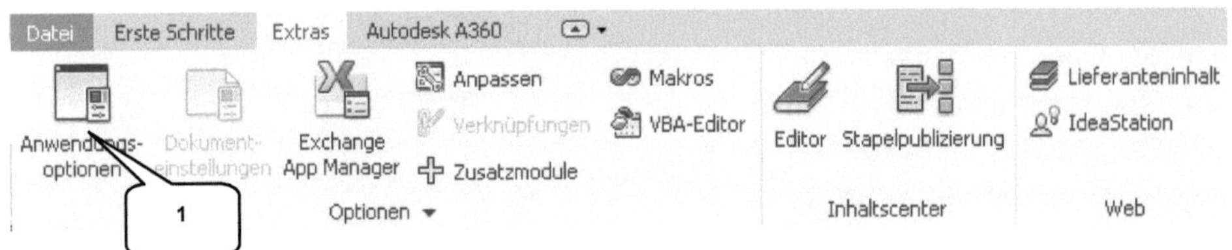

Im Register ***Extras*** (Befehlsgruppe ***Optionen***) befindet sich der Befehl **Anwendungsoptionen** (1). Hier können die Grundeinstellungen am Programm vorgenommen werden. Folgende Einstellungen werden für die Arbeit mit diesem Buch empfohlen:

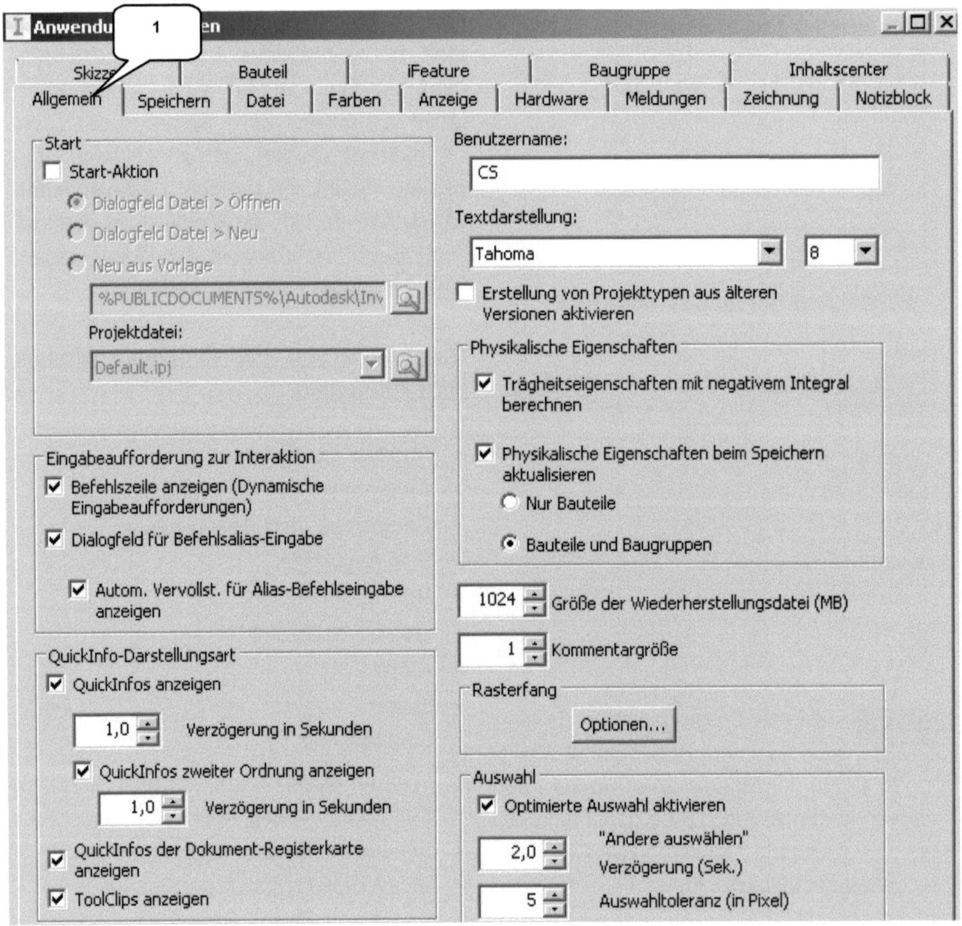

Anwendu[ngsoptio]nen
1

Skizze | Bauteil | iFeature | Baugruppe | Inhaltscenter
Allgemein | Speichern | Datei | Farben | Anzeige | Hardware | Meldungen | Zeichnung | Notizblock

Start
Start-Aktion
Dialogfeld Datei > Öffnen
Dialogfeld Datei > Neu
Neu aus Vorlage
%PUBLICDOCUMENTS%\Autodesk\Inv
Projektdatei:
Default.ipj

Eingabeaufforderung zur Interaktion
Befehlszeile anzeigen (Dynamische Eingabeaufforderungen)
Dialogfeld für Befehlsalias-Eingabe
Autom. Vervollst. für Alias-Befehlseingabe anzeigen

QuickInfo-Darstellungsart
QuickInfos anzeigen
1,0 Verzögerung in Sekunden
QuickInfos zweiter Ordnung anzeigen
1,0 Verzögerung in Sekunden
QuickInfos der Dokument-Registerkarte anzeigen
ToolClips anzeigen

Benutzername:
CS
Textdarstellung:
Tahoma 8
Erstellung von Projekttypen aus älteren Versionen aktivieren

Physikalische Eigenschaften
Trägheitseigenschaften mit negativem Integral berechnen
Physikalische Eigenschaften beim Speichern aktualisieren
Nur Bauteile
Bauteile und Baugruppen

1024 Größe der Wiederherstellungsdatei (MB)
1 Kommentargröße

Rasterfang
Optionen...

Auswahl
Optimierte Auswahl aktivieren
2,0 "Andere auswählen" Verzögerung (Sek.)
5 Auswahltoleranz (in Pixel)

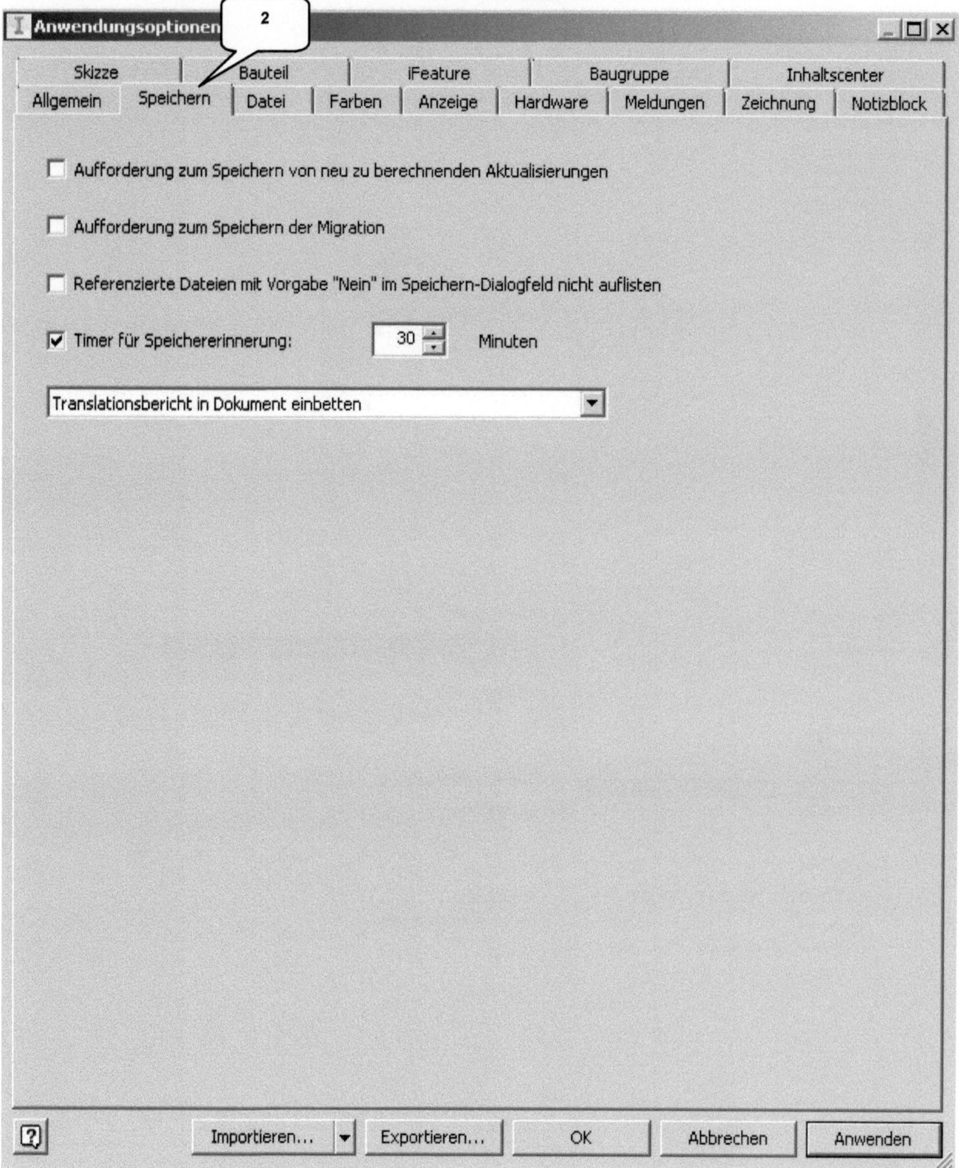
Anwendungsoptionen
2
Skizze
Bauteil
iFeature
Baugruppe
Inhaltscenter
Allgemein
Speichern
Datei
Farben
Anzeige
Hardware
Meldungen
Zeichnung
Notizblock
Aufforderung zum Speichern von neu zu berechnenden Aktualisierungen
Aufforderung zum Speichern der Migration
Referenzierte Dateien mit Vorgabe "Nein" im Speichern-Dialogfeld nicht auflisten
Timer für Speichererinnerung:
30
Minuten
Translationsbericht in Dokument einbetten
Importieren...
Exportieren...
OK
Abbrechen
Anwenden

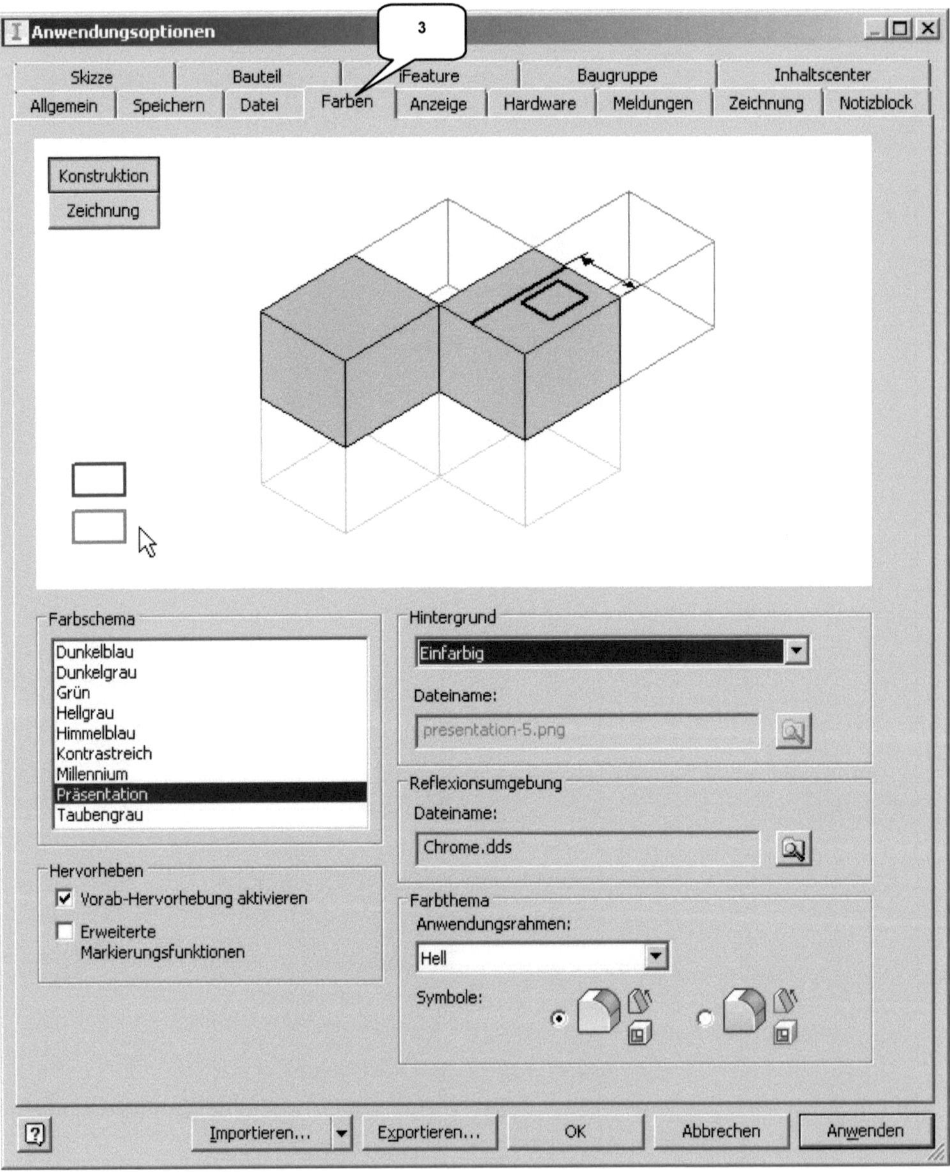

Anwendungsoptionen
3
Skizze
Bauteil
iFeature
Baugruppe
Inhaltscenter
Allgemein
Speichern
Datei
Farben
Anzeige
Hardware
Meldungen
Zeichnung
Notizblock
Konstruktion
Zeichnung
Farbschema
Dunkelblau
Dunkelgrau
Grün
Hellgrau
Himmelblau
Kontrastreich
Millennium
Präsentation
Taubengrau
Hintergrund
Einfarbig
Dateiname:
presentation-5.png
Reflexionsumgebung
Dateiname:
Chrome.dds
Hervorheben
Vorab-Hervorhebung aktivieren
Erweiterte Markierungsfunktionen
Farbthema
Anwendungsrahmen:
Hell
Symbole:
Importieren...
Exportieren...
OK
Abbrechen
Anwenden

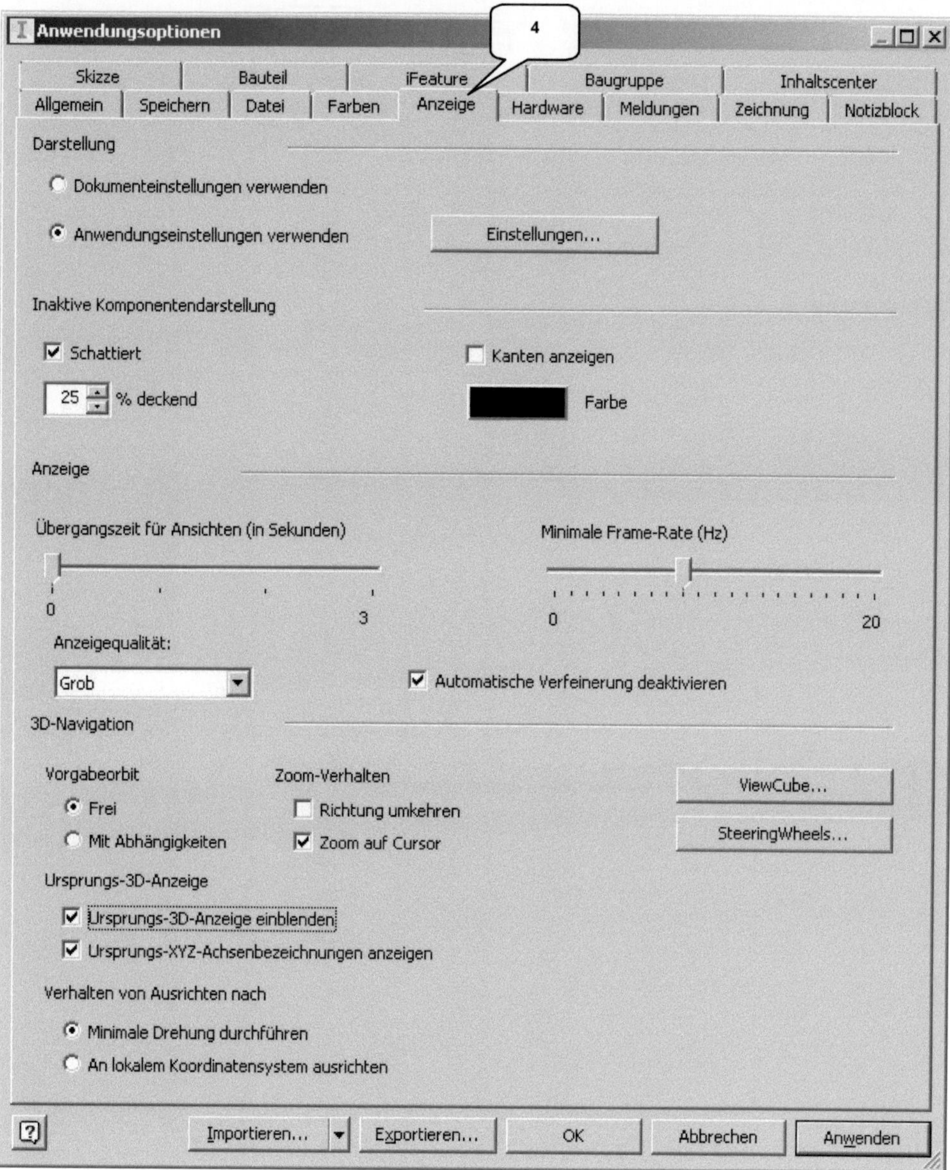
Anwendungsoptionen
4
Skizze
Bauteil
iFeature
Baugruppe
Inhaltscenter
Allgemein
Speichern
Datei
Farben
Anzeige
Hardware
Meldungen
Zeichnung
Notizblock
Darstellung
Dokumenteinstellungen verwenden
Anwendungseinstellungen verwenden
Einstellungen...
Inaktive Komponentendarstellung
Schattiert
Kanten anzeigen
25
% deckend
Farbe
Anzeige
Übergangszeit für Ansichten (in Sekunden)
Minimale Frame-Rate (Hz)
0
3
0
20
Anzeigequalität:
Grob
Automatische Verfeinerung deaktivieren
3D-Navigation
Vorgabeorbit
Frei
Mit Abhängigkeiten
Zoom-Verhalten
Richtung umkehren
Zoom auf Cursor
ViewCube...
SteeringWheels...
Ursprungs-3D-Anzeige
Ursprungs-3D-Anzeige einblenden
Ursprungs-XYZ-Achsenbezeichnungen anzeigen
Verhalten von Ausrichten nach
Minimale Drehung durchführen
An lokalem Koordinatensystem ausrichten
Importieren...
Exportieren...
OK
Abbrechen
Anwenden

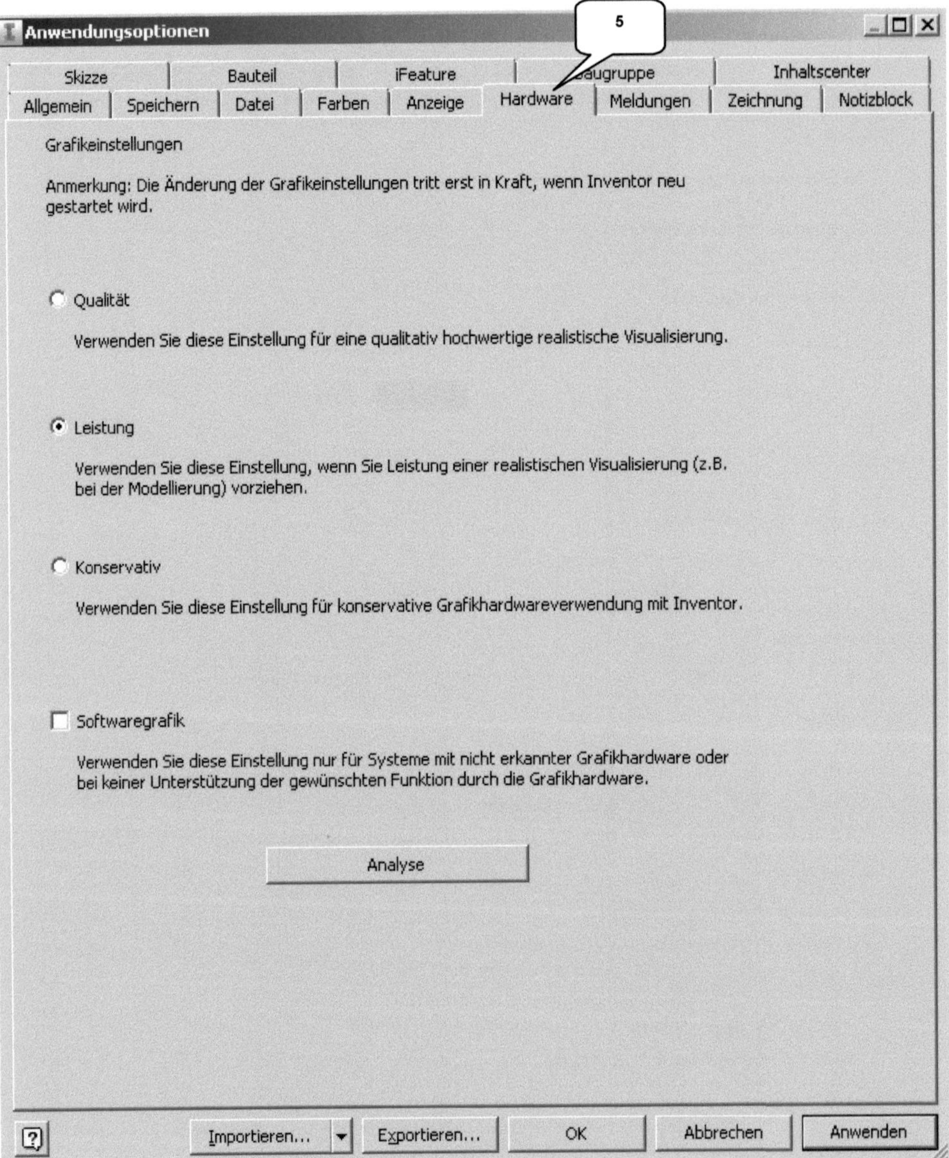

Anwendungsoptionen
5
Skizze
Bauteil
iFeature
Baugruppe
Inhaltscenter
Allgemein
Speichern
Datei
Farben
Anzeige
Hardware
Meldungen
Zeichnung
Notizblock
Grafikeinstellungen
Anmerkung: Die Änderung der Grafikeinstellungen tritt erst in Kraft, wenn Inventor neu gestartet wird.
Qualität
Verwenden Sie diese Einstellung für eine qualitativ hochwertige realistische Visualisierung.
Leistung
Verwenden Sie diese Einstellung, wenn Sie Leistung einer realistischen Visualisierung (z.B. bei der Modellierung) vorziehen.
Konservativ
Verwenden Sie diese Einstellung für konservative Grafikhardwareverwendung mit Inventor.
Softwaregrafik
Verwenden Sie diese Einstellung nur für Systeme mit nicht erkannter Grafikhardware oder bei keiner Unterstützung der gewünschten Funktion durch die Grafikhardware.
Analyse
Importieren...
Exportieren...
OK
Abbrechen
Anwenden

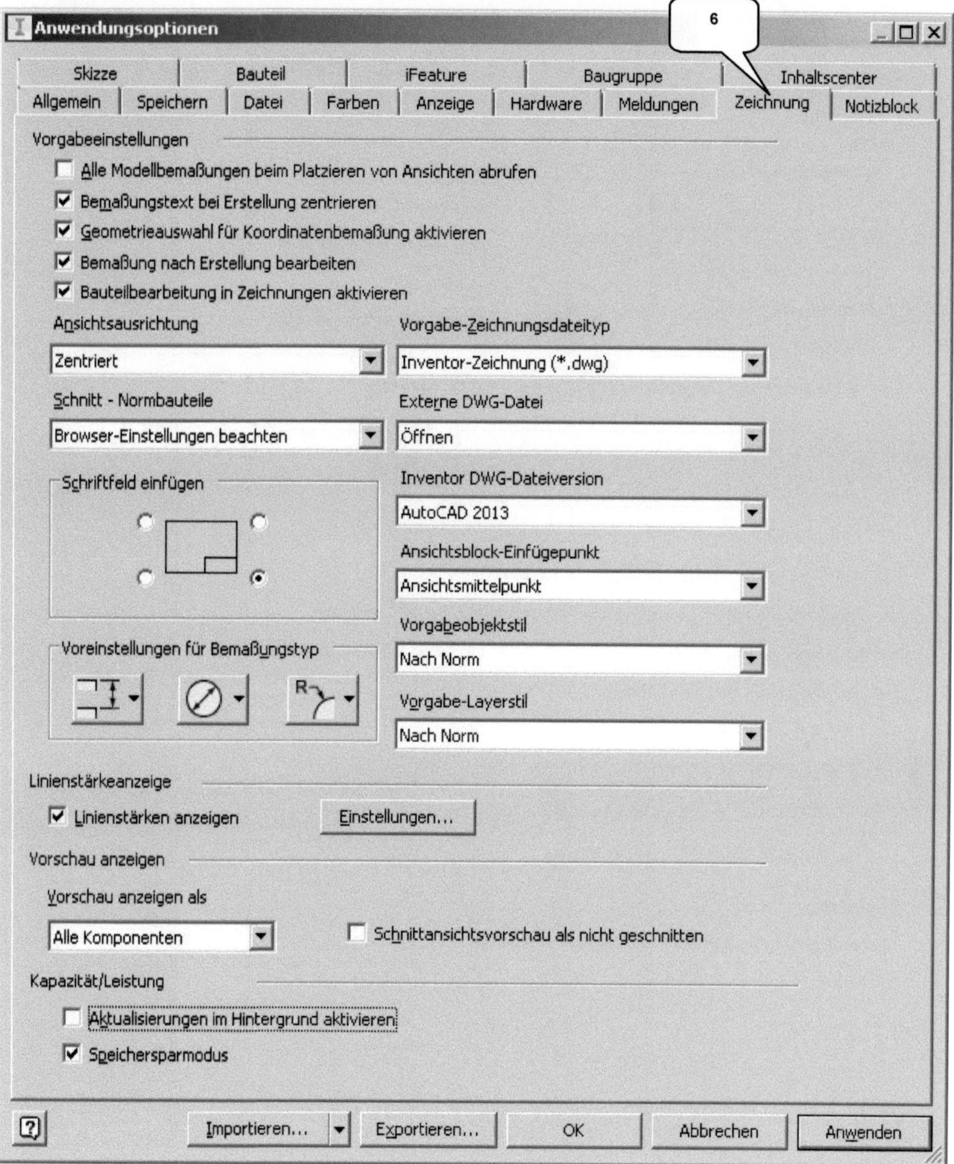
Anwendungsoptionen
6
Skizze
Bauteil
iFeature
Baugruppe
Inhaltscenter
Allgemein
Speichern
Datei
Farben
Anzeige
Hardware
Meldungen
Zeichnung
Notizblock
Vorgabeeinstellungen
Alle Modellbemaßungen beim Platzieren von Ansichten abrufen
Bemaßungstext bei Erstellung zentrieren
Geometrieauswahl für Koordinatenbemaßung aktivieren
Bemaßung nach Erstellung bearbeiten
Bauteilbearbeitung in Zeichnungen aktivieren
Ansichtsausrichtung
Zentriert
Vorgabe-Zeichnungsdateityp
Inventor-Zeichnung (*.dwg)
Schnitt - Normbauteile
Browser-Einstellungen beachten
Externe DWG-Datei
Öffnen
Schriftfeld einfügen
Inventor DWG-Dateiversion
AutoCAD 2013
Ansichtsblock-Einfügepunkt
Ansichtsmittelpunkt
Vorgabeobjektstil
Nach Norm
Voreinstellungen für Bemaßungstyp
Vorgabe-Layerstil
Nach Norm
Linienstärkeanzeige
Linienstärken anzeigen
Einstellungen...
Vorschau anzeigen
Vorschau anzeigen als
Alle Komponenten
Schnittansichtsvorschau als nicht geschnitten
Kapazität/Leistung
Aktualisierungen im Hintergrund aktivieren
Speichersparmodus
Importieren...
Exportieren...
OK
Abbrechen
Anwenden

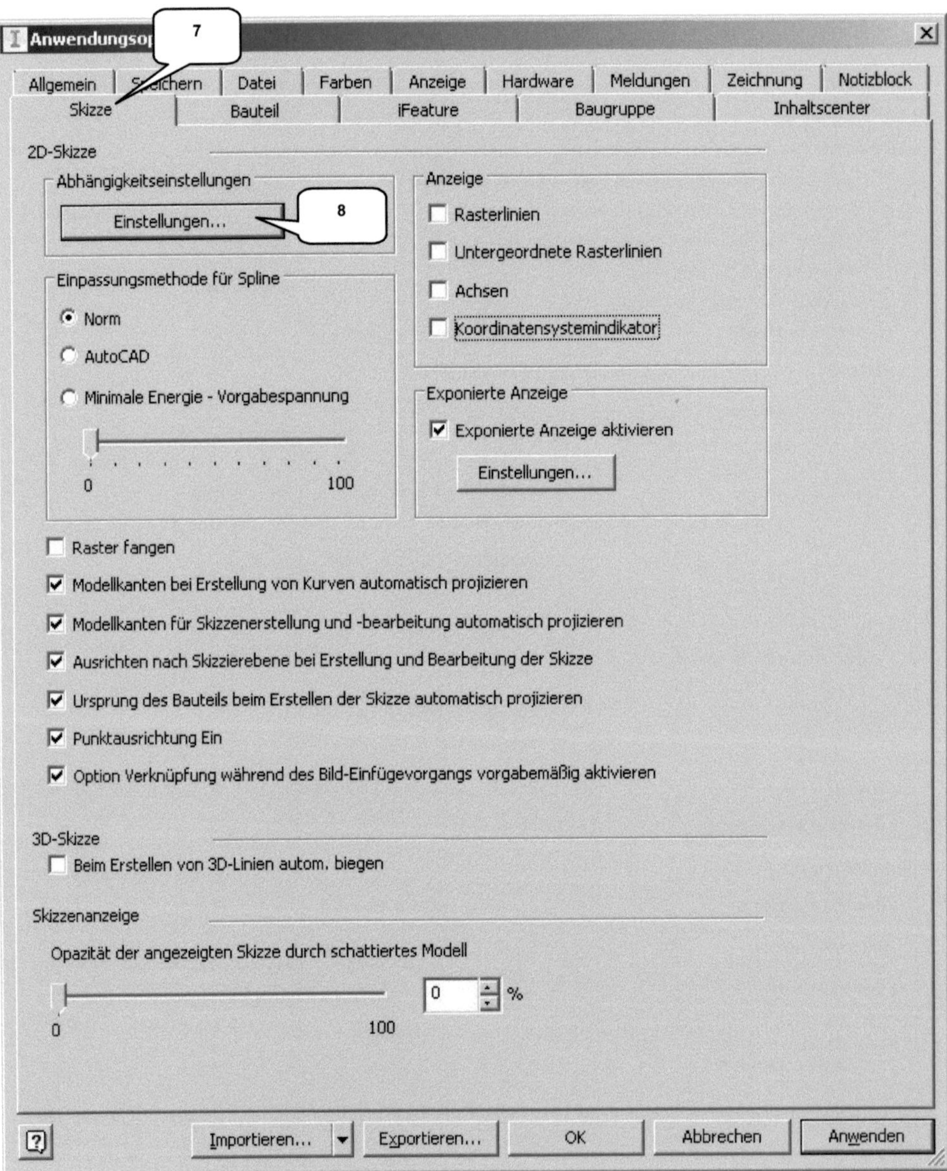

Anwendungsop
7
Allgemein
Speichern
Datei
Farben
Anzeige
Hardware
Meldungen
Zeichnung
Notizblock
Skizze
Bauteil
iFeature
Baugruppe
Inhaltscenter
2D-Skizze
Abhängigkeitseinstellungen
Einstellungen...
8
Anzeige
Rasterlinien
Untergeordnete Rasterlinien
Achsen
Koordinatensystemindikator
Einpassungsmethode für Spline
Norm
AutoCAD
Minimale Energie - Vorgabespannung
0
100
Exponierte Anzeige
Exponierte Anzeige aktivieren
Einstellungen...
Raster fangen
Modellkanten bei Erstellung von Kurven automatisch projizieren
Modellkanten für Skizzenerstellung und -bearbeitung automatisch projizieren
Ausrichten nach Skizzierebene bei Erstellung und Bearbeitung der Skizze
Ursprung des Bauteils beim Erstellen der Skizze automatisch projizieren
Punktausrichtung Ein
Option Verknüpfung während des Bild-Einfügevorgangs vorgabemäßig aktivieren
3D-Skizze
Beim Erstellen von 3D-Linien autom. biegen
Skizzenanzeige
Opazität der angezeigten Skizze durch schattiertes Modell
0
%
0
100
Importieren...
Exportieren...
OK
Abbrechen
Anwenden

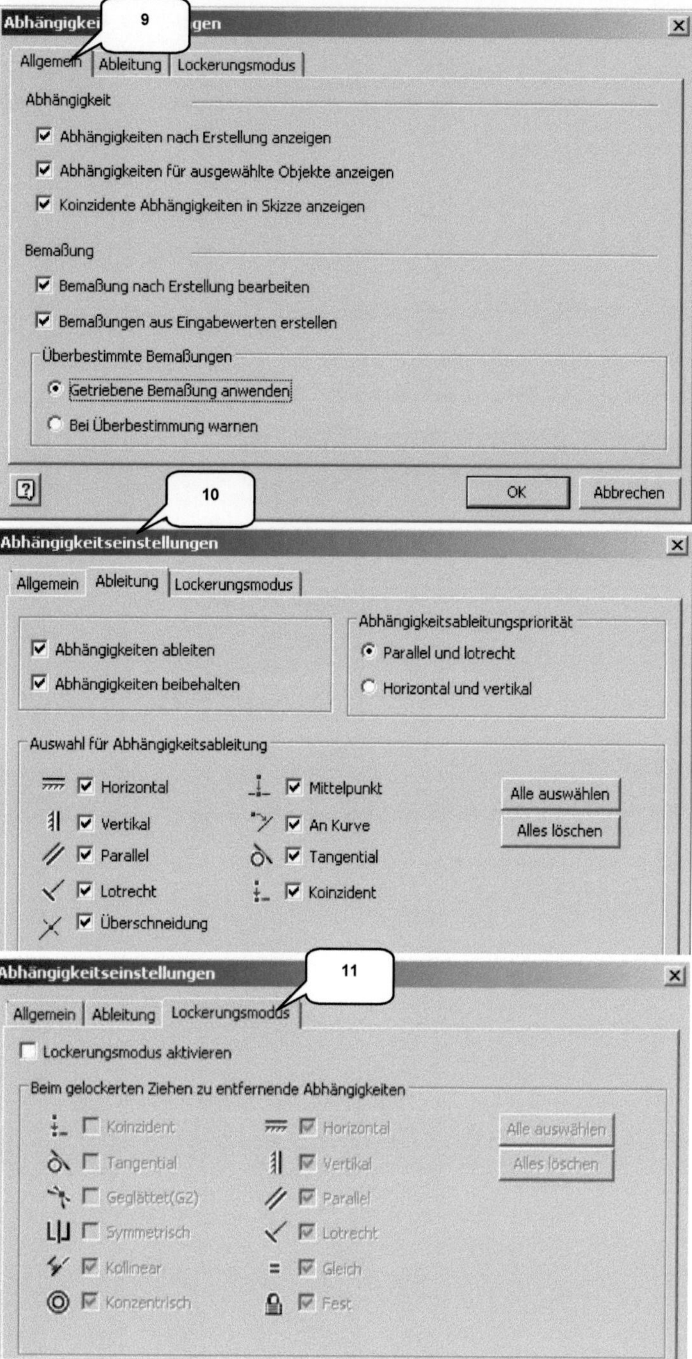
9
Abhängigkeitseinstellungen
Allgemein
Ableitung
Lockerungsmodus
Abhängigkeit
Abhängigkeiten nach Erstellung anzeigen
Abhängigkeiten für ausgewählte Objekte anzeigen
Koinzidente Abhängigkeiten in Skizze anzeigen
Bemaßung
Bemaßung nach Erstellung bearbeiten
Bemaßungen aus Eingabewerten erstellen
Überbestimmte Bemaßungen
Getriebene Bemaßung anwenden
Bei Überbestimmung warnen
OK
Abbrechen
10
Abhängigkeitseinstellungen
Allgemein
Ableitung
Lockerungsmodus
Abhängigkeiten ableiten
Abhängigkeiten beibehalten
Abhängigkeitsableitungspriorität
Parallel und lotrecht
Horizontal und vertikal
Auswahl für Abhängigkeitsableitung
Horizontal
Vertikal
Parallel
Lotrecht
Überschneidung
Mittelpunkt
An Kurve
Tangential
Koinzident
Alle auswählen
Alles löschen
11
Abhängigkeitseinstellungen
Allgemein
Ableitung
Lockerungsmodus
Lockerungsmodus aktivieren
Beim gelockerten Ziehen zu entfernende Abhängigkeiten
Koinzident
Tangential
Geglättet(G2)
Symmetrisch
Kollinear
Konzentrisch
Horizontal
Vertikal
Parallel
Lotrecht
Gleich
Fest
Alle auswählen
Alles löschen

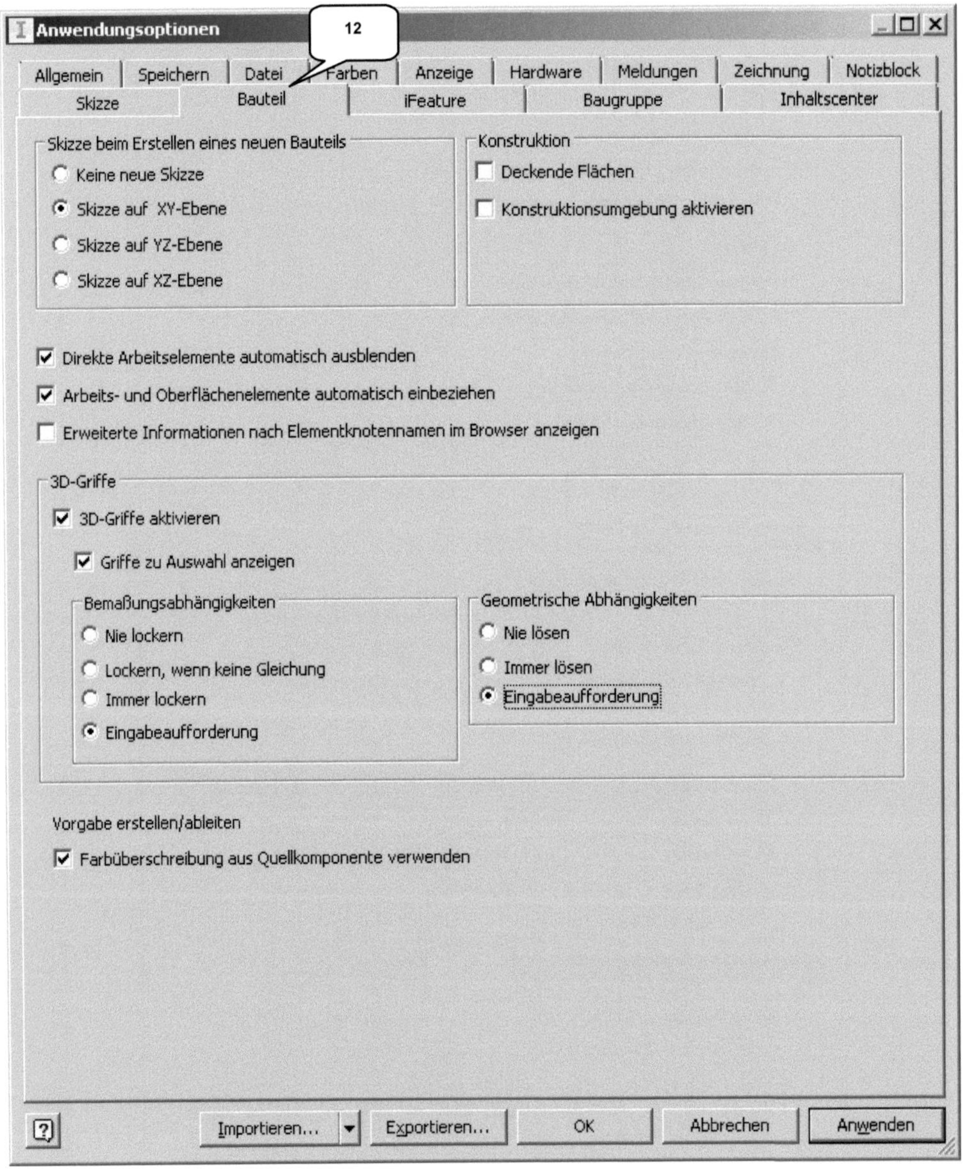

Anwendungsoptionen

12

Allgemein | Speichern | Datei | Farben | Anzeige | Hardware | Meldungen | Zeichnung | Notizblock

Skizze | Bauteil | iFeature | Baugruppe | Inhaltscenter

Skizze beim Erstellen eines neuen Bauteils
- Keine neue Skizze
- Skizze auf XY-Ebene
- Skizze auf YZ-Ebene
- Skizze auf XZ-Ebene

Konstruktion
- Deckende Flächen
- Konstruktionsumgebung aktivieren

- Direkte Arbeitselemente automatisch ausblenden
- Arbeits- und Oberflächenelemente automatisch einbeziehen
- Erweiterte Informationen nach Elementknotennamen im Browser anzeigen

3D-Griffe
- 3D-Griffe aktivieren
- Griffe zu Auswahl anzeigen

Bemaßungsabhängigkeiten
- Nie lockern
- Lockern, wenn keine Gleichung
- Immer lockern
- Eingabeaufforderung

Geometrische Abhängigkeiten
- Nie lösen
- Immer lösen
- Eingabeaufforderung

Vorgabe erstellen/ableiten
- Farbüberschreibung aus Quellkomponente verwenden

Importieren... | Exportieren... | OK | Abbrechen | Anwenden

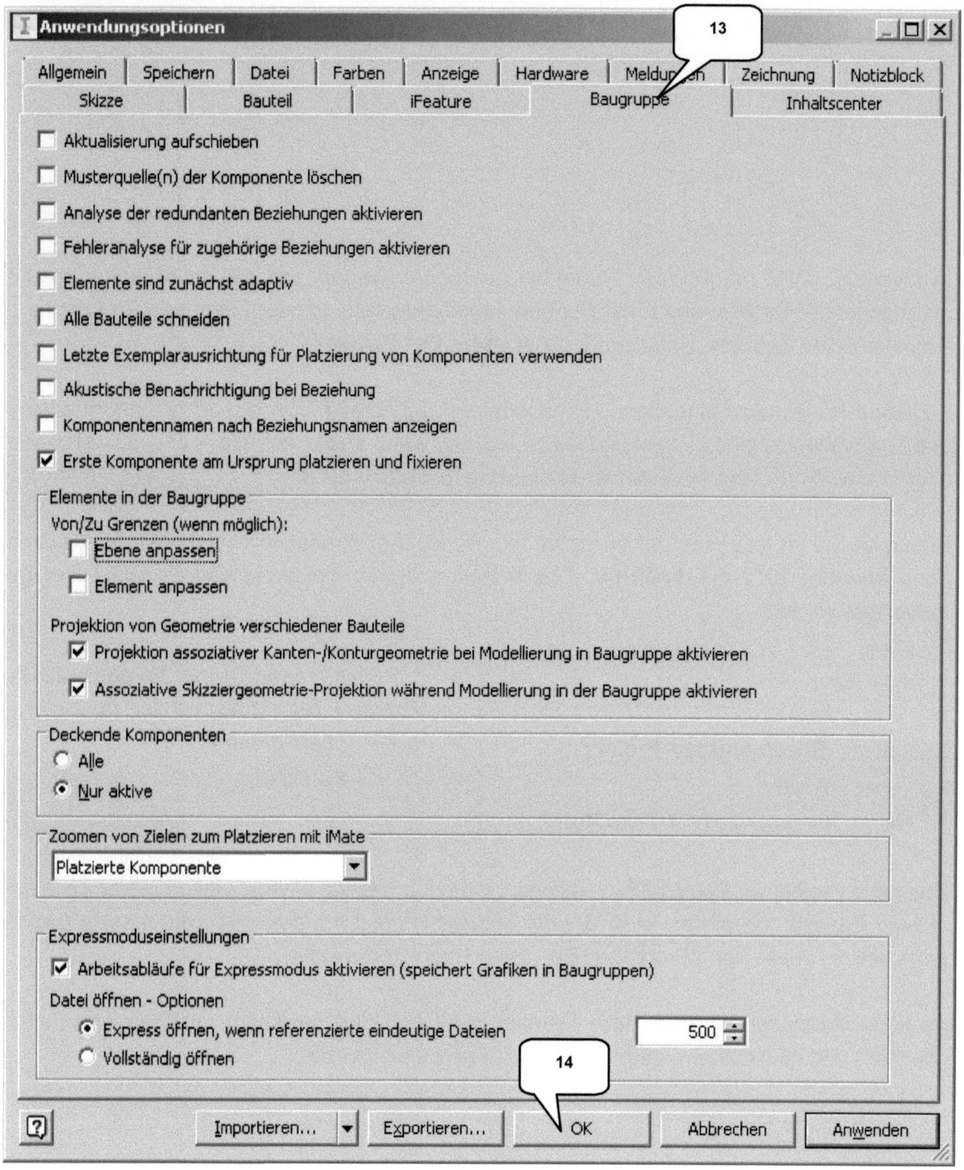

Anwendungsoptionen

13

Allgemein | Speichern | Datei | Farben | Anzeige | Hardware | Meldungen | Zeichnung | Notizblock

Skizze | Bauteil | iFeature | Baugruppe | Inhaltscenter

- [ ] Aktualisierung aufschieben
- [ ] Musterquelle(n) der Komponente löschen
- [ ] Analyse der redundanten Beziehungen aktivieren
- [ ] Fehleranalyse für zugehörige Beziehungen aktivieren
- [ ] Elemente sind zunächst adaptiv
- [ ] Alle Bauteile schneiden
- [ ] Letzte Exemplarausrichtung für Platzierung von Komponenten verwenden
- [ ] Akustische Benachrichtigung bei Beziehung
- [ ] Komponentennamen nach Beziehungsnamen anzeigen
- [x] Erste Komponente am Ursprung platzieren und fixieren

Elemente in der Baugruppe

Von/Zu Grenzen (wenn möglich):

- [ ] Ebene anpassen
- [ ] Element anpassen

Projektion von Geometrie verschiedener Bauteile

- [x] Projektion assoziativer Kanten-/Konturgeometrie bei Modellierung in Baugruppe aktivieren
- [x] Assoziative Skizziergeometrie-Projektion während Modellierung in der Baugruppe aktivieren

Deckende Komponenten

- ( ) Alle
- (•) Nur aktive

Zoomen von Zielen zum Platzieren mit iMate

Platzierte Komponente

Expressmoduseinstellungen

- [x] Arbeitsabläufe für Expressmodus aktivieren (speichert Grafiken in Baugruppen)

Datei öffnen - Optionen

- (•) Express öffnen, wenn referenzierte eindeutige Dateien 500
- ( ) Vollständig öffnen

14

Importieren... | Exportieren... | OK | Abbrechen | Anwenden

5 Erstellen eines Einzelbenutzerprojekts

In Inventor® sollte möglichst in Projekten gearbeitet werden, um die Koordination zusammenhängender Dateien und Einstellungen zu vereinfachen. Hierfür bietet das Programm im Register ***Erste Schritte*** (Befehlsgruppe ***Starten***) den Befehl Projekte (1).

Zu jedem Projekt wird eine eigene Projektdatei (*.ipj) erzeugt. Sie sichert alle Informationen und Querverweise eines Projekts. Das ist wichtig, wenn später komplexe Projekte archiviert oder von einem PC auf einen anderen übertragen werden sollen.

Erzeugen Sie im folgenden Arbeitsschritt ein neues Einzelbenutzer-Projekt mit der Bezeichnung ***Inventor-2017-4-Takt-Motor***. Das Projekt sollte im gleichnamigen Projektordner ***gespeichert*** werden.

- Projekte (1)
- Neu ***Neu*** (2)
- Option: ***Einzelbenutzer-Projekt***
- Weiter ***Weiter***
- Name: ***Inventor-2017-4-Takt-Motor*** (3)
- ... Projektordner: Ordner ***Inventor-2017-Übung-4-Takt-Motor*** wählen (4)
- Fertig stellen ***Fertigstellen*** (5)
- Fertig ***Fertig*** (6)

Das neue Projekt wird automatisch aktiviert, was durch einen kleinen Haken in der Zeile des aktiven Projekts signalisiert wird. Bei der späteren Arbeit mit dem Programm sollte das jeweils aktive Projekt nach Programmstart stets kontrolliert werden.

So kann vermieden werden, dass Dateien unbeabsichtigt an einem falschen Speicherort gesichert und damit einem anderen Projekt zugeordnet werden.

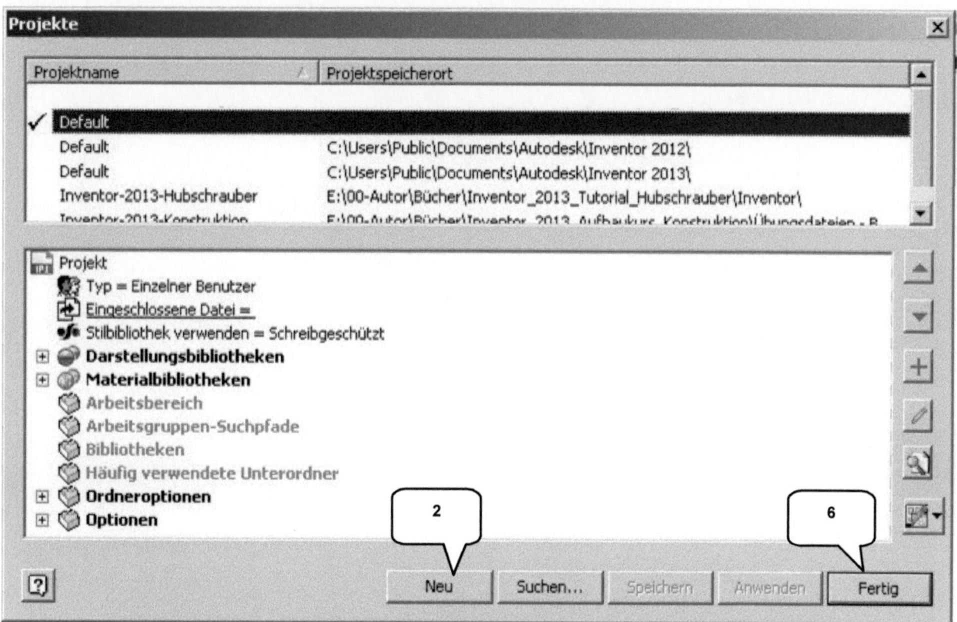
Projekte
Projektname
Projektspeicherort
Default
Default
C:\Users\Public\Documents\Autodesk\Inventor 2012\
Default
C:\Users\Public\Documents\Autodesk\Inventor 2013\
Inventor-2013-Hubschrauber
E:\00-Autor\Bücher\Inventor_2013_Tutorial_Hubschrauber\Inventor\
Projekt
Typ = Einzelner Benutzer
Eingeschlossene Datei =
Stilbibliothek verwenden = Schreibgeschützt
Darstellungsbibliotheken
Materialbibliotheken
Arbeitsbereich
Arbeitsgruppen-Suchpfade
Bibliotheken
Häufig verwendete Unterordner
Ordneroptionen
Optionen
2
6
Neu
Suchen...
Speichern
Anwenden
Fertig

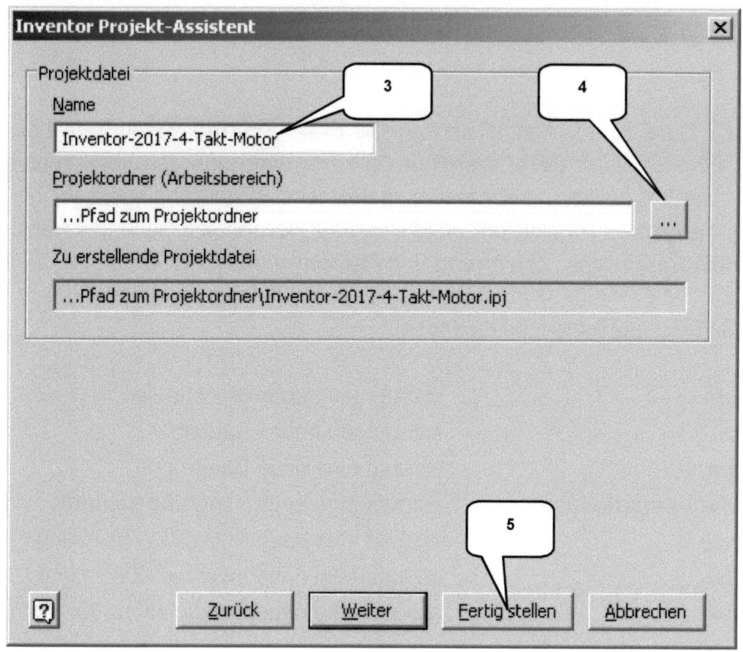
Inventor Projekt-Assistent
Projektdatei
Name
Inventor-2017-4-Takt-Motor
3
4
Projektordner (Arbeitsbereich)
...Pfad zum Projektordner
...
Zu erstellende Projektdatei
...Pfad zum Projektordner\Inventor-2017-4-Takt-Motor.ipj
5
Zurück
Weiter
Fertig stellen
Abbrechen

6 SKIZZEN und BAUTEILE

6.1 Bauteil: Ventil

6.1.1 Erstellen einer neuen Datei

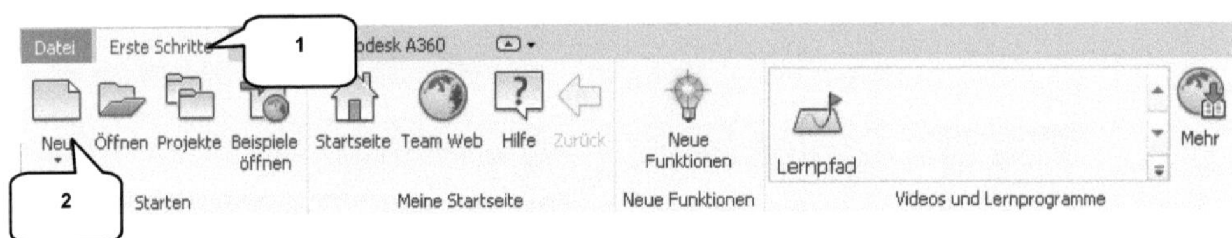

Um eine neue Datei zu erstellen, ist im Register ***Erste Schritte*** (1) der Befehl Neu (2) zu starten. Im Fenster ***Neue Datei erstellen*** (3) kann dann aus den vorhandenen Vorlagen ausgewählt werden, welche in Ordner eingeteilt sind (Englisch, Metrisch, Mold Design). Wurden die ***Templates*** (4) aktiviert, erscheinen auf der rechten Seite des Fensters die Bereiche ***Bauteil***, ***Baugruppe***, ***Zeichnung*** und ***Präsentation***.

Darin befinden sich die folgenden Optionen:

- ***Blech.ipt*** erzeugt ein neues Blechbauteil
- ***Norm.ipt*** erzeugt ein neues Bauteil
- ***Norm.iam*** erzeugt eine neue Baugruppe
- ***Schweißkonstruktion.iam*** erzeugt eine neue Schweißbaugruppe
- ***Norm.dwg*** erzeugt eine neue AutoCAD-Zeichnung (*.dwg)
- ***Norm.idw*** erzeugt eine neue Inventor®-Zeichnung (*.idw)
- ***Norm.ipn*** erzeugt eine neue Präsentation (Sprengbild)

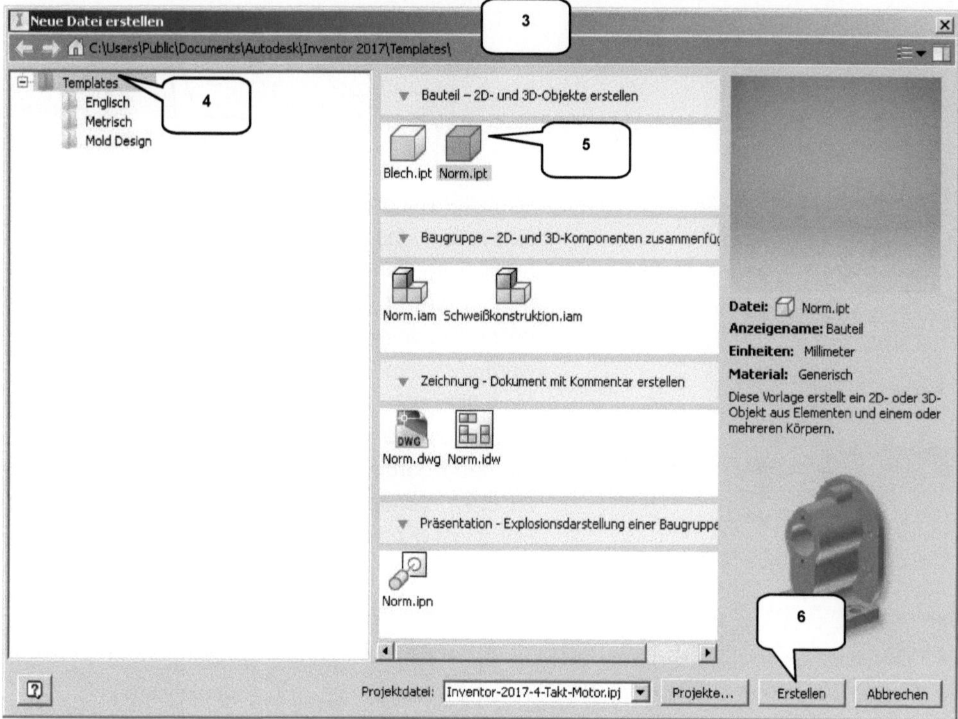

Wählen Sie die Vorlage ***Norm.ipt*** (5) und erzeugen Sie damit ein neues Bauteil.

- Neu (2)
- Templates (4)
- ***Norm.ipt*** (5)
- Erstellen ***Erstellen*** (6)

Durch die angepassten Voreinstellungen in den Anwendungsoptionen (vorangegangenes Kapitel), erzeugt das Programm automatisch eine neue 2D-Skizze auf der XY-Ebene und wechselt danach in den Skizzenbereich.

6.1.2 Projizieren der drei Hauptachsen

Bauteile und Baugruppen verfügen grundsätzlich über die ***Hauptachsen*** (X, Y, Z) und die ***Hauptebenen*** (XY, XZ, YZ). Auf den Ebenen können neue Skizzen erzeugt werden, die Achsen dienen u. a. zur Ausrichtung geometrischer Zeichenelemente im Skizzenbereich. Grundlegend sollten alle Objekte im Skizzenbereich am Koordinatensystem ausgerichtet und auch möglichst symmetrisch dazu gezeichnet werden. Das vereinfacht die Konstruktion eines Bauteils und eröffnet dem Anwender in späteren Konstruktionsschritten viele neue Möglichkeiten.

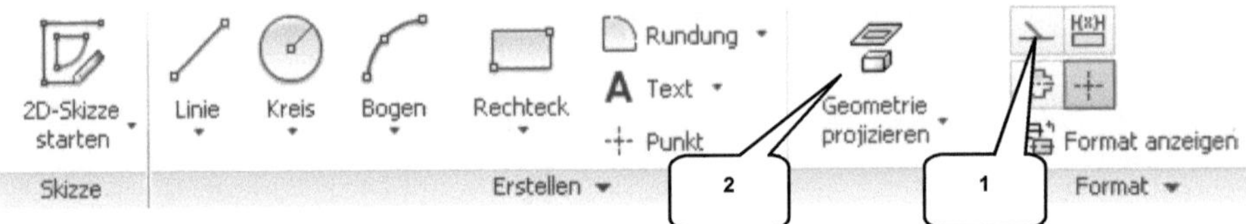

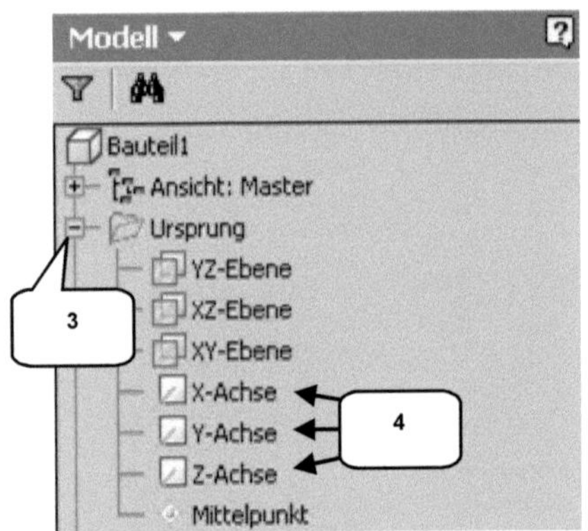

Bauteile/ Baugruppen verfügen über ein Koordinatensystem, das allerdings nicht sofort im Skizzenbereich verwendet werden kann: es muss zuerst dorthin übertragen werden. Es sollte als Hilfslinie (Konstruktionslinie) in die Skizze übernommen werden, um spätere Probleme im 3D-Modellbereich zu vermeiden. Folgen Sie jetzt Schritt für Schritt der nachfolgenden Befehlskette, um das Koordinatensystem in den Skizzenbereich zu übernehmen und die entstandenen Linien als Hilfslinien (Konstruktionslinien) zu definieren.

- Konstruktion aktivieren (1)
- Geometrie projizieren (2)
- Ordner ***Ursprung*** aufklappen (3)
- 3 Achsen nacheinander anklicken (4)
- Taste: ESC drücken (Beendet den Befehl Geometrie projizieren)
- Konstruktion deaktivieren (1)

HINWEIS: Dieser erste Schritt (Projizieren des Koordinatensystems in den Skizzenbereich eines Bauteils - Geometrie projizieren) sollte in jeder neuen Skizze angewandt werden. Anschließend ist dringend darauf zu achten, die Option Konstruktion wieder zu deaktivieren, da ansonsten alle weiteren Zeichenobjekte fehlerhaft erzeugt werden könnten.

6.1.3 Das Register SKIZZE im Überblick

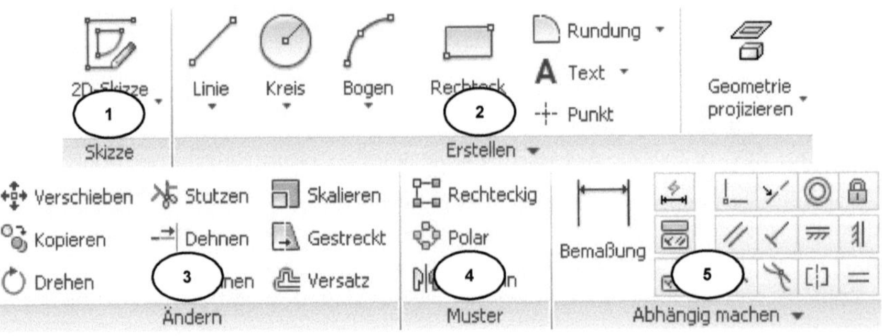

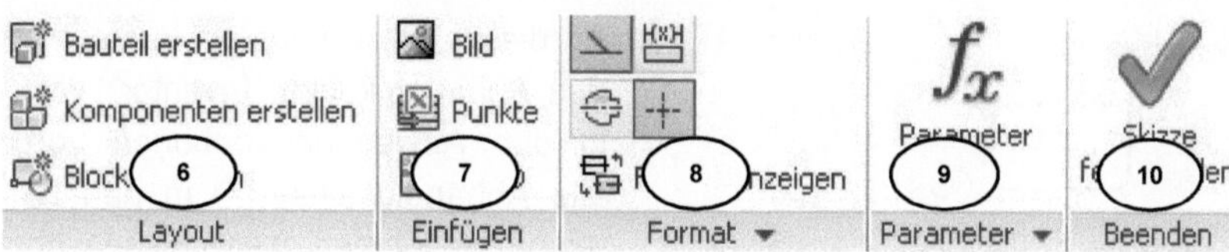

OPTIONEN

1) Erzeugen einer neuen Skizze (2D/3D)
2) Erstellen neuer Zeichenobjekte
3) Bearbeiten von Zeichenobjekten
4) Rechteckige, polare oder gespiegelte Kopien erzeugen
5) Bemaßungen und Abhängigkeiten einfügen
6) Objekte als Bauteile oder Baugruppen exportieren, Gruppieren
7) Bilder, Tabellenpunkte oder AutoCAD-Zeichnungen importieren
8) Eigenschaften von Linien, Punkten und Bemaßungen ändern
9) Parametermanager starten
10) Skizze beenden

6.1.4 Zeichnen der ersten Linien

Nachdem das Koordinatensystem in den Skizzenbereich übernommen wurde, kann mit dem Zeichnen der ersten Linien begonnen werden. Hierfür ist der Befehl **Linie** (1) zu starten. Es sollte jetzt noch einmal kontrolliert werden, ob die Option **Konstruktion** (2) wirklich wieder deaktiviert wurde, also nicht blau sondern <u>grau</u> hinterlegt ist.

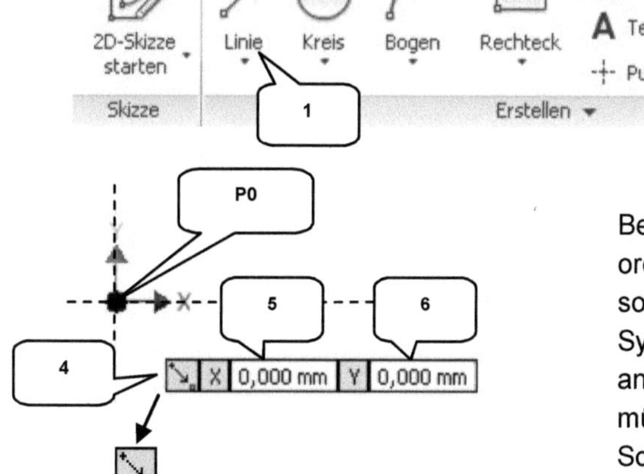

Bewegen Sie den Mauszeiger auf den Koordinatennullpunkt (P0). Das Programm sollte jetzt an der markierten Stelle (4) das Symbol der Abhängigkeit **Koinzident** anzeigen und die Koordinaten für X und Y müssten jeweils auf ***0*** (Null) stehen (5, 6). Sobald diese Bedingungen erfüllt sind, können Sie den ersten Linienpunkt mit einem Klick (linke Maustaste) bestätigen.

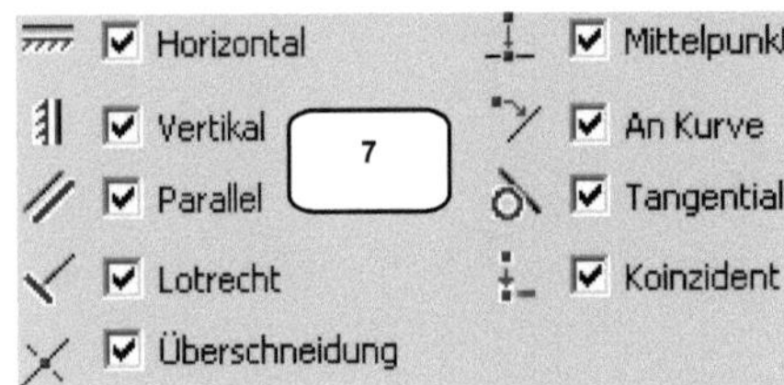

An dieser Stelle folgt ein kurzer Hinweis zu den Abhängigkeiten: Inventor® wird (so wie in den Anwendungsoptionen vorgegeben) alle Abhängigkeiten (7) in den Skizzenbereich übernehmen, wenn diese während des Zeichnens vom Programm erkannt und angezeigt werden. Folgende Abhängigkeiten stehen hierbei zur Verfügung:

➢ ***Horizontal***	eine Linie wird parallel zur X-Achse ausgerichtet
➢ ***Vertikal***	eine Linie wird parallel zur Y-Achse ausgerichtet
➢ ***Parallel***	zwei Linien werden parallel zueinander ausgerichtet
➢ ***Lotrecht***	zwei Linien werden in einem Winkel von 90° zueinander angeordnet
➢ ***Überschneidung***	ein Punkt wird am Schnittpunkt zweier Objekte befestigt
➢ ***Mittelpunkt***	ein Punkt wird am Mittelpunkt eines Objektes (Linie/ Bogen) befestigt
➢ ***An Kurve***	ein Punkt wird auf einen Strahl gelegt
➢ ***Tangential***	zwei Objekte werden tangential aneinander befestigt
➢ ***Koinzident***	zwei Punkte werden aufeinandergelegt

HINWEIS: Beim Zeichnen sollte stets darauf geachtet werden, ob das Programm eine dieser Abhängigkeiten anzeigt. Wird an dieser Stelle dann mit der linken Maustaste geklickt, wird die Abhängigkeit automatisch in den Skizzenbereich übernommen. Beim späteren Bemaßen der Zeichenobjekte kann es dann ggf. zu Problemen kommen, weil unbeabsichtigt gesetzte Abhängigkeiten in Widerspruch zu den gewollt erzeugten Maßen stehen könnten.

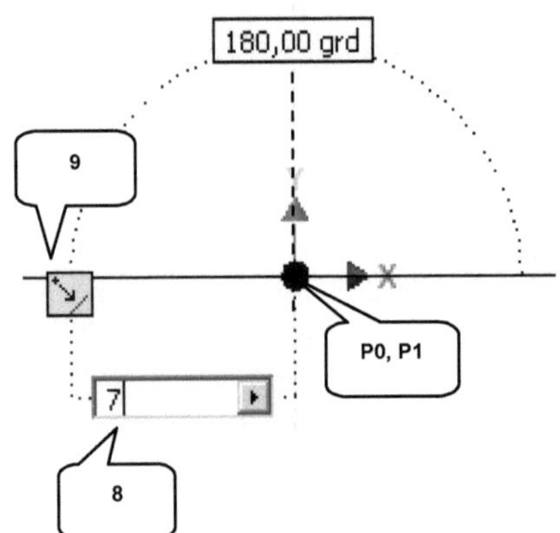

Der erste Punkt der Linie (P1) wurde bereits im Koordinatenursprung abgelegt, und das Programm erwartet jetzt weitere Punkte, um ein Linienobjekt erzeugen zu können. Ziehen Sie die Maus entlang der projizierten X-Achse nach links (die Abhängigkeit Koinzident (9) sollte angezeigt werden) und tragen Sie in das Eingabefeld für die Linienlänge (8) den Wert ***7 mm*** ein. Bestätigen Sie mit der Taste: **ENTER**. Wenn es in den Anwendungsoptionen so festgelegt wurde, wird die Bemaßung anschließend automatisch erzeugt.

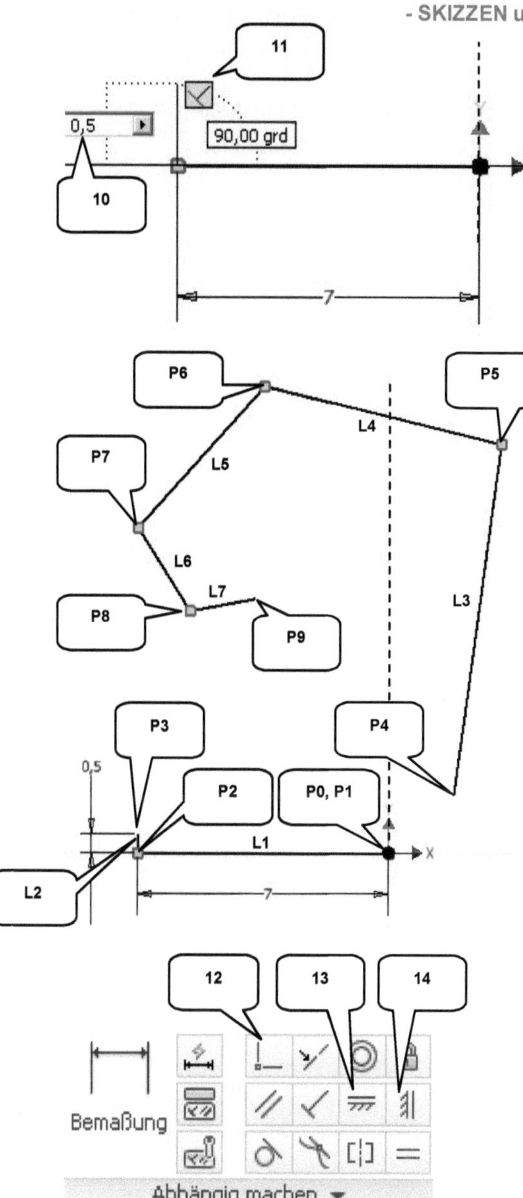

Ziehen Sie die Maus in gerader Linie nach oben und tragen Sie in das Eingabefeld der Linienlänge den Wert ***0,5 mm*** ein (10). Achten Sie darauf, dass während des Zeichnens die Abhängigkeit **Lotrecht** (11) angezeigt wird. Bestätigen Sie die Eingabe mit der Taste: **ENTER** und beenden Sie den Zeichenbefehl mit der Taste: **ESC**.

Starten Sie den Linienbefehl erneut und zeichnen Sie fünf zusammenhängende Linien durch Setzen der einzelnen Linienpunkte (P4...P9). Alle Linien sind leicht schräg zu zeichnen, so wie in der linken Abbildung dargestellt. Achten Sie darauf, dass beim Ablegen der Punkte keine Abhängigkeiten angezeigt werden.

- **Linie**
- (P4) frei ablegen (linke Maustaste)
- (P5) frei ablegen (linke Maustaste)
- (P6) frei ablegen (linke Maustaste)
- (P7) frei ablegen (linke Maustaste)
- (P8) frei ablegen (linke Maustaste)
- (P9) frei ablegen (linke Maustaste)
- Taste: **ESC**

Abhängigkeiten können bereits während des Zeichnens gesetzt (wie bei den ersten beiden Linien L1, L2) oder nachträglich platziert werden. Um die Linien (L3...L7) nachträglich in Form zu bringen, soll die zuletzt erwähnte Option verwendet werden.

Starten Sie die Abhängigkeit **Koinzident** (12), um den Punkt (P4) auf den Koordinatenursprung (P0) zu platzieren.

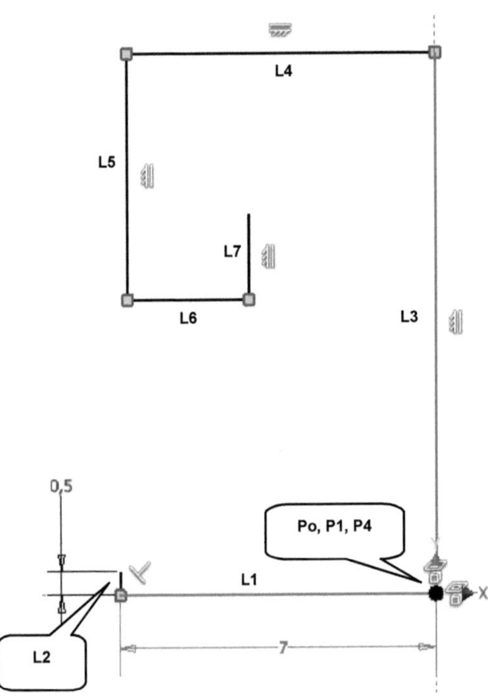

- Koinzident (12)
- (P0) wählen (linke Maustaste)
- (P4) wählen (linke Maustaste)
- Taste: ESC

Mit den Abhängigkeiten Horizontal (13) und Vertikal (14) sind die restlichen Linien zu bearbeiten.

- Horizontal (13)
- Linien (L4) und (L6) wählen
- Taste: ESC

- Vertikal (14)
- Linien (L3), (L5) und (L7) wählen
- Taste: ESC

HINWEIS: Alle in einer Skizze existierenden Abhängigkeiten können mit der Taste: F8 ein- und mit der Taste: F9 wieder ausgeblendet werden. Kleine Symbole deuten die jeweiligen Abhängigkeiten an. Um eine falsch gesetzte Abhängigkeit zu löschen, klicken Sie auf das entsprechende Abhängigkeitssymbol (es wird dann rot dargestellt) und drücken die Taste: ENTF (Alternativ: ***Rechte Maustaste*** > ***Löschen***).

6.1.5 Bemaßung und Bearbeitung von Zeichenelementen

Die ersten beiden Linien (L1, L2), die mit dynamischer Werteeingabe gezeichnet wurden, sind bereits bemaßt. Bei den restlichen Linien (L3...L7) muss das noch nachgeholt werden. Hierfür ist der Befehl Bemaßung (1) zu verwenden.

Dieser Befehl kann verschiedene Objekte anhand ihrer Eigenschaften bemaßen (Längen, Winkel, Abstände, Radien, Durchmesser, Bogenlängen u. v. m.). Nach der Auswahl des zu bemaßenden Objektes wird in der Regel das Maß selbst abgelegt. Der Klick mit der rechten Maustaste vor dem Ablegen eines Maßes eröffnet weitere Optionen.

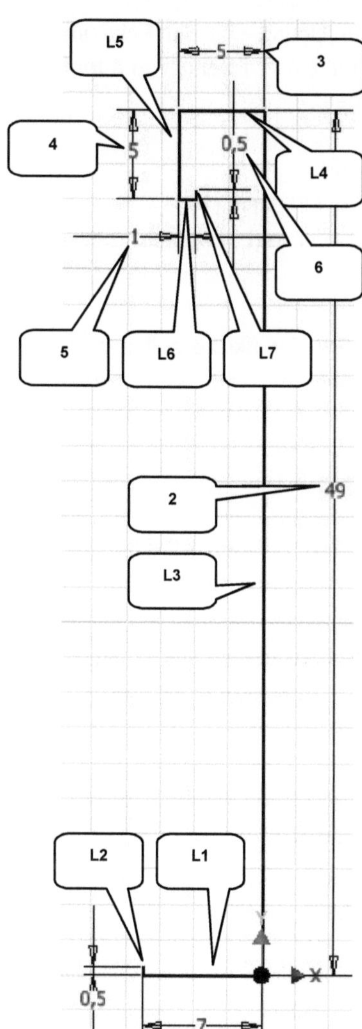

Eine Linie z. B. kann horizontal, vertikal oder ausgerichtet bemaßt werden (***rechte Maustaste*** vor dem Ablegen des Maßes, um die Optionen zu wählen).

Bemaßen Sie die Linien jetzt wie folgt:

- Bemaßung (1)
- Linie (L1) wählen, dann Linie (L4) wählen und Maß an Pos. (2) ablegen
- Wert eingeben: [49 mm] > Taste: **ENTER**
- Linie (L4) wählen und Maß an Pos. (3) ablegen
- Wert eingeben: [5 mm] > Taste: **ENTER**
- Linie (L5) wählen und Maß an Pos. (4) ablegen
- Wert eingeben: [5 mm] > Taste: **ENTER**
- Linie (L6) wählen und Maß an Pos. (5) ablegen
- Wert eingeben: [1 mm] > Taste: **ENTER**
- Linie (L7) wählen und Maß an Pos. (6) ablegen
- Wert eingeben: [0,5 mm] > Taste: **ENTER**
- Taste: **ESC**

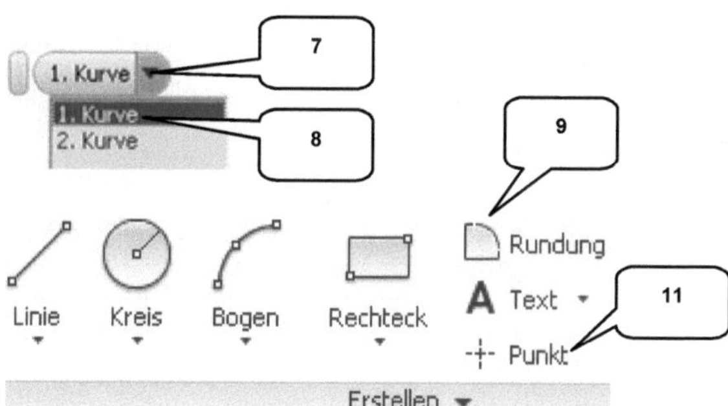

HINWEIS: Liegen mehrere Objekte sehr dicht aneinander (oder übereinander), kann das gesuchte Objekt möglicherweise nicht ausgewählt werden. Hier bietet das Programm die Möglichkeit, die Auswahl zu differenzieren. Halten Sie in diesem Fall den Mauszeiger eine Weile auf das gewünschte Objekt und warten Sie, bis das Fenster (7) erscheint. Im Popup-Menü (8) kann das gesuchte Objekt dann ohne Probleme ausgewählt werden.

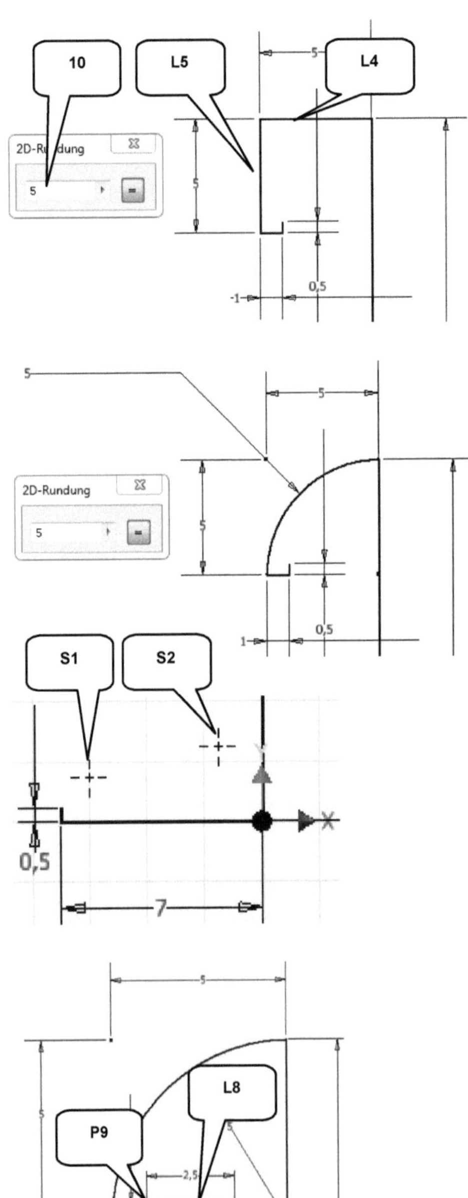

In der folgenden Übung soll die Ecke im oberen Bereich mit einem Radius von ***5 mm*** abgerundet werden.

- **Rundung** (9)
- Radius: [5 mm] eingeben (10)
- Linie (L4), dann Linie (L5) wählen
- Taste: **ESC**

Im unteren Bereich der Skizze sollen zwei Punkte erzeugt werden. Sie sind mittels Koordinateneingabe per Tastatur zu positionieren.

- **Punkt** (11)
- Taste: **TAB** > X-Koordinate: [-6 mm]
- Taste: **TAB** > Y-Koordinate: [1,5 mm]
- Taste: **ENTER**
- Taste: **TAB** > X-Koordinate: [-1,5 mm]
- Taste: **TAB** > Y-Koordinate: [2,5 mm]
- Taste: **ENTER**
- Taste: **ESC**

Erzeugen Sie, beginnend im Punkt (P9) im oberen Teil der Skizzenkontur, zwei weitere Linien (L8) und (L9).

- **Linie**
- Startpunkt (P9) wählen
- Linie gerade nach rechts ziehen
- Länge eingeben: [2,5 mm]
- Taste: **ENTER**
- Linie gerade nach unten ziehen und auf den Punkt (S2) klicken
- Taste: **ESC**

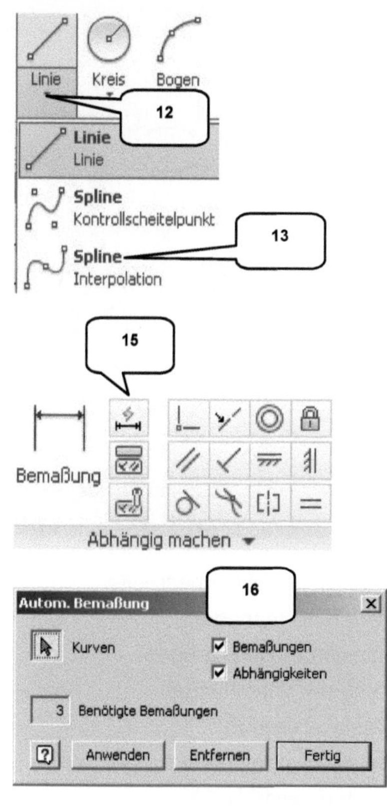

Der untere Teil der Skizzengeometrie muss noch geschlossen werden. Erweitern Sie den Befehl ***Linie*** durch einen Klick auf das kleine Dreieck (12) und starten Sie den Befehl **Spline Interpolation** (13).

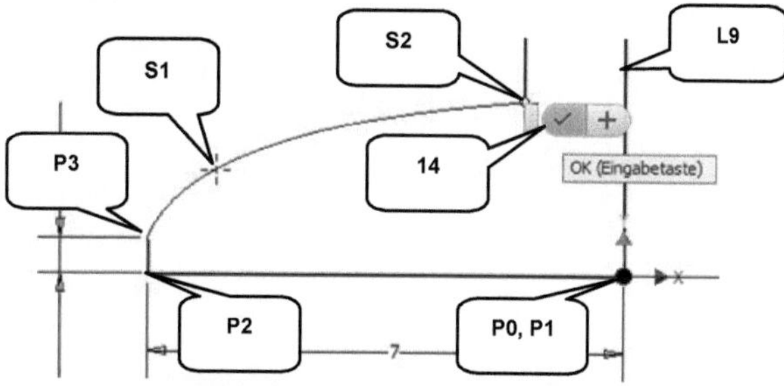

- **Spline Interpolation** (13)
- Punkt (P3) wählen
- Punkt (S1) wählen
- Punkt (S2) wählen
- ***OK*** (14)

Fehlende Bemaßungen sollen jetzt automatisch ergänzt werden.

- **Automatisches Bemaßen** (15)
- Einstellungen übernehmen (16)
- ***Anwenden***
- ***Fertig***

Die Basisskizze wurde um die letzten fehlenden Maße ergänzt und der Skizzenbereich kann geschlossen werden. Mit dem Befehl **Skizze fertigstellen** (17) wird der Skizzenbereich verlassen und das Programm wechselt in den Modellbereich.

6.1.6 Das Register 3D-MODELL im Überblick

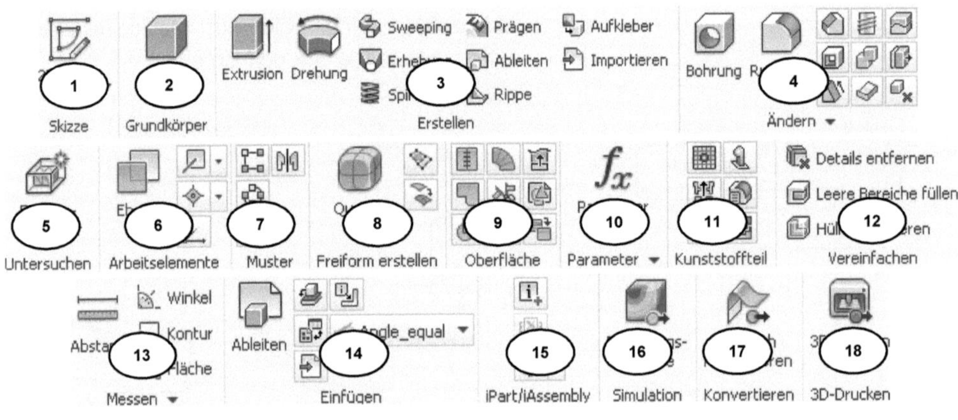

OPTIONEN

1) Neue 2D/ 3D-Skizzen erzeugen
2) Volumenkörper-Basiselemente erzeugen (Quader, Kugel, Zylinder...)
3) Volumen- oder Flächenkörper aus Skizzen erzeugen
4) Bearbeiten vorhandener Volumen- oder Flächenkörper
5) Formen-Generator
6) Arbeitsebenen, -achsen, -punkte
7) Rechteck/ polar anordnen, Spiegel
8) Freiformflächen erstellen/ bearbeiten
9) Flächen erstellen/ bearbeiten
10) Parametermanager
11) Kunststoffteile erzeugen
12) Konturen vereinfachen
13) Messwerkzeuge
14) Bauteile importieren/ exportieren
15) iPart/ iAssembly
16) Belastungsanalyse
17) Volumen in Blechkörper konvertieren
18) 3D-Drucken

6.1.7 Volumenkörper erzeugen

Nach dem Verlassen des Skizzenbereiches wechselt das Programm ins Register ***3D-Modell***. Die soeben erzeugte Skizze (Skizze1) befindet sich links im Browser (1) und kann dort jederzeit geöffnet und bearbeitet werden (***rechte Maustaste*** > ***Skizze bearbeiten***). Die geschlossene 2D-Kontur aus dem Skizzenbereich soll jetzt in einen Volumenkörper konvertiert werden.

Starten Sie den Befehl Drehung (2) und erweitern Sie das Befehlsfenster (3).

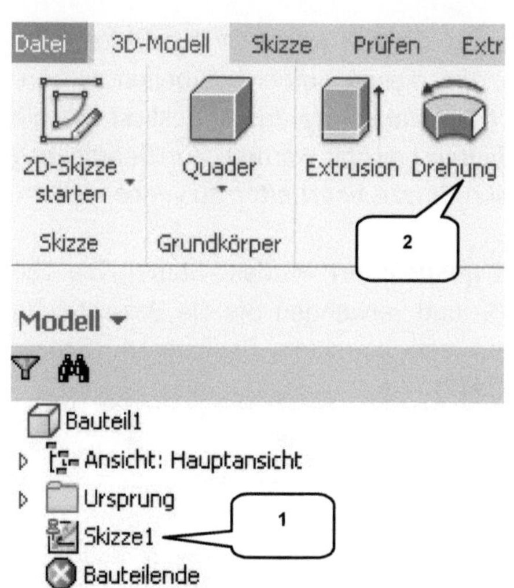

Das geschlossene ***Profil*** (4) aus der Skizze sollte vom Programm automatisch markiert werden. Als ***Achse*** (5) wählen Sie die projizierte ***Y-Achse*** der Skizze. Im Auswahlbereich ***Größe*** ist die Option ***Voll*** (6) zu wählen. Weitere Einstellungen sind nicht erforderlich, und der Befehl kann durch ***OK*** (7) bestätigt werden.

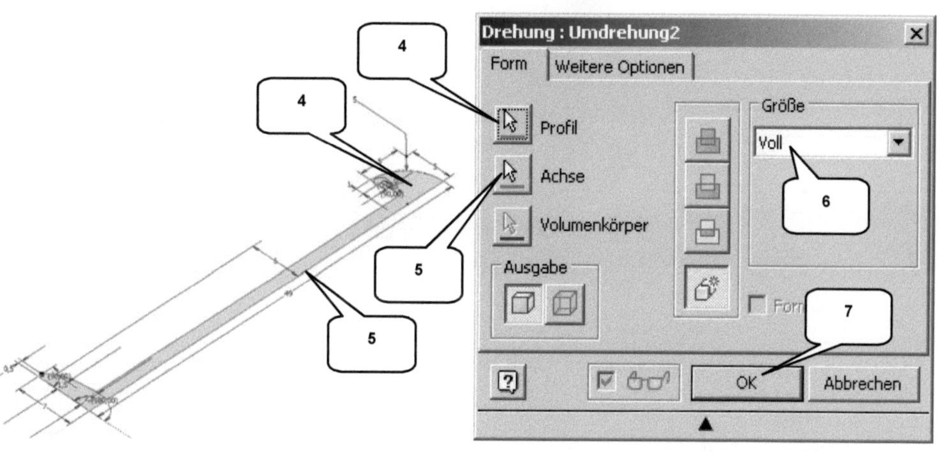

HINWEIS: Sollte das Profil nicht automatisch vom Programm erkannt werden, beenden Sie den Befehl mit der Taste: **ESC** und öffnen die ***Skizze1*** (1) im Browser. Markieren Sie eine der gezeichneten Linien, wählen Sie mit der rechten Maustaste darauf die Option ***Kontur schließen*** und folgen Sie den Anweisungen des Programms.

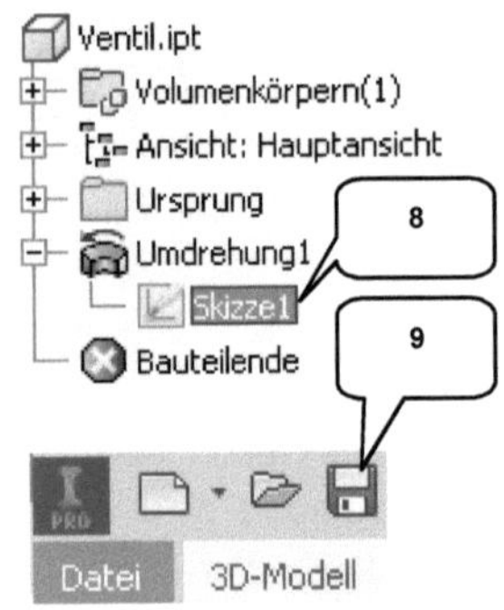

Die Skizze mit der Basisgeometrie wurde in den Befehl ***Umdrehung*** integriert (8). Um diesen Befehl bearbeiten zu können, muss mit der ***rechten Maustaste*** darauf geklickt und die Option ***Element bearbeiten*** gewählt werden. Zur Bearbeitung der Skizze1 ist die Option ***Skizze bearbeiten*** zu verwenden.

Das Bauteil kann jetzt ***gespeichert*** werden. Starten Sie den Befehl Speichern (9) und verwenden Sie die Bezeichnung ***Ventil***. Achten Sie auf den korrekten Speicherort (Ordner ***Übung-4-Takt-Motor-2017***).

6.2 Bauteil: Kurbelwelle-Riemenrad

6.2.1 Erzeugen der Basisskizze

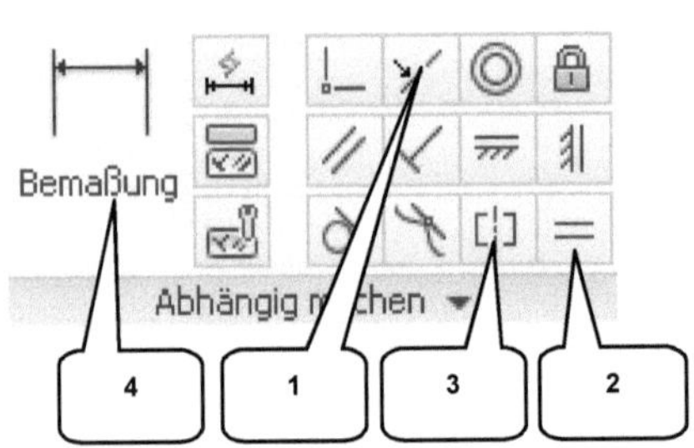

Die Vorgehensweise bei der Konstruktion dieses Bauteils ist der der Konstruktion des vorherigen Bauteils ähnlich. Erzeugen Sie eine neue Bauteildatei (Norm.ipt) und folgen Sie der Befehlskette:

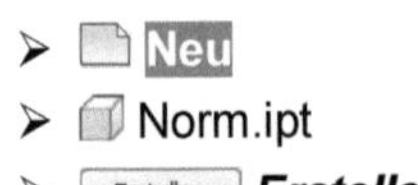

- Neu
- Norm.ipt
- Erstellen ***Erstellen***

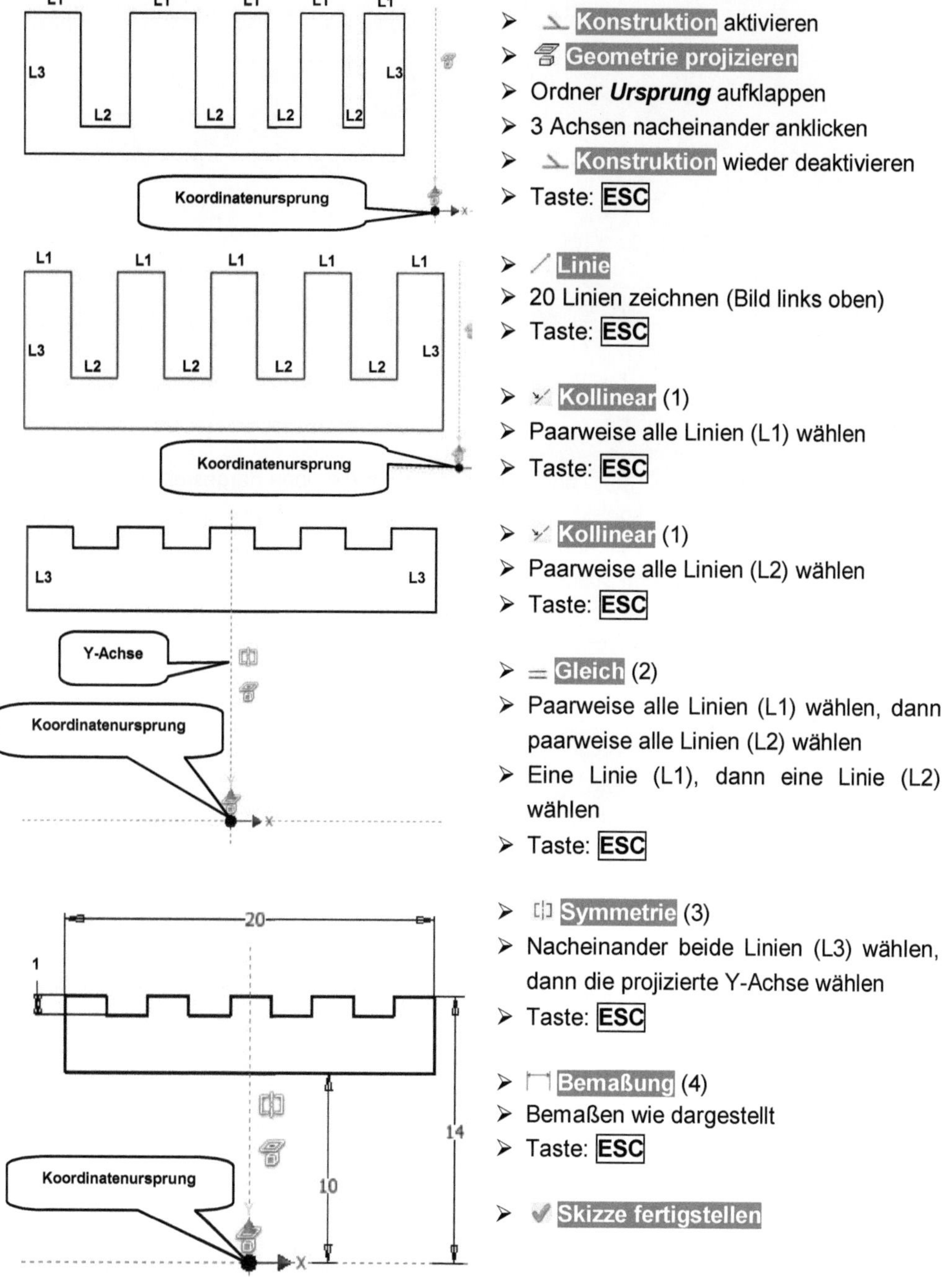

- Konstruktion aktivieren
- Geometrie projizieren
- Ordner ***Ursprung*** aufklappen
- 3 Achsen nacheinander anklicken
- Konstruktion wieder deaktivieren
- Taste: ESC

- Linie
- 20 Linien zeichnen (Bild links oben)
- Taste: ESC

- Kollinear (1)
- Paarweise alle Linien (L1) wählen
- Taste: ESC

- Kollinear (1)
- Paarweise alle Linien (L2) wählen
- Taste: ESC

- Gleich (2)
- Paarweise alle Linien (L1) wählen, dann paarweise alle Linien (L2) wählen
- Eine Linie (L1), dann eine Linie (L2) wählen
- Taste: ESC

- Symmetrie (3)
- Nacheinander beide Linien (L3) wählen, dann die projizierte Y-Achse wählen
- Taste: ESC

- Bemaßung (4)
- Bemaßen wie dargestellt
- Taste: ESC

- Skizze fertigstellen

6.2.2 Volumenkörper erzeugen

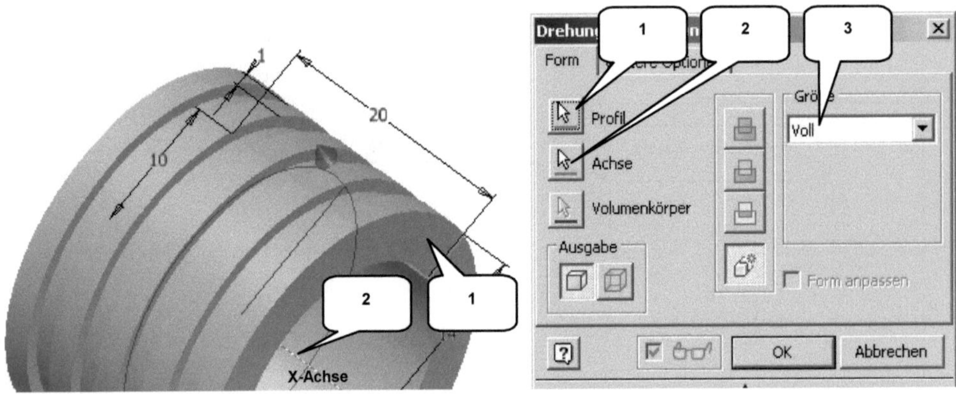

Starten Sie den Befehl Drehung und übernehmen Sie die oben dargestellten Einstellungen. Wenn die Linienkontur korrekt geschlossen gezeichnet wurde, sollte das ***Profil*** (1) automatisch erkannt werden. Als ***Achse*** (2) ist die ***X-Achse*** zu verwenden, als ***Größe*** die Option ***Voll*** (3). Der Befehl kann abschließend mit OK ***OK*** bestätigt werden.

6.2.3 Erzeugen einer Passfederaussparung

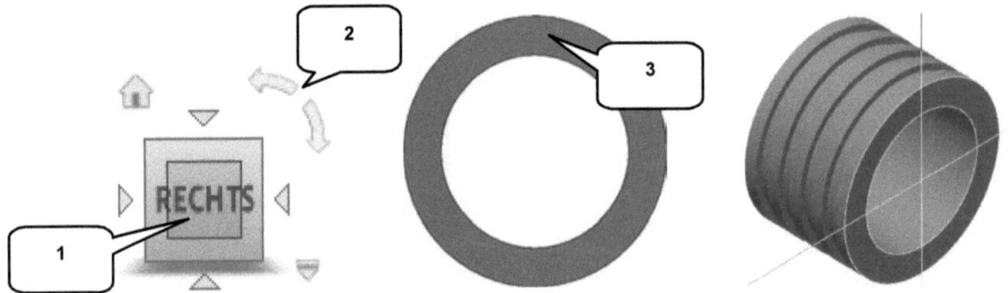

Die Riemenscheibe soll noch um ein Detail ergänzt werden: Um Riemenscheibe und Welle später formschlüssig miteinander verbinden zu können, muss im inneren Bereich der Riemenscheibe Material entfernt werden, wofür eine weitere Skizze zu erzeugen ist. Wechseln Sie am ***ViewCube*** zur Ansicht ***RECHTS*** (1), um die Seitenansicht der Riemenscheibe zu aktivieren.

HINWEIS: Mit dem ***ViewCube*** kann die Ansicht auf ein Objekt geändert werden. Ein einfacher Klick auf eine der Seiten, Ecken oder Kanten aktiviert die jeweilige Ansicht. Bei gedrückter linker Maustaste auf den Würfel und zeitgleichem Bewegen der Maus dreht sich die Ansicht stufenlos. Die beiden Pfeile (2) drehen die Ansicht um jeweils 90°.

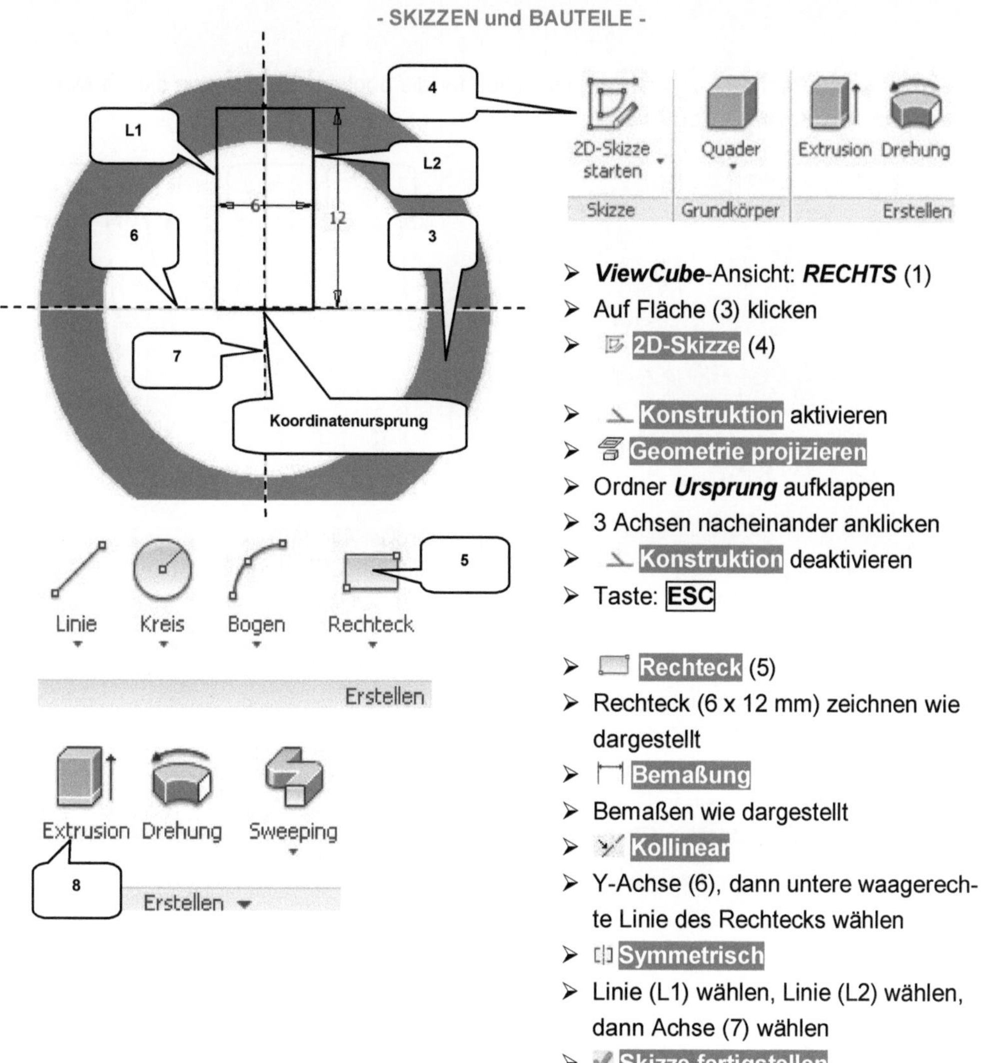

- ➢ ***ViewCube*-Ansicht: *RECHTS*** (1)
- ➢ Auf Fläche (3) klicken
- ➢ **2D-Skizze** (4)

- ➢ **Konstruktion** aktivieren
- ➢ **Geometrie projizieren**
- ➢ Ordner ***Ursprung*** aufklappen
- ➢ 3 Achsen nacheinander anklicken
- ➢ **Konstruktion** deaktivieren
- ➢ Taste: **ESC**

- ➢ **Rechteck** (5)
- ➢ Rechteck (6 x 12 mm) zeichnen wie dargestellt
- ➢ **Bemaßung**
- ➢ Bemaßen wie dargestellt
- ➢ **Kollinear**
- ➢ Y-Achse (6), dann untere waagerechte Linie des Rechtecks wählen
- ➢ **Symmetrisch**
- ➢ Linie (L1) wählen, Linie (L2) wählen, dann Achse (7) wählen
- ➢ **Skizze fertigstellen**

Im folgenden Schritt soll der Befehl **Extrusion** verwendet werden, um das Rechteck linear zu extrudieren (auch dieser Befehl muss bei der ersten Verwendung u. U. zuerst aufgeklappt werden). Verwenden Sie die Option ***Differenz***, um Material in Form des gezeichneten Rechtecks aus dem vorhandenen Volumenkörper zu entfernen.

HINWEIS: Werden in einem Bauteil neue Volumenkörper erstellt, stehen grundsätzlich drei boolesche Operation zur Verfügung: bei der ***Vereinigung*** wird bereits vorhandenes Material um weiteres Material ergänzt, bei der ***Differenz*** wird vorhandenes Material entfernt, und bei der ***Schnittmenge*** bleibt nur die gemeinsame Schnittmenge erhalten.

Als ***Profil*** ist das ***Rechteck*** zu wählen, als Option für die boolesche Operation die ***Differenz*** und als ***Größe*** die Option ***Alle***.

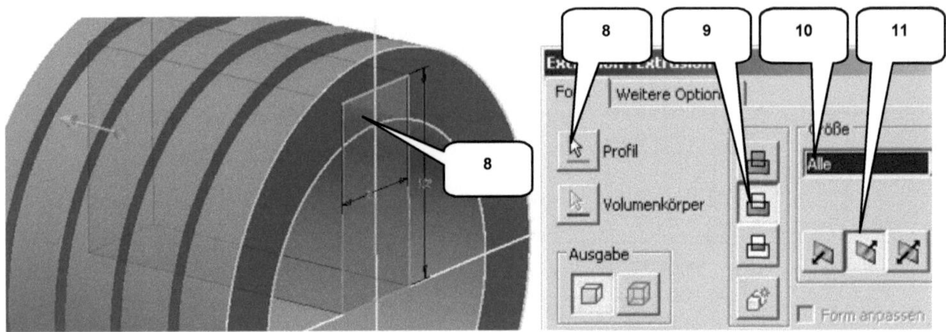

- Extrusion
- Profil: Rechteck (8)
- Verfahren: Differenz (9)
- Größe: Alle (10)
- Richtung: Richtung 2 (11)
- OK ***OK***

Das Bauteil ist im Anschluss daran als ***Kurbelwelle-Riemenrad*** im Projektordner zu ***speichern***. Die Datei soll weiterhin geöffnet bleiben.

HINWEIS: Sollten Sie den Befehl beendet haben und Ihnen im Nachhinein Fehler auffallen, kann die Extrusion durch einen Doppelklick auf ***Extrusion1*** (Browser) korrigiert werden (alternativ: ***rechte Maustaste*** > ***Element bearbeiten***).

6.3 Bauteil: Nockenwelle-Riemenrad

6.3.1 Bearbeiten bereits vorhandener Objekte

Das Bauteil soll jetzt unter einem anderen Namen gespeichert werden. Erweitern Sie das Register ***Datei*** (1), starten Sie den Befehl Speichern unter (2) und speichern Sie das Bauteil als ***Nockenwelle-Riemenrad***.

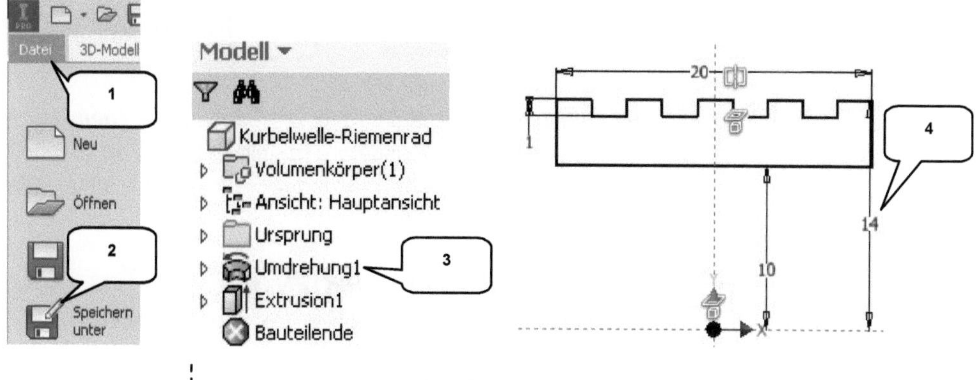

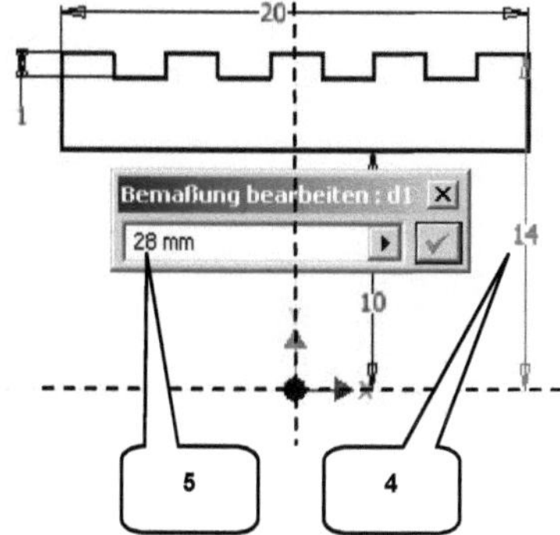

Die Bauteile ***Nockenwelle-Riemenrad*** und ***Kurbelwelle-Riemenrad*** sind grundsätzlich identisch, sie unterscheiden sich lediglich im Außendurchmesser. Klicken Sie mit der ***rechten Maustaste*** im Browser auf die ***Umdrehung1*** (3) und wählen Sie die Option ***Skizze bearbeiten***. Doppelklicken Sie auf das Maß ***14 mm*** (4) und ändern Sie es auf ***28 mm*** (5). Die Taste: ENTER bestätigt die Änderungen, und der Befehl Skizze fertigstellen beendet die Skizze. ***Speichern*** und ***schließen*** Sie die Datei danach.

6.4 Bauteil: Zündkerze

6.4.1 Hinzufügen einer Sechskant-Form

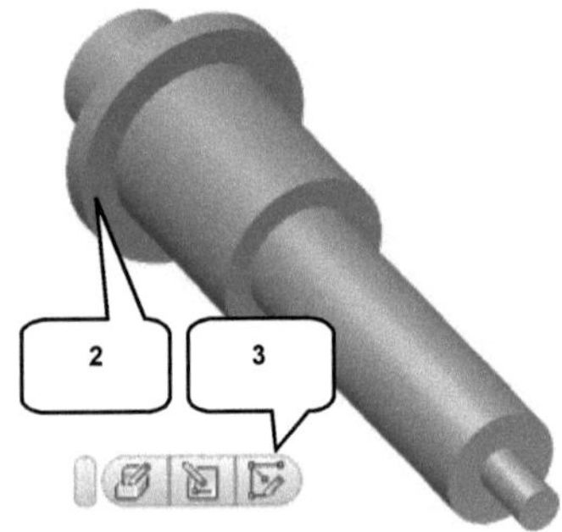

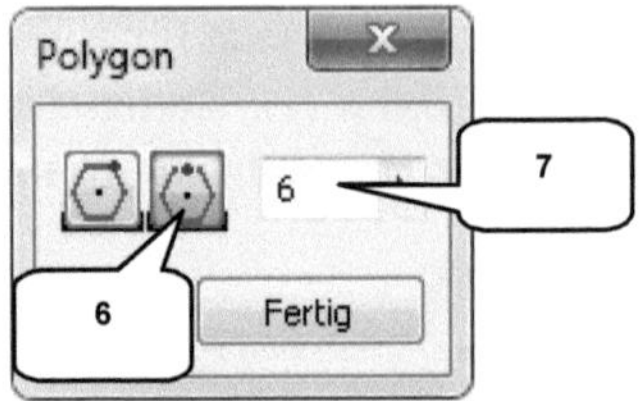

Öffnen Sie im Projektordner die Bauteildatei ***Zuendkerze*** (vorhandene Übungsdatei). Erstellen Sie mit der Schnellstartoption auf der markierten Fläche eine neue ***2D-Skizze***.

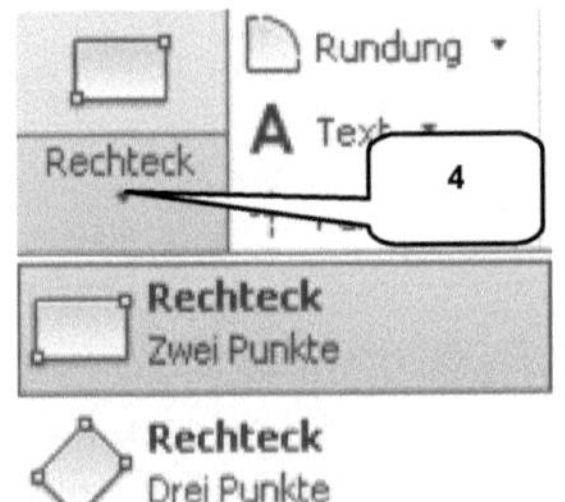

- ***ViewCube***-Ansicht: ***HINTEN*** (1)
- Markierte Fläche mit linker Maustaste anklicken (2)
- Option: 2D-Skizze wählen (3)

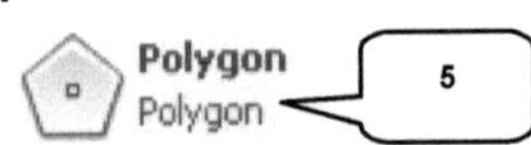

- Konstruktion aktivieren
- Geometrie projizieren
- Ordner ***Ursprung*** aufklappen
- 3 Achsen nacheinander anklicken
- Konstruktion deaktivieren
- Taste: ESC
- Taste: F7 (Skizze aufschneiden)

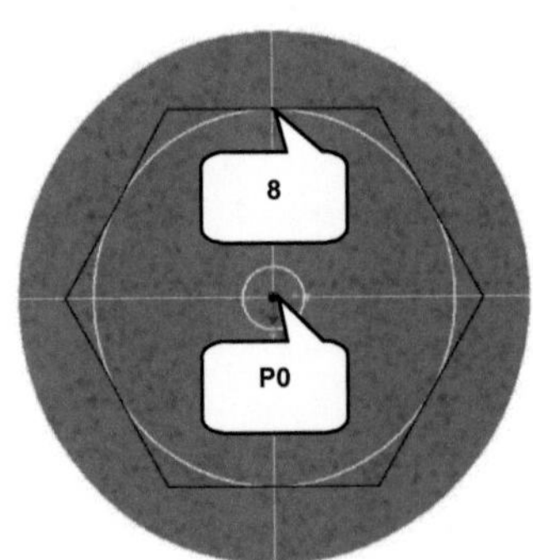

- Befehl Rechteck erweitern (4)
- Polygon (5)
- Option: Umschrieben (6)
- Anzahl der Seiten: [6] (7)
- Mittelpunkt des Polygons mit linker Maustaste im Koordinatenursprung (P0) ablegen
- Zweiten Punkt auf Schnittstelle zwischen dem projizierten Kreis und der X-Achse ablegen (8)
- Skizze fertigstellen

HINWEIS: Mit der Taste: F7 können Sie einen verdeckten Zeichenbereich sichtbar machen. Wenn Sie z. B. innerhalb eines Volumenkörpers zeichnen wollen, können Sie so das Material bis hin zur Skizze ausblenden. Diese Funktion gibt es nur im 2D-Skizzenbereich.

Extrudieren Sie das Polygon jetzt um ***10 mm***.

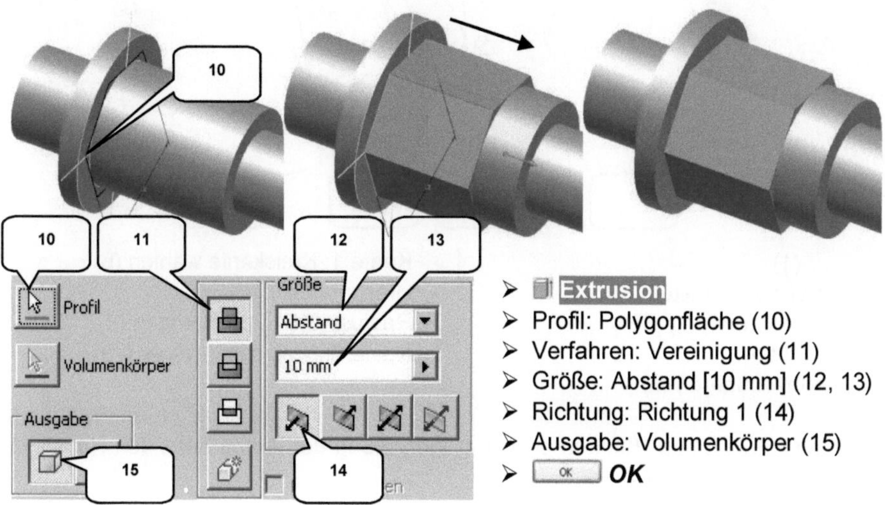

- Extrusion
- Profil: Polygonfläche (10)
- Verfahren: Vereinigung (11)
- Größe: Abstand [10 mm] (12, 13)
- Richtung: Richtung 1 (14)
- Ausgabe: Volumenkörper (15)
- OK ***OK***

6.4.2 Abrunden des Isolators

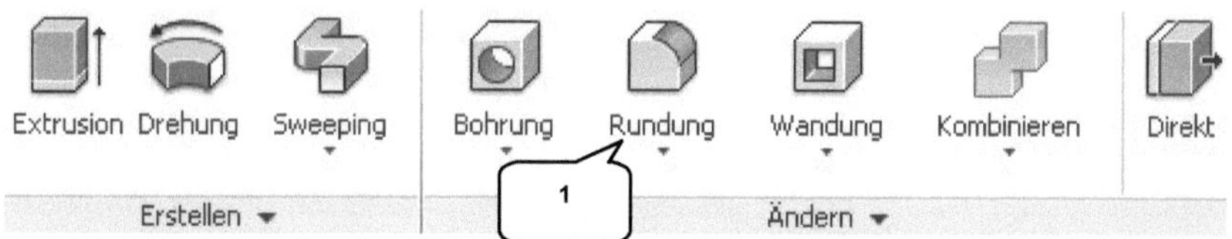

Mit dem Befehl Rundung (1) können Kanten/ Ecken mit konstanten oder variablen Rundungen versehen werden. Starten Sie den Befehl und erweitern Sie u. U. das Befehlsfenster (2). Im Eingabebereich ist in der ersten Zeile der Radius ***1 mm*** einzutragen und die markierte Kreiskante der Zündkerze zu wählen.

Anschließend ist die Option ***Hinzu: Klicken*** zu aktivieren und in der zweiten Zeile der Radius ***0,5 mm*** einzutragen. Als Kante ist die markierte Kreiskante zu wählen.

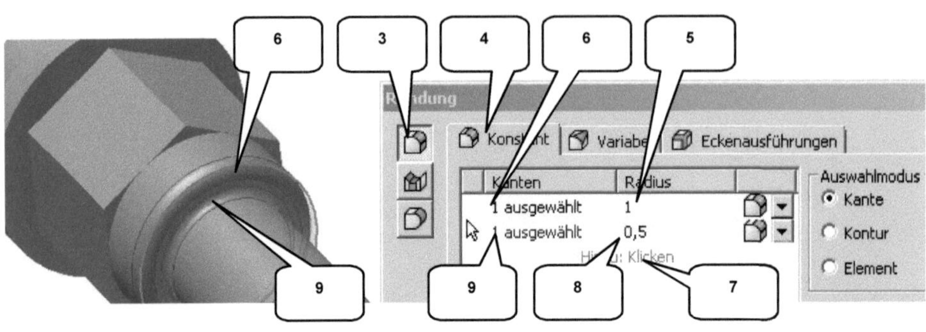

- Rundung (1)
- Befehlsfenster ggf. erweitern (2)
- Option: Kantenabrundung (3)
- Reiter: Konstant (4)
- Radius: [1 mm] eintragen (5)

- Kante 1: Kreiskante wählen (6)
- Hinzu: Klicken (7)
- Radius: [0,5 mm] eintragen (8)
- Kante 2: Kreiskante wählen (9)

Wählen Sie die Option ***Hinzu: Klicken*** erneut, tragen Sie in der dritten Zeile den Radius ***2 mm*** ein und wählen Sie die markierte Kreiskante.

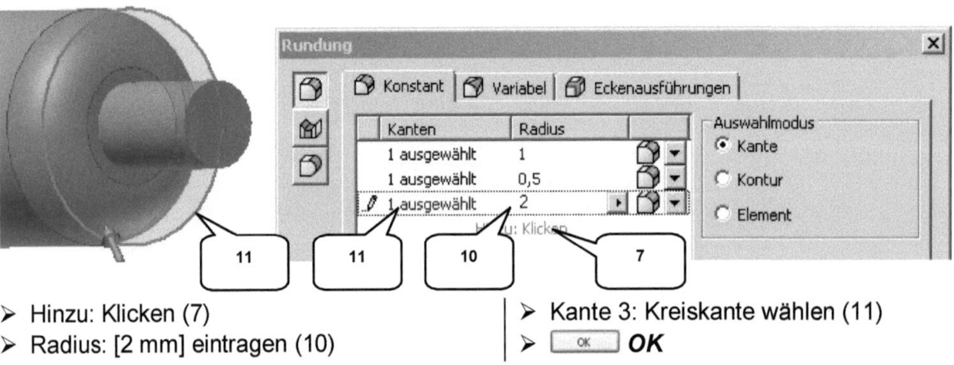

- Hinzu: Klicken (7)
- Radius: [2 mm] eintragen (10)

- Kante 3: Kreiskante wählen (11)
- OK ***OK***

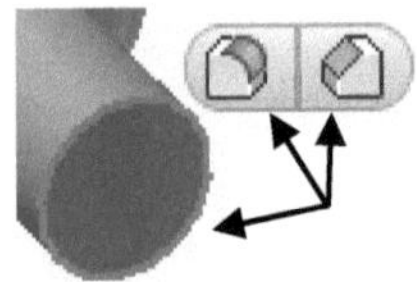

HINWEIS: Der Klick mit der linken Maustaste auf die Kante eines Volumenkörpers oder Flächenelements öffnet eine Schnellauswahl. Hier werden die beiden Befehle Rundung und Fase angeboten, die darüber direkt gestartet werden können. Eine Schnellauswahl mit anderen Möglichkeiten steht auch bei anderen geometrischen Formen zur Verfügung!

6.4.3 Gewinde an vorhandenen Zylinderflächen erzeugen

Starten Sie den Befehl Gewinde (Befehlsgruppe ***Ändern***) (1). Hiermit können glatte zylindrische und kegelförmige Oberflächen in Gewindeflächen konvertiert werden.

Anhand der ausgewählten Geometrie von Zylinder oder Kegel ermittelt das Programm automatisch die passende Gewindegröße. Spezifische Daten zum Gewinde (Gewindetyp und -länge, Gewindesteigung, Gewinderichtung) können frei definiert werden. Wählen Sie als ***Fläche*** die markierte Zylinderfläche und übernehmen Sie die Einstellungen im Reiter ***Spezifikation***.

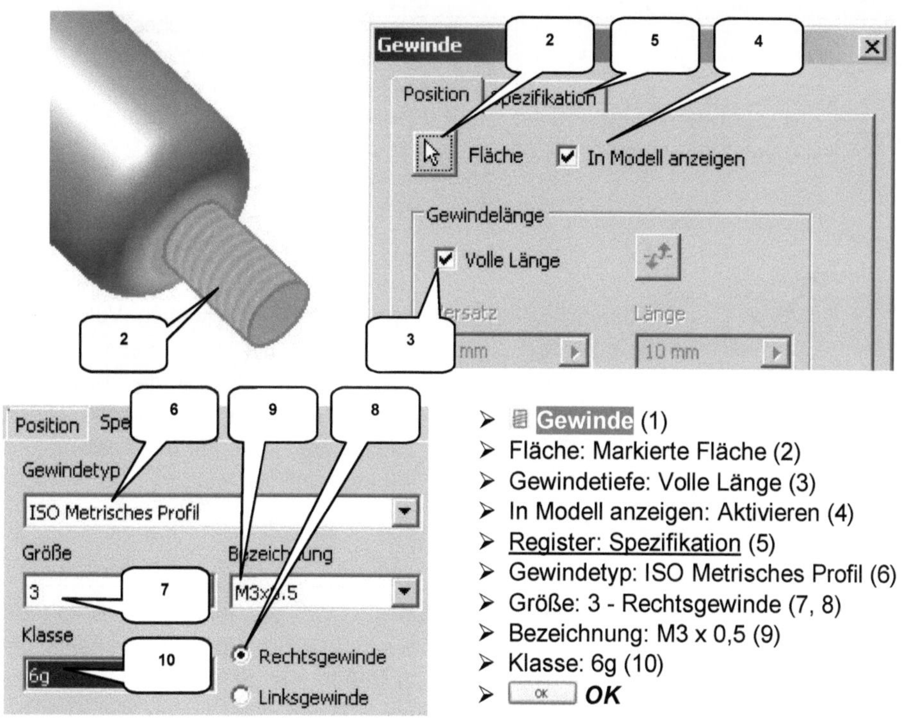

- Gewinde (1)
- Fläche: Markierte Fläche (2)
- Gewindetiefe: Volle Länge (3)
- In Modell anzeigen: Aktivieren (4)
- Register: Spezifikation (5)
- Gewindetyp: ISO Metrisches Profil (6)
- Größe: 3 - Rechtsgewinde (7, 8)
- Bezeichnung: M3 x 0,5 (9)
- Klasse: 6g (10)
- OK ***OK***

Auf der entgegengesetzten Seite der Zündkerze wird ein weiteres Gewinde benötigt.

HINWEIS: Um Gewinde erstellen zu können, muss Microsoft® Excel® installiert sein.

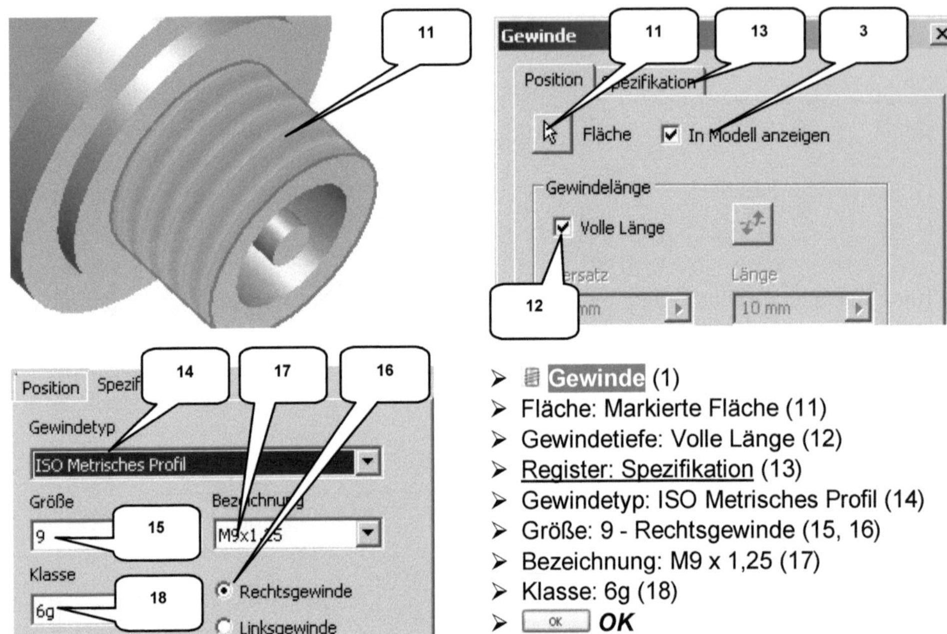

- Gewinde (1)
- Fläche: Markierte Fläche (11)
- Gewindetiefe: Volle Länge (12)
- <u>Register: Spezifikation</u> (13)
- Gewindetyp: ISO Metrisches Profil (14)
- Größe: 9 - Rechtsgewinde (15, 16)
- Bezeichnung: M9 x 1,25 (17)
- Klasse: 6g (18)
- OK ***OK***

6.4.4 Erzeugen einer Fase

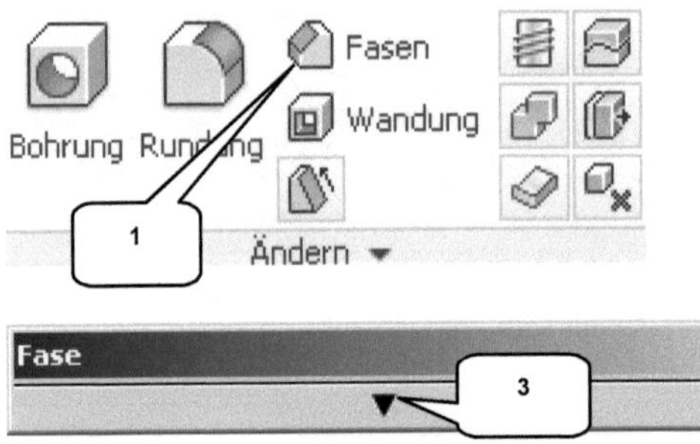

Mit dem Befehl Fase (Befehlsgruppe ***Ändern***) (1) können Volumenkörperkanten mit einer Fase versehen werden. Die Größe der Fase kann entweder durch die Vorgabe zweiter Abstände oder durch Abstand und Winkel definiert werden.

<u>HINWEIS</u>: Nachdem der Befehl Fase gestartet wurde, finden Sie an der zu bearbeitenden Kante einen kleinen ***Pfeil*** (2). Sie haben die Möglichkeit, an diesem Pfeil zu ziehen und die Fase dadurch zu ändern. Diese Option der manuellen Bearbeitung finden Sie auch bei anderen 3D-Befehlen (wie z. B. der Rundung).

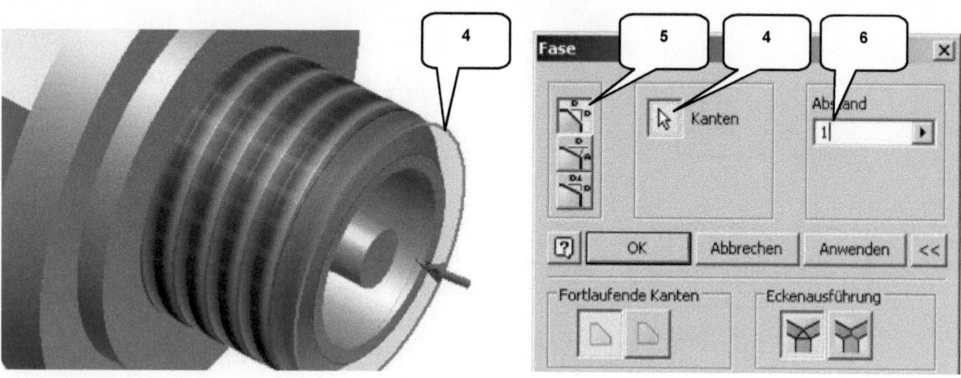

- Fase (1)
- Befehl ggf. erweitern (3)
- Kante: Kreiskante wählen (4)
- Option: Abstand (5)
- Abstand: [1 mm] (6)
- OK ***OK***

Speichern und ***schließen*** Sie die Datei abschließend.

6.5 Bauteil: Kolben

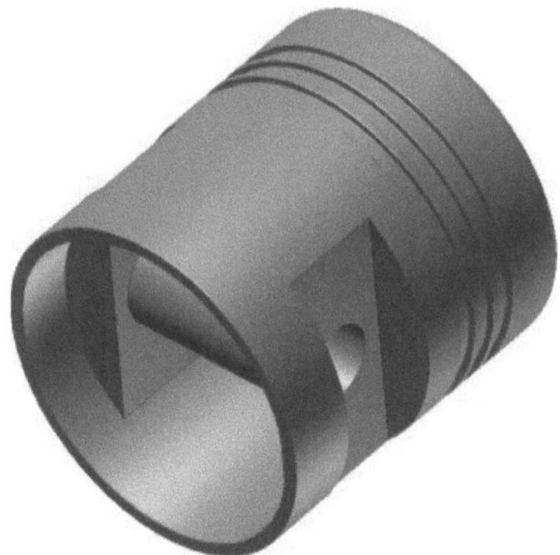

6.5.1 Basisskizze zeichnen und in einen Volumenkörper konvertieren

Auch der Kolben soll als Rotationsteil konstruiert werden.

Starten Sie den Befehl Neu (Befehlsgruppe ***Starten***) und verwenden Sie die Vorlage ***Norm.ipt***.

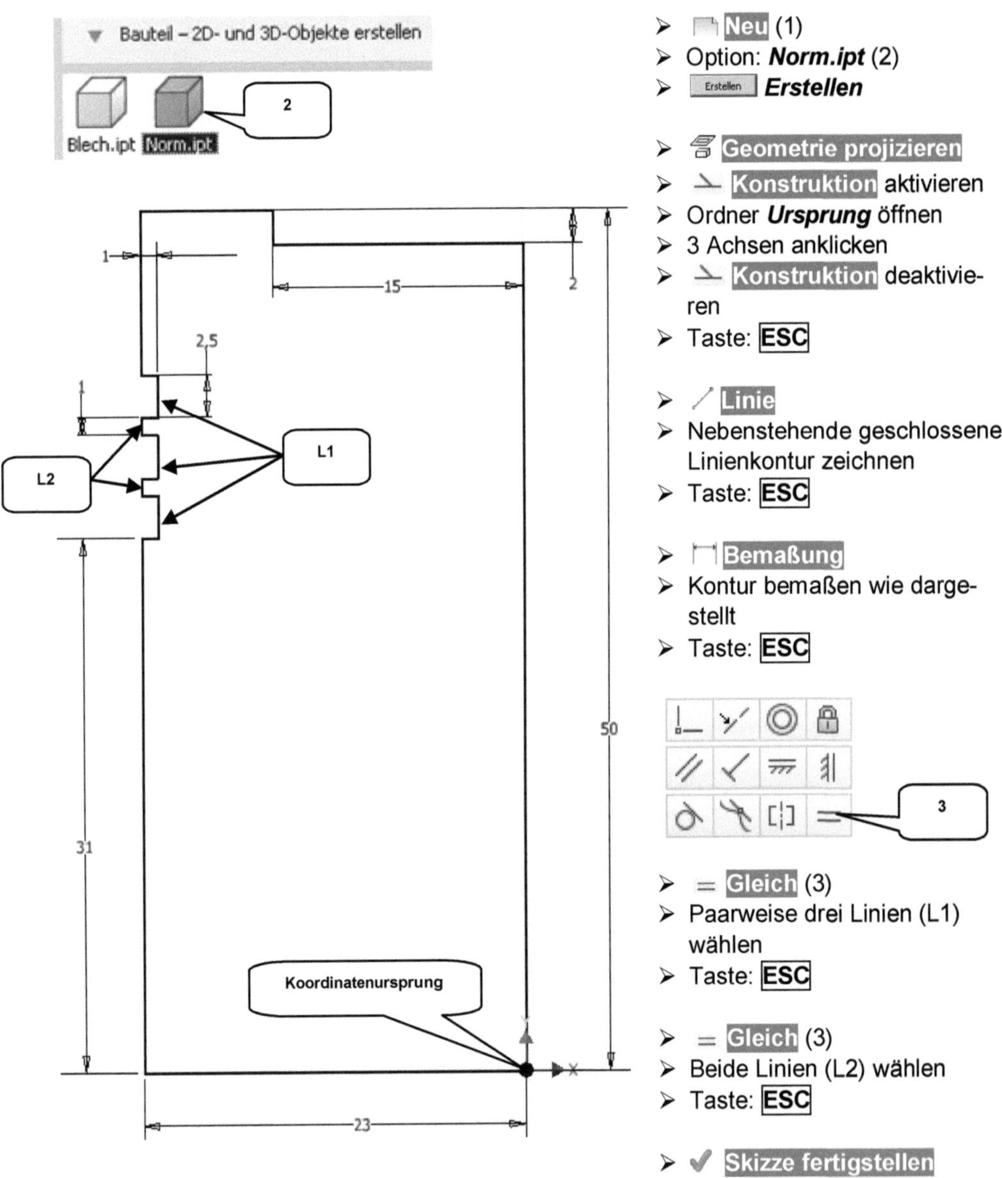

- Neu (1)
- Option: ***Norm.ipt*** (2)
- Erstellen ***Erstellen***

- Geometrie projizieren
- Konstruktion aktivieren
- Ordner ***Ursprung*** öffnen
- 3 Achsen anklicken
- Konstruktion deaktivieren
- Taste: ESC

- Linie
- Nebenstehende geschlossene Linienkontur zeichnen
- Taste: ESC

- Bemaßung
- Kontur bemaßen wie dargestellt
- Taste: ESC

- Gleich (3)
- Paarweise drei Linien (L1) wählen
- Taste: ESC

- Gleich (3)
- Beide Linien (L2) wählen
- Taste: ESC

- Skizze fertigstellen

Zurück im Register ***3D-Modell*** soll die soeben erzeugte Kontur in einen Volumenkörper konvertiert werden.

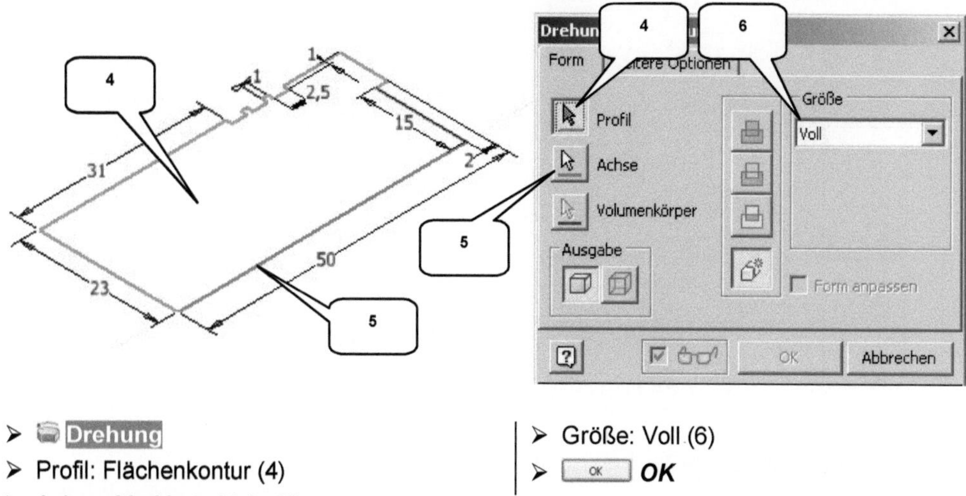

- Drehung
- Profil: Flächenkontur (4)
- Achse: Markierte Linie (5)

- Größe: Voll (6)
- OK **OK**

6.5.2 Aussparungen für den Kolbenbolzen einfügen

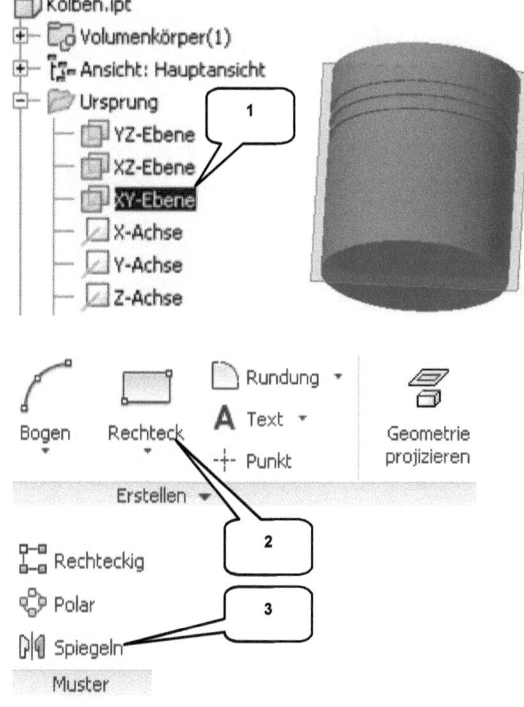

Erstellen Sie auf der ***XY-Ebene*** eine neue Skizze und zeichnen Sie die folgende Kontur.

- XY-Ebene markieren (1)

- 2D-Skizze
- Taste: F7 (Skizze aufschneiden)

- Geometrie projizieren
- Konstruktion aktivieren
- Ordner ***Ursprung*** öffnen
- 3 Achsen anklicken
- Konstruktion deaktivieren
- Taste: ESC

- Rechteck (2)
- Rechteck zeichnen (15 x 10 mm) mit 10 mm Abstand zur X-Achse und 15 mm Abstand zur Y-Achse

- Skizze fertigstellen

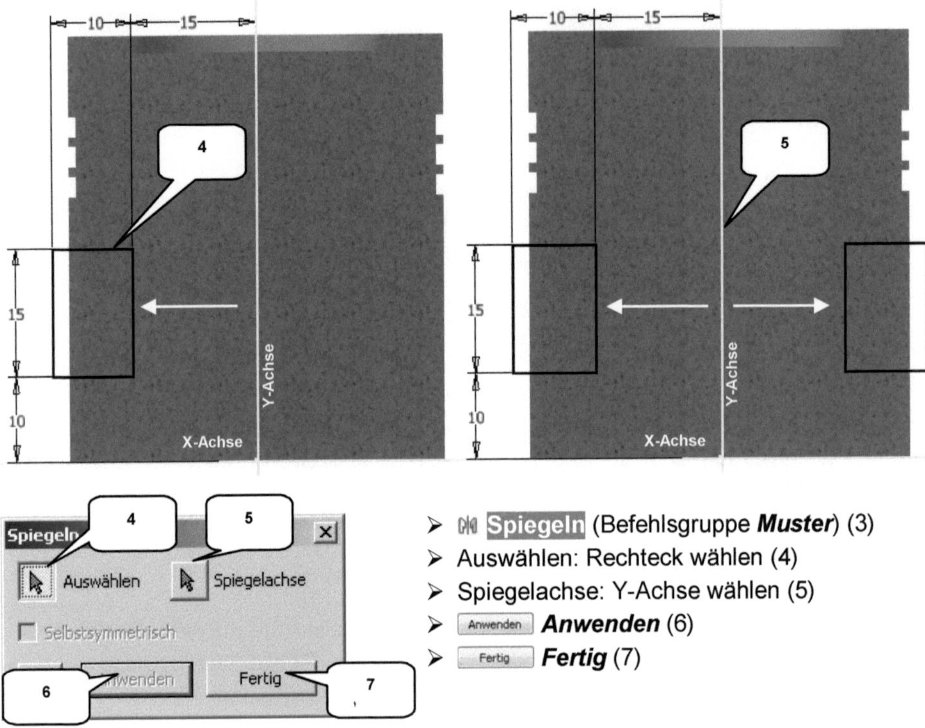

- **Spiegeln** (Befehlsgruppe ***Muster***) (3)
- Auswählen: Rechteck wählen (4)
- Spiegelachse: Y-Achse wählen (5)
- [Anwenden] ***Anwenden*** (6)
- [Fertig] ***Fertig*** (7)

Entfernen Sie die beiden Rechtecke vom vorhandenen Volumenkörper.

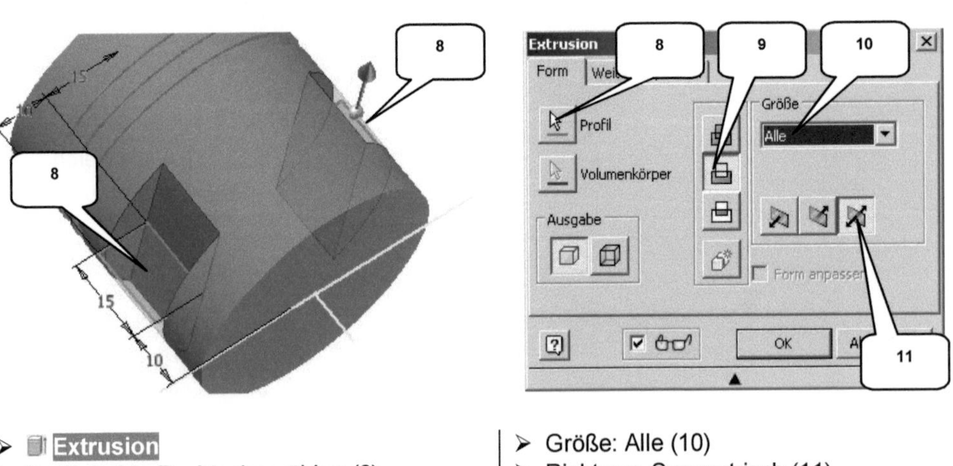

- **Extrusion**
- Profil: Beide Rechtecke wählen (8)
- Verfahren: Differenz (9)
- Größe: Alle (10)
- Richtung: Symmetrisch (11)
- [OK] ***OK***

6.5.3 Einen Zylinder als Grundkörper erstellen

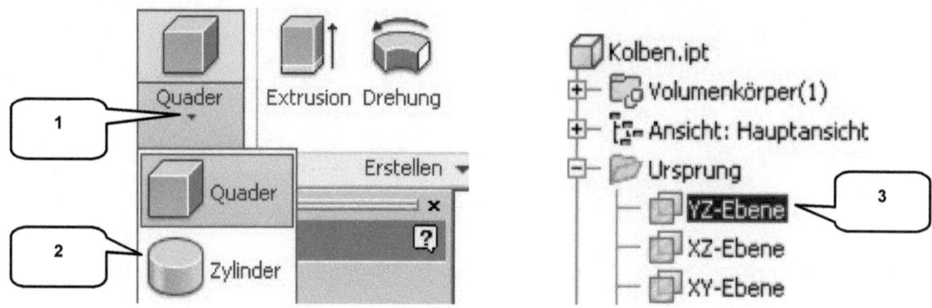

Die ***Grundkörper*** vereinfachen das Konstruieren geometrischer Elemente von z. B. Quader, Zylinder, Kugel oder Torus. Im folgenden Schritt soll ein Zylinder konstruiert werden, mit dessen Hilfe Material aus dem vorhandenen Volumenkörper entfernt wird. Erweitern Sie den Befehl Quader (1) und starten Sie den Befehl Zylinder (2).

Zur Definition der Startebene klicken Sie im Browser auf die ***YZ-Ebene*** (3). Der Mittelpunkt des Basiskreises soll per Tastatureingabe (X- und Y- Koordinaten) definiert werden, wobei Sie mit der Taste: TAB in den jeweiligen Eingabebereich gelangen. Mit der Taste: ENTER bestätigen Sie den Befehl. Folgen Sie der Befehlskette und geben Sie dem Programm weiterhin die Koordinaten für Kreismittelpunkt und Durchmesser vor.

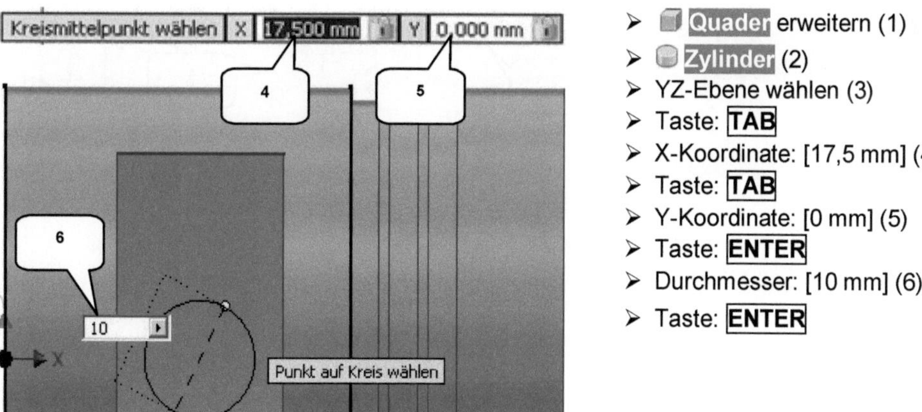

- Quader erweitern (1)
- Zylinder (2)
- YZ-Ebene wählen (3)
- Taste: TAB
- X-Koordinate: [17,5 mm] (4)
- Taste: TAB
- Y-Koordinate: [0 mm] (5)
- Taste: ENTER
- Durchmesser: [10 mm] (6)
- Taste: ENTER

Nach der letzten Eingabe wechselt das Programm automatisch in den 3D-Modellbereich, wo der Zylinder erstellt und aus dem vorhandenen Volumenkörper entfernt werden soll.

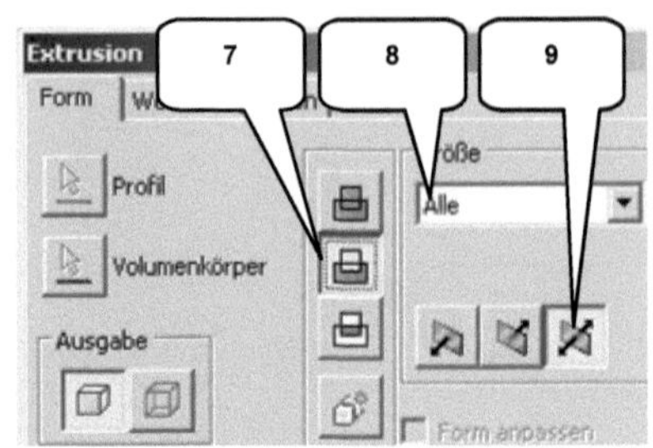

- Profil: (Automatisch)
- Verfahren: Differenz (7)
- Größe: Alle (8)
- Richtung: Symmetrisch (9)
- OK

6.5.4 Abrunden des oberen Kolbenbereiches

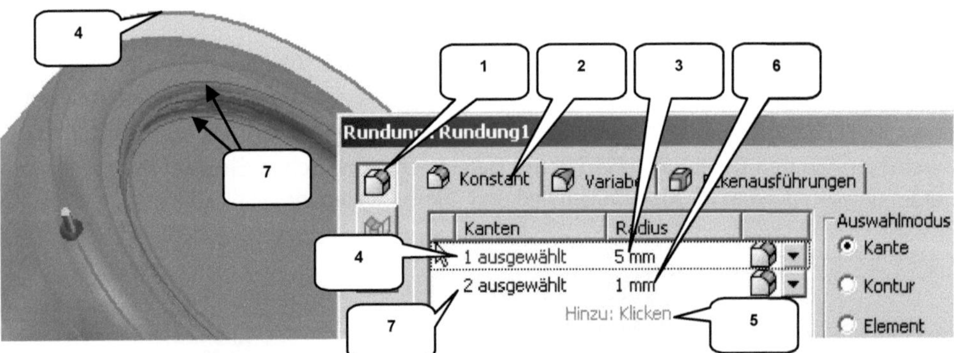

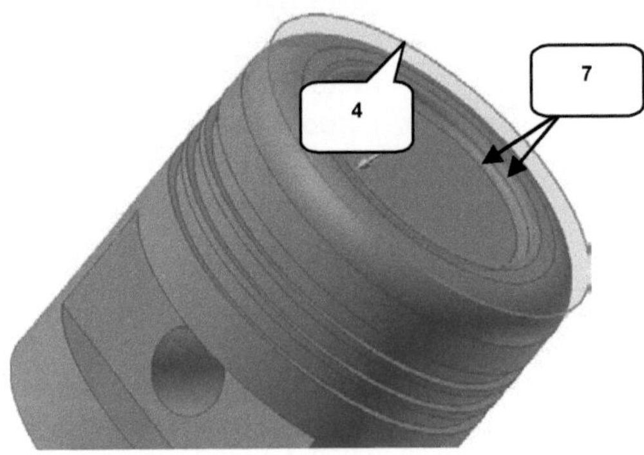

Der Kolben soll drei Rundungen erhalten, wobei die Einstellungen der oberen Abbildung zu verwenden sind.

- Rundung
- Kantenabrundung (1)
- Reiter: Konstant (2)
- Erste Zeile: Radius [5 mm] (3)
- Erste Zeile: Markierte Kante wählen (4)
- Hinzu: Klicken (5)
- Zweite Zeile: Radius [1 mm] (6)
- Zweite Zeile: Markierte Kanten (7)
- OK

6.5.5 Erzeugen einer Wandung

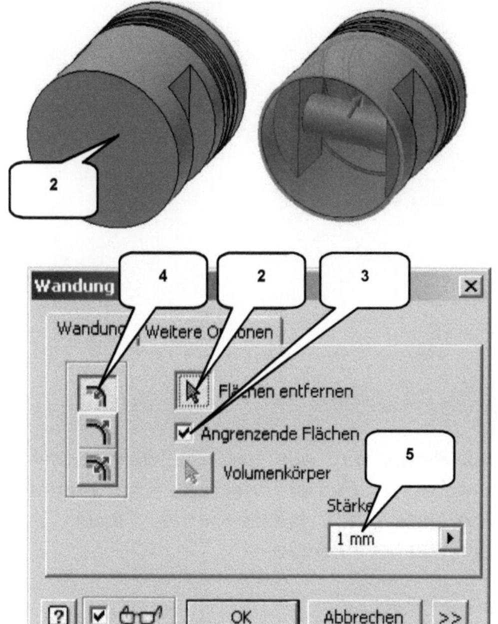

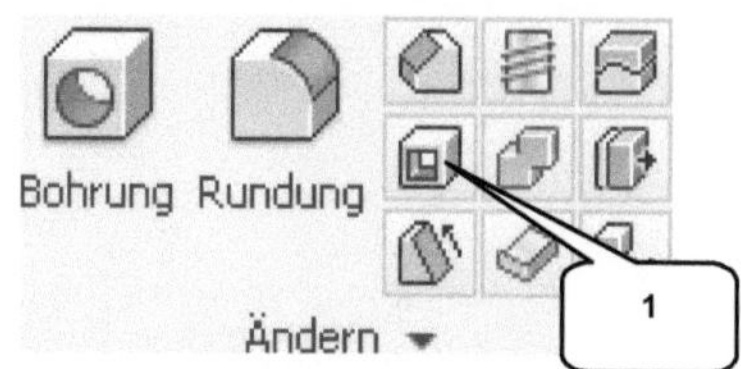

Der Befehl **Wandung** (1) entfernt Material im Inneren eines Körpers und erzeugt damit einen Hohlkörper. Einzelne Wandstärken können separat definiert und Flächen komplett entfernt werden.

- **Wandung** (1)
- Flächen entfernen: Markierte Fläche wählen (2)
- Aktivieren: Angrenzende Flächen (3)
- Richtung: Innerhalb (4)
- Stärke: [1 mm] (5)
- OK ***OK***

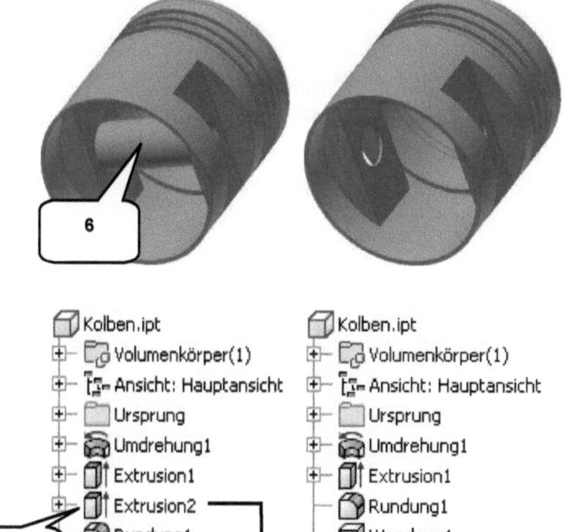

Da die Querbohrung ebenfalls mit einer Materialstärke versehen wurde, hat dies ein Rohrsegment im Inneren des Kolbens als unerwünschtes Ergebnis zur Folge (6). Um diesen Fehler zu korrigieren, kann ein einfacher Trick angewandt werden:

Schieben Sie im Browser die markierte ***Extrusion2*** (7) bei gedrückter linker Maustaste zwischen den Arbeitsschritt ***Wandung*** und das ***Bauteilende*** auf Position (8). Das Programm berechnet die neue Konstruktion und entfernt das fehlerhafte Material. Das Bauteil kann jetzt ***gespeichert*** (Bezeichnung ***Kolben***) und anschließend ***geschlossen*** werden.

6.6 Bauteile: Pleuel-Oberseite und Pleuel-Unterseite

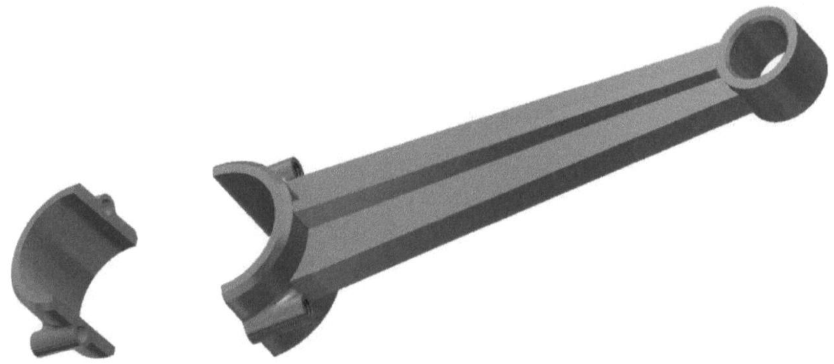

6.6.1 Erzeugen des Basiskörpers

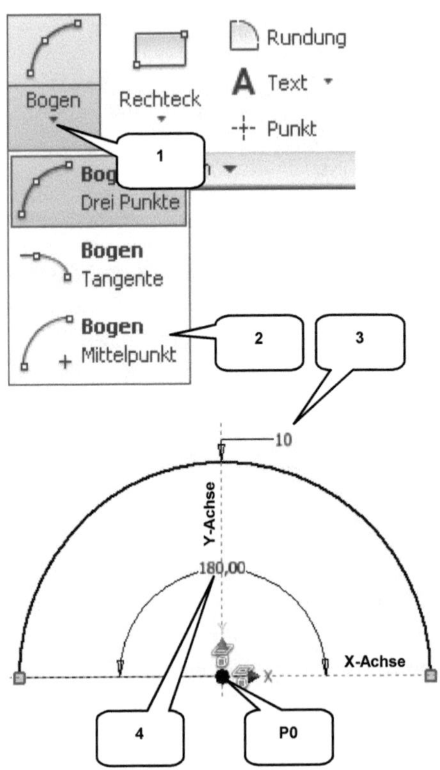

Das ***Pleuel*** wird aus zwei Bauteilen zusammengesetzt: ***Pleuel-Unterseite*** und ***Pleuel-Oberseite***. Die Unterseite des Pleuels ist zuerst zu konstruieren.

- Neu
- ***Norm.ipt***
- ***Erstellen***

- Geometrie projizieren
- Konstruktion aktivieren
- Ordner ***Ursprung*** öffnen
- 3 Achsen anklicken
- Konstruktion deaktivieren
- Taste: ESC

- Befehl Bogen erweitern (1)
- Bogen durch Mittelpunkt (2)
- Auf Koordinatenursprung klicken (P0)
- Maus auf X-Achse nach links ziehen
- Radius: [10 mm] eingeben (3)
- Taste: ENTER
- Maus in gerader Linie nach oben ziehen
- Winkel: [180°] eingeben (4)
- Taste: ENTER

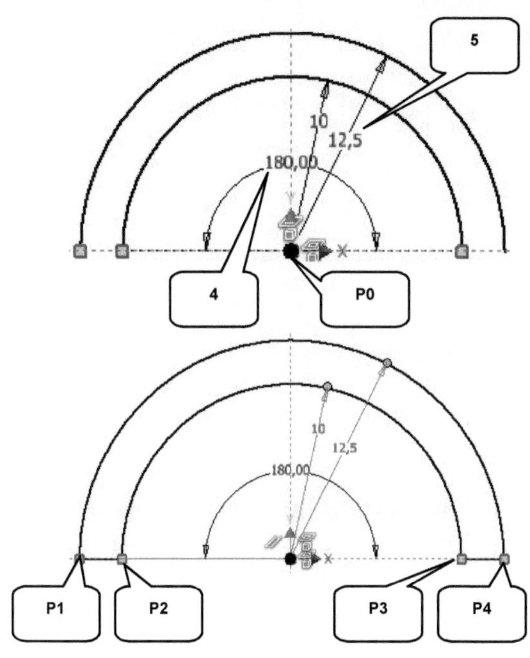

- Bogen durch Mittelpunkt (2)
- Auf Koordinatenursprung klicken (P0)
- Maus <u>auf X-Achse nach links</u> ziehen
- Radius: [12,5 mm] eingeben (5)
- Taste: **ENTER**
- Maus <u>oberhalb der X-Achse</u> positionieren, <u>ohne</u> zu klicken
- Winkel: [180°] eingeben (4)
- Taste: **ENTER**
- Taste: **ESC**

- Linie
- Punkt (P1) anklicken (Start erste Linie)
- Punkt (P2) anklicken (Ende erste Linie)
- Punkt (P3) anklicken (Start zweite Linie)
- Punkt (P4) anklicken (Ende zweite Linie)
- Taste: **ESC**
- Skizze fertigstellen

Zurück im Register ***3D-Modell*** soll die gezeichnete Fläche symmetrisch um ***18 mm*** in einen Volumenkörper extrudiert werden. Folgen Sie der Befehlskette und übernehmen Sie die abgebildeten Einstellungen:

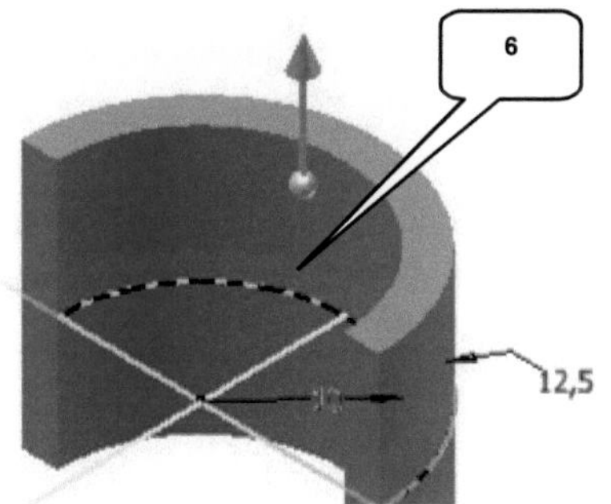

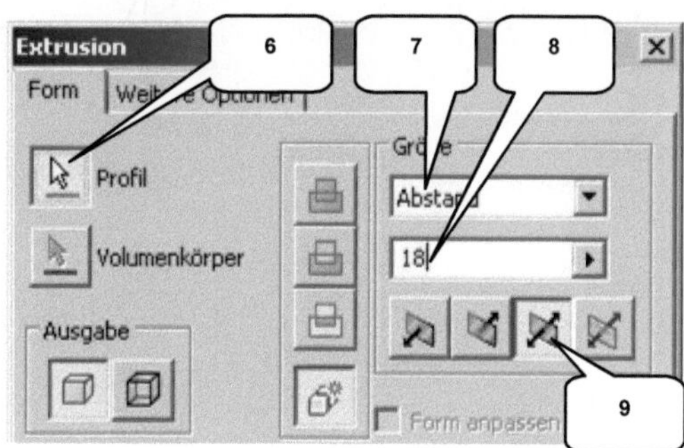

- Extrusion
- Profil: Fläche (6)
- Verfahren: (Automatisch)

- Größe: Abstand [18 mm] (7, 8)
- Richtung: Symmetrisch (9)
- OK ***OK***

6.6.2 Befestigungslaschen für eine Schraubverbindung

Der vorhandene Volumenkörper ist um zwei Befestigungslaschen zu ergänzen.

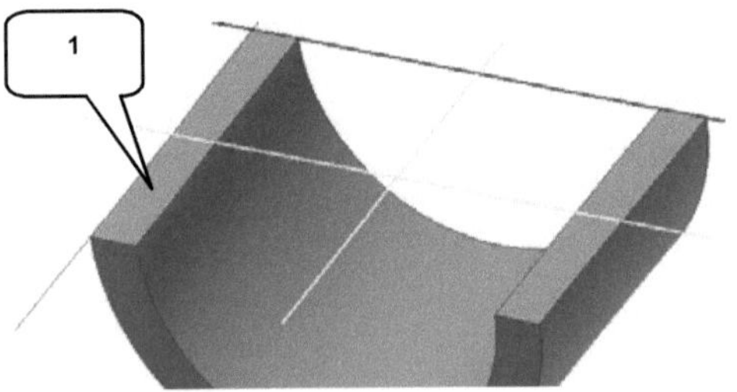

- 2D-Skizze
- Markierte Fläche (1) wählen

- Geometrie projizieren
- Konstruktion aktivieren
- Ordner ***Ursprung*** öffnen
- 3 Achsen anklicken
- Konstruktion deaktivieren
- Taste: ESC

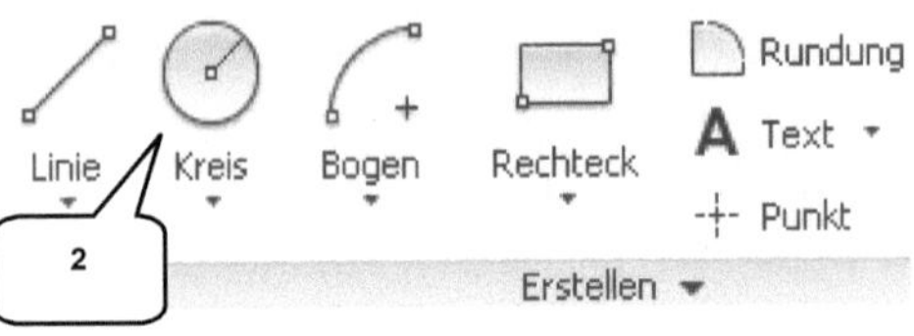

- Kreis (2)
- 1. Kreismittelpunkt an Pos. (3) ablegen (Schnittpunkt zwischen linker projizierter Körperkante und X-Achse)
- Durchmesser: [4,5 mm] eingeben (4)
- Taste: ENTER
- 2. Kreismittelpunkt an Pos. (5) ablegen (Schnittpunkt zwischen rechter projizierter Körperkante und X-Achse)
- Durchmesser: [4,5 mm] eingeben (6)
- Taste: ENTER
- Taste: ESC

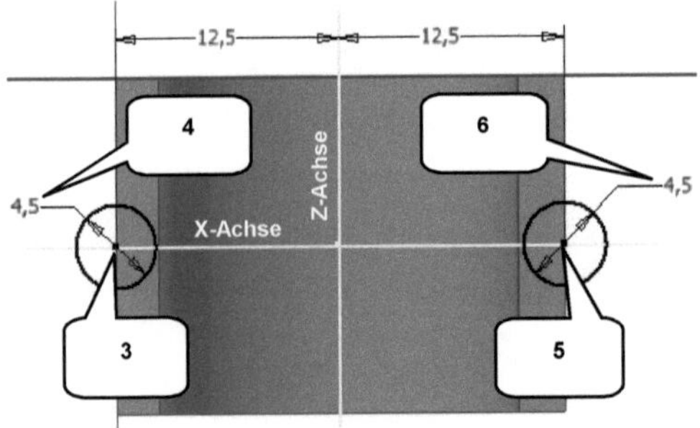

- Skizze fertigstellen

Extrudieren Sie die beiden Kreise jetzt ***10 mm*** in die dargestellte Richtung.

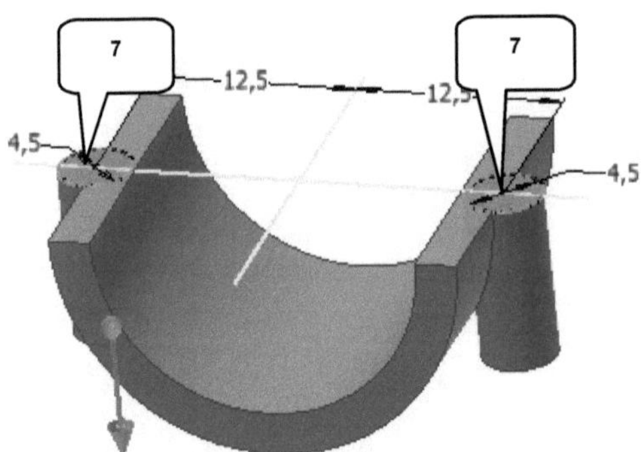

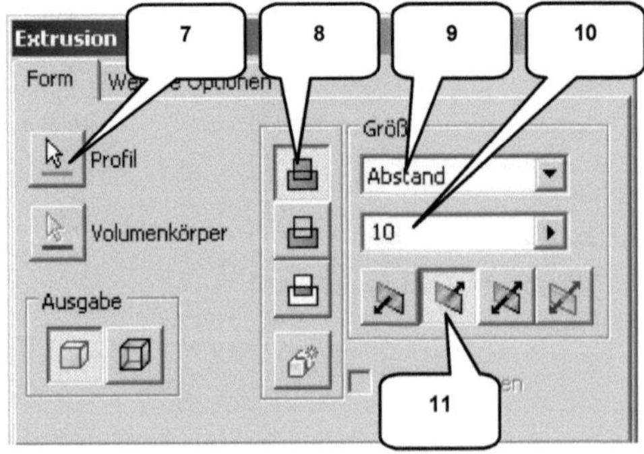

- Extrusion
- Profil: Beide Kreisflächen wählen (7)
- Verfahren: Vereinigung (8)
- Größe: Abstand [10 mm] (9, 10)
- Richtung: Richtung 2 (11)
- OK

6.6.3 Bohren der ersten Lasche

Bohren Sie die beiden zuletzt erstellten Zylinder und verwenden Sie dabei eine einfache Bohrung ohne Gewinde mit einem Bohrungsdurchmesser von ***3 mm***.

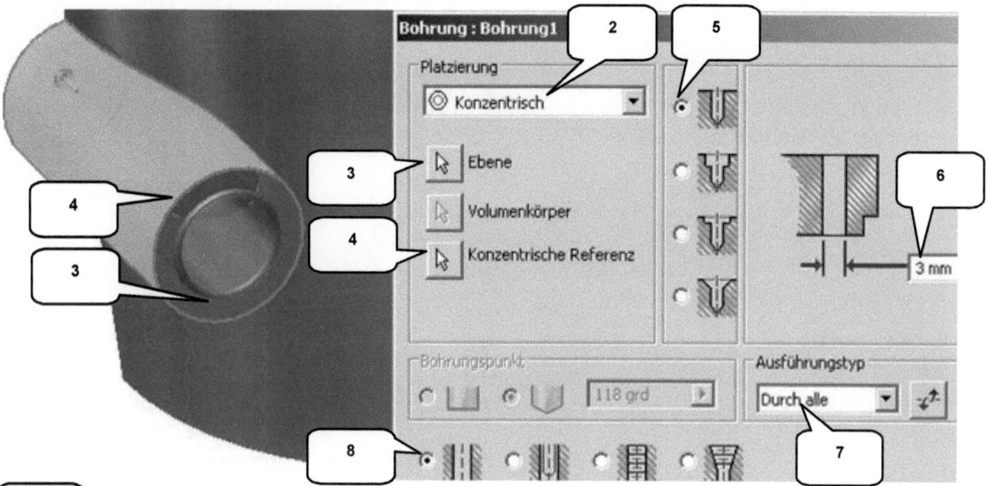

- Bohrung (1)
- Platzierung: Konzentrisch (2)
- Ebene: Markierte Fläche (3)
- Konzentrische Referenz: Zylinderkante (4)
- Typ: Bohren (5)
- Durchmesser: [3 mm] (6)
- Ausführungstyp: Durch alle (7)
- Gewinde: Nein (einfache Bohrung) (8)
- ***OK***

Dieselbe Bohrung ist danach im zweiten Zylinder (9) zu erzeugen.

6.6.4 Fasen und Runden der unteren Schale

Die untere Schale des Pleuels soll abschließend gefast und auch gerundet werden.

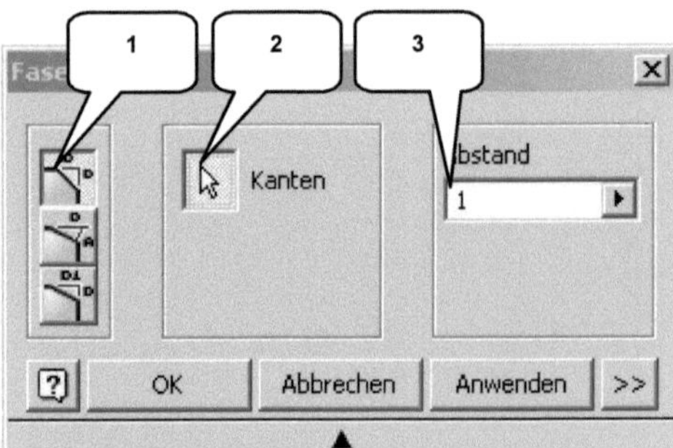

- Fase
- Option: Abstand (1)
- Kante: Markierte Kanten wählen (2)
- Abstand: [1 mm] (3)
- OK

- Rundung
- Typ: Kantenabrundung (4)
- Option: Konstant (5)
- Kanten: Beide markierte Kanten (6)
- Radius: [1 mm] (7)
- OK

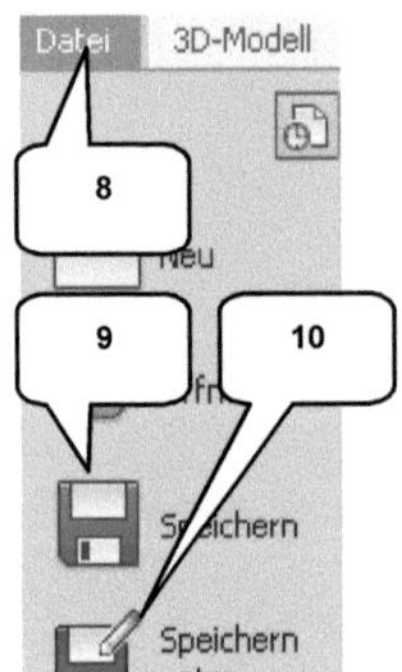

Öffnen Sie das das Register ***Datei***, ***Speichern*** Sie das Bauteil als ***Pleuel-Unterseite*** und ***speichern*** Sie das Bauteil noch einmal ***unter*** der Bezeichnung ***Pleuel-Oberseite***.

- Register: Datei (8)
- Speichern (9)
- Dateiname: ***Pleuel-Unterseite***

- Register: Datei (8)
- Speichern unter (10)
- Dateiname: ***Pleuel-Oberseite***

6.6.5 Bohrung mit Gewinde versehen

Um das Bauteil ***Pleuel-Oberseite*** zu vervollständigen, soll im ersten Schritt den beiden Bohrungen jeweils ein Gewinde hinzugefügt werden.

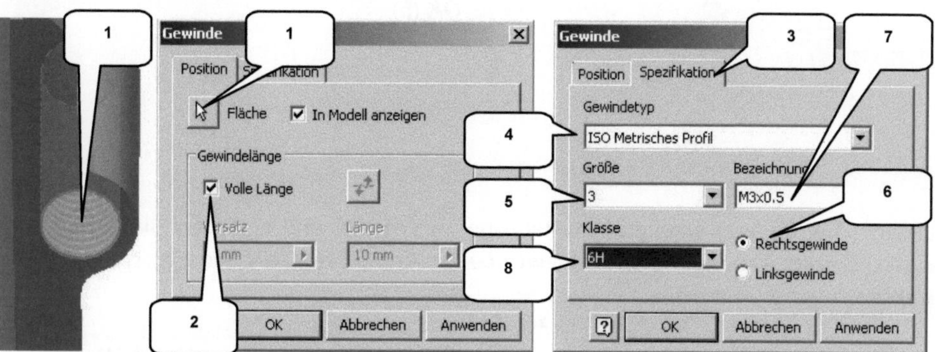

- Gewinde
- Fläche: Markierte Bohrungsfläche (1)
- Gewindetiefe: Volle Länge (2)
- Register: Spezifikation (3)
- Gewindetyp: ISO Metrisches Profil (4)
- Größe: 3 - Rechtsgewinde (5, 6)
- Bezeichnung: M3 x 0,5 (7)
- Klasse: 6H (8)
- OK ***OK***

Wiederholen Sie den Befehl bei der zweiten Bohrung auf der gegenüberliegenden Seite.

HINWEIS: Der Befehl Gewinde ermöglicht jeweils nur die Erstellung eines einzelnen Gewindes. Mehrere Gewinde sind nacheinander zu erzeugen.

6.6.6 Erzeugen einer neuen Arbeitsebene

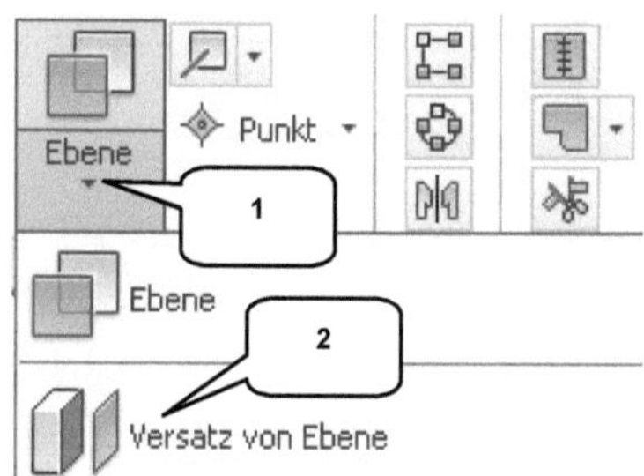

Für den folgenden Arbeitsschritt ist es erforderlich, vorab eine neue Arbeitsebene zu erzeugen, um dann darauf eine neue Skizze platzieren zu können.

Erweitern Sie den Befehl Ebene (Befehlsgruppe ***Arbeitselemente***)und starten Sie den Befehl Versatz von Ebene. Parallel zu einer bereits vorhandenen Fläche des Volumenkörpers soll in einem Abstand von ***12,5 mm*** eine weitere Arbeitsebene erzeugt werden.

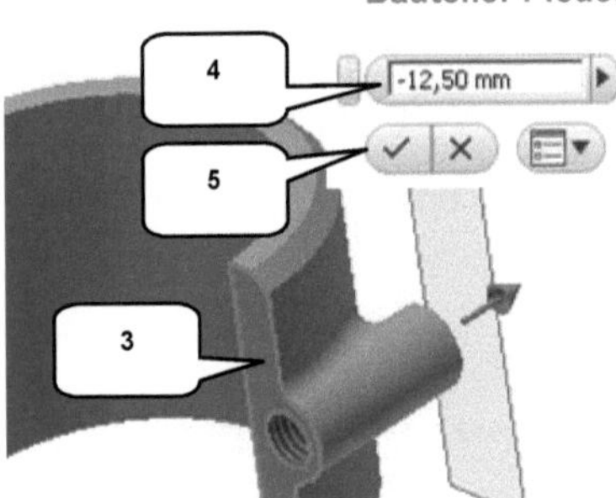

- Befehl Ebene erweitern (1)
- Versatz von Ebene (2)
- Markierte Fläche wählen (3)
- Abstand: [-12,5 mm] eingeben (4)
- ***OK*** (5)

6.6.7 Unterer Pleuelschaftbereich

Markieren Sie die neu erzeugte Arbeitsebene im Browser und erzeugen Sie darauf eine neue 2D-Skizze. Aktivieren Sie am ***ViewCube*** die Ansicht ***HINTEN*** und folgen Sie der Befehlskette.

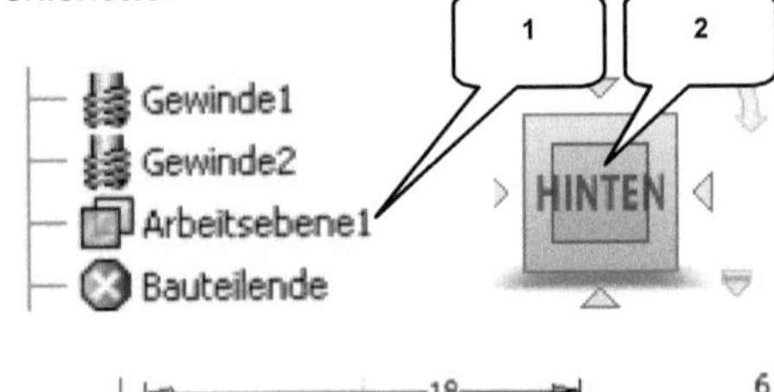

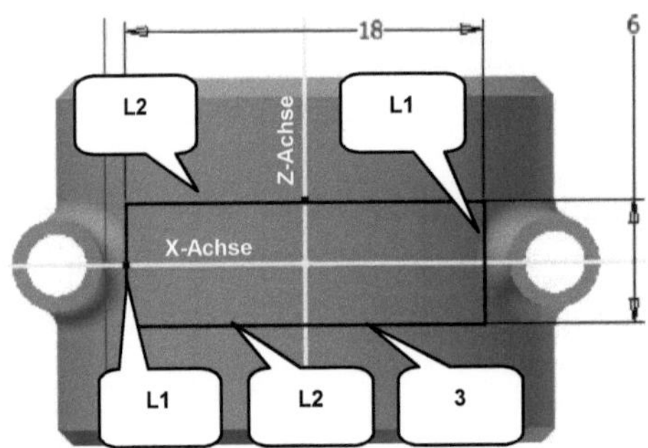

- 2D-Skizze
- ***Arbeitsebene1*** markieren (1)
- ***ViewCube***-Ansicht: ***HINTEN*** (2)

- Geometrie projizieren
- Konstruktion aktivieren
- Ordner ***Ursprung*** öffnen
- 3 Achsen anklicken
- Konstruktion deaktivieren
- Taste: ESC

- Rechteck
- Rechteck (18 x 6 mm) zeichnen (3)

- Symmetrie
- Nacheinander beide Linien (L1), dann die projizierte Z-Achse wählen
- Taste: ESC

- Symmetrie
- Nacheinander beide Linien (L2), dann die projizierte X-Achse wählen
- Taste: ESC

- Skizze fertigstellen

Zurück im Register ***3D-Modell*** soll das Rechteck bis an den vorhandenen Volumenkörper heran extrudiert werden.

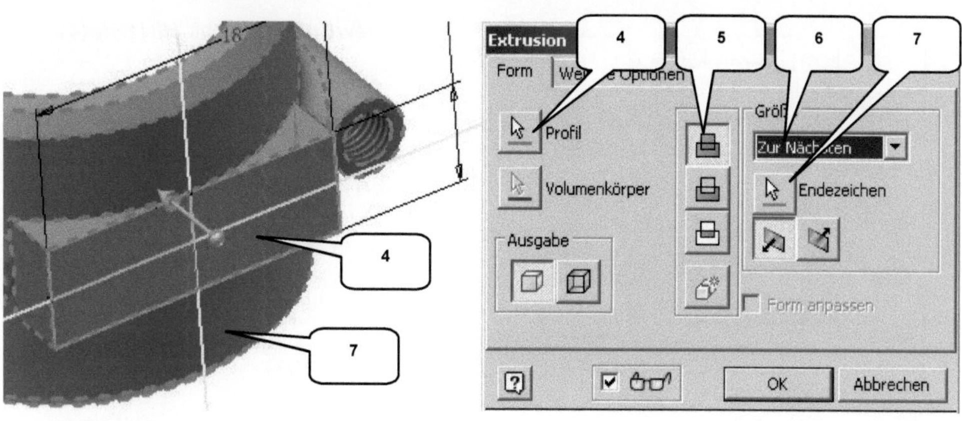

- Extrusion
- Profil: Rechteckfläche wählen (4)
- Verfahren: Vereinigung (5)
- Größe: Zur Nächsten (6)
- Endezeichen: Oberfläche (7) wählen
- OK ***OK***

6.6.8 Oberer Pleuelschaft

Eine weitere Arbeitsebene wird benötigt. Als Startfläche dient die markierte Oberfläche und der Abstand zwischen Startfläche und Ebene soll ***78 mm*** betragen.

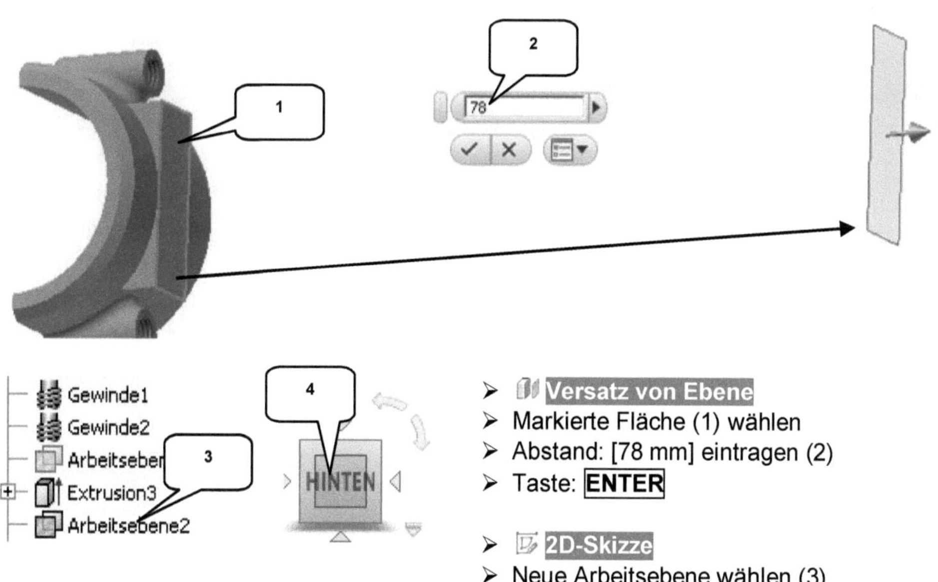

- Versatz von Ebene
- Markierte Fläche (1) wählen
- Abstand: [78 mm] eintragen (2)
- Taste: **ENTER**

- 2D-Skizze
- Neue Arbeitsebene wählen (3)

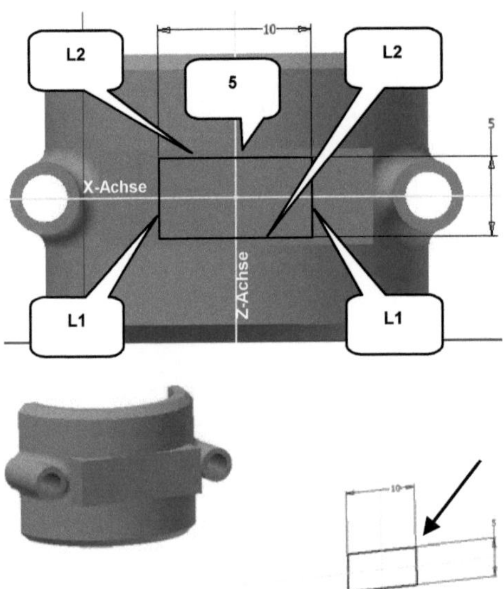

- ***ViewCube*-Ansicht: *HINTEN*** (4)

- Geometrie projizieren
- Konstruktion aktivieren
- Ordner ***Ursprung*** öffnen
- 3 Achsen anklicken
- Konstruktion deaktivieren
- Taste: ESC

- Rechteck
- Rechteck zeichnen (10 x 5 mm) (5)
- Taste: ESC

- Symmetrie
- Nacheinander beide Linien (L1), dann die projizierte Z-Achse wählen
- Taste: ESC

- Symmetrie
- Nacheinander beide Linien (L2), dann die projizierte X-Achse wählen
- Taste: ESC

- Skizze fertigstellen

6.6.9 Erstellen einer Erhebung

Starten Sie den Befehl Erhebung (1) (Befehlsgruppe ***Erstellen***). Er ermöglicht die Verbindung zweier oder mehrerer Oberflächen/ Skizzenkonturen zu einem Volumenkörper.

- Erhebung (1)
- Auswahl 1: Oberfläche (2) wählen
- Auswahl 2: Rechteck (3) wählen

- Verfahren: Vereinigung (4)
- Typ: Verlaufsführung (5)
- ***OK***

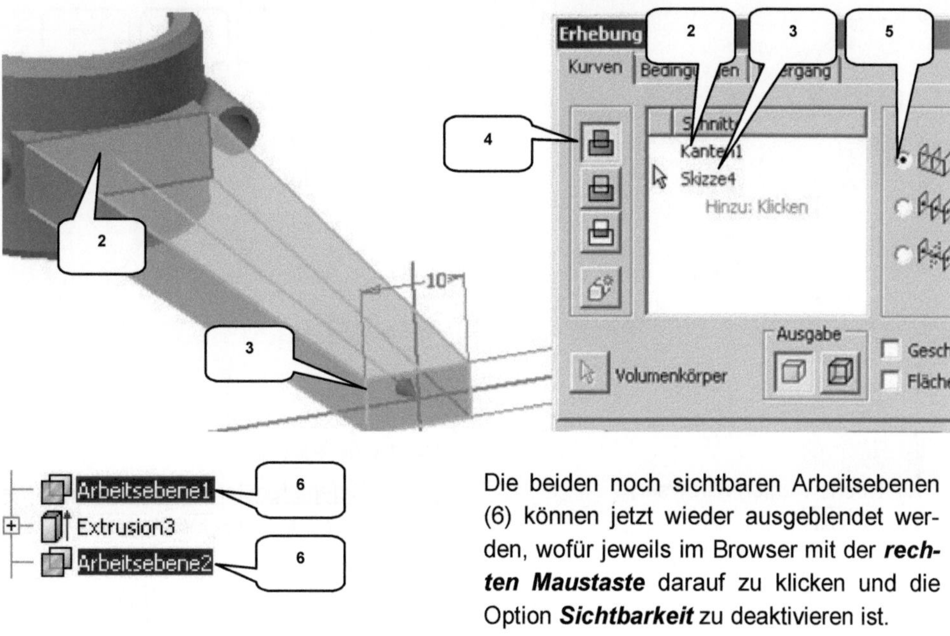

Die beiden noch sichtbaren Arbeitsebenen (6) können jetzt wieder ausgeblendet werden, wofür jeweils im Browser mit der ***rechten Maustaste*** darauf zu klicken und die Option ***Sichtbarkeit*** zu deaktivieren ist.

6.6.10 Basiskörper des Pleuelauges

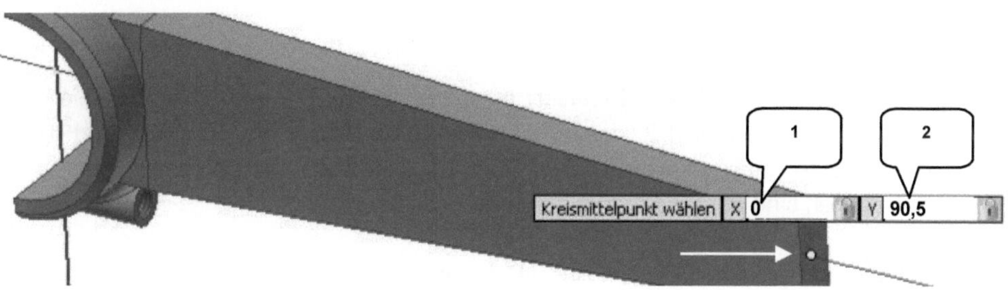

Die Oberseite des Pleuels soll mit einem weiteren geometrischen Element versehen werden: dem Pleuelauge. Hierfür ist ein neuer Zylinder zu erzeugen.

Als Referenzfläche dient die ***XY-Ebene***, der Mittelpunkt des Basiskreises soll per Tastatureingabe definiert werden und sein Durchmesser beträgt ***14 mm***. Nachdem Position und Durchmesser des Kreises definiert wurden, wechselt das Programm automatisch in den Bereich der 3D-Modellierung, um hier den Extrusionsbefehl zu starten.

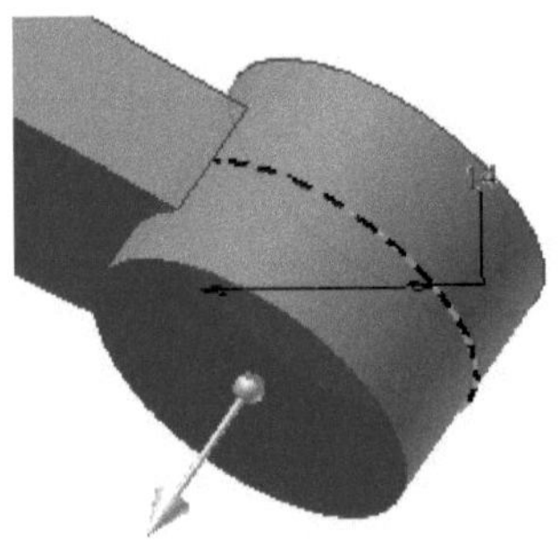

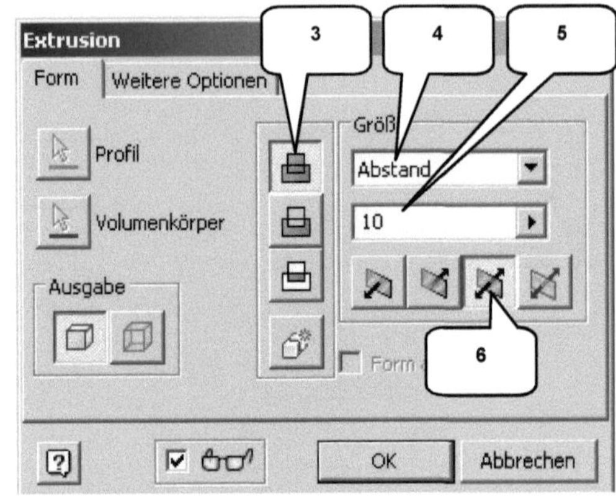

- Zylinder
- XY-Ebene wählen (Browser)
- Taste: TAB
- X-Koordinate: [0 mm] (1)
- Taste: TAB
- Y-Koordinate: [90,5 mm] (2)
- Taste: ENTER
- Durchmesser: [14 mm]

- Taste: ENTER
- Im Befehlsfenster: Extrusion
- Profil: (Automatisch)
- Verfahren: Vereinigung (3)
- Größe: Abstand [10 mm] (4, 5)
- Richtung: Symmetrisch (6)
- OK ***OK***

6.6.11 Erzeugen einer Rippe

Erzeugen Sie auf der ***YZ-Ebene*** (Browser) eine neue 2D-Skizze und projizieren Sie darin die beiden Kanten (K1) und (K2) des vorhandenen Volumenkörpers. Diesmal sind die zu projizierenden Linien nicht als Konstruktionslinien zu definieren. Die oberen Endpunkte der projizierten Kanten sind abschließend durch eine Linie miteinander

Aus der offenen Linienkontur kann im Anschluss daran eine Rippe erstellt werden.

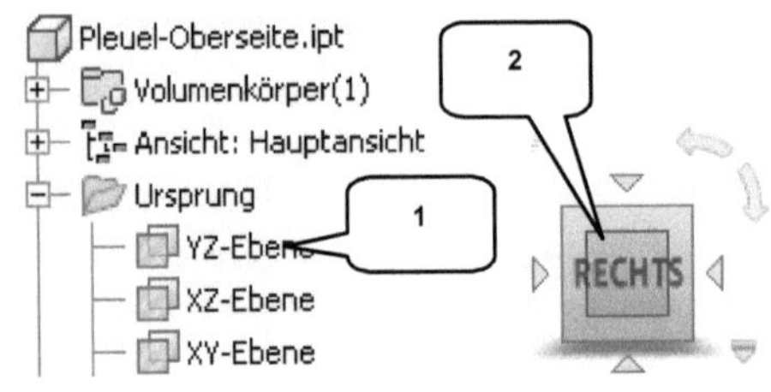

- 2D-Skizze
- Ordner ***Ursprung*** aufklappen
- YZ-Ebene wählen (1)
- Taste: F7 (Skizze schneiden)
- ***ViewCube***-Ansicht: ***RECHTS*** (2)

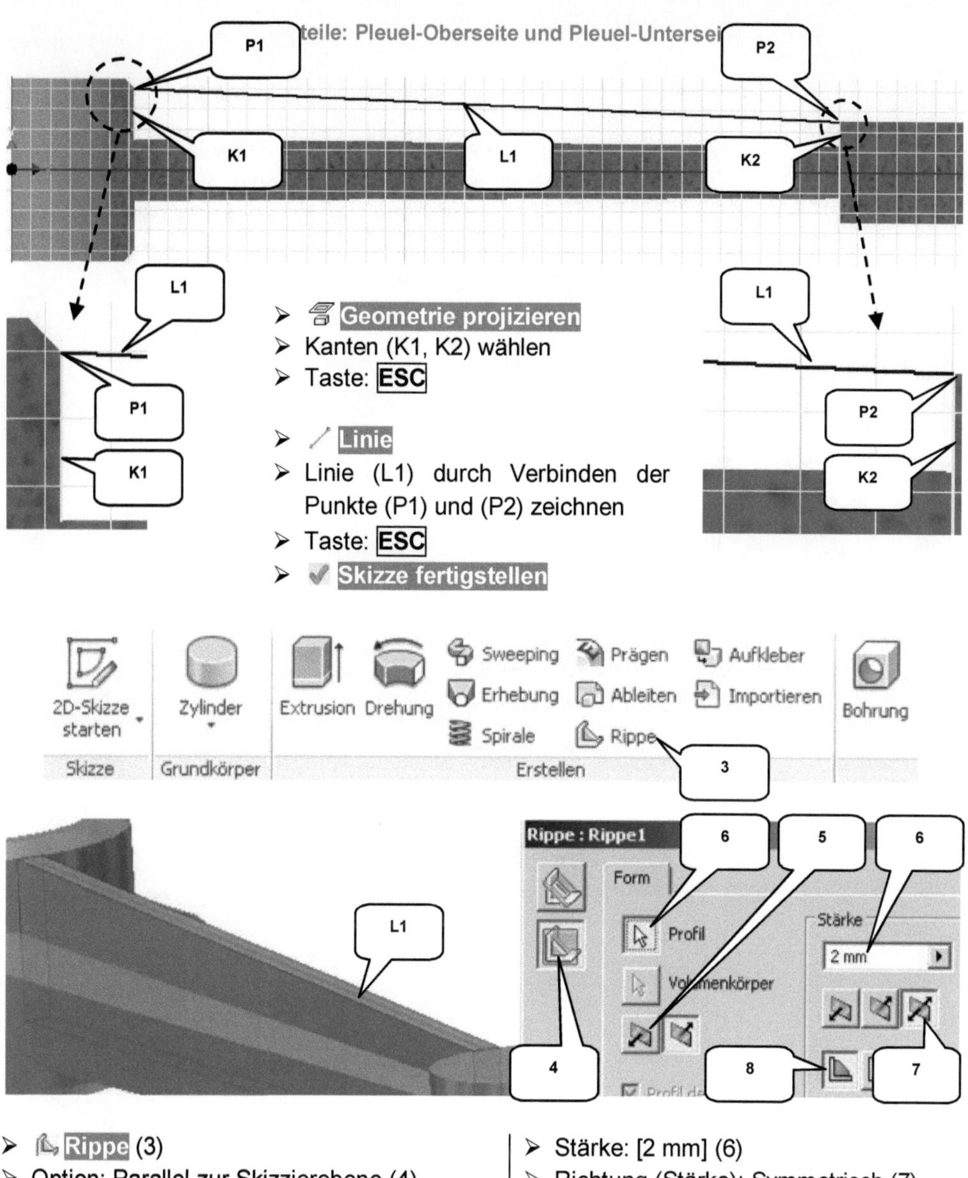

- Rippe (3)
- Option: Parallel zur Skizzierebene (4)
- Profil: Linie (L1) wählen
- Richtung (Profil): Richtung 1 (5)
- Stärke: [2 mm] (6)
- Richtung (Stärke): Symmetrisch (7)
- Option: Zur Nächsten (8)
- OK ***OK***

HINWEIS: Sollte die Option ***Richtung 1*** (5) zu keinem sinnvollen Ergebnis führen, muss die Option ***Richtung 2*** verwendet werden.

6.6.12 Spiegeln der Rippe

Der Befehl Spiegeln (Befehlsgruppe ***Muster***) erzeugt eine gespiegelte Kopie einzelner Elemente eines Bauteils oder des gesamten Bauteils über eine Fläche oder Ebene. Die Rippe soll jetzt an der XY-Ebene gespiegelt werden.

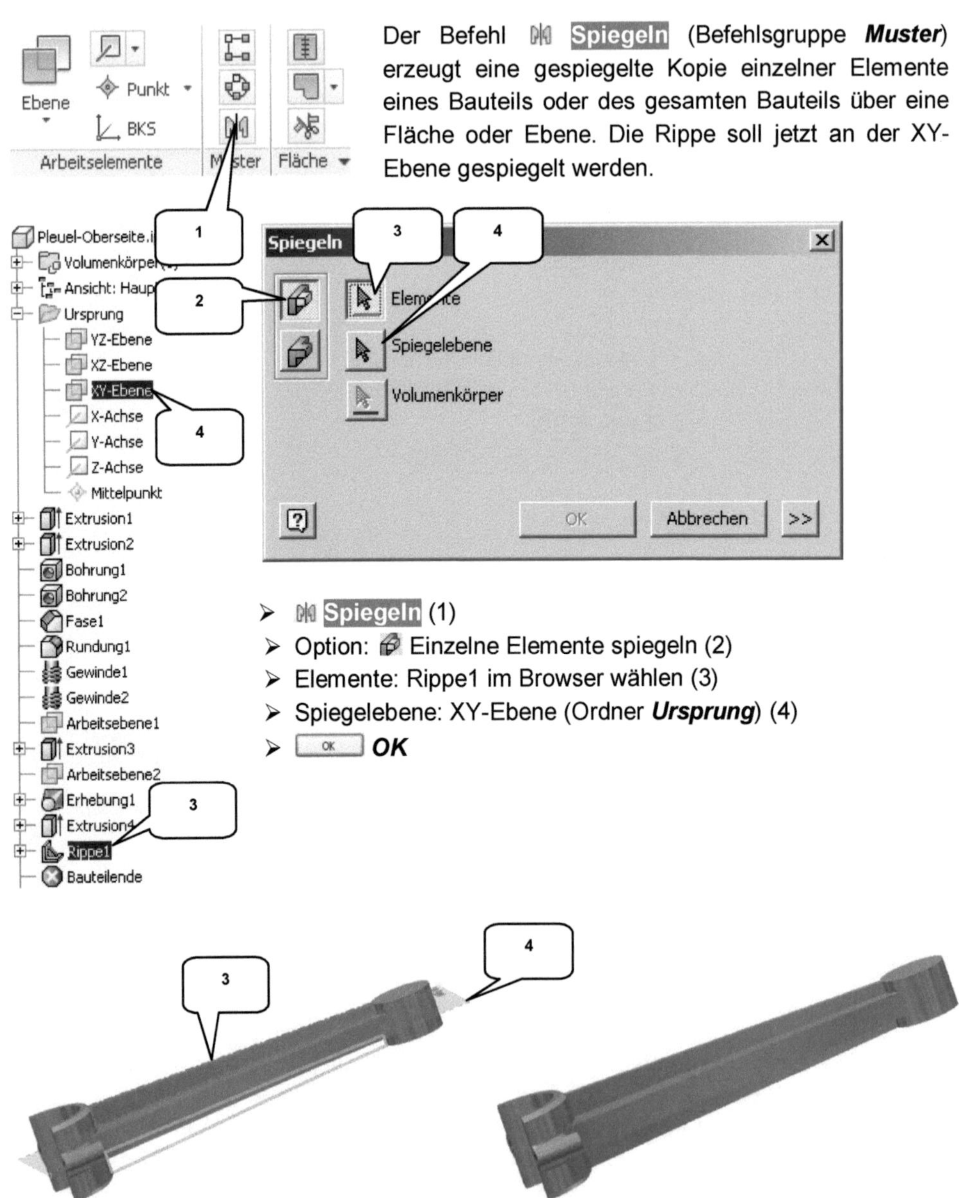

- Spiegeln (1)
- Option: Einzelne Elemente spiegeln (2)
- Elemente: Rippe1 im Browser wählen (3)
- Spiegelebene: XY-Ebene (Ordner ***Ursprung***) (4)
- ***OK***

6.6.13 Bohren, Fasen und Runden

Wiederholen Sie das Bohren, Fasen und Runden. Achten Sie beim Bohren auf eine konzentrische Platzierung.

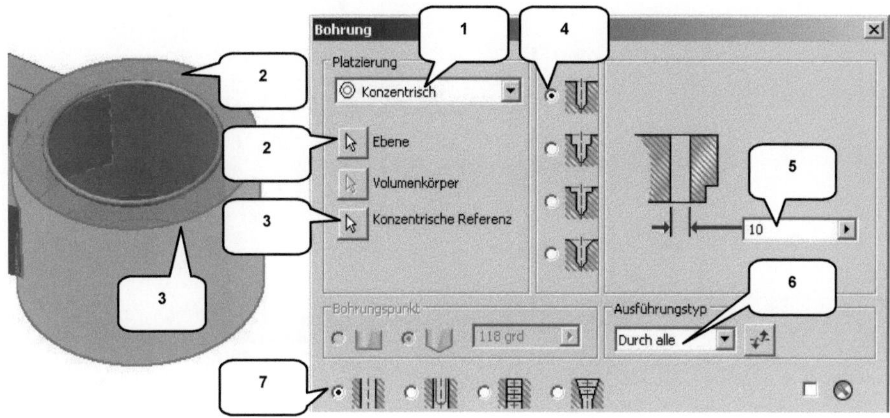

- Bohrung
- Platzierung: Konzentrisch (1)
- Ebene: Markierte Fläche (2)
- Konz. Referenz: Zylinderfläche (3)
- Typ: Bohren (4)
- Durchmesser: [10 mm] (5)
- Ausführungstyp: Durch alle (6)
- Gewinde: Ohne (7)
- OK **OK**

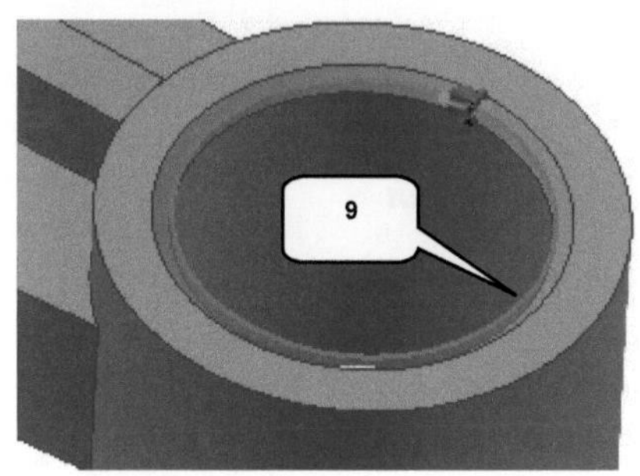

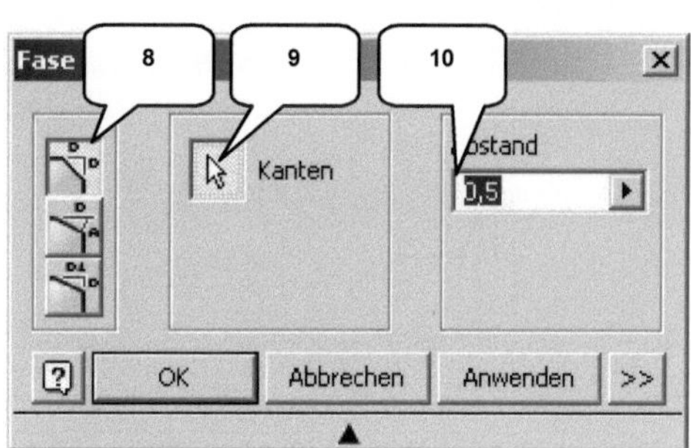

- 
- Option: Abstand (8)
- Kante: Markierte Kante (9)
- Abstand: [0,5 mm] (10)
- OK **OK**

Wiederholen Sie das Fasen auf der gegenüberliegenden Seite der Bohrung. Das Bauteil kann im Anschluss daran ***gespeichert*** und ***geschlossen*** werden.

6.7 Bauteil: Motorgehäuse

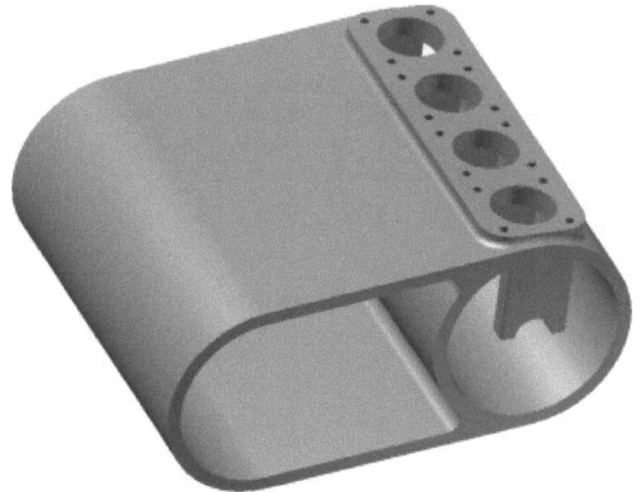

6.7.1 Konstruktion des Basiskörpers

Das Motorgehäuse wird in mehreren Konstruktionsschritten erzeugt und erfordert verschiedene Skizzen und 3D-Befehle. In der folgenden Übung soll das Bauteil Schritt für Schritt erzeugt und komplettiert werden. Erstellen Sie ein neues Bauteil (Norm.ipt) und folgen Sie der Befehlskette.

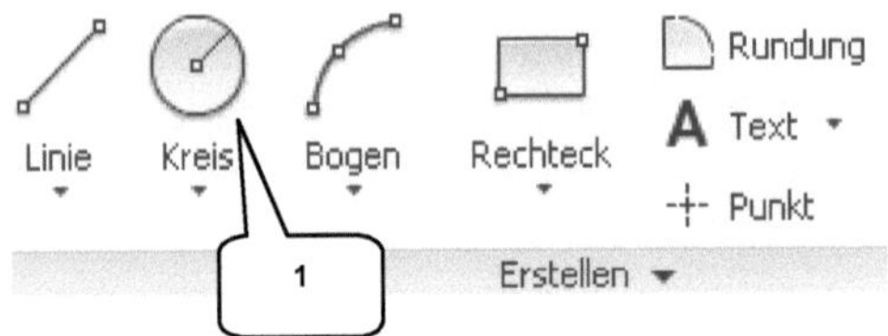

- Neu
- **_Norm.ipt_**
- **_Erstellen_**

- Geometrie projizieren
- Konstruktion aktivieren
- Ordner **_Ursprung_** öffnen
- 3 Achsen anklicken
- Konstruktion deaktivieren
- Taste: ESC

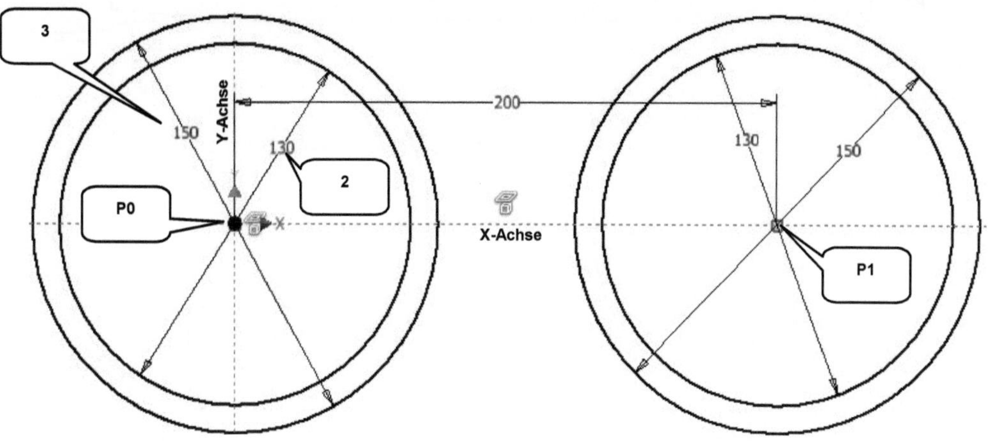

- Kreis (1)
- 1. Kreis:
- Kreismittelpunkt im Koordinatenursprung (P0) ablegen
- Durchmesser: [130 mm] (2)
- Taste: **ENTER**

- 2. Kreis:
- Kreismittelpunkt im Koordinatenursprung (P0) ablegen
- Durchmesser: [150 mm] (3)
- Taste: **ENTER**
- Taste: **ESC**

Die beiden Kreise sind einmal zu kopieren und in einem Abstand von ***200 mm*** anzuordnen.

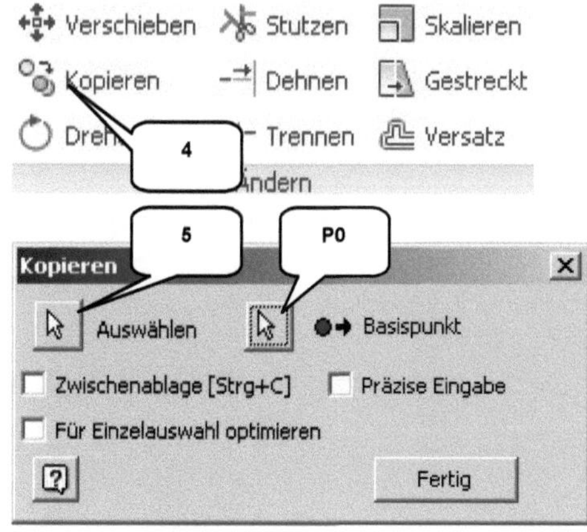

- Kopieren (4)
- Auswählen: Beide Kreise nacheinander markieren (5)
- Basispunkt: Punkt (P0) wählen
- Maus in gerader Linie nach rechts ziehen und in etwa auf Position (P1) auf der projizierten X-Achse ablegen
- Fertig ***Fertig***

- Bemaßung
- Punkt (P0) wählen, dann Punkt (P1) wählen
- Maß ablegen
- Abstand: [200 mm] eintragen
- Taste: **ENTER**

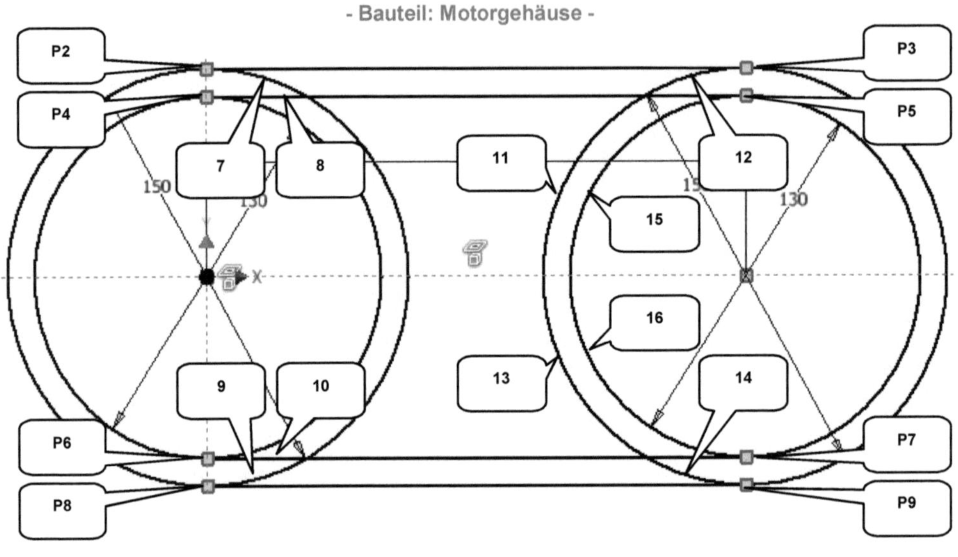

- Linie
- Punkte (P2) und (P3) verbinden
- Punkte (P4) und (P5) verbinden
- Punkte (P6) und (P7) verbinden
- Punkte (P8) und (P9) verbinden
- Taste: **ESC**

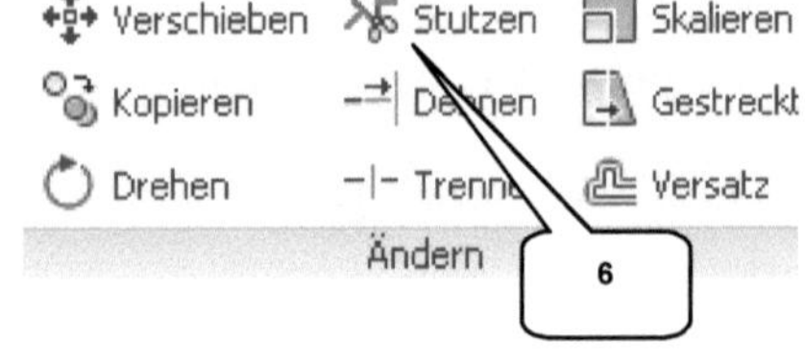

- Stutzen (6)
- Liniensegmente 7 bis 16 nacheinander entfernen
- Taste: **ESC**

2D-Rundung

10,000 mm

17

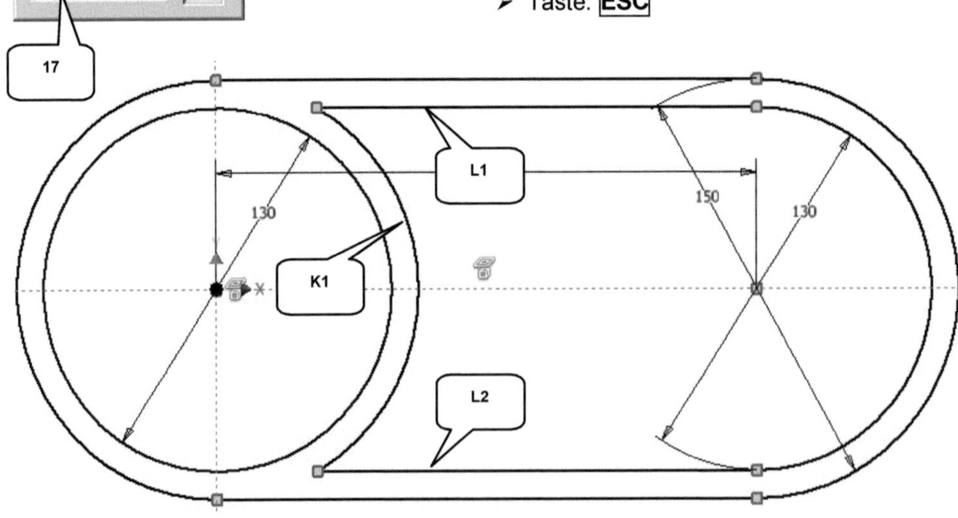

- **Rundung**
- Radius: [10 mm] eingeben (17)
- Linie (L1) und Kreis (K1) wählen
- Linie (L2) und Kreis (K1) wählen
- Taste: **ESC**

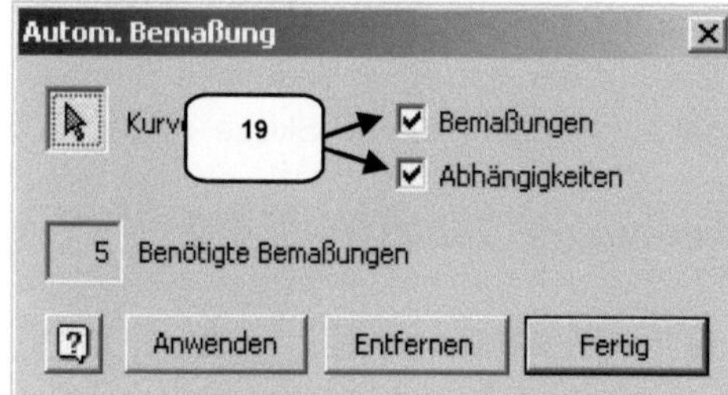

- **Automatisches Bemaßen** (18)
- Aktivieren: Bemaßungen, Abhängigkeiten (19)
- ***Anwenden***
- ***Fertig***
- **Skizze fertigstellen**

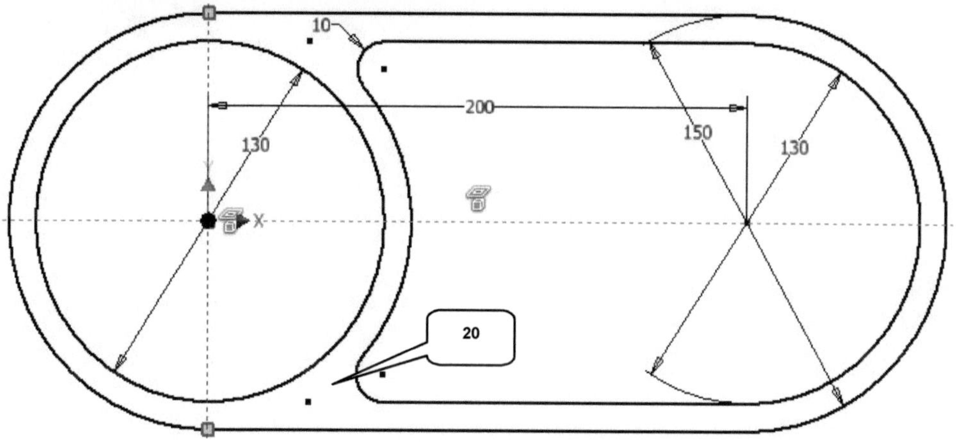

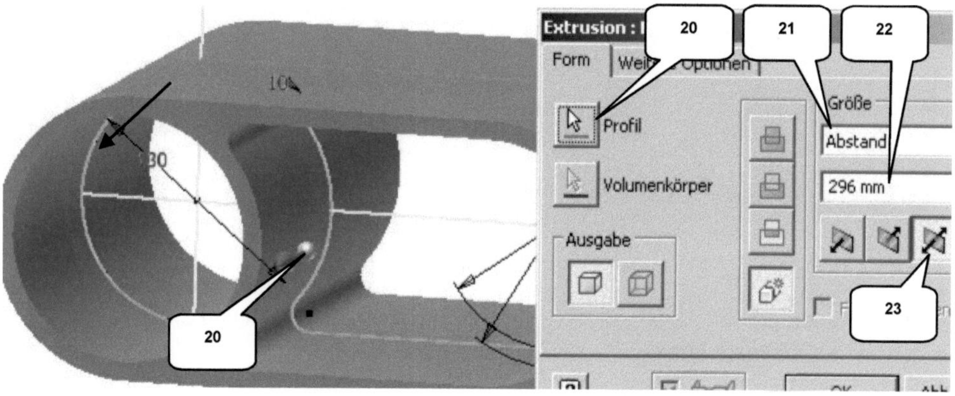

- Extrusion
- Profil: Kontur (20)
- Verfahren: (Automatisch)
- Größe: Abstand [296 mm] (21, 22)
- Richtung: Symmetrisch (23)
- OK

6.7.2 Grundkörper der Kurbelwellenlagerung konstruieren

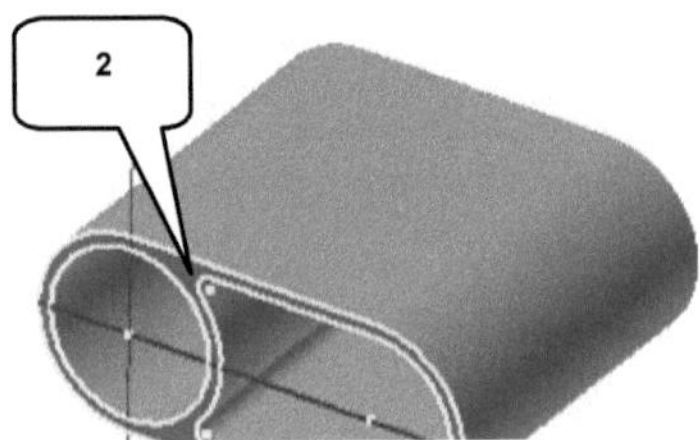

Wechseln Sie am ***ViewCube*** zur Ansicht ***OBEN*** und erzeugen Sie auf der vor Ihnen liegenden Stirnseite des Motorgehäuses eine neue 2D-Skizze.

- ***ViewCube***-Ansicht: ***OBEN*** (1)
- 2D-Skizze
- Markierte Fläche wählen (2)

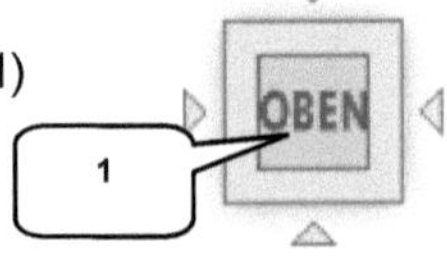

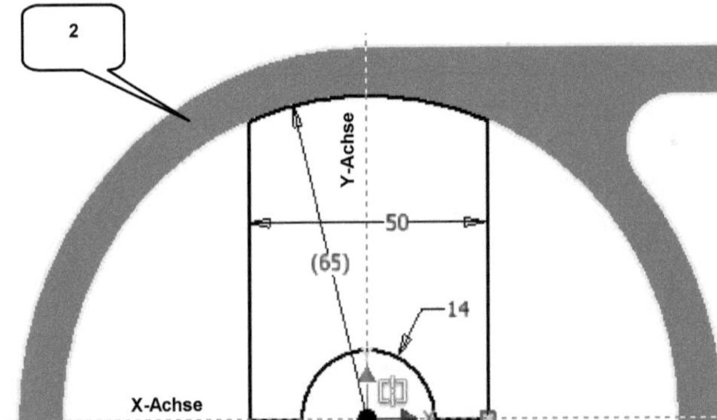

- Geometrie pro.
- Konstruktion akt.
- Ordner ***Ursprung*** öffnen
- 3 Achsen wählen
- Mark. Fläche wählen (2)
- Konstruktion deakt.
- Taste: ESC

Zeichnen Sie die nebenstehende Kontur aus 4 Linien und 2 Bögen.

Bemaßen und beenden Sie die Skizze und extrudieren Sie anschließend um ***16 mm***.

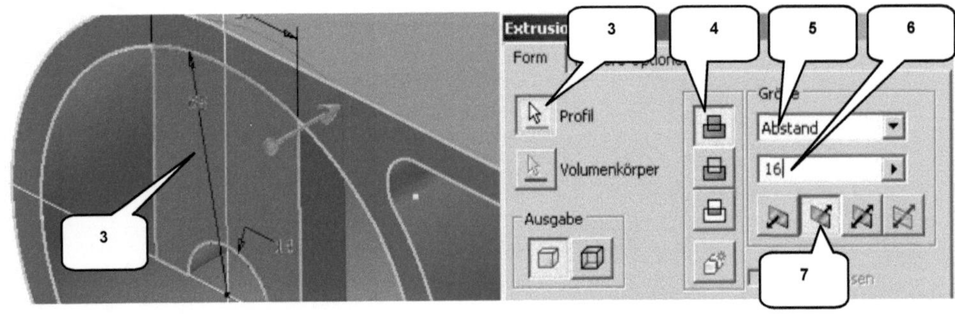

- Extrusion
- Profil: Kontur (3)
- Verfahren: Vereinigung (4)
- Größe: Abstand [16 mm] (5, 6)
- Richtung: Richtung 2 (7)
- OK

6.7.3 Gewindebohrungen mit linearen Referenzen einfügen

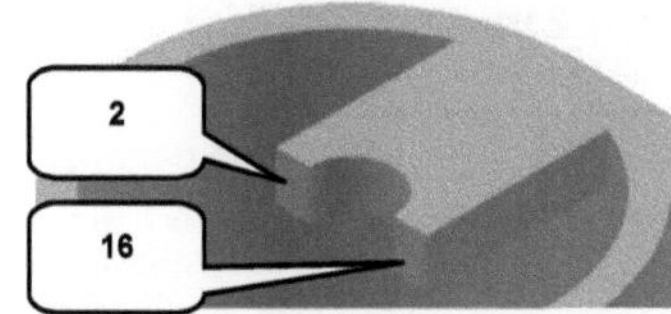

Erzeugen Sie auf den Oberflächen (2) und (16) Gewindebohrungen mit dem Platzierungstyp ***Linear***. Beachten Sie, dass die Abstände zu den Referenzkanten (3) und (4) nicht mit der Taste: **ENTER** bestätigt werden dürfen, weil der Befehl dann beendet wird.

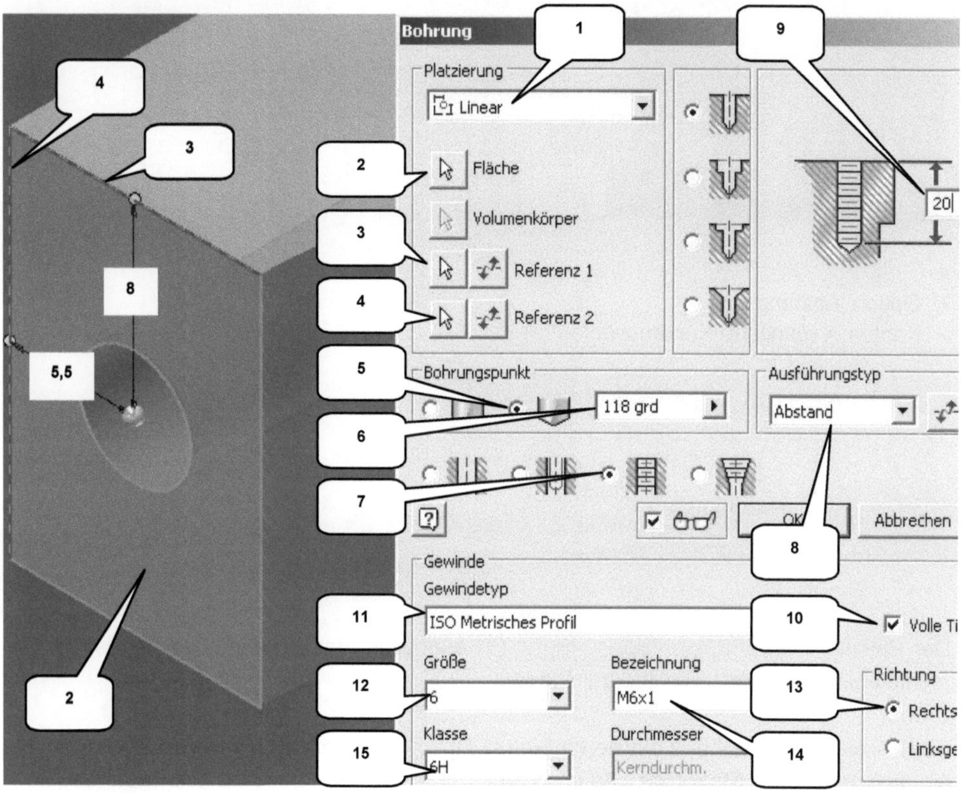

- Bohrung
- Platzierung: Linear (1)
- Fläche: Markierte Fläche (2)
- Referenz 1: Kante [8 mm] (3)
- Referenz 2: Kante [5,5 mm] (4)
- Bohrungsspitze: Winkel [118°] (5, 6)
- Typ: Gewindebohrung (7)
- Ausführung: Abstand [20 mm] (8, 9)

- Gewindetiefe: Volle Tiefe (10)
- Gewindetyp: ISO Metrisches Prof. (11)
- Größe: 6 - Rechtsgewinde (12, 13)
- Bezeichnung: M6 x 1 (14)
- Klasse: 6H (15)
- Anwenden ***Anwenden***

- Bohrung an Fläche (16) wiederholen

6.7.4 Fasen der Kurbelwellenlagerung

Fasen Sie die 4 markierten Kanten mit einem Kantenabstand von ***2 mm***.

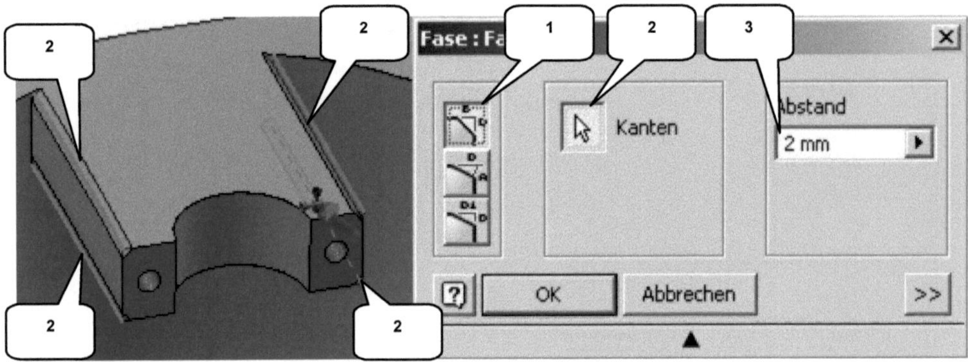

- Fase
- Option: Abstand (1)
- Kanten: 4 markierte Kanten wählen (2)
- Abstand: [2 mm] (3)
- ***OK***

6.7.5 Elemente mittels rechteckiger Anordnung kopieren

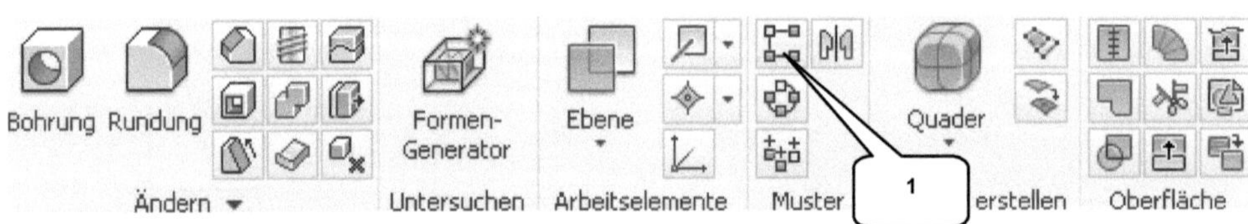

Der Befehl Rechteckige Anordnung (1) ermöglicht das Kopieren geometrischer Elemente entlang linearer/ nichtlinearer Pfade.

Starten Sie den Befehl und aktivieren Sie die Option ***Einzelne Elemente anordnen***. Für die anzuordnenden ***Elemente*** sind im Browser nacheinander die letzte Extrusion (Lagerung der Kurbelwelle), die beiden Bohrungen und die zuletzt erzeugten Fasen auszuwählen (Reihenfolge beachten!). Als Referenz für ***Richtung 1*** soll im Browser der Ordner ***Ursprung*** aufgeklappt und hier die ***Z-Achse*** gewählt werden. Es ist darauf zu achten, dass die Kopien in Richtung Motorgehäuse erzeugt werden. Sollte das bei Ihnen nicht der Fall sein, muss mittels ***Umschalten*** die Richtung gewechselt werden.

HINWEIS: Sollte sich die Anordnung entlang der Z-Achse als schwierig erweisen, und dabei kein sinnvolles Ergebnis erzielt werden, kann anstelle der Z-Achse alternativ auch eine parallel zur Z-Achse verlaufende Körperkante gewählt werden.

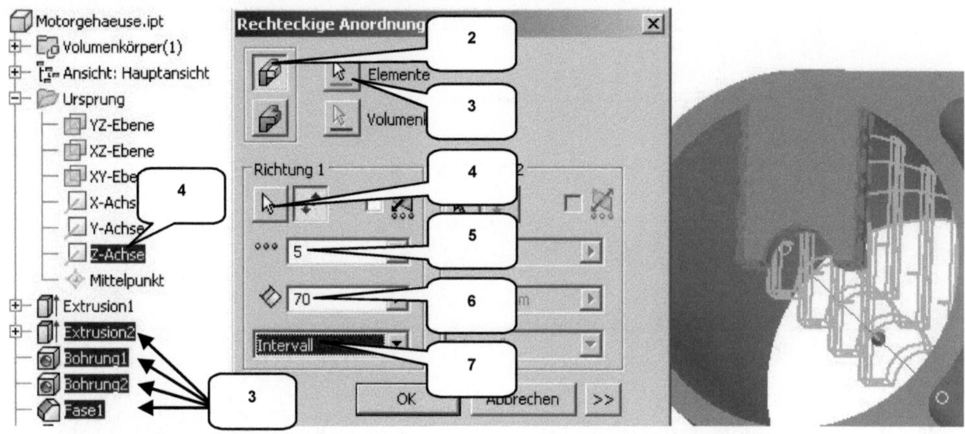

- Rechteckige Anordnung (1)
- Einzelne Elemente anordnen (2)
- Elemente: Markierte Elemente (3)
- Richtung 1: Z-Achse (4)
- Anzahl: [5] (5)
- Abstand: [70 mm] (6)
- Typ: Intervall (7)
- OK ***OK***

Die letzte Kurbelwellenlagerung sollte jetzt sauber an der gegenüberliegenden Stirnseite des Motorgehäuses abschließen. Prüfen Sie, ob alle Kurbelwellenlagerungenkomplett mit Fasen und Bohrungen versehen wurden.

6.7.6 Dichtungsflansch zum Zylinderkopf

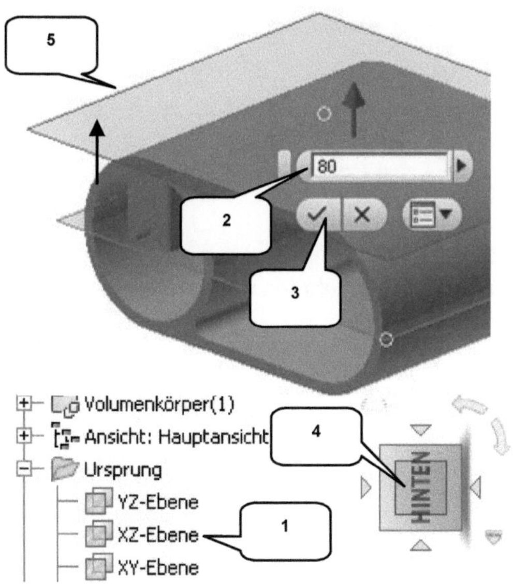

In der folgenden Übung soll ein Dichtungsflansch erzeugt werden. Starten Sie den Befehl Versatz von Ebene und erzeugen Sie eine neue Arbeitsebene in einem Abstand von ***80 mm*** zur ***XZ-Ebene*** und in die nebenstehend dargestellte Richtung. Am ***ViewCube*** ist danach die Ansicht ***HINTEN*** einzustellen und um ***90°*** gegen den Uhrzeigersinn zu drehen.

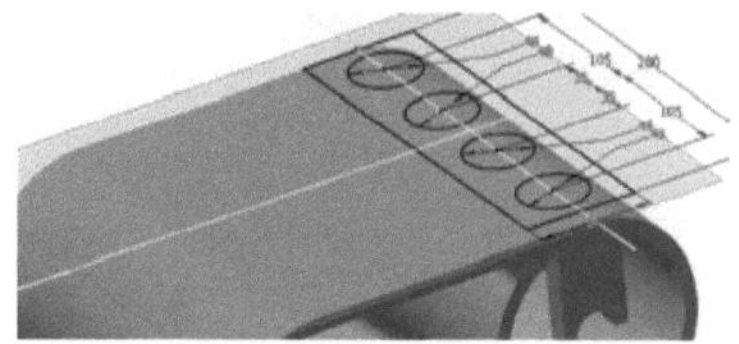

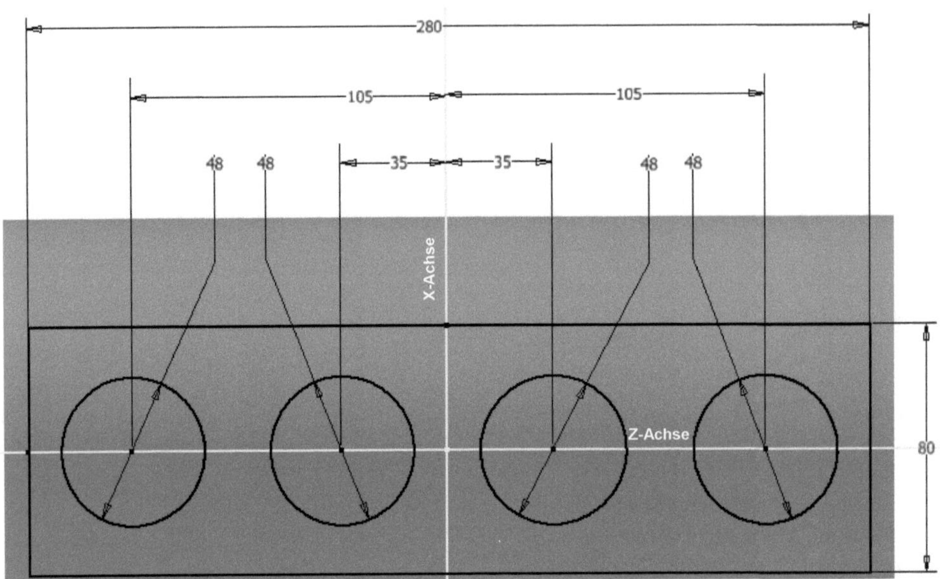

- Versatz von Ebene
- Ordner ***Ursprung*** öffnen
- XZ-Ebene (1) wählen
- Abstand: [80 mm] eintragen (2)
- ***OK*** (3)

- ***ViewCube***-Ansicht: ***HINTEN*** (90° gegen UZS gedreht) (4)

- 2D-Skizze
- Neue Arbeitsebene an Kante wählen (5)

- Geometrie projizieren
- Konstruktion aktivieren
- Ordner ***Ursprung*** öffnen
- 3 Achsen wählen
- Konstruktion deaktivieren
- Taste: ESC

- Kreis
- 4 Kreise (D = 48 mm) zeichnen wie dargestellt (Mittelpunkte befinden sich jeweils auf der projizierten Z-Achse)
- Taste: ESC

- Rechteck
- Rechteck (280 x 80 mm) zeichnen wie dargestellt (symmetrisch zu X- und Z-Achse)
- Taste: ESC

- Bemaßung
- Maße übernehmen wie dargestellt
- Taste: ESC

- Skizze fertigstellen

Extrudieren Sie die Kontur im Anschluss daran bis an den vorhandenen Volumenkörper heran (Option ***Zur Nächsten***).

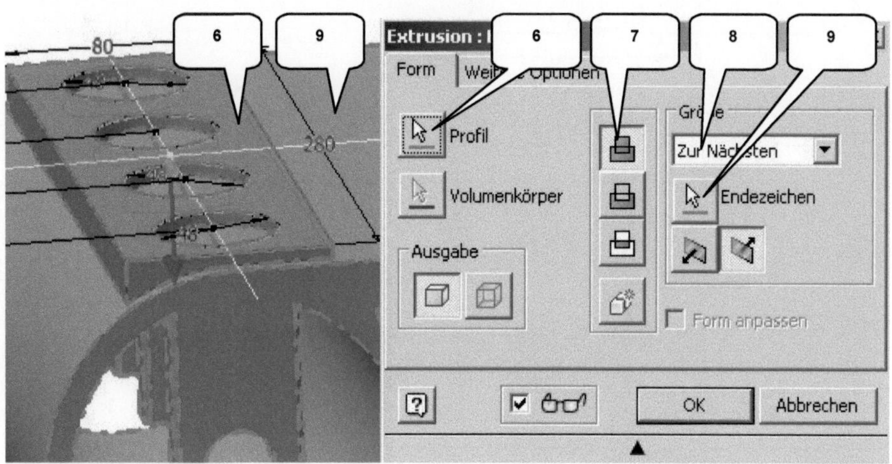

- Extrusion
- Profil: Kontur (ohne Kreise!) (6)
- Verfahren: Vereinigung (7)
- Größe: Zur Nächsten (8)
- Endezeichen: Volumenkörper (9)
- OK ***OK***

6.7.7 Bohrungen nach Skizze einfügen

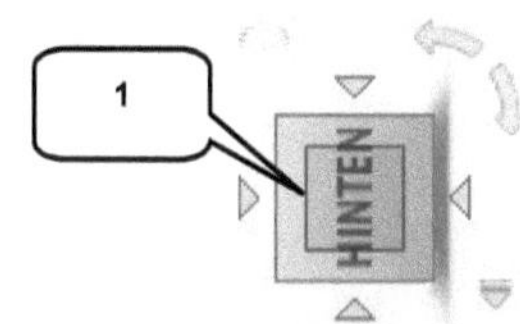

Das Motorgehäuse soll jetzt mit diversen Bohrungen versehen werden, wofür vorab eine 2D-Skizze auf der neu entstandenen Oberfläche (2) zu erzeugen ist. Darin sind die für den Bohrungsbefehl notwendigen Punkte zu setzen.

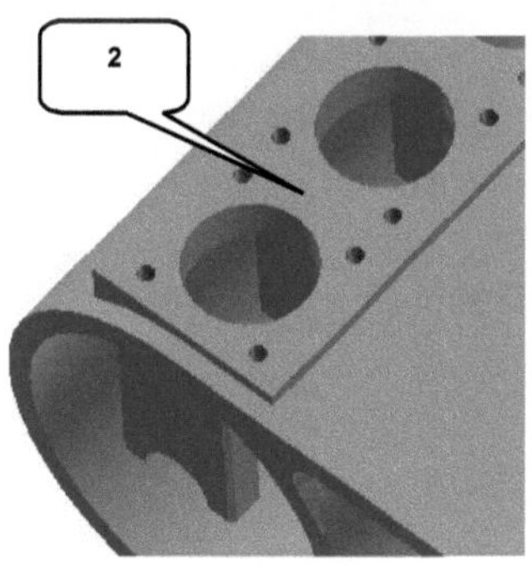

- ***ViewCube***-Ansicht: ***HINTEN*** (90° gegen UZS gedreht) (1)

- 2D-Skizze
- Markierte Fläche wählen (2)

- Geometrie projizieren
- Konstruktion aktivieren
- Ordner ***Ursprung*** öffnen
- 3 Achsen wählen
- Markierte Fläche wählen (2)
- Konstruktion deaktivieren
- Taste: **ESC**

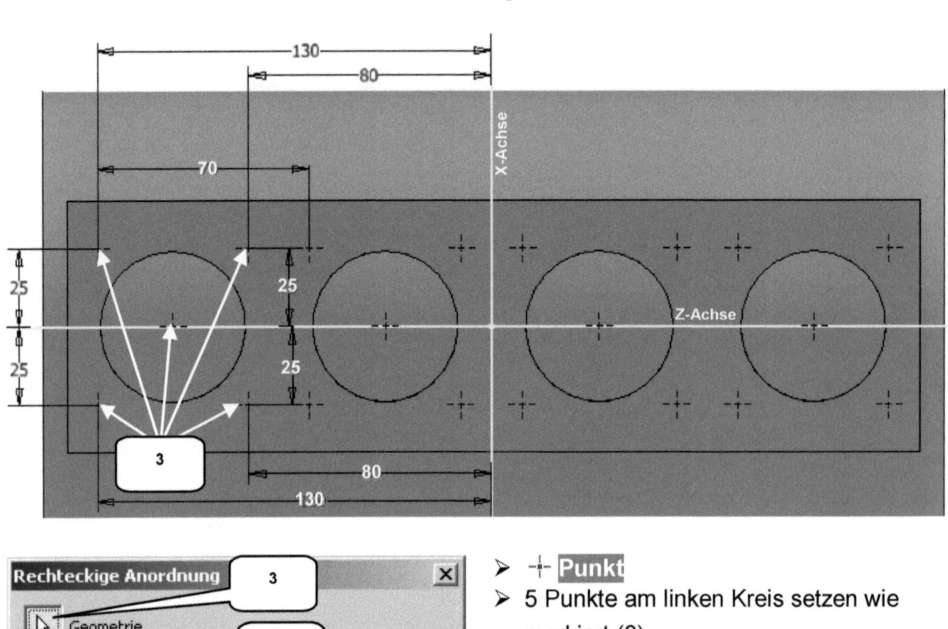

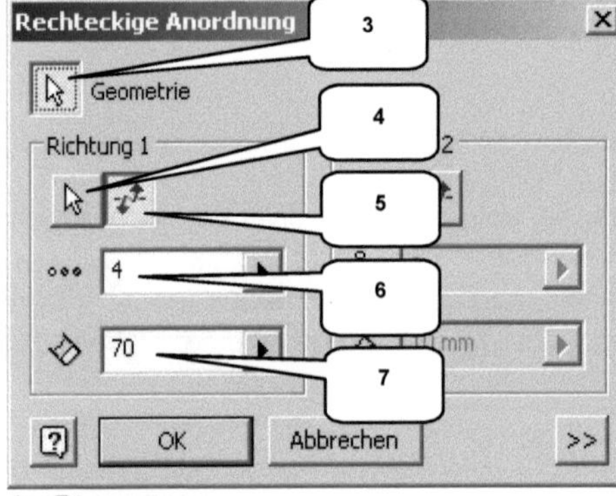

- Punkt
- 5 Punkte am linken Kreis setzen wie markiert (3)
- Taste: ESC

- Bemaßung
- Punkte bemaßen wie dargestellt
- Taste: ESC

- Rechteckige Anordnung
- Geometrie: 5 Punkte wählen (3)
- Richtung: Z-Achse wählen (4)
- Richtung umschalten (5)
- Anzahl: [4] (6)
- Abstand: [70 mm] (7)
- OK ***OK***

- Skizze fertigstellen

HINWEIS: Sollten die neuen Punkte nicht wie oben dargestellt angeordnet werden, ist die Option ***Umschalten*** (5) wieder zu deaktivieren.

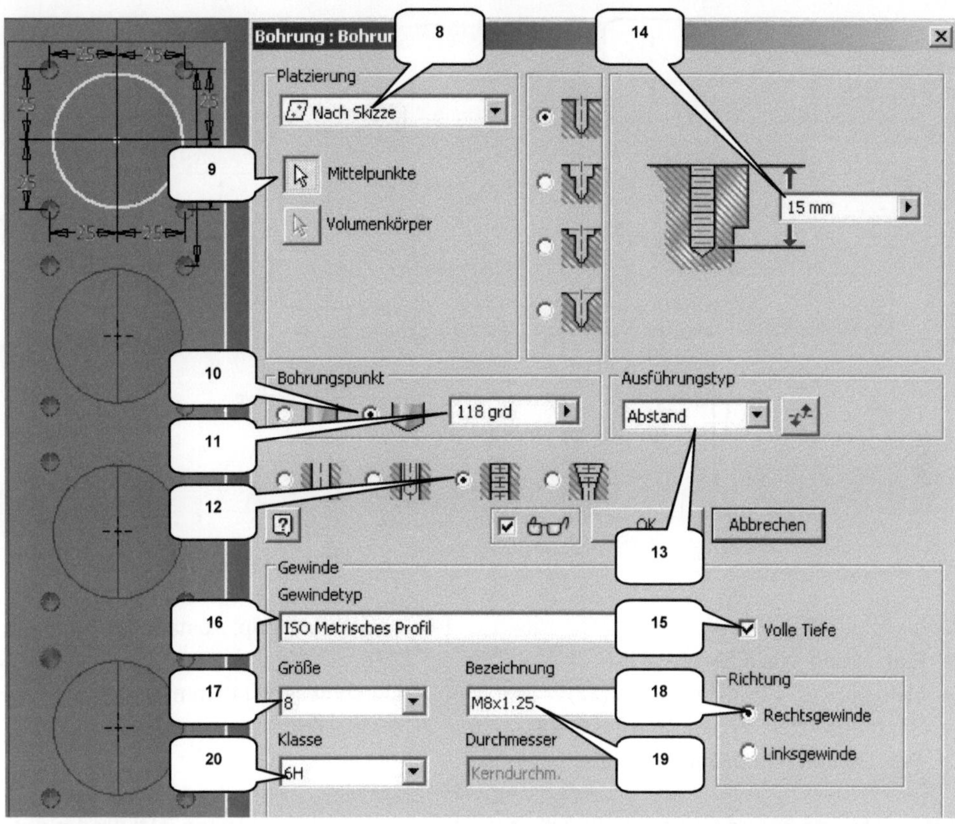

- Bohrung
- Platzierung: Nach Skizze (8)
- Mittelpunkte: Alle Punkte der letzten Skizze (Automatisch) (9)
- Bohrungsspitze: Winkel [118°] (10, 11)
- Typ: Gewindebohrung (12)
- Ausführung: Abstand [15 mm] (13, 14)
- Gewindetiefe: Volle Tiefe (15)
- Gewindetyp: ISO Metrisches Prof. (16)
- Größe: 8 - Rechtsgewinde (17, 18)
- Bezeichnung: M8 x 1,25 (19)
- Klasse: 6H (20)
- OK ***OK***

HINWEIS: Nach der Bestätigung des Bohrungsbefehls berechnet das Programm die Bohrungen, und die zuvor erstellte Skizze mit den Punkten wird in den Bohrungsbefehl integriert. Da sie später noch benötigt wird, muss sie wieder reaktiviert werden.

Klappen Sie im Browser die zuletzt erzeugte Bohrung auf, markieren Sie die darin enthaltene Skizze, klicken Sie mit der ***rechten Maustaste*** auf diese Skizze und wählen Sie die Option ***Skizze wieder verwenden***. Die Skizze wird reaktiviert, erscheint wieder im Zeichenbereich und kann zur Erstellung weiterer Bohrungen verwendet werden.

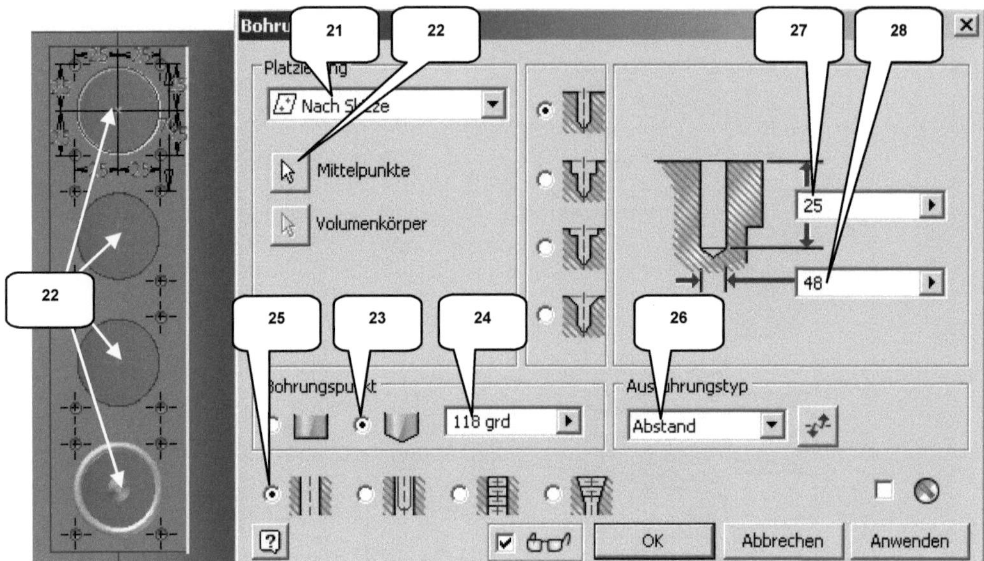

- Bohrung
- Platzierung: Nach Skizze (21)
- Mittelpunkte: 4 Punkte wählen (22)
- Bohrungsspitze: Winkel [118°] (23, 24)
- Typ: Bohren (ohne Gewinde) (25)
- Ausführungstyp: Abstand [25 mm] (26, 27)
- Durchmesser: [48 mm] (28)
- OK ***OK***

Die reaktivierte Skizze und die eventuell noch aktive Arbeitsebene können jetzt wieder ausgeblendet werden. Hier sind beide Objekte bei gedrückter Taste: STRG mit der ***linken Maustaste*** zu markieren und dann mit der ***rechten Maustaste*** darauf die Option ***Sichtbarkeit*** zu deaktivieren.

HINWEIS: Wurde eine Skizze mit der Option ***Skizze wieder verwenden*** reaktiviert, bleibt sie so lange sichtbar, bis sie wieder ausgeblendet wird. Klicken Sie hierfür im Browser mit der ***rechten Maustaste*** auf die Skizze und entfernen Sie den Haken bei der Option ***Sichtbarkeit***.

6.7.8 Übergangsbereich zum Flansch abrunden

Mit zwei Rundungsbefehlen soll der Anschlussflansch am Motorgehäuse seine endgültige Form erhalten. Hierfür sind eine Rundung mit R = ***20 mm*** und eine Rundung R = ***4 mm*** zu erzeugen.

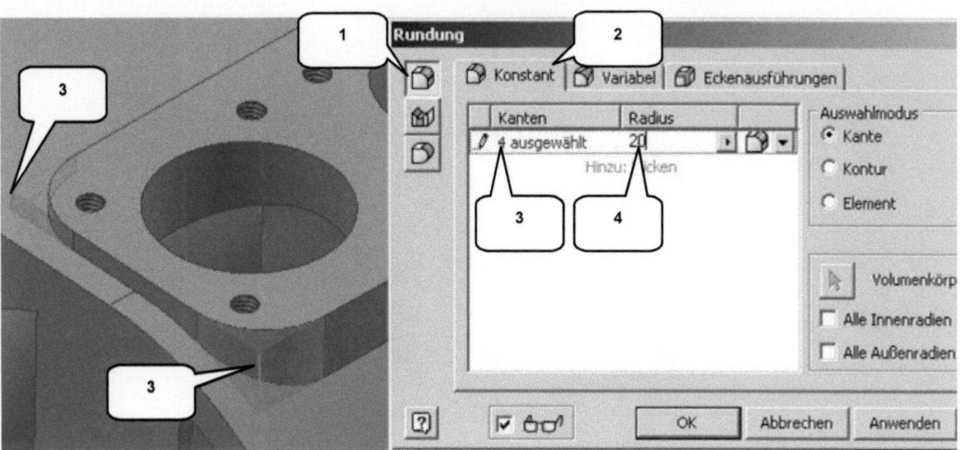

- Rundung
- Typ: Kantenabrundung (1)
- Option: Konstant (2)

- Kanten: Vier Kanten (beide markierte Kanten (3) und die Kanten auf der gegenüberliegenden Seite) wählen
- Radius: [20 mm] (4)
- OK

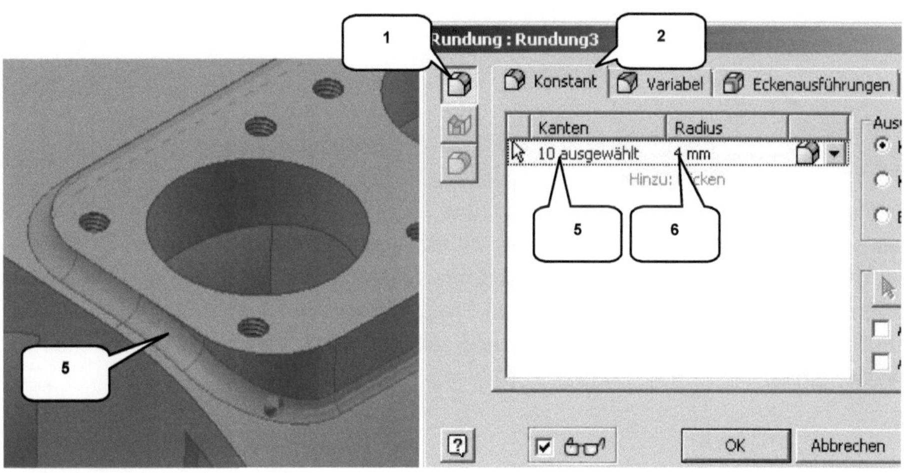

- Rundung
- Typ: Kantenabrundung (1)
- Option: Konstant (2)

- Kanten: Markierte umlaufende Kante (5)
- Radius: [4 mm] (6)
- OK

Das Bauteil kann jetzt als ***Motorgehaeuse gespeichert*** und danach ***geschlossen*** werden.

6.8 Bauteil: Zylinderblock

6.8.1 Kühlrippen sweepen

Der Befehl Sweeping (1) ermöglicht das Extrudieren einer 2D-Kontur entlang eines Pfades, um daraus einen Volumenkörper zu erzeugen. Er erfordert eine 2D-Skizze mit einem geschlossenen Profil und einen Pfad (als Skizzenkontur oder Kante). Öffnen Sie die vorhandene Datei ***Zylinderblock*** aus dem Projektordner. Der Zylinderblock wurde in seiner grundlegenden Form bereits konstruiert und soll jetzt durch abschließende Arbeiten fertiggestellt werden.

- Sweeping (1)
- Profil: Kontur aus Skizze 3 (2)
- Pfad: Umlaufende Körperkante (3)
- Verfahren: Differenz (4)
- Typ: Pfad (5)
- Ausrichtung: Pfad (6)
- OK ***OK***
- Ja ***Ja*** (Pfad schneidet Kontur nicht)

HINWEIS: Die Meldung ***Pfad schneidet Profil nicht*** kann durch Ja ***JA*** bestätigt werden. Das Programm weist lediglich darauf hin, dass Pfad und Profil keinen gemeinsamen Schnittpunkt aufweisen, was für den Befehl selbst allerdings nicht relevant ist.

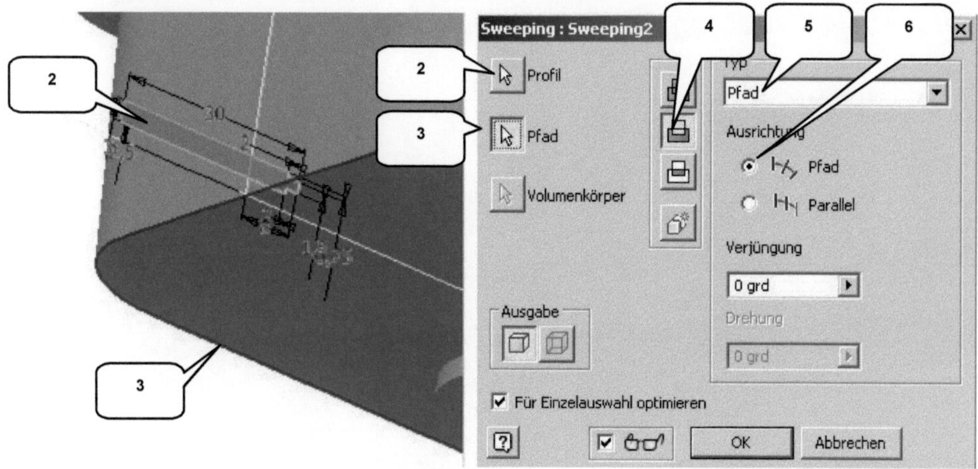

Der Sweeping-Befehl soll mit einer rechteckigen Anordnung vervielfacht werden.

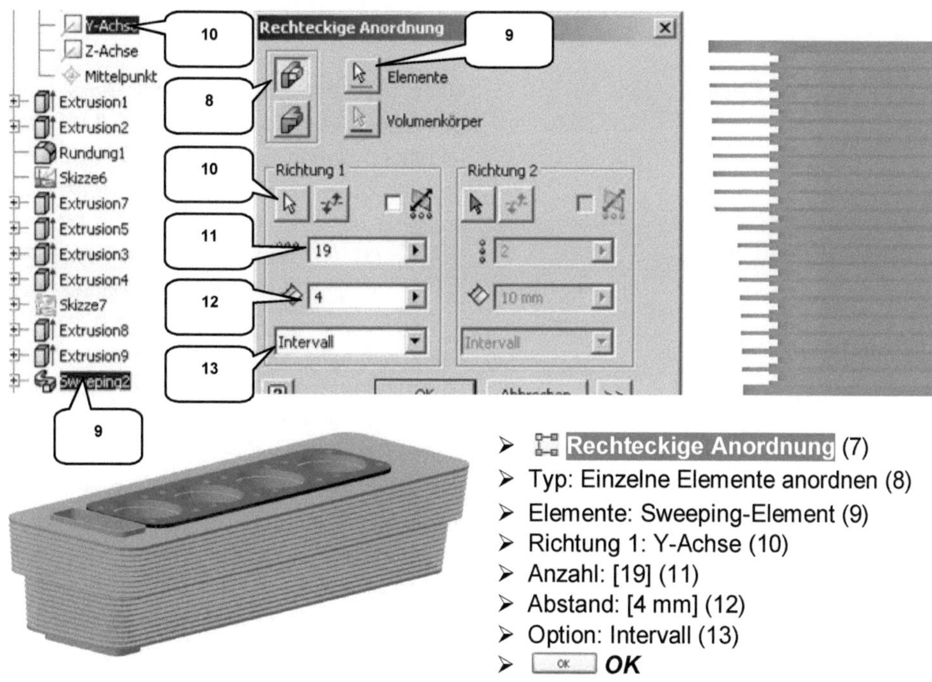

- Rechteckige Anordnung (7)
- Typ: Einzelne Elemente anordnen (8)
- Elemente: Sweeping-Element (9)
- Richtung 1: Y-Achse (10)
- Anzahl: [19] (11)
- Abstand: [4 mm] (12)
- Option: Intervall (13)
- OK ***OK***

Weitere Änderungen am Bauteil sind nicht erforderlich. ***Speichern*** Sie die Datei und ***schließen*** Sie sie anschließend.

6.9 Bauteil: Zylinderkopf

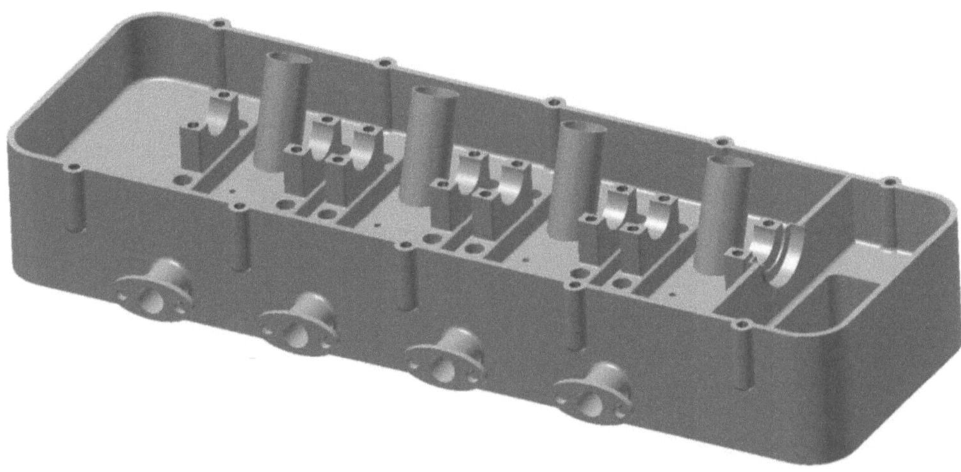

6.9.1 Einfügen einer geneigten Ebene

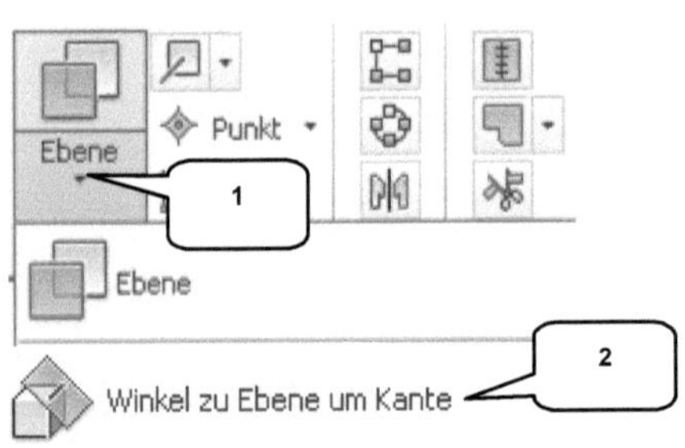

Öffnen Sie das Bauteil ***Zylinderkopf*** (vorhandene Übungsdatei). Hier soll in der folgenden Übung eine geneigte Arbeitsebene erzeugt werden, auf der eine Skizze zu erstellen ist. Erweitern Sie den Befehl Ebene (1) um den Befehl Winkel zu Ebene um Kante (2) öffnen zu können.

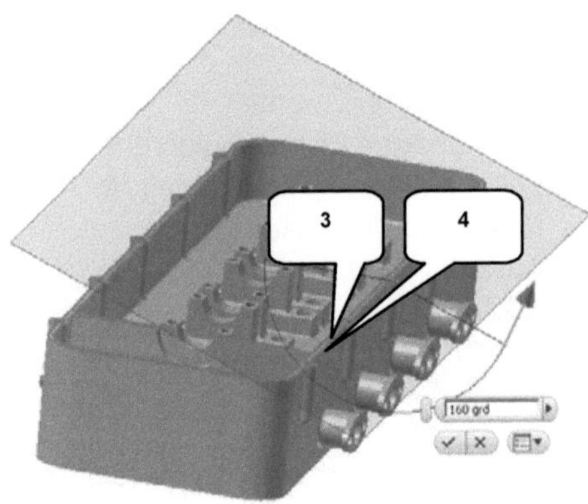

Damit können Arbeitsebenen, basierend auf einer vorhandenen Ebene oder Fläche und geneigt um eine Achse oder Kante, erzeugt werden. Nach Befehlsstart sind nacheinander die Basisfläche und die Neigungskante anzuwählen. Als Winkel der Neigung soll der Wert ***160°*** eingegeben werden (5). Sollte Ihre Ebene nach Winkeleingabe anders ausgerichtet sein als in der nebenstehenden Abbildung zu sehen ist, muss das Vorzeichen des Winkels geändert werden (-160°).

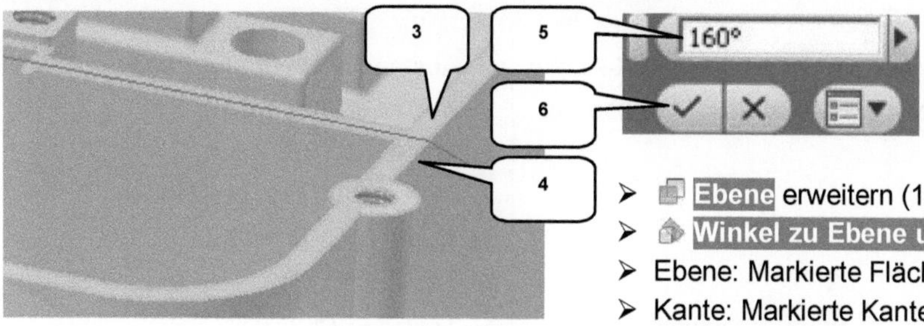

- Ebene erweitern (1)
- Winkel zu Ebene um Kante (2)
- Ebene: Markierte Fläche (3)
- Kante: Markierte Kante (4)
- Winkel: [160°] (5)
- ***Anwenden*** (6)

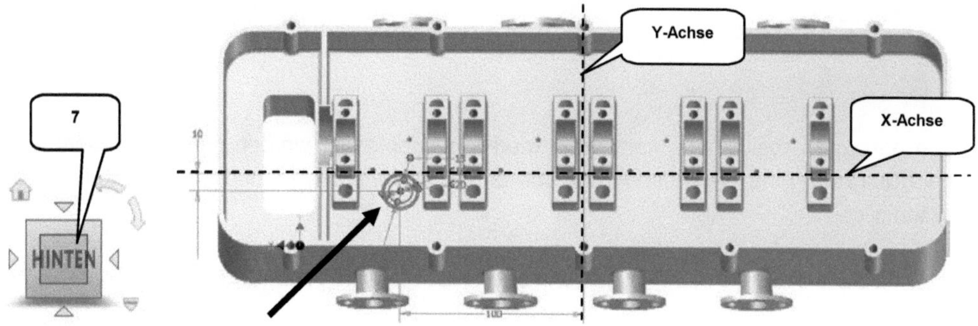

Aktivieren Sie am ***ViewCube*** die Ansicht ***HINTEN*** (7), markieren Sie im Browser die geneigte Arbeitsebene und erzeugen Sie darauf eine neue 2D-Skizze.

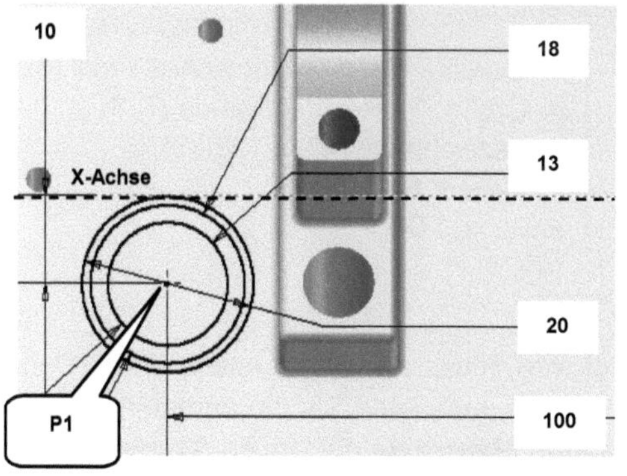

- ***ViewCube***-Ansicht: ***HINTEN*** (7)
- Zuletzt erzeugte Arbeitsebene im Browser markieren
- 2D-Skizze
- Geometrie projizieren
- Konstruktion aktivieren
- Ordner ***Ursprung*** öffnen
- 3 Achsen wählen
- Konstruktion deaktivieren
- Taste: ESC

- Punkt
- Punkt (P1) unterhalb der projizierten X-Achse und links neben der projizierten Y-Achse frei ablegen
- Taste: ESC

- Kreis
- 3 Kreise zeichnen, deren Kreismittelpunkte auf dem Punkt (P1) liegen
- Durchmesser: [13, 18 und 20 mm]
- Taste: ESC

- Bemaßung
- Abstand (P1) zur projizierten X-Achse: [10 mm]
- Taste: ENTER
- Abstand (P1) zur projizierten Y-Achse: [100 mm]
- Taste: ENTER
- Taste: ESC

- Skizze fertigstellen

6.9.2 Zündkerzeneinsätze bohren und extrudieren

Die geneigte Arbeitsebene kann jetzt wieder ausgeblendet werden (***rechte Maustaste*** > ***Sichtbarkeit***). Eine Gewindebohrung und drei Extrusionen sollen den Zylinderblock vervollständigen.

Starten Sie den Befehl Bohrung und aktivieren Sie die Option ***Nach Skizze***.

Der ***Bohrungspunkt*** müsste automatisch erkannt werden. Erzeugt werden soll eine ***Gewindebohrung*** (Ausführungstyp ***Durch alle***), die in Richtung des Volumenkörpers verlaufen muss (ggf. ist die Richtung per ***Umschalten*** zu korrigieren). Übernehmen Sie anschließend die restlichen Einstellungen.

- Bohrung
- Platzierung: Nach Skizze (1)
- Mittelpunkte: Markierter Punkt (2)
- Typ: Gewindebohrung (3)
- Ausführungstyp: Durch alle (4)
- Gewindetiefe: Volle Tiefe (5)
- Gewindetyp: ISO Metrisches Profil (6)
- Größe: 9 - Rechtsgewinde (7, 8)
- Bezeichnung: M9 x 1,25 (9)
- Klasse: 6H (10)
- OK ***OK***

Da die Skizze noch für die Extrusionen benötigt wird, muss sie wieder reaktiviert werden. Klappen Sie hierfür im Browser die letzte Bohrung auf, markieren Sie die darunterliegende Skizze und wählen Sie im Kontextmenü der ***rechten Maustaste*** die Option ***Skizze wieder verwenden***. Die Bohrung ist danach um drei weitere Extrusionen zu ergänzen.

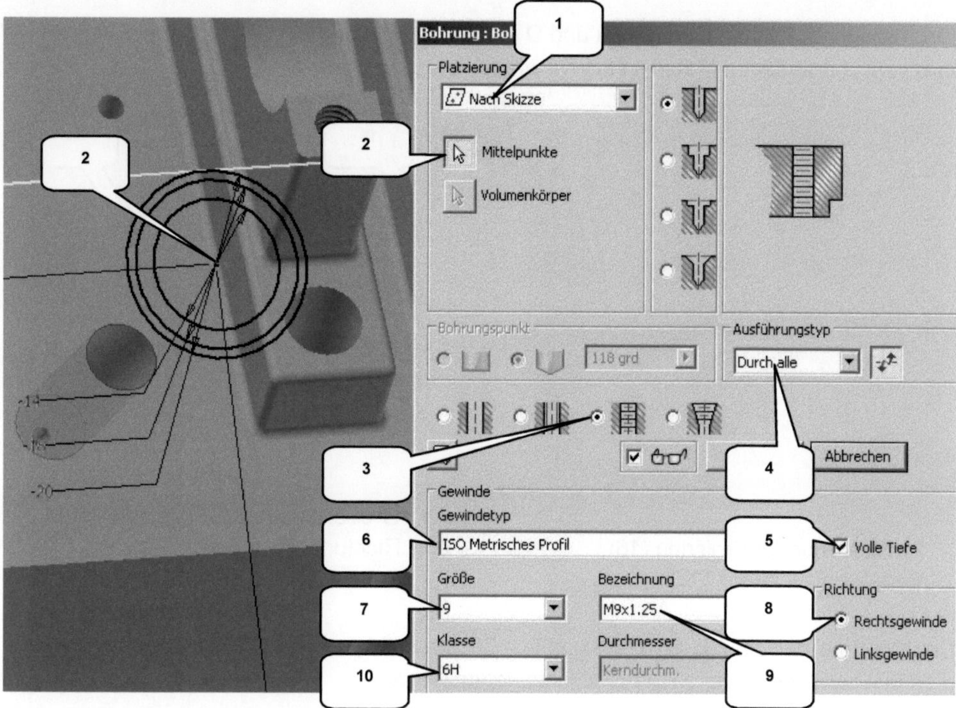

Der Kreis D = 13 mm ist um ***68 mm*** zu extrudieren und vom vorhandenen Volumenkörper zu subtrahieren.

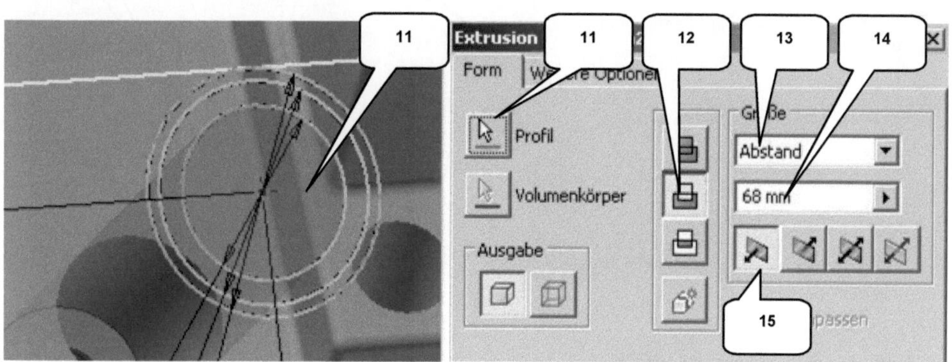

- Extrusion
- Profil: Markierte Kreisfläche (11)
- Verfahren: Differenz (12)
- Größe: Abstand [68 mm] (13, 14)
- Richtung: Richtung 1 (15)
- OK **OK**

Der Kreisring zwischen D = 14 mm und D = 18 mm soll extrudiert und mit einer Tiefe von ***67 mm*** vom vorhandenen Material entfernt werden.

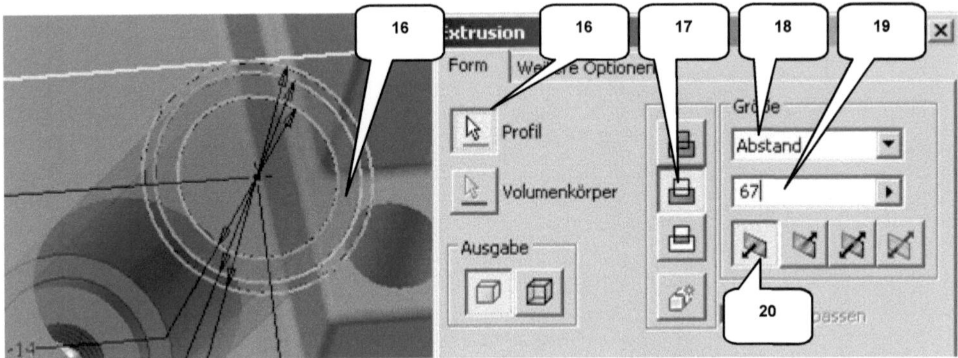

- Extrusion
- Profil: Markierter Kreisring (16)
- Verfahren: Differenz (17)
- Größe: Abstand [67 mm] (18, 19)
- Richtung: Richtung 1 (20)
- OK ***OK***

Der Kreisring zwischen D = 18 mm und D = 20 mm soll bis an den Zylinderkopf heran extrudiert und zum vorhandenen Material hinzugefügt werden.

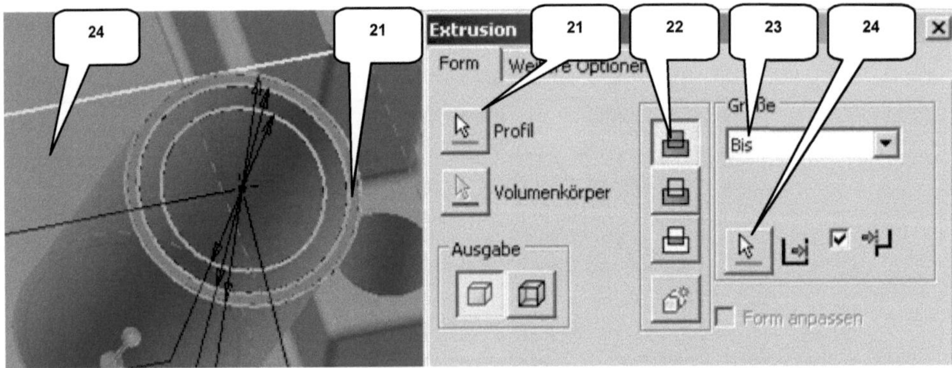

- Extrusion
- Profil: Markierter Kreisring (21)
- Verfahren: Vereinigung (22)
- Größe: Bis (23)
- Bis: Markierte Fläche (24)
- OK ***OK***

6.9.3 Vorhandene Anordnungen erweitern

Die reaktivierte Skizze ist wieder auszublenden (***rechte Maustaste*** > ***Sichtbarkeit***). Die letzten vier Arbeitsschritte (eine Bohrung, drei Extrusionen) sollen in eine bereits vorhandene Anordnung integriert werden.

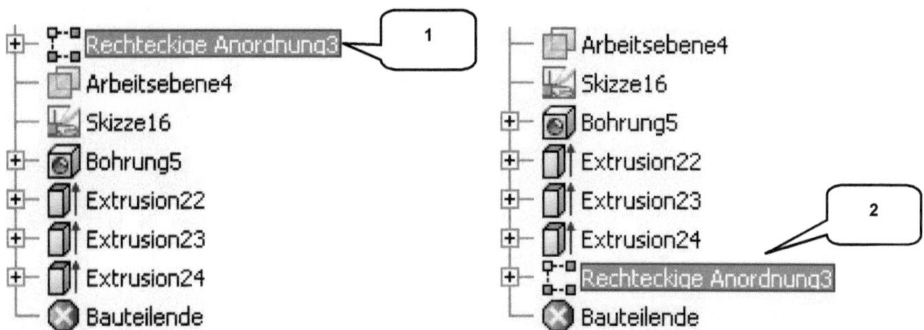

Im Browser finden Sie eine ***Rechteckige Anordnung*** (1). Schieben Sie sie bei gedrückter linker Maustaste zwischen die letzte ***Extrusion*** und das ***Bauteilende*** auf Position (2). Dieser Zwischenschritt ist erforderlich, um die zuletzt erzeugten Elemente in diese Anordnung integrieren zu können. Klicken Sie mit der ***rechten Maustaste*** auf die Rechteckige Anordnung (2) und wählen Sie die Option ***Element bearbeiten***.

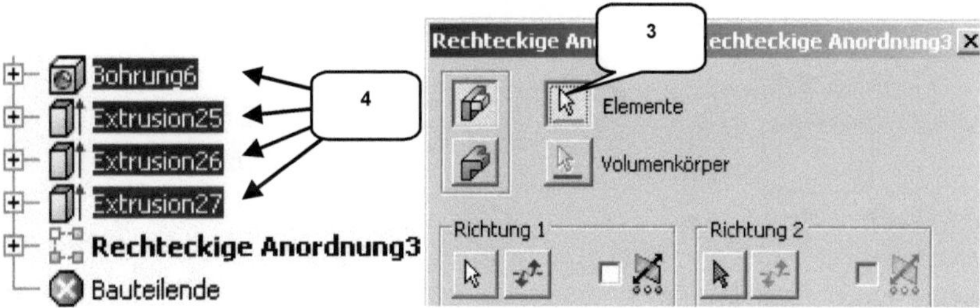

Die Option ***Elemente*** (3) sollte bereits aktiviert sein. Klicken Sie jetzt mit der linken Maustaste nacheinander auf die vier markierten Elemente im Browser (1 x Bohrung, 3 x Extrusion) (4), und bestätigen Sie den Befehl anschließend mit OK ***OK***.

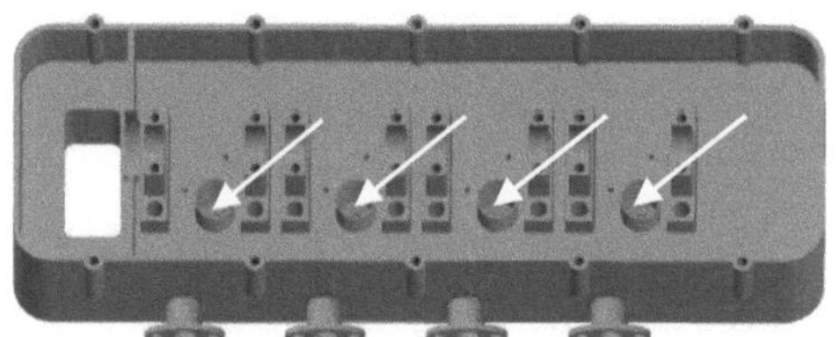

Jeder Zylinder müsste jetzt mit einer eigenen Zündkerzenfassung versehen sein. ***Speichern*** und ***schließen*** Sie die Datei abschließend.

6.10 Bauteil: Nockenwelle

6.10.1 Passfederaussparung und Gewindebohrung am Wellenende

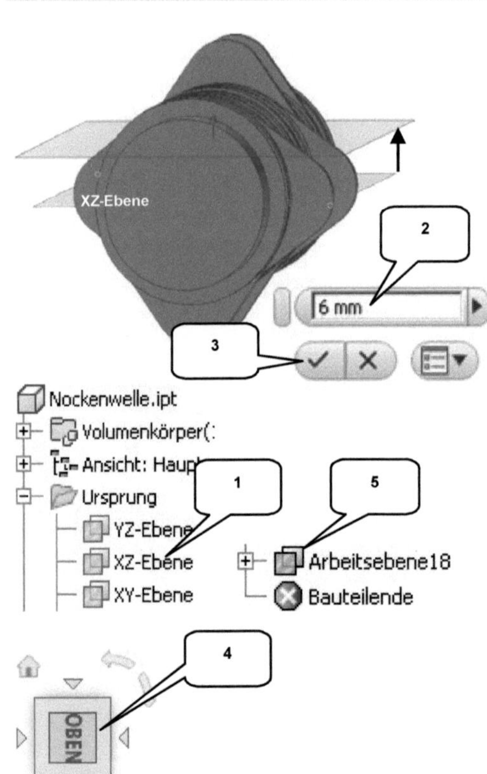

Öffnen Sie das Bauteil ***Nockenwelle*** (vorhandene Übungsdatei) und erzeugen Sie eine neue Arbeitsebene mit einem Versatz von ***6 mm*** zur ***XZ-Ebene***, um darauf eine neue 2D-Skizze zu erstellen.

- Versatz von Ebene
- XZ-Ebene (Browser) wählen (1)
- Abstand: [6 mm] (2)
- ***Anwenden*** (3)

- ***ViewCube***-Ansicht: ***OBEN*** (90° im UZS gedreht) (4)

- 2D-Skizze
- Neue Arbeitsebene wählen (5)
- Taste: F7 (Skizze aufschneiden)

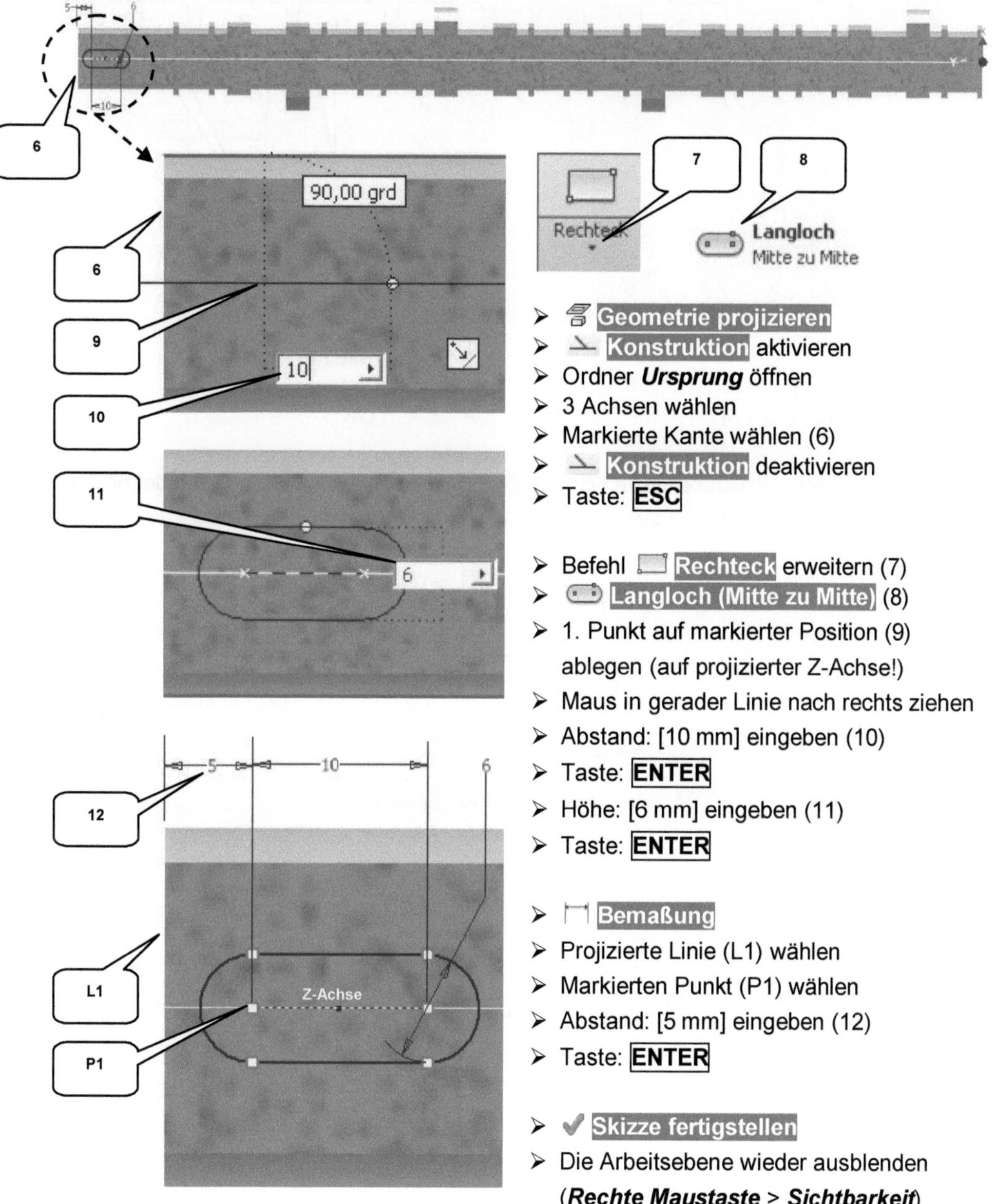

- Geometrie projizieren
- Konstruktion aktivieren
- Ordner ***Ursprung*** öffnen
- 3 Achsen wählen
- Markierte Kante wählen (6)
- Konstruktion deaktivieren
- Taste: ESC

- Befehl Rechteck erweitern (7)
- Langloch (Mitte zu Mitte) (8)
- 1. Punkt auf markierter Position (9) ablegen (auf projizierter Z-Achse!)
- Maus in gerader Linie nach rechts ziehen
- Abstand: [10 mm] eingeben (10)
- Taste: ENTER
- Höhe: [6 mm] eingeben (11)
- Taste: ENTER

- Bemaßung
- Projizierte Linie (L1) wählen
- Markierten Punkt (P1) wählen
- Abstand: [5 mm] eingeben (12)
- Taste: ENTER

- Skizze fertigstellen
- Die Arbeitsebene wieder ausblenden (***Rechte Maustaste*** > ***Sichtbarkeit***)

Zurück im 3D-Modellbereich soll die Kontur extrudiert werden.

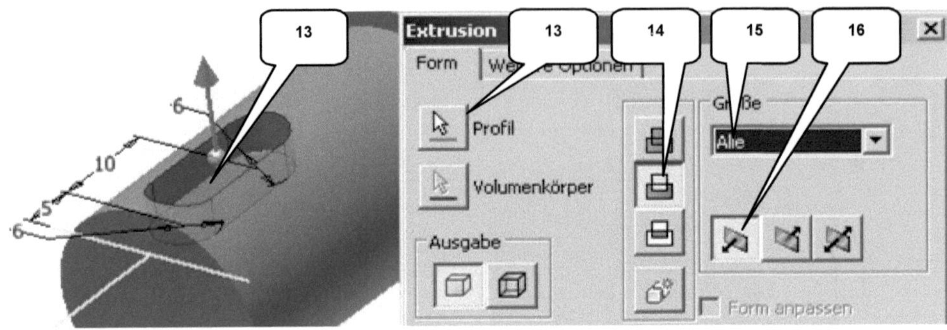

- Extrusion
- Profil: Kontur (13)
- Verfahren: Differenz (14)
- Größe: Alle (15)
- Richtung: Richtung 1 (16)
- ***OK***

Auf derselben Seite der Nockenwelle soll an der Stirnseite zusätzlich eine Gewindebohrung erzeugt werden. Verwenden Sie den Platzierungstyp ***Konzentrisch***.

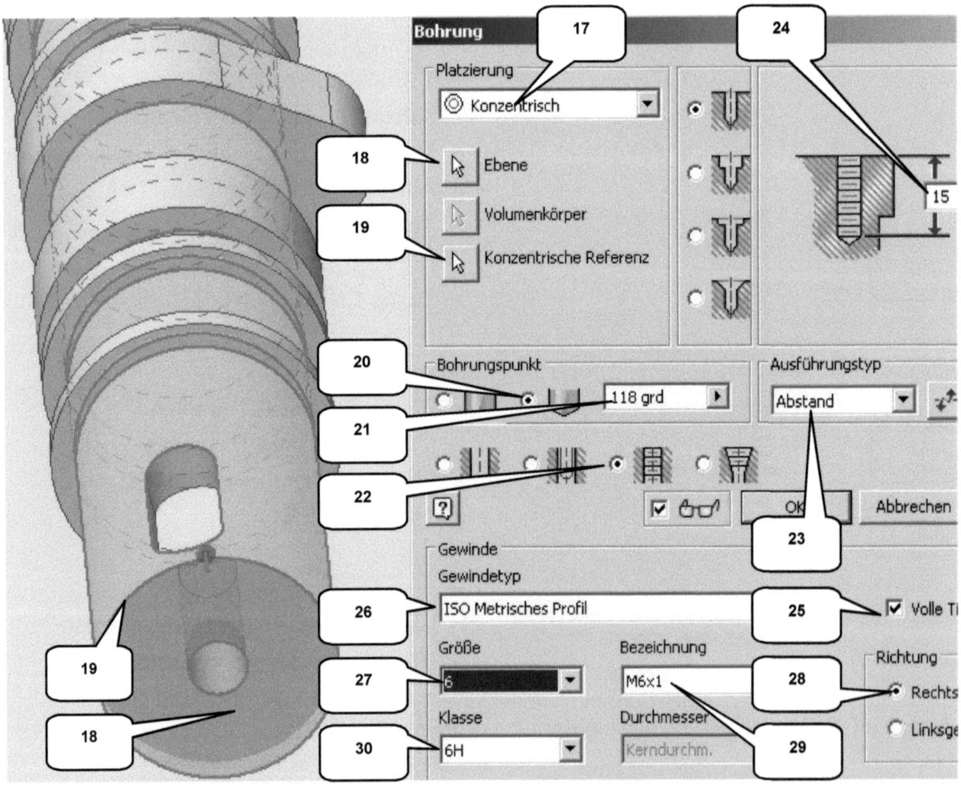

- Bohrung
- Platzierung: Konzentrisch (17)
- Ebene: Markierte Fläche (18)
- Konzentrische Referenz: Kreiskante (19)
- Bohrungsspitze: Winkel [118°] (20, 21)
- Typ: Gewindebohrung (22)
- Ausführungstyp: Abstand [15 mm] (23, 24)
- Gewindetiefe: Volle Tiefe (25)
- Gewindetyp: ISO Metrisches Profil (26)
- Größe: 6 - Rechtsgewinde (27, 28)
- Bezeichnung: M6 x 1 (29)
- Klasse: 6H (30)
- OK ***OK***

Weitere Änderungen am Bauteil sind nicht erforderlich. ***Speichern*** Sie die Datei und ***schließen*** Sie sie anschließend.

6.11 Bauteil: Kurbelwelle

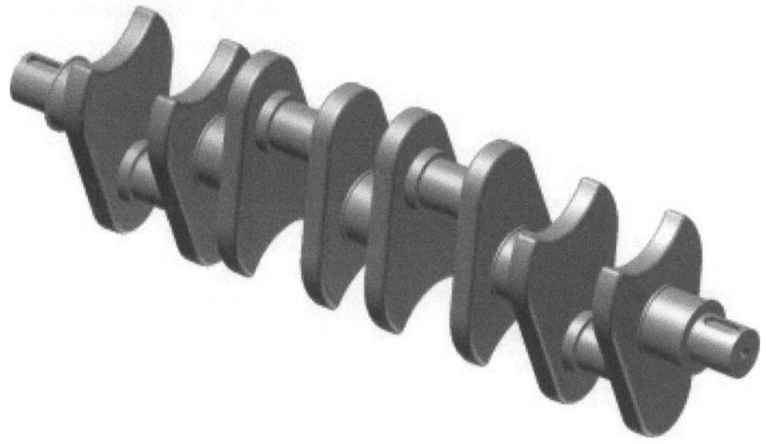

6.11.1 Kurbelwangen zeichnen, extrudieren und kopieren

Erstellen Sie ein neues Bauteil (Norm.ipt) und projizieren Sie die Achsen. Zeichnen Sie die erste Kurbelwange und bemaßen Sie sie anschließend. Achten Sie darauf, dass die drei Mittelpunkte (M1...3) der Bogensegmente auf der projizierten Y-Achse liegen müssen und die Übergänge der beiden Liniensegmente tangential in die angrenzenden Bogensegmente übergehen.

Die gesamte Kontur muss geschlossen sein. Beenden Sie die Skizze danach und extrudieren Sie die Kontur symmetrisch um ***10 mm***.

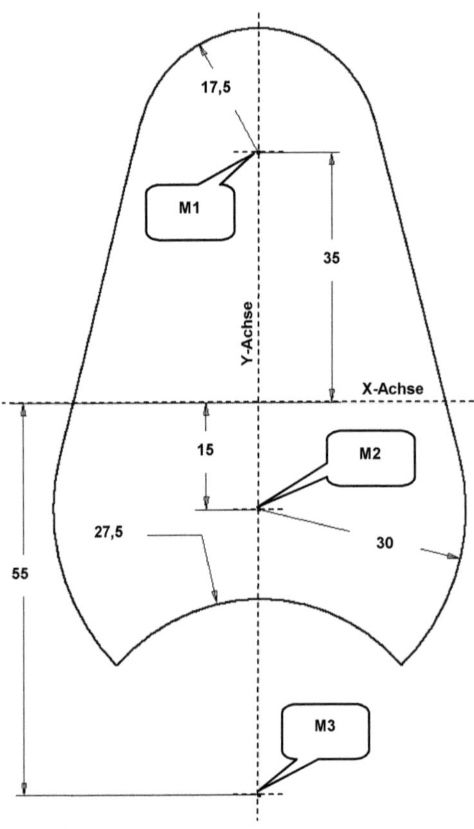

- Neu
- Norm.ipt
- Erstellen

- Geometrie projizieren
- Konstruktion aktivieren
- Ordner ***Ursprung*** öffnen
- 3 Achsen anklicken
- Konstruktion deaktivieren
- Taste: ESC

Zeichnen Sie die nebenstehende Kontur aus 3 Kreisen (Mittelpunkte M1 bis M3 jeweils auf der projizierten Y-Achse), zwei tangential anliegenden Linien, bemaßen Sie und stutzen Sie die Kontur danach.

Die Skizze kann im Anschluss daran verlassen und die Kontur extrudiert werden.

- Extrusion
- Profil: Kontur (1)
- Größe: Abstand [10 mm] (2, 3)
- Richtung: Symmetrisch (4)
- ***OK***

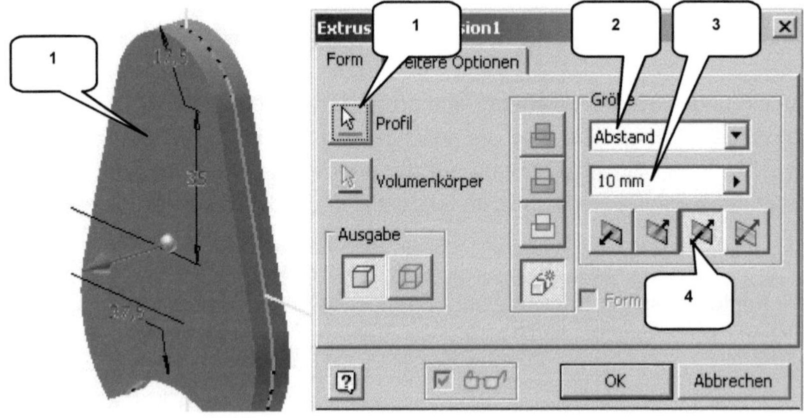

Die Kurbelwange soll jetzt einmal kopiert und entlang der ***Z-Achse*** angeordnet werden.

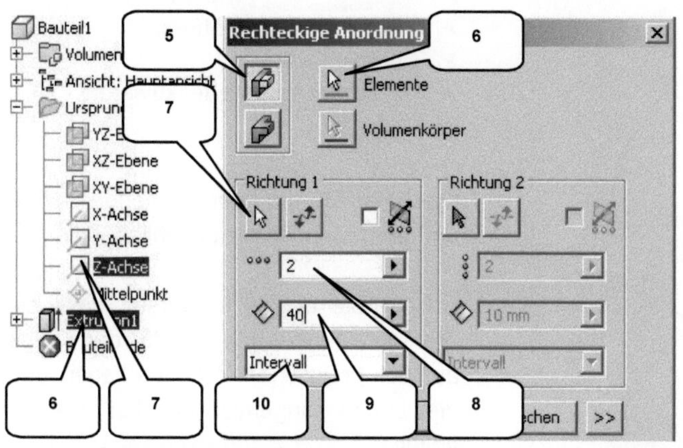

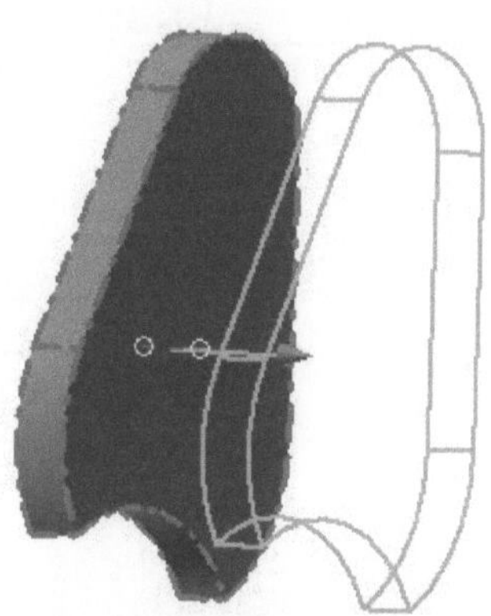

- Rechteckige Anordnung
- Einzelne Elemente (5)
- Elemente: Extrusion1 (6)
- Richtung 1: Z-Achse (7)
- Anzahl: [2] (8)
- Abstand: [40 mm] (9)
- Typ: Intervall (10)
- OK ***OK***

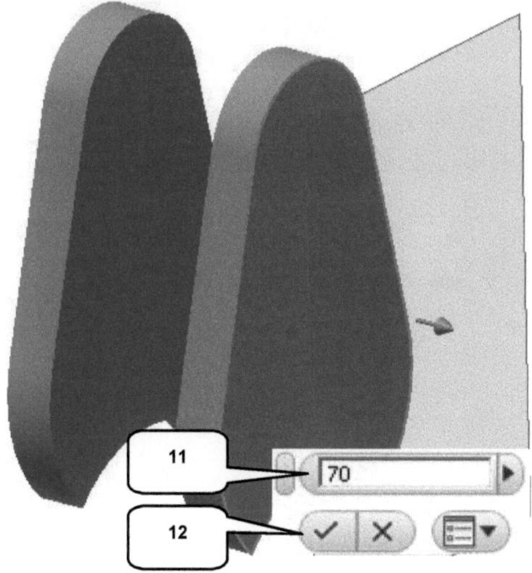

Die dritte Kurbelwange erfordert etwas mehr Vorarbeit. Hierfür muss zuerst eine neue Ebene erzeugt und darauf eine neue 2D-Skizze erstellt werden.

- Versatz von Ebene
- XY-Ebene im Browser wählen
- Versatz: [70 mm] (11)
- ***Anwenden*** (12)

- 2D-Skizze
- Neue Arbeitsebene im Browser wählen

Die neue Arbeitsebene kann wieder ausgeblendet werden (***rechte Maustaste*** > ***Sichtbarkeit***).

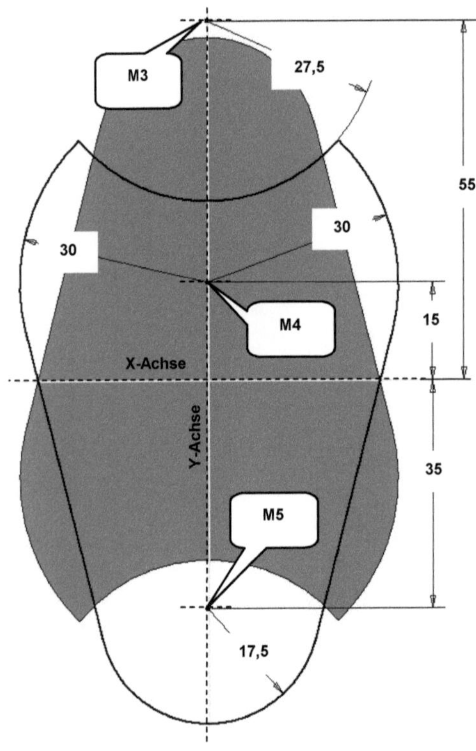

- Geometrie projizieren
- Konstruktion aktivieren
- Ordner ***Ursprung*** öffnen
- 3 Achsen wählen
- ***Konstruktion*** deaktivieren
- Taste: ESC

Zeichnen Sie die nebenstehende Kontur und bemaßen Sie sie anschließend.

Achten Sie auch hier darauf, dass die drei Mittelpunkte (M4 bis M5) der Kreise auf der projizierten Y-Achse liegen und die Linien tangential an den Kreisen anliegen.

Beenden Sie die Skizze danach und extrudieren Sie die Kontur symmetrisch um ***10 mm***.

- Extrusion
- Profil: Kontur (13)
- Verfahren: Vereinigung (14)
- Größe: Abstand [10 mm] (15, 16)
- Richtung: Symmetrisch (17)
- ***OK***

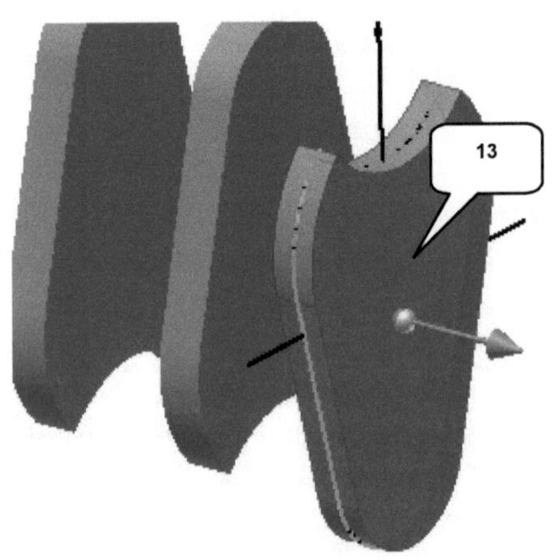

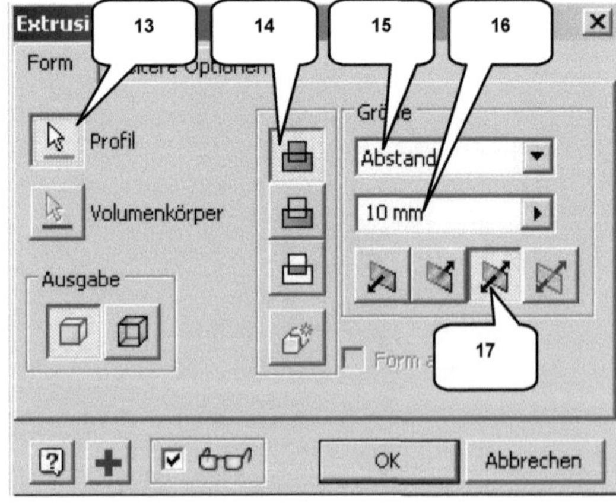

Auch die letzte Extrusion soll entlang der ***Z-Achse*** angeordnet werden.

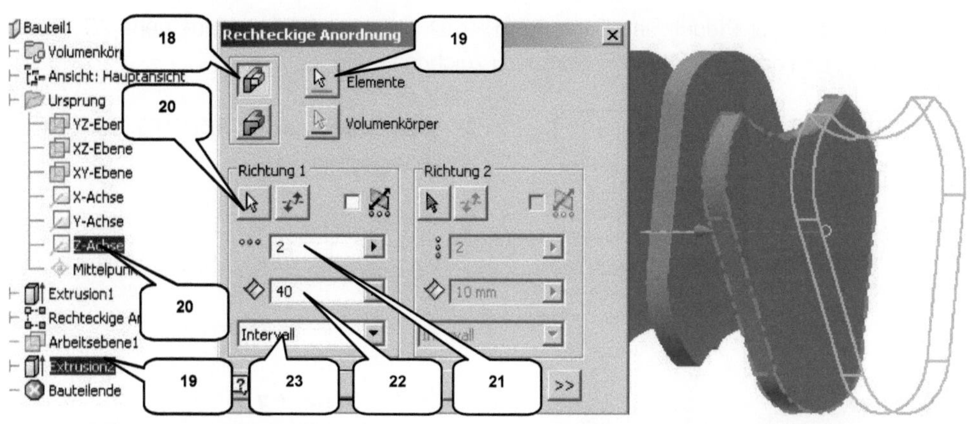

- Rechteckige Anordnung
- Einzelne Elemente anordnen (18)
- Elemente: Extrusion2 (19)
- Richtung 1: Z-Achse (20)
- Anzahl: [2] (21)
- Abstand: [40 mm] (22)
- Typ: Intervall (23)
- OK ***OK***

Alle Außenkanten sind mit einem Radius von ***2 mm*** abzurunden. Verwenden Sie hierfür die Option ***Alle Außenradien***.

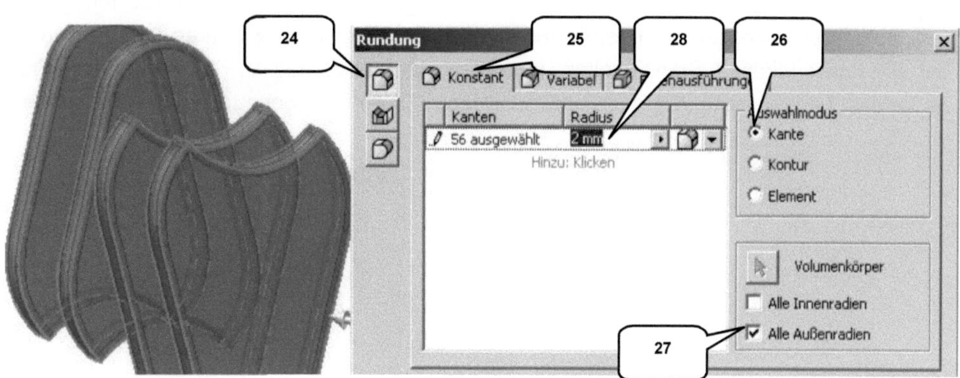

- Rundung
- Typ: Kantenabrundung (24)
- Reiter: Konstant (25)
- Auswahlmodus: Kante (26)
- Aktivieren: Alle Außenradien (27)
- Radius: [2 mm] (28)
- OK ***OK***

6.11.2 Pleuel- und Führungslager

Zur Konstruktion der Pleuel- und Führungslager ist auf der ***YZ-Ebene*** eine neue 2D-Skizze zu erstellen, und darin die folgende Kontur zu zeichnen:

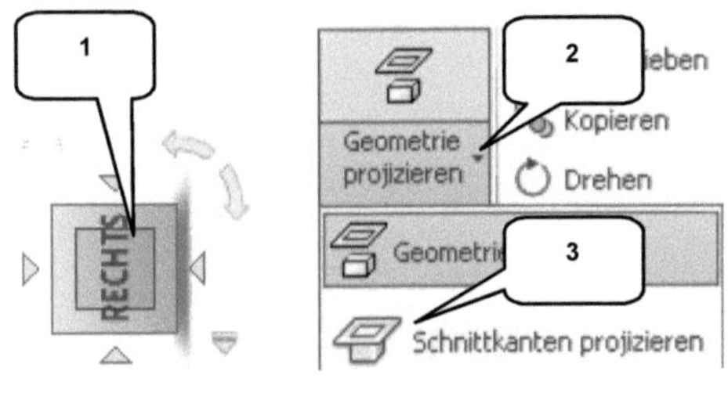

- ***ViewCube***-Ansicht: ***RECHTS*** (90° gegen UZS gedreht) (1)

- 2D-Skizze
- YZ-Ebene im Browser wählen

- Geometrie projizieren
- Konstruktion aktivieren
- Ordner ***Ursprung*** öffnen
- 3 Achsen wählen
- Taste: ESC

- Befehl Geometrie proj. erweitern (2)
- Schnittkanten projizieren (3)
- Konstruktion deaktivieren
- Taste: ESC

Zeichnen Sie die nachfolgend dargestellte Skizzengeometrie. Sie besteht aus fünf einzelnen, in sich geschlossenen Linienkonturen. Bemaßen Sie diese Konturen und verwenden Sie alle notwendigen Abhängigkeiten, um die Skizze vollständig zu bestimmen. Der Skizzenbereich kann danach verlassen und die Skizze in mehreren Schritten verarbeitet werden.

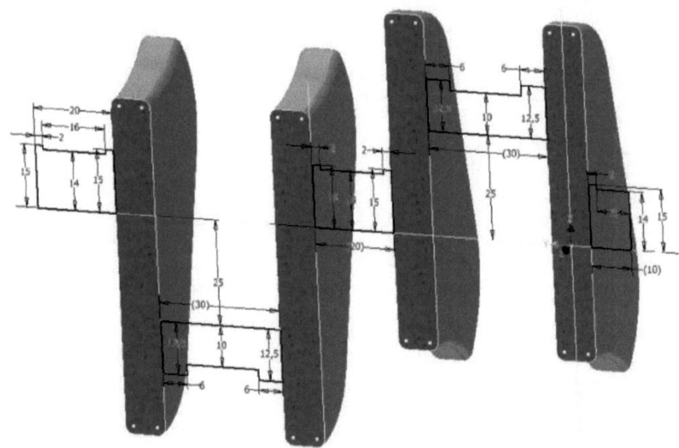

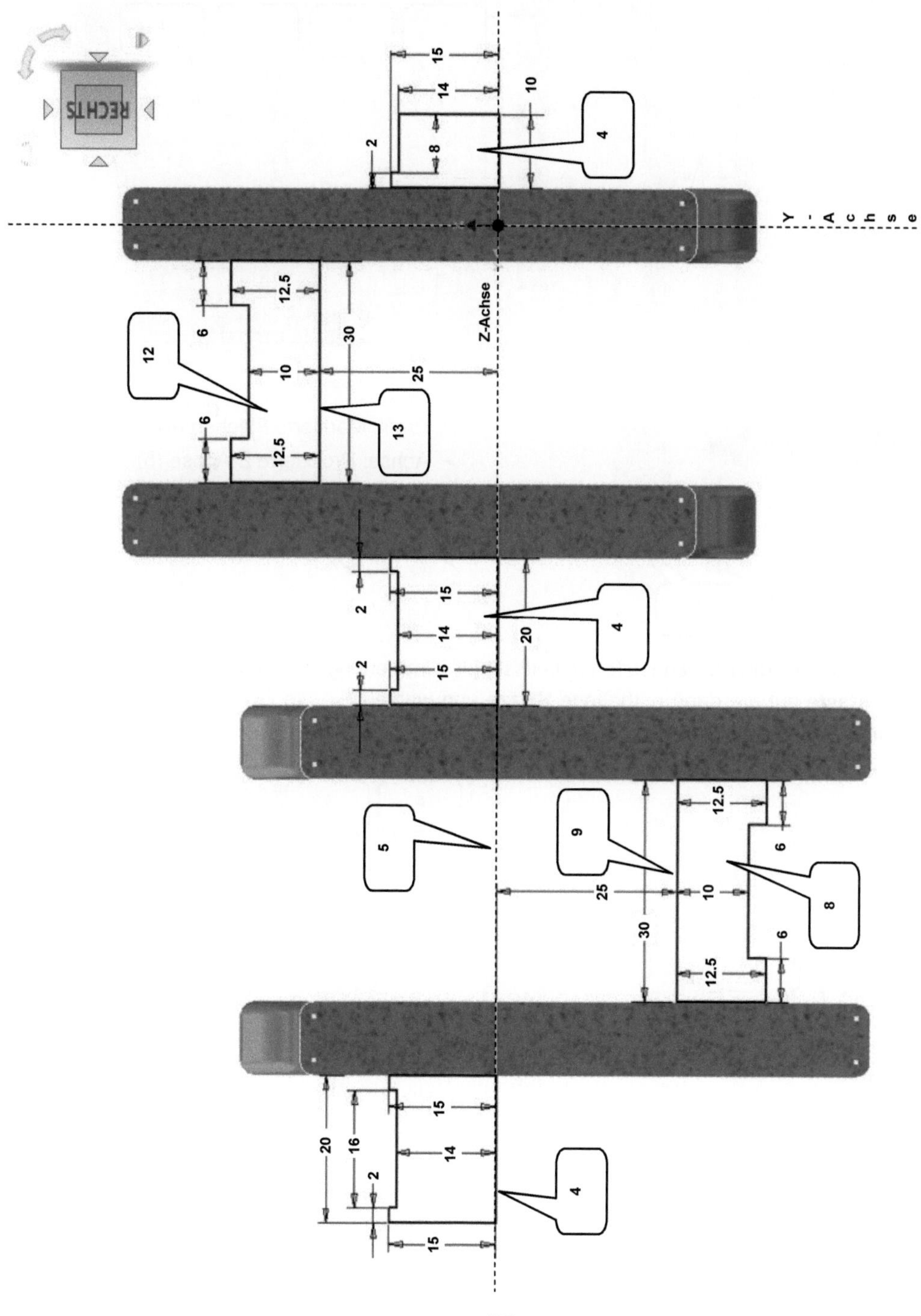
RECHTS
Z-Achse
Y-Achse

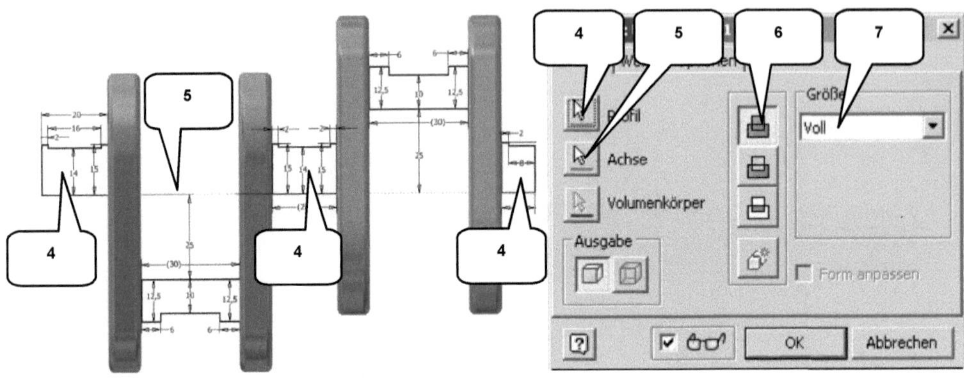

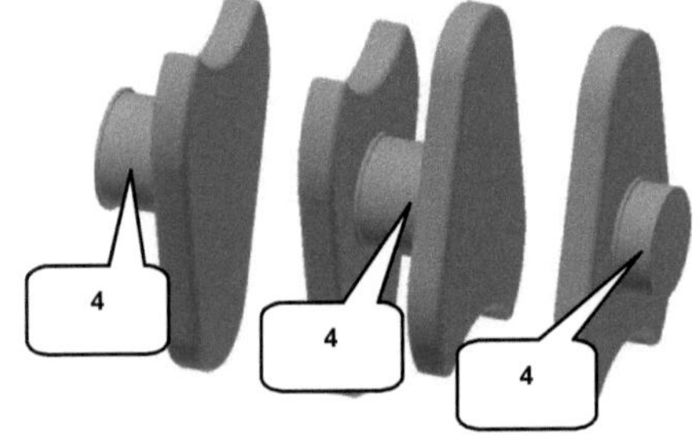

- Drehung
- Profil: Markierte Flächen (4)
- Achse: Projizierte Z-Achse (5)
- Verfahren: Vereinigung (6)
- Größe: Voll (7)
- OK ***OK***

Erweitern Sie im Browser den letzten Arbeitsschritt (Umdrehung), klicken Sie mit der ***rechten Maustaste*** auf die darin enthaltene Skizze und wählen Sie die Option ***Skizze wieder verwenden***. Mit der reaktivierten Skizze sind jetzt weitere Drehungen durchzuführen.

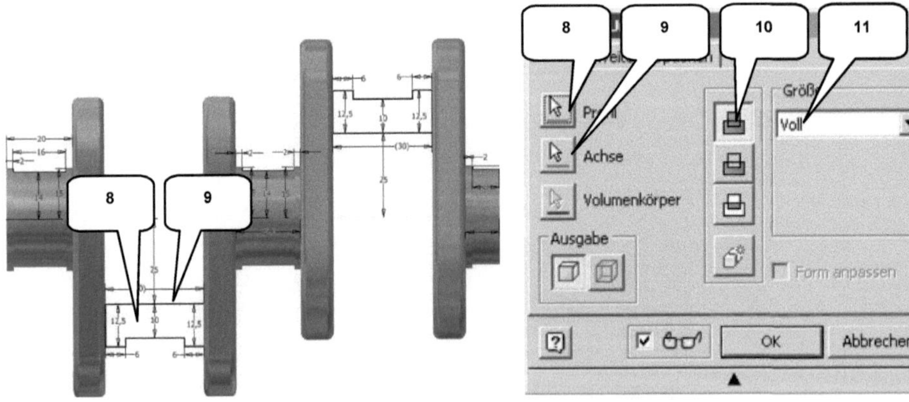

- Drehung
- Profil: Markierte Fläche (8)
- Achse: Markierte Linie (9)
- Verfahren: Vereinigung (10)
- Größe: Voll (11)
- OK ***OK***

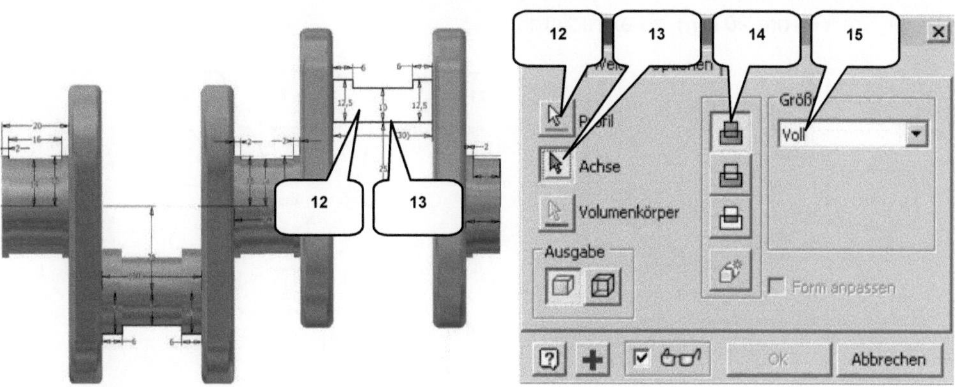

- Drehung
- Profil: Markierte Fläche (12)
- Achse: Markierte Linie (13)

- Verfahren: Vereinigung (14)
- Größe: Voll (15)
- OK **OK**

Die Sichtbarkeit der Skizze kann jetzt wieder deaktiviert werden (***rechte Maustaste*** > ***Sichtbarkeit***). Wechseln Sie in die ***ViewCube***-Ansicht: ***OBEN*** und erzeugen Sie auf der vor Ihnen liegenden Fläche eine weitere 2D-Skizze.

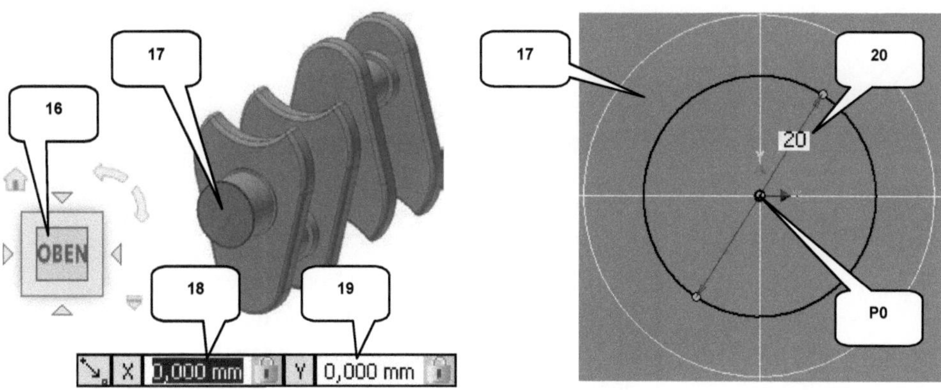

- ***ViewCube***-Ansicht: ***OBEN*** (16)
- 2D-Skizze
- Markierte Fläche (17) wählen

- Kreis
- Taste: TAB
- X-Koordinate: [0 mm] eingeben (18)

- Taste: TAB
- Y-Koordinate: [0 mm] eingeben (19)
- Taste: ENTER
- Durchmesser: [20 mm] eingeben (20)
- Taste: ENTER

- Skizze fertigstellen

Dieser Kreis ist um ***20 mm*** zu extrudieren.

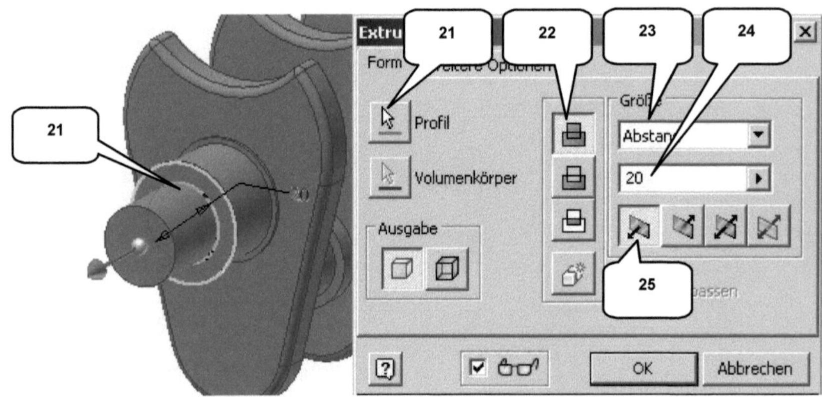

- Extrusion
- Profil: Kreis (21)
- Verfahren: Vereinigung (22)
- Größe: Abstand [20 mm] (23, 24)
- Richtung: Richtung 1 (25)
- ***OK***

6.11.3 Passfederaussparung und Gewindebohrung

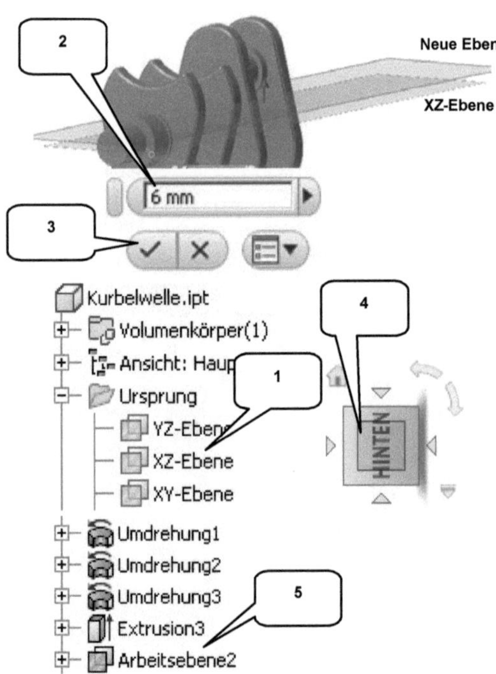

Auch die Kurbelwelle soll mit einer Passfedernut versehen werden. Hierfür benötigen Sie eine neue Arbeitsebene, parallel zur ***XZ-Ebene*** und in einem Abstand von ***6 mm*** dazu, worauf eine neue 2D-Skizze zu erstellen ist

- Versatz von Ebene
- XZ-Ebene (Browser) wählen (1)
- Abstand: [6 mm] (2)
- ***Anwenden*** (3)

- ***ViewCube***-Ansicht: ***HINTEN*** (90° gegen UZS gedreht) (4)

- 2D-Skizze
- Neue Arbeitsebene wählen (5)
- Taste: F7 (Skizze aufschneiden)

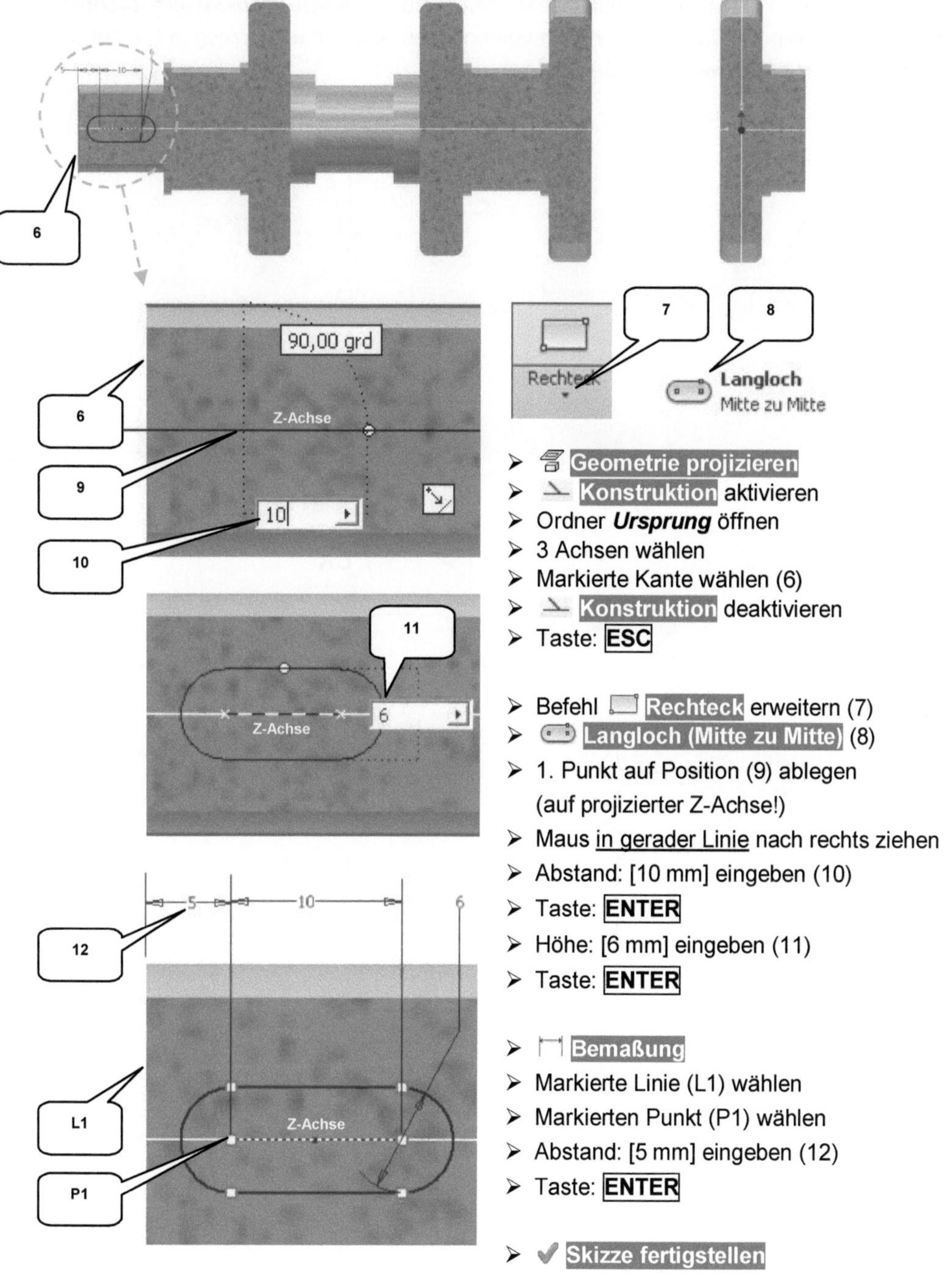

- Geometrie projizieren
- Konstruktion aktivieren
- Ordner ***Ursprung*** öffnen
- 3 Achsen wählen
- Markierte Kante wählen (6)
- Konstruktion deaktivieren
- Taste: **ESC**

- Befehl Rechteck erweitern (7)
- Langloch (Mitte zu Mitte) (8)
- 1. Punkt auf Position (9) ablegen (auf projizierter Z-Achse!)
- Maus <u>in gerader Linie</u> nach rechts ziehen
- Abstand: [10 mm] eingeben (10)
- Taste: **ENTER**
- Höhe: [6 mm] eingeben (11)
- Taste: **ENTER**

- Bemaßung
- Markierte Linie (L1) wählen
- Markierten Punkt (P1) wählen
- Abstand: [5 mm] eingeben (12)
- Taste: **ENTER**

- Skizze fertigstellen

Die Arbeitsebene kann bereits wieder deaktiviert werden (***rechte Maustaste*** > ***Sichtbarkeit***). Subtrahieren Sie das Langloch vom vorhandenen Material und erzeugen Sie auf derselben Seite der Kurbelwelle eine Gewindebohrung.

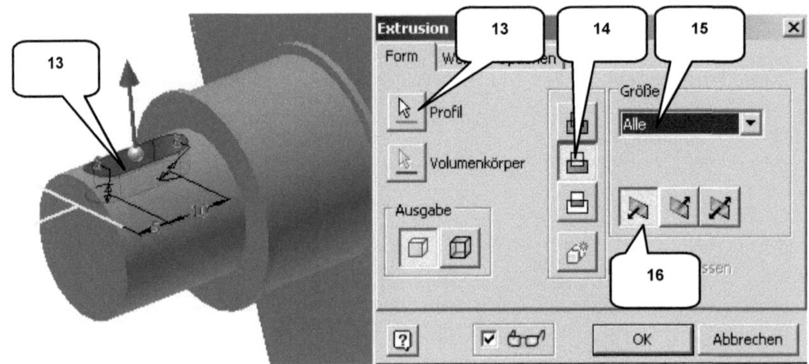

- Extrusion
- Profil: Langloch (13)
- Verfahren: Differenz (14)
- Größe: Alle (15)
- Richtung: Richtung 1 (16)
- **OK**

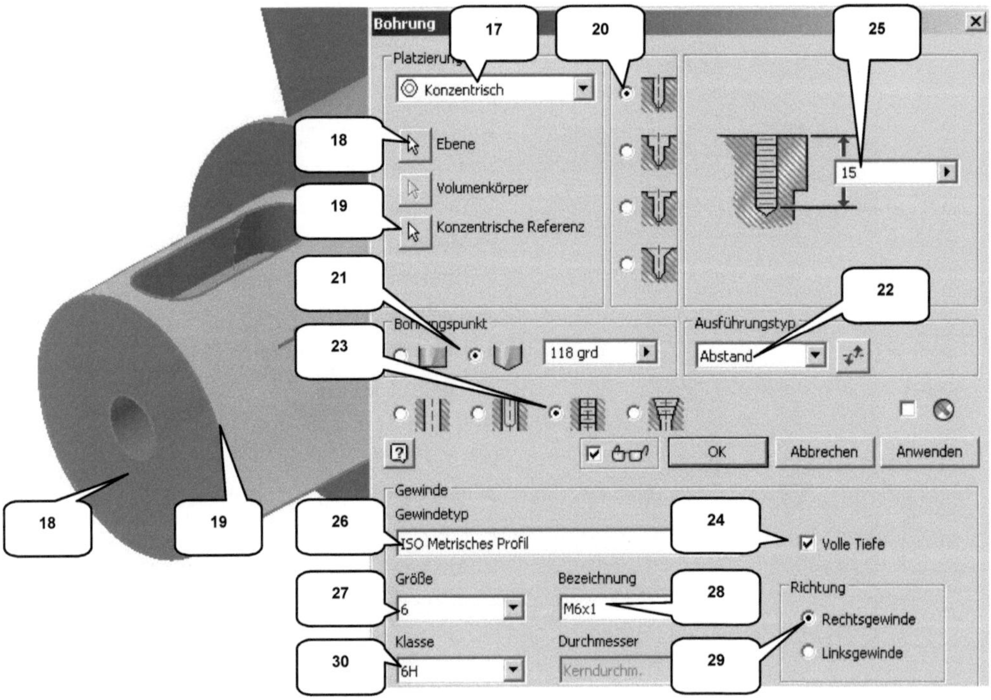

- Bohrung
- Platzierung: Konzentrisch (17)
- Ebene: Markierte Fläche (18)
- Konzentrische Referenz: Kante (19)
- Form: Einfach (20)
- Bohrungspunkt: Spitze [118°] (21)
- Ausführungstyp: Abstand (22)
- Typ: Gewindebohrung (23)
- Gewindetiefe: Volle Tiefe (24)
- Bohrtiefe: [15 mm] (25)
- Gewindetyp: ISO Metr. Profil (26)
- Größe: 6 (M6 x 1) (27, 28)
- Rechtsgewinde (29)
- Klasse: 6H (30)
- OK **OK**

6.11.4 Spiegeln des Volumenkörpers

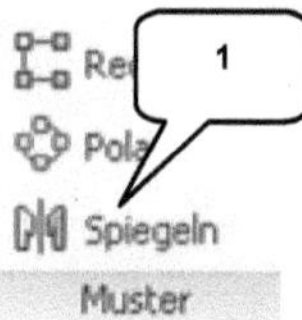

Der Befehl Spiegeln (Befehlsgruppe ***Muster***) (1) ermöglicht das Spiegeln einzelner Details eines Bauteils oder auch des gesamten Bauteils an einer Ebene oder Fläche. Im folgenden Schritt soll der gesamte Volumenkörper an der Stirnfläche (3) der Kurbelwelle gespiegelt werden.

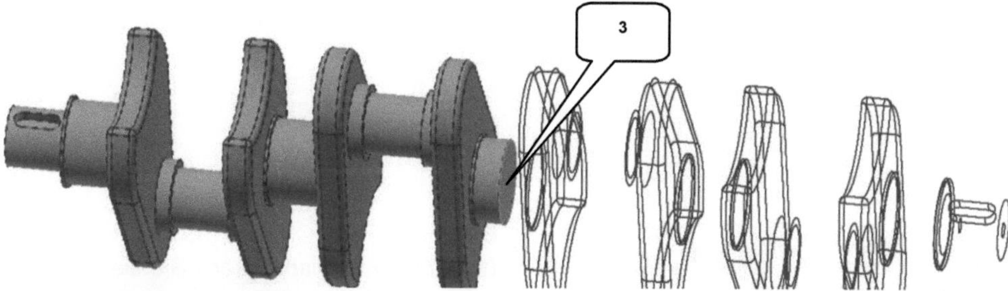

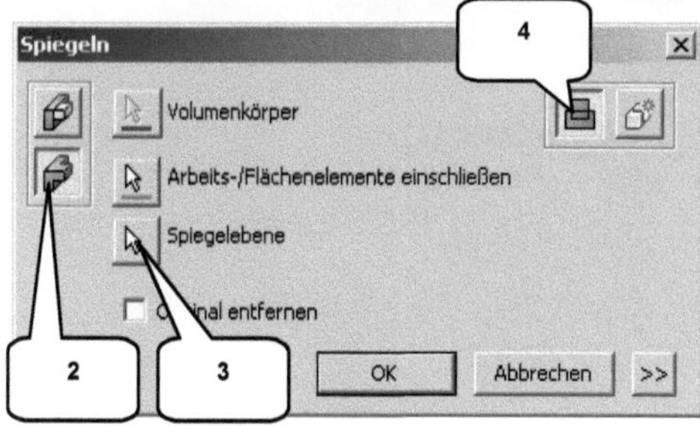

- Spiegeln (1)
- Option: Volumenkörper (2)
- Volumenkörper: (Automatisch)
- Spiegelebene: Markierte Fläche (3)
- Verfahren: Vereinigung (4)
- OK **OK**

Sichtbare Arbeitsebenen oder Skizzen sollten jetzt ausgeblendet werden. Die Datei kann unter der Bezeichnung ***Kurbelwelle gespeichert*** und danach ***geschlossen*** werden. Der Modellbereich wird damit verlassen und es wird in den Baugruppenbereich gewechselt.

7 BAUGRUPPEN

7.1 Unterbaugruppe: BG_Kolben

7.1.1 Erzeugen der ersten Baugruppe

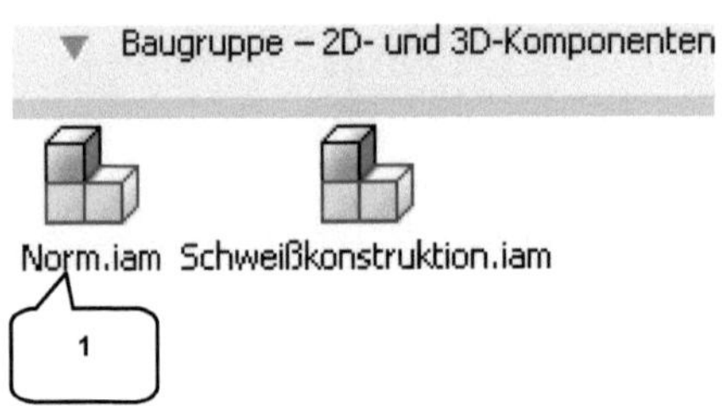

Erstellen Sie eine neue Baugruppe (Norm.iam) und ***speichern*** Sie sie unter der Bezeichnung ***BG_Kolben***.

- Neu
- ***Norm.iam*** (1)
- ***Erstellen***
- Speichern [BG_Kolben]

7.1.2 Das Register ZUSAMMENFÜGEN im Überblick

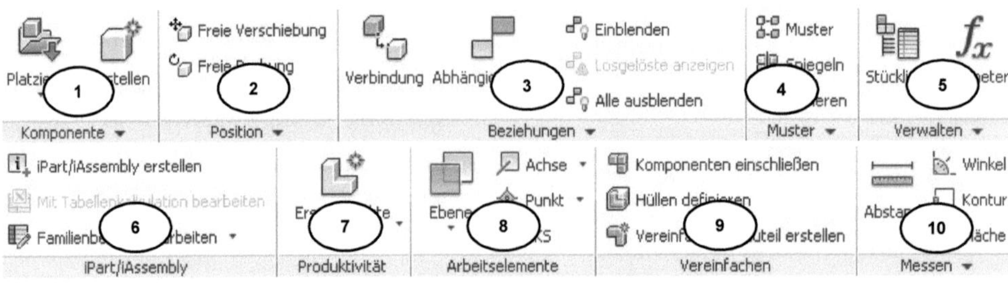

1) Bauteile, Baugruppen oder Normteile aus dem Inhaltscenter einfügen; neue Bauteile erstellen; vorhandene Bauteile kopieren/ anordnen oder ersetzen
2) Komponenten in Position/ Lage ändern
3) Abhängigkeiten/ Verbindungen setzen
4) Elemente anordnen, kopieren oder spiegel
5) Parametermanager
6) Teilefamilien (iParts/ iAssemblys)
7) Bauteilstrukturen organisieren
8) Ebenen, Achsen, Punkte erzeugen
9) Bauteile vereinfachen
10) Abstände, Winkel, Konturen, Flächeninhalte berechnen

7.1.3 Komponenten platzieren

Der Befehl Platzieren (1) fügt Bauteile oder (Unter-)Baugruppen in eine Baugruppe ein. Das erste Objekt, das in eine Baugruppe eingefügt wird, sollte möglichst eine statische Komponente ohne Freiheitsgrade sein, woran die folgenden Komponenten befestigt werden können. Und es sollte einzeln platziert werden. In den Anwendungsoptionen wurde das bereits so festgelegt, und das Programm übernimmt diese Vorgaben automatisch.

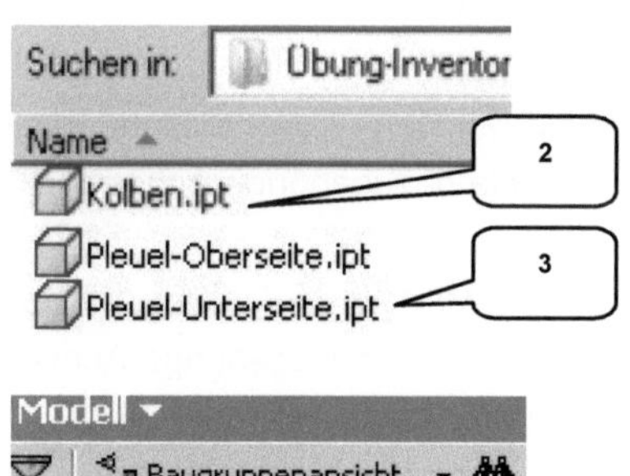

- Platzieren (1)
- Auswahl: Kolben (2)
- Öffnen ***Öffnen***
- Taste: ESC

Der Kolben wurde vom Programm automatisch am Koordinatensystem der Baugruppe ausgerichtet und auch fixiert. Die Fixierung wird durch ein kleines ***Pin-Symbol*** (4) im Browser symbolisiert. Fügen Sie jetzt weitere Bauteile ein.

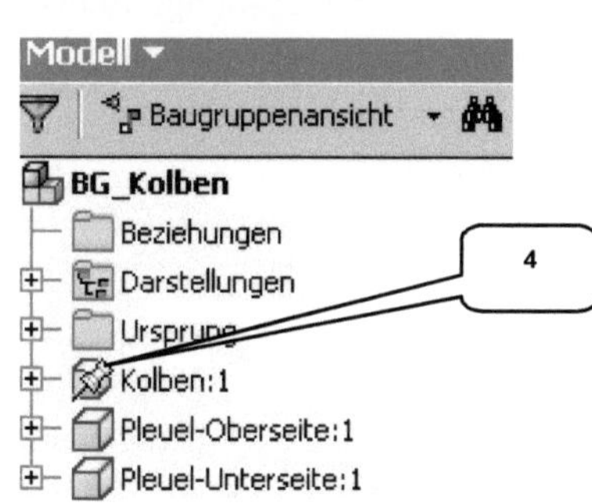

- Platzieren (1)
- Auswahl: Pleuel-Oberseite, Pleuel-Unterseite (3)
- Öffnen ***Öffnen***
- Die Bauteile einmal mit der linken Maustaste frei ablegen
- Taste: ESC

7.1.4 Kolben und Pleueloberseite voneinander abhängig machen

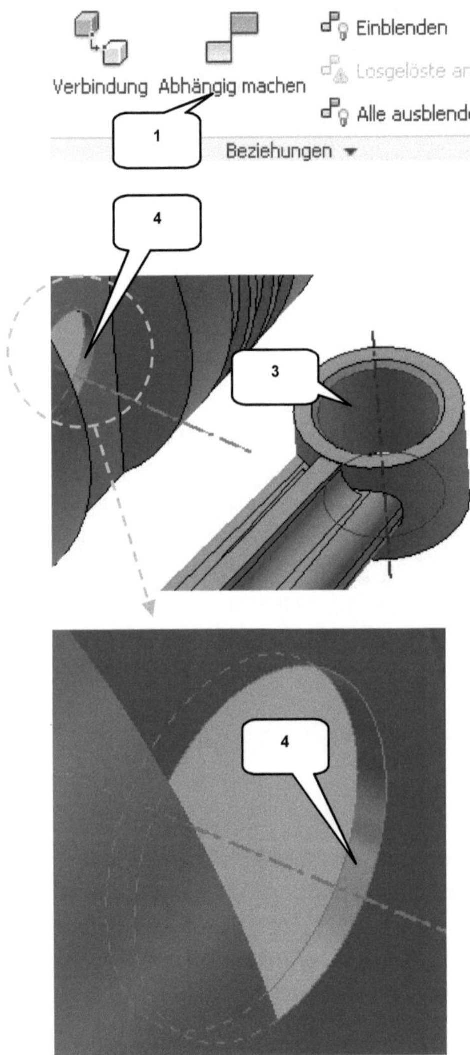

Der Befehl **Abhängig machen** (1) stellt Verbindungen zwischen Komponenten her, indem deren geometrische Elemente voneinander abhängig gemacht werden. Starten Sie den Befehl und verbinden Sie die Bauteile ***Kolben*** und ***Pleuel-Oberseite*** miteinander.

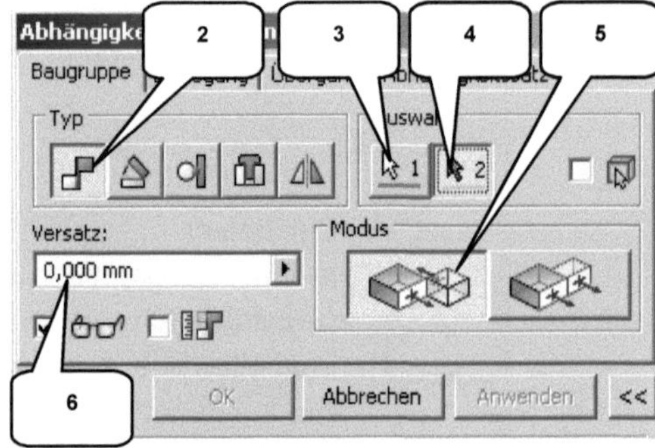

- **Abhängig machen** (1)
- Reiter: Baugruppe
- Typ: Passend (2)
- Auswahl 1: Markierte Zylinderfläche am Pleuel (3) (die dazugehörige Achse wird automatisch erkannt)
- Auswahl 2: Markierte Bohrungsfläche am Kolben (4) (die dazugehörige Achse wird automatisch erkannt)
- Modus: Passend (5)
- Versatz: [0 mm] (6)
- ***OK***

HINWEIS: Die Achse einer Bohrung/ eines zylindrischen Elements können Sie wählen, indem Sie mit der linken Maustaste auf die dazugehörige zylindrische Fläche klicken. Bei manchen Elementen sind die zylindrischen Flächen sehr schmal (in unserem Fall die Querbohrung des Kolbens (4)). Dann ist es erforderlich, sehr nah an diesen Bereich heranzuzoomen, um die korrekte Fläche greifen zu können.

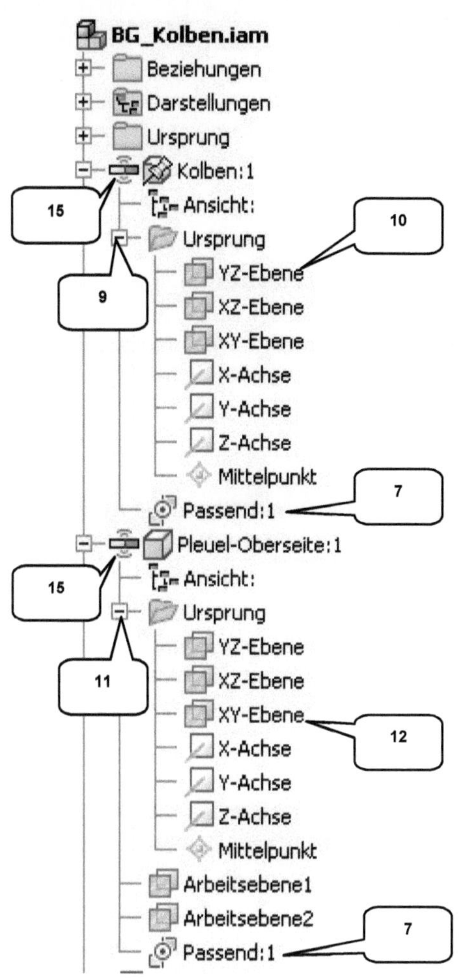

Die axiale Abhängigkeit wird jetzt den zugehörigen Komponenten im Browser zugeordnet. Werden im Browser die Bauteil ***Kolben*** oder ***Pleuel-Oberseite*** erweitert, findet man darin die soeben erzeugte Abhängigkeit ***Passend*** (7).

HINWEIS: Um eine Abhängigkeit zu bearbeiten, klicken Sie mit der ***rechten Maustaste*** darauf und wählen die Option ***Bearbeiten***. Um sie zu löschen, wählen Sie die Option ***Löschen***.

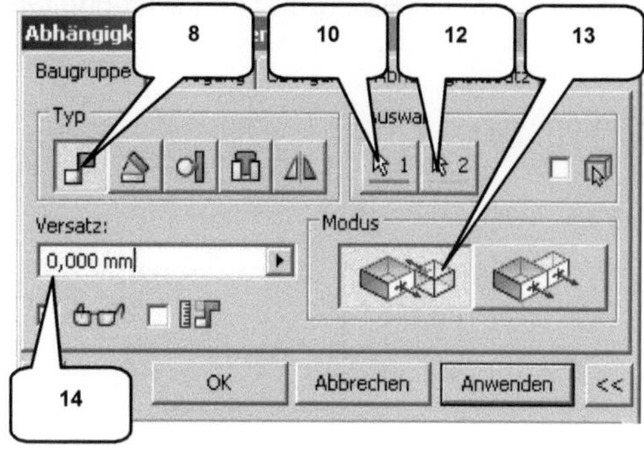

- **Abhängig machen**
- Reiter: Baugruppe
- Typ: Passend (8)
- Ordner ***Ursprung*** (Kolben) aufklappen (9)
- Auswahl 1: YZ-Ebene (Kolben) (10)
- Ordner ***Ursprung*** (Pleuel-Oberseite) aufklappen (11)
- Auswahl 2: XY-Ebene (Pleuel-Oberseite) (12)
- Modus: Passend (13)
- Versatz: 0 mm (14)
- ***OK***

Das Programm kann Kollisionen zwischen Komponenten ohne weitere Vorgaben nicht automatisch erkennen. Das Pleuel kann im derzeitigen Zustand also problemlos durch den Kolben hindurchbewegt werden. Um diesen Fehler zu beheben, drehen Sie das Pleuel so, dass es nicht mit dem Kolben kollidiert. Klicken Sie dann mit der ***rechten Maustaste*** auf das Bauteil ***Pleuel-Oberseite*** und aktivieren Sie den ***Kontaktsatz***. Übernehmen Sie diese Einstellung auch für den ***Kolben***.

Bei beiden Komponenten wird jetzt im Browser das Symbol ***Kontaktsatz*** (15) angezeigt. Wechseln Sie ins Register ***Prüfen*** (16) und aktivieren Sie dort die Option **Kontaktlöser aktivieren** (17). Wenn Sie das Bauteil ***Pleuel-Oberteil*** jetzt bei gedrückter linker Maustaste bewegen, sollte die Bewegung begrenzt und eine Kollision verhindert werden.

7.1.5 Pleuelober- und -unterseite miteinander verbinden

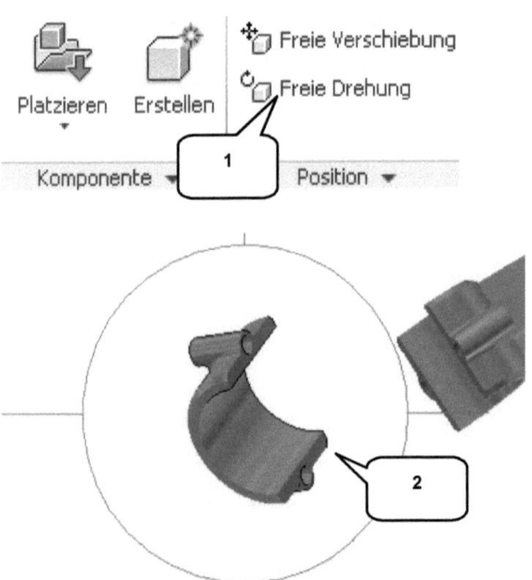

Im nächsten Schritt sollen Ober- und Unterseite des Pleuels miteinander verbunden werden. Um dies zu erleichtern, kann die Unterseite vorher etwas ausgerichtet werden. Der Befehl **Freie Drehung** (1) ermöglicht ein freies Drehen einzelner Komponenten einer Baugruppe (alternativ: Taste: **G**).

Markieren Sie die Unterseite des Pleuels (2), starten Sie den Befehl und drehen Sie die Pleuelunterseite bei gedrückter linker Maustaste, bis ihre Lage zur Pleueloberseite wie nebenstehend dargestellt erreicht wurde. Die Taste: **ESC** beendet den Befehl.

HINWEIS: Um das Setzen von Abhängigkeiten zu erleichtern, können die betreffenden Komponenten vorher mit dem Befehl **Freie Drehung** etwas aneinander ausgerichtet werden. Das verhindert oftmals eine fehlerhafte Positionierung durch das Programm.

Nachdem die Unterseite des Pleuels ausgerichtet wurde, kann mit dem Setzen der Abhängigkeiten begonnen werden. Folgen Sie der Befehlskette und verbinden Sie beide Bauteile miteinander.

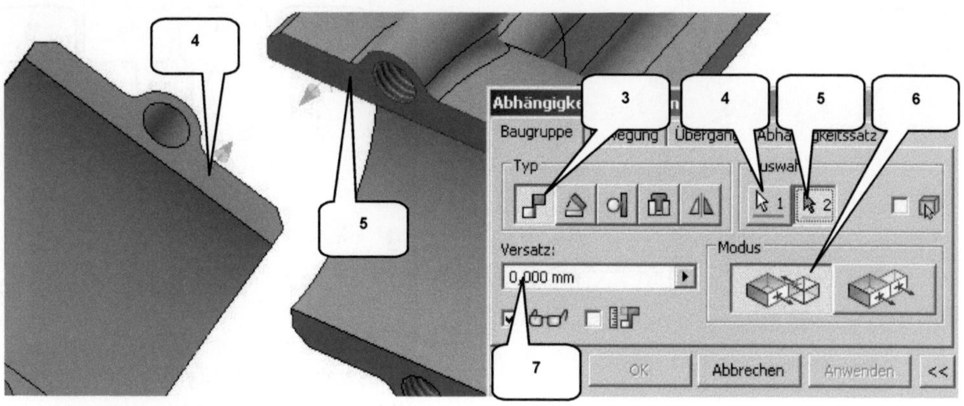

- Abhängig machen
- Reiter: Baugruppe
- Typ: Passend (3)
- Auswahl 1: Markierte Fläche (4)
- Auswahl 2: Markierte Fläche (5)
- Modus: Passend (6)
- Versatz: [0 mm] (7)
- OK

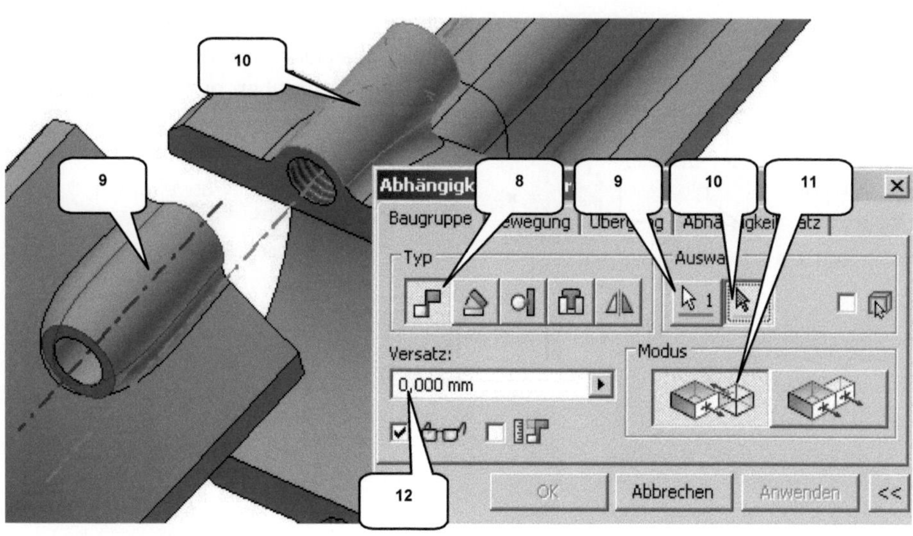

- Abhängig machen
- Reiter: Baugruppe
- Typ: Passend (8)
- Auswahl 1: Mark. Zylinderfläche (9)
- Auswahl 2: Mark. Zylinderfläche (10)
- Modus: Passend (11)
- Versatz: [0 mm] (12)
- OK

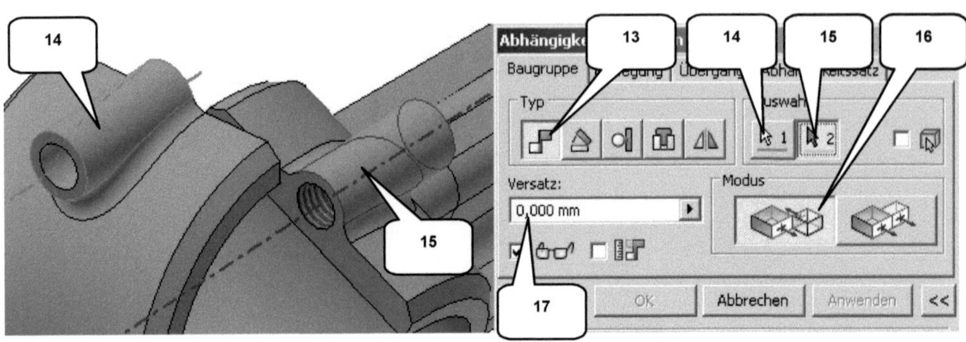

- Abhängig machen
- Reiter: Baugruppe
- Typ: Passend (13)
- Auswahl 1: Mark. Zylinderfläche (14)
- Auswahl 2: Mark. Zylinderfläche (15)
- Modus: Passend (16)
- Versatz: [0 mm] (17)
- OK *OK*

7.1.6 Schrauben aus dem Inhaltscenter platzieren

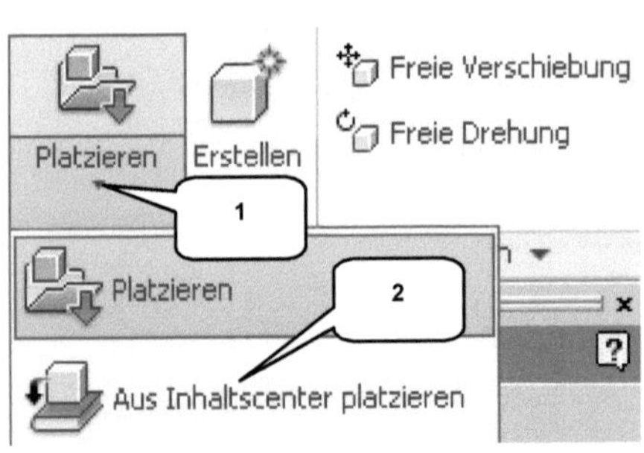

Nachdem alle zur Baugruppe gehörenden Bauteile platziert und ausgerichtet wurden, sollen zwei Schrauben aus dem Inhaltscenter die Baugruppe komplettieren.

- Befehl Platzieren erweitern (1)
- Aus Inhaltscenter platzieren (2)

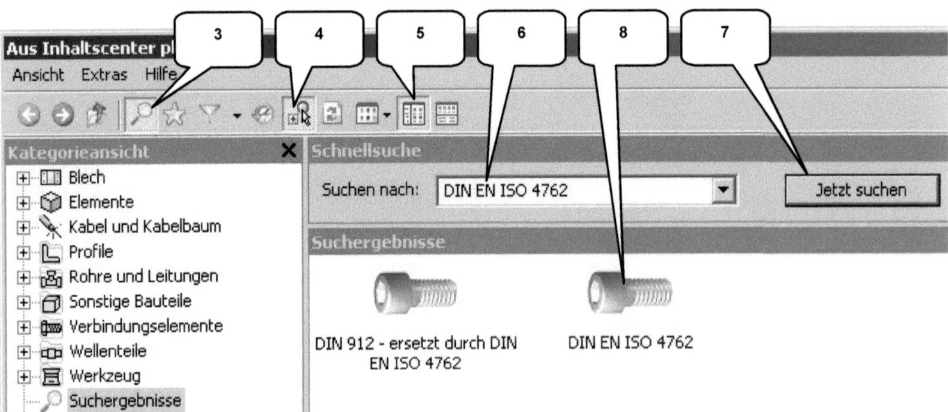

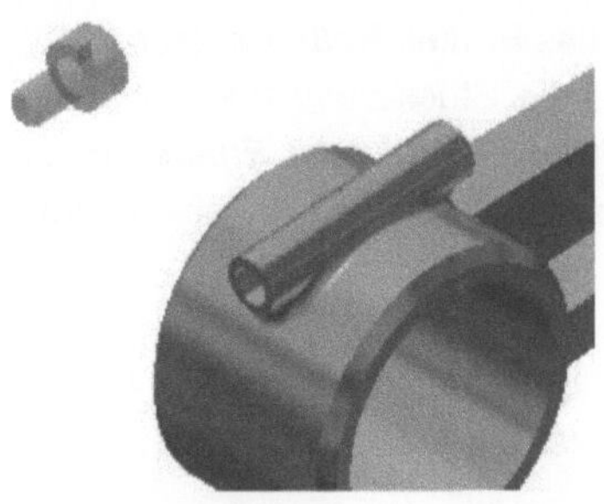

- Option: *Suchen* aktivieren (3)
- Option: ***AutoDrop*** aktivieren (4)
- Option: ***Baumstrukturansicht*** aktivieren (5)
- Suchen nach: [DIN EN ISO 4762] eingeben (6)
- Jetzt suchen ***Jetzt suchen*** (7)
- Markierte Schraube doppelklicken (8)

Die Schraube muss jetzt platziert werden.

HINWEIS: Sollte Ihr Inhaltscenter nicht verfügbar sein, platzieren Sie die Normteile aus dem Order ***Normteile*** (Projektordner) manuell. Die Schrauben müssen dann allerdings einzeln mit Abhängigkeiten platziert werden.

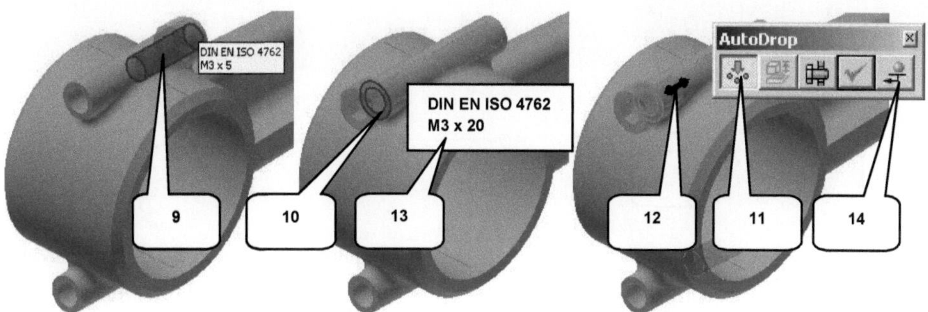

- Markierte Zylinderfläche anklicken, um die darin enthaltene Gewindebohrung zu wählen (9)
- Markierte Ringfläche wählen (10)

- ***Mehrere einfügen*** aktivieren (11)
- Am Doppelpfeil ziehen (12), bis die Länge (M3 x 20) angezeigt wird (13)
- ***Anwenden*** (14)

HINWEIS: ***AutoDrop*** ermöglicht eine teilautomatisierte Konfiguration von Komponenten aus dem Inhaltscenter. Geometrische Eigenschaften der Komponenten werden dabei anhand bereits vorhandener geometrischer Elemente ermittelt. Diese Option ist sehr praktikabel, funktioniert allerdings nur bei wenigen Normteilen aus dem Inhaltscenter.

7.1.7 Erstellen einer Komponente aus der Baugruppe heraus

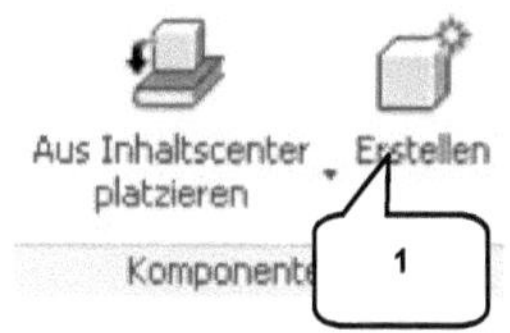

Bauteile und Baugruppen können auch direkt aus einer Baugruppe heraus erzeugt werden, wobei zusätzlich Adaptivitäten (geometrische Abhängigkeiten) zu anderen Komponenten der Baugruppe generiert werden.

Starten Sie den Befehl Erstellen (1) und erzeugen Sie das Bauteil ***Kolbenbolzen***. Wählen Sie die Vorlage ***Norm.ipt***, den Projektspeicherort und die Stücklistenstruktur ***Normal***. Wichtig: Der Haken der Option ***Skizzierebene von gewählter Fläche oder Ebene abhängig machen*** muss gesetzt werden, um die neue Komponente mit der entsprechenden Adaptivität zu den anderen Bauteilen zu versehen.

Das Programm erwartet anschließend die Auswahl einer Basisfläche/-ebene, auf der die XY-Ebene des neuen Bauteils platziert werden kann. Hier ist die markierte Fläche (7) des Kolbens zu wählen.

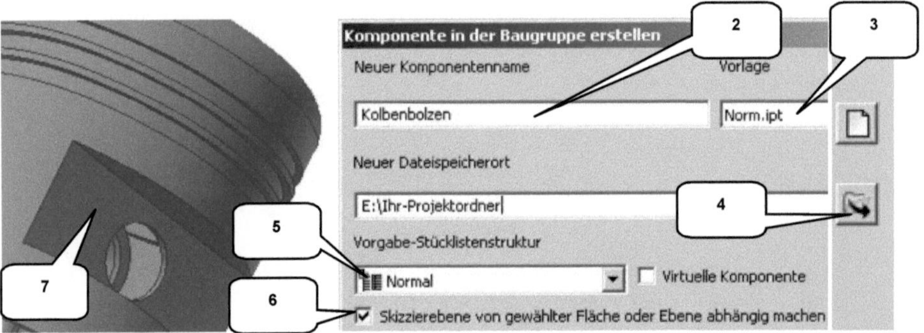

- Erstellen (1)
- Bezeichnung: [Kolbenbolzen] (2)
- Vorlage: Norm.ipt (3)
- Dateispeicherort: Projektordner (4)
- Stücklistenstruktur: Normal (5)
- Aktivieren: Skizzierebene von gewählter Fläche abhängig machen (6)
- OK ***OK***
- Fläche am Kolben wählen (7)

Das Programm wechselt automatisch in den Bearbeitungsbereich des neuen Bauteils und aktiviert den Skizzenbereich.

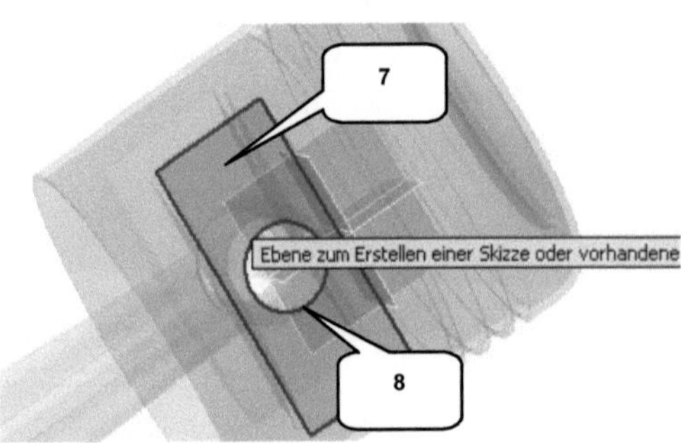

- Geometrie projizieren
- Markierte Bohrungskante wählen (8)
- Skizze fertigstellen

Wechseln Sie ins Register ***3D-Modell*** und extrudieren Sie den neu gewonnenen Kreis.

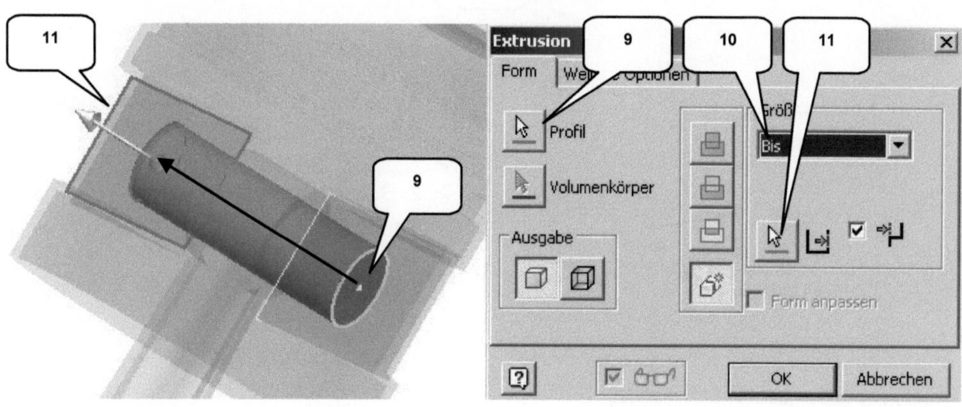

- Extrusion
- Profil: Kreisfläche (9)
- Größe: Bis (10)
- Endezeichen: Gegenüberliegende Fläche am Kolben (11)
- ***OK***

7.1.8 Materialien zuweisen

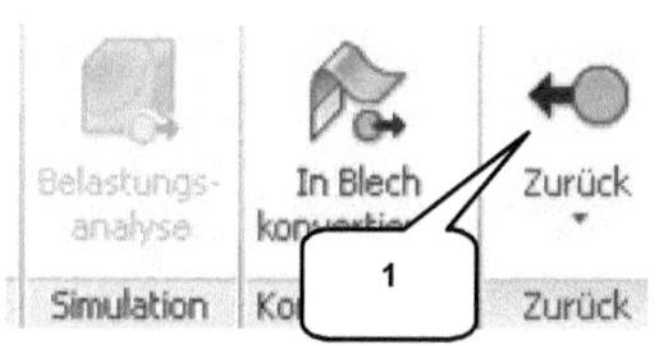

Deaktivieren Sie die Sichtbarkeit der neu erzeugten Arbeitsebene (falls diese noch eingeblendet sein sollte) und verlassen Sie den Bauteilbereich (Zurück (1)), um in den Baugruppenbereich zurückzukehren.

- BG_Kolben.iam (2)
  - Darstellungen
  - Ursprung
  - Kolben:1
  - Pleuel-Oberseite:1
  - Pleuel-Unterseite:1
  - DIN EN ISO 4762 M3 x 20:1
  - DIN EN ISO 4762 M3 x 20:2
  - Kolbenbolzen:1

Nachdem alle Komponenten eingefügt und platziert wurden, soll ihnen noch ein Material zugewiesen werden.

HINWEIS: Alternativ kann vom Modellbereich des Bolzens in den Baugruppenbereich zurückgekehrt werden, indem die Baugruppe ***BG_Kolben*** (2) im Browser doppelgeklickt wird.

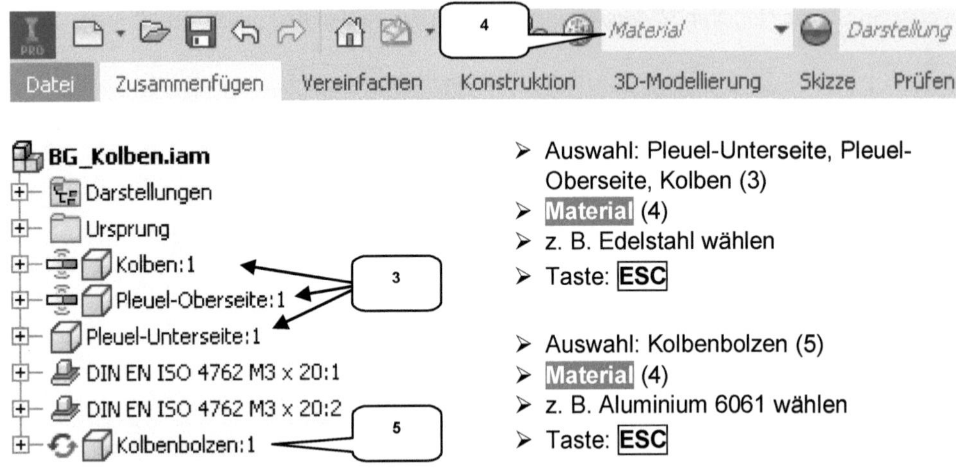

- Auswahl: Pleuel-Unterseite, Pleuel-Oberseite, Kolben (3)
- **Material** (4)
- z. B. Edelstahl wählen
- Taste: **ESC**

- Auswahl: Kolbenbolzen (5)
- **Material** (4)
- z. B. Aluminium 6061 wählen
- Taste: **ESC**

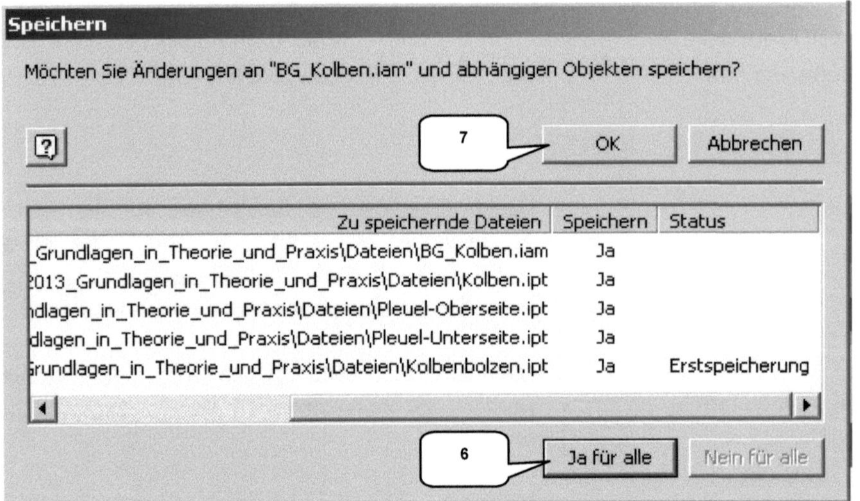

Speichern Sie die Baugruppe ***BG_Kolben*** abschließend und achten Sie dabei auf das oben dargestellte Befehlsfenster. Dort muss die Option [Ja für alle] ***Ja für alle*** (6) aktiviert werden, um eine Erstspeicherung der neuen Komponenten zu gewährleisten. Bestätigen Sie abschließend mit [OK] ***OK*** (7) und ***schließen*** Sie die Baugruppe.

7.2 Unterbaugruppe: BG_Kurbelwelle

7.2.1 Erstellen der neuen Datei und Platzieren der Komponenten

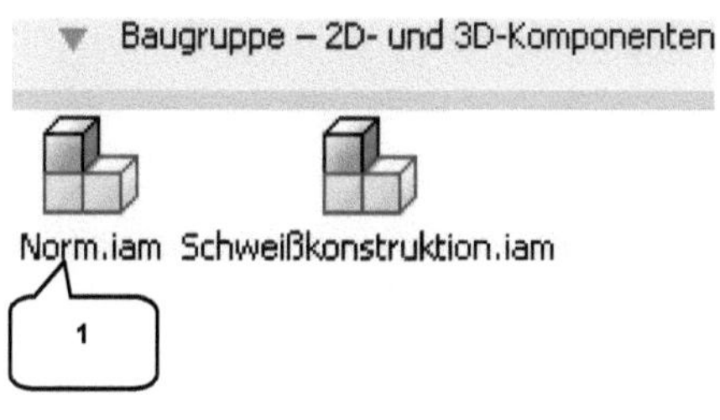

Erstellen Sie eine neue Baugruppe (Norm.iam) und ***speichern*** Sie diese unter der Bezeichnung ***BG_Kurbelwelle***.

- Neu
- ***Norm.iam*** (1)
- ***Erstellen***
- Speichern [BG_Kurbelwelle]

Importieren Sie das Bauteil ***Kurbelwelle*** aus dem Projektordner einmal in die Baugruppe.

- Platzieren
- Auswahl: Kurbelwelle (2)

- ***Öffnen***
- Taste: ESC

7.2.2 Passfedern aus dem Inhaltscenter einfügen

Fügen Sie zwei ***Passfedern*** aus dem Inhaltscenter in die Baugruppe ein. Da diese nicht per Auto-Drop generiert werden können, müssen sie manuell konfiguriert und positioniert werden.

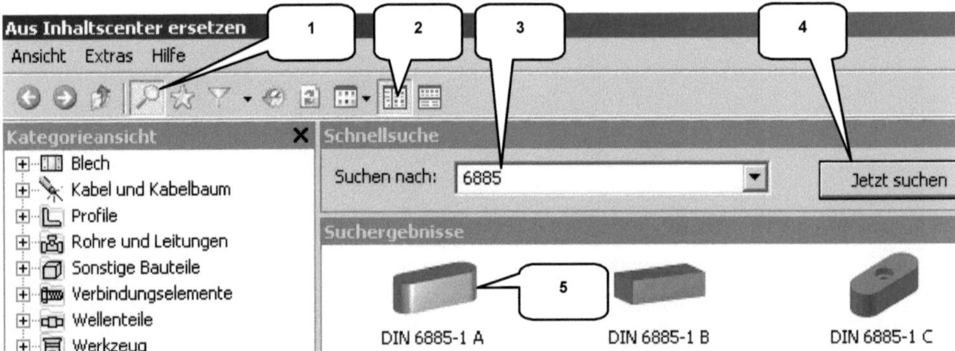

- Aus Inhaltscenter platzieren
- Option: ***Suchen*** aktivieren (sofern noch deaktiviert) (1)
- Option: ***Baumstrukturansicht*** aktivieren (sofern noch deaktiviert) (2)
- Suche nach: [DIN 6885] (3)
- Jetzt suchen ***Jetzt suchen*** (4)
- Markierte Passfeder doppelklicken (5)

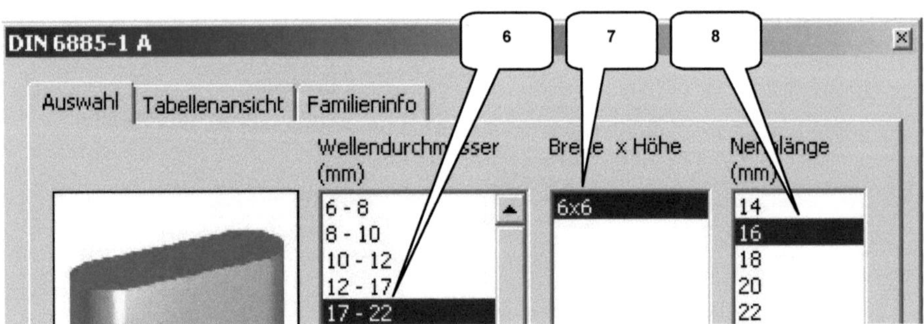

- Wellendurchmesser: 17-22 mm (6)
- Breite x Höhe: 6 x 6 mm (7)
- Nennlänge: 16 mm (8)
- OK ***OK***
- Passfeder 2x frei im Zeichenbereich ablegen
- Taste: ESC

HINWEIS: Sollte es Probleme geben, die Passfeder aus dem Inhaltscenter zu importieren, so kann sie alternativ aus dem Ordner ***Normteile*** eingefügt werden.

Positionieren Sie die beiden Passfedern in den Passfedernuten der Kurbelwelle.

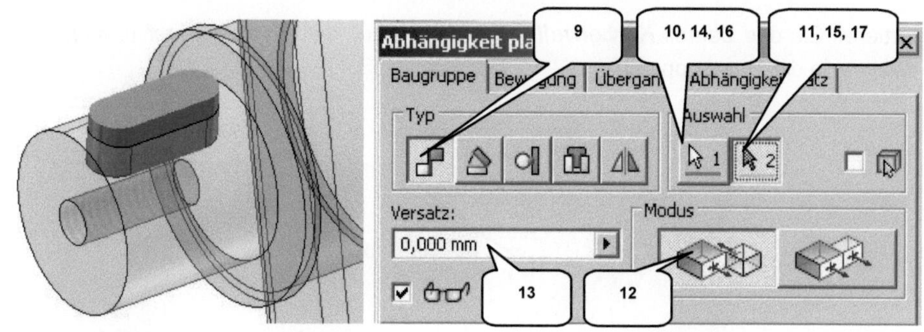

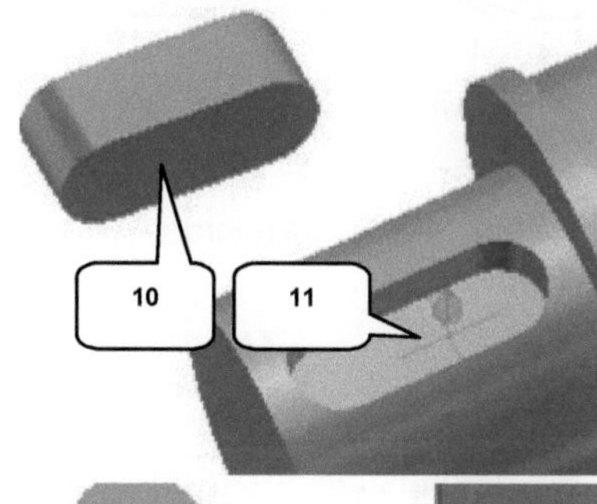

- Abhängig machen
- Typ: Passend (9)
- Auswahl 1: Markierte Fläche (10)
- Auswahl 2: Markierte Fläche (11)
- Modus: Passend (12)
- Versatz: [0 mm] (13)
- Anwenden ***Anwenden***

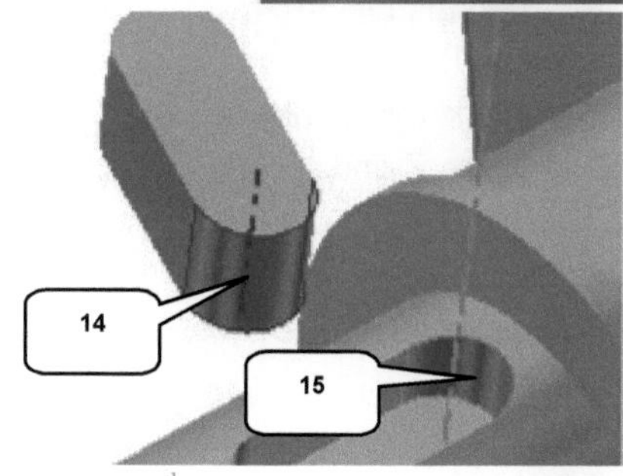

- Typ: Passend (9)
- Auswahl 1: Mark. Zylinderfläche (14)
- Auswahl 2: Mark. Zylinderfläche (15)
- Modus: Passend (12)
- Versatz: [0 mm] (13)
- Anwenden ***Anwenden***

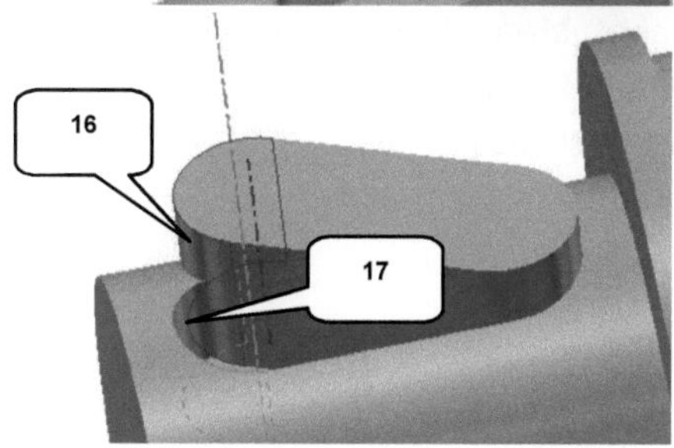

- Typ: Passend (9)
- Auswahl 1: Mark. Zylinderfläche (16)
- Auswahl 2: Mark. Zylinderfläche (17)
- Modus: Passend (12)
- Versatz: [0 mm] (13)
- OK ***OK***

7.2.3 Platzieren der Riemenräder

Importieren Sie das Bauteil ***Kurbelwelle-Riemenrad*** aus dem Projektordner und legen Sie es zweimal in der Baugruppe ab.

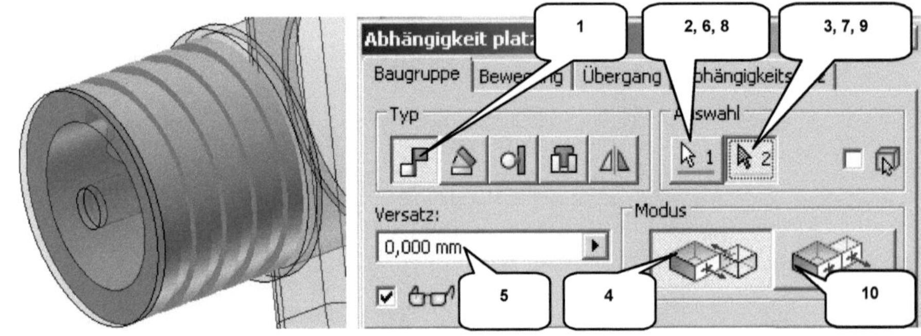

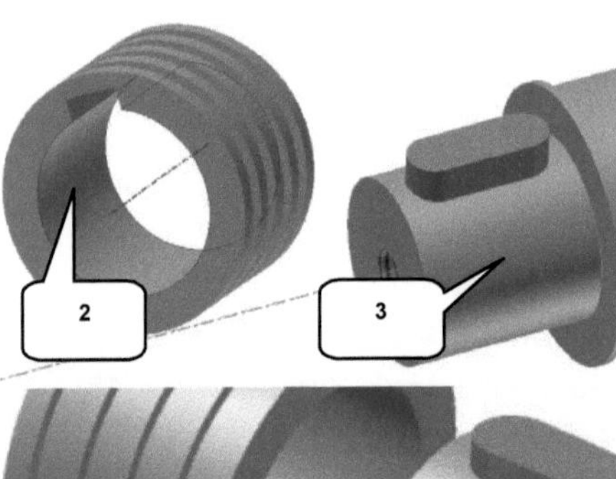

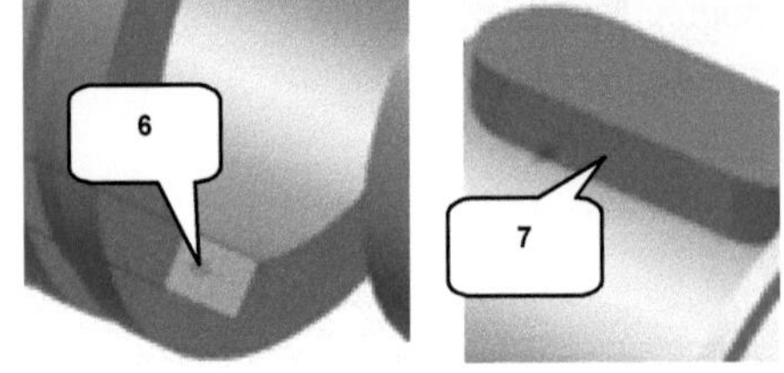

- Platzieren
- Auswahl: Kurbelwelle-Riemenrad
- Öffnen ***Öffnen***
- Bauteil 2x ablegen
- Taste: ESC

- Abhängig machen
- Typ: Passend (1)
- Auswahl 1: Mark. Zylinderfläche (2)
- Auswahl 2: Mark. Zylinderfläche (3)
- Modus: Passend (4)
- Versatz: [0 mm] (5)
- Anwenden ***Anwenden***

- Typ: Passend (1)
- Auswahl 1: Markierte Fläche (6)
- Auswahl 2: Markierte Fläche (7)
- Modus: Passend (4)
- Versatz: [0 mm] (5)
- Anwenden ***Anwenden***

- Typ: Passend (1)
- Auswahl 1: Markierte Fläche (8)
- Auswahl 2: Markierte Fläche (9)
- Modus: Fluchtend (10)
- Versatz: [0 mm] (5)
- OK ***OK***

Positionieren Sie das zweite Riemenrad identisch auf der gegenüberliegenden Seite der Kurbelwelle.

7.2.4 Konstruktion der Sicherungsscheibe aus der Baugruppe heraus

Um die Riemenräder gegen ein axiales Von-der-Kurbelwelle-Rutschen zu sichern, muss ein weiteres Bauteil erzeugt werden: die ***Sicherungsscheibe***. Sie soll direkt aus der Baugruppe heraus konstruiert, und dabei eine adaptive Verbindung zu den geometrischen Konturen der Bauteile ***Riemenrad*** und ***Kurbelwelle*** erhalten.

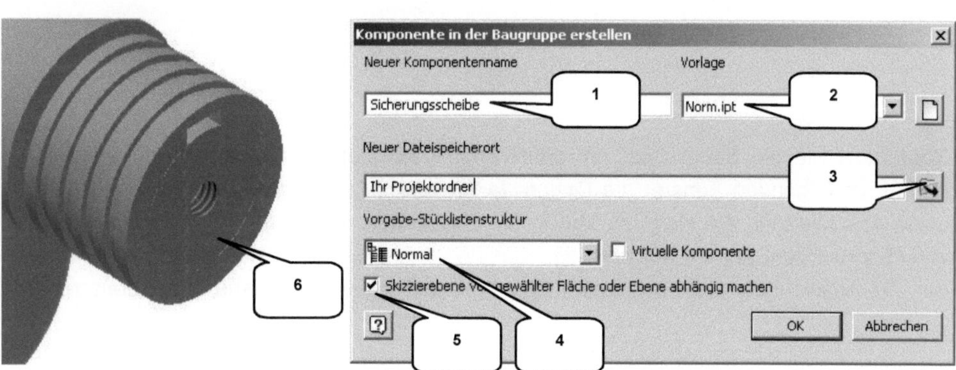

- Erstellen
- Bezeichnung: [Sicherungsscheibe] (1)
- Vorlage: Norm.ipt (2)
- Dateispeicherort: Projektordner (3)
- Stücklistenstruktur: Normal (4)

- Aktivieren: Skizzierebene von gewählter Fläche abhängig machen (5)
- OK ***OK***
- Markierte Fläche wählen (6)

Das Programm wechselt automatisch in den Bearbeitungsbereich des neuen Bauteils und öffnet den Skizzenbereich. Projizieren Sie hier die folgend markierten Kanten und extrudieren Sie aus der resultierenden Ringfläche einen Volumenkörper.

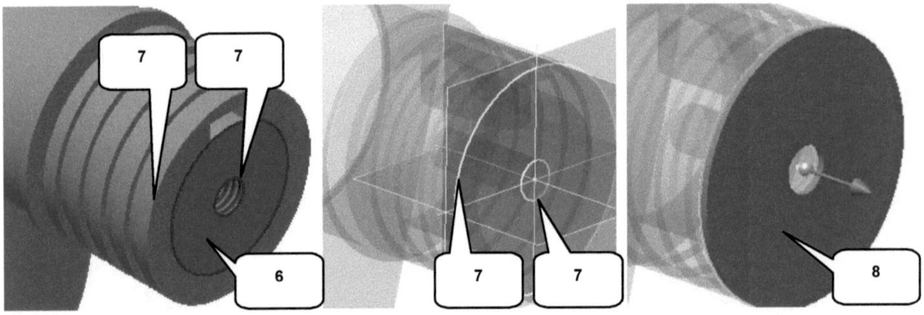

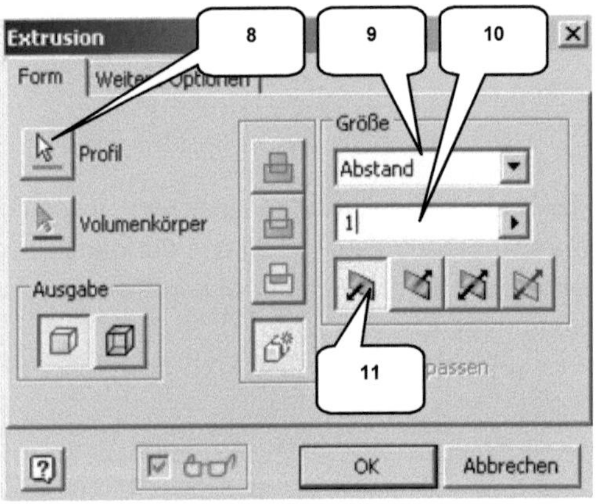

- **Geometrie projizieren**
- Beide markierte Kanten wählen (7)
- **Skizze fertigstellen**

- **Extrusion**
- Profil: Markierte Fläche (8)
- Größe: Abstand [1 mm] (9, 10)
- Richtung: Richtung 1 (11)
- ***OK***

- **Zurück**

Speichern Sie die Baugruppe, um damit auch das neue Bauteil zu sichern. Achten Sie darauf, im folgenden Fenster die Option ***Ja für alle*** zu aktivieren. Die Sicherungsscheibe muss anschließend ein weiteres Mal in die Baugruppe eingefügt und mit Abhängigkeiten versehen werden, um sie auf der gegenüberliegenden Seite der Kurbelwelle zu positionieren. Zur Auswahl der (sehr schmalen) Zylinderfläche sollte ausreichend dicht heran gezoomt werden.

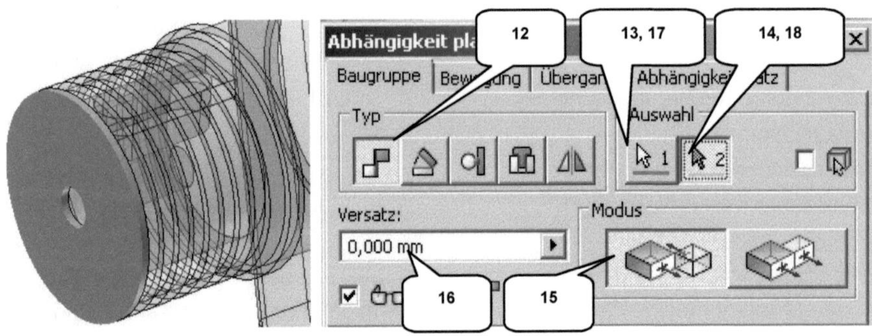

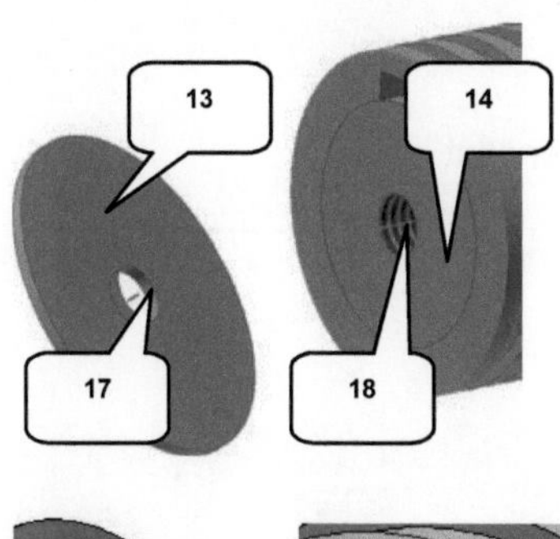

- Speichern (Baugruppe)
- ***Ja für alle*** aktivieren
- ***OK***

- Platzieren
- Auswahl: Sicherungsscheibe
- ***Öffnen***
- Bauteil 1x ablegen
- Taste: ESC

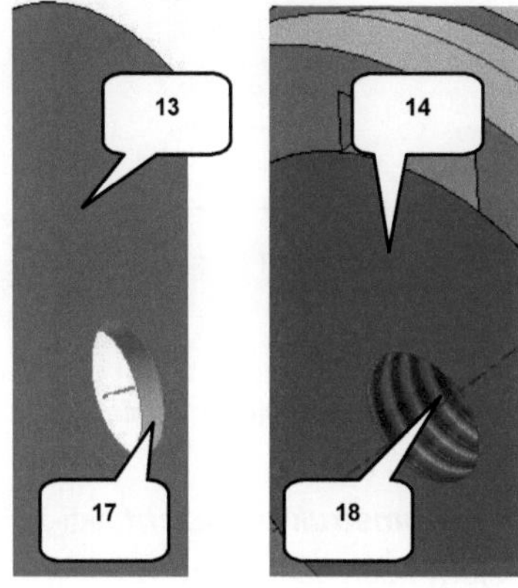

- Abhängig machen
- Typ: Passend (12)
- Auswahl 1: Markierte Fläche (13)
- Auswahl 2: Markierte Fläche (14)
- Modus: Passend (15)
- Versatz: [0 mm] (16)
- ***Anwenden***

- Typ: Passend (12)
- Auswahl 1: Mark. Zylinderfläche (17)
- Auswahl 2: Markiertes Gewinde (18)
- Modus: Passend (15)
- Versatz: [0 mm] (16)
- ***OK***

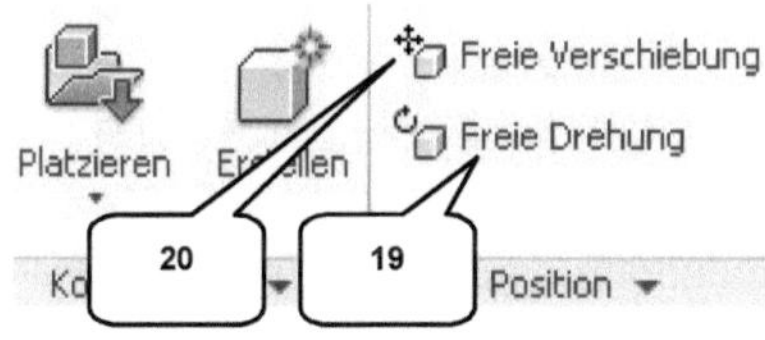

Sollte die ***Sicherungsscheibe*** nach dem Setzen der axialen Abhängigkeit ausversehen in die ***Kurbelwelle*** hinein gerutscht sein, kann Sie unter Umständen nicht mehr mit einer Flächenabhängigkeit versehen werden. Hier muss der Befehl Freie Verschiebung (20) verwendet werden, um das Bauteil wieder sichtbar zu machen.

HINWEIS: Der bereits bekannte Befehl Freie Drehung (19) ermöglicht ein Drehen einzelner Komponenten, um sie z. B. vor dem Setzen einer Abhängigkeit besser ausrichten zu können. Der Befehl Freie Verschiebung (20) kann einzelne Komponenten der Baugruppe frei verschieben. Starten Sie den Befehl, klicken Sie im Browser auf die gewünschte Komponente und bewegen Sie dann die Maus bei gedrückter linker Maustaste auf eine beliebige Position im Zeichenbereich.

7.2.5 Schrauben aus dem Inhaltscenter einfügen

Weiterhin werden zwei ***Schrauben*** aus dem Inhaltscenter benötigt.

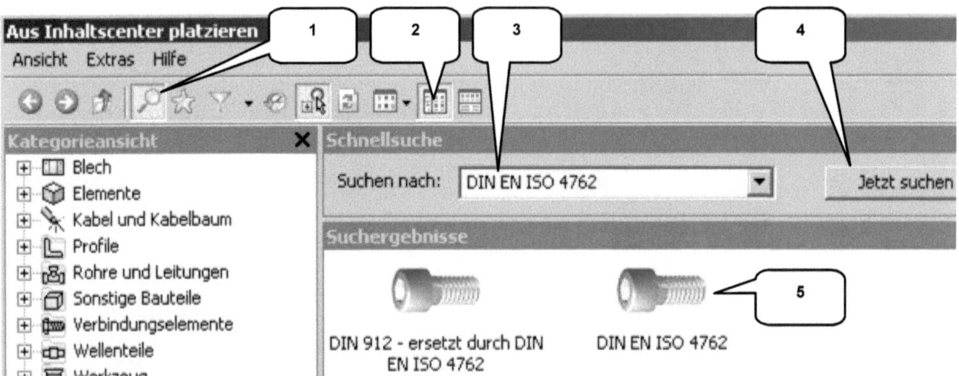

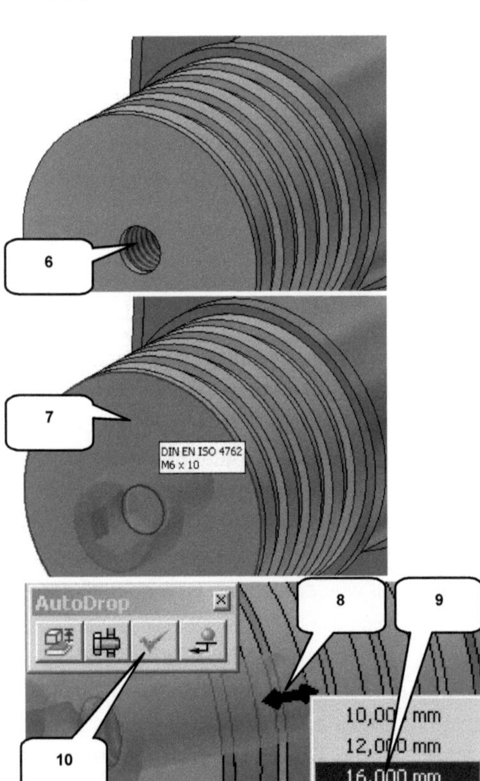

- Aus Inhaltscenter platzieren
- Option: ***Suchen*** aktivieren (sofern noch deaktiviert) (1)
- Option: ***Baumstrukturansicht*** aktivieren (sofern noch deaktiviert) (2)
- Suche nach: [DIN EN ISO 4762] (3)
- Jetzt suchen ***Jetzt suchen*** (4)
- Markierte Schraube doppelklicken (5)

- Gewindebohrung an einer der Kurbelwellenseiten wählen (6)
- Startfläche wählen (7)
- Markierten Pfeil am Schraubenende doppelklicken (8)
- Gewindetiefe: 16 mm wählen (9)
- ***Anwenden*** (10)

Eine identische Schraube ist danach auf der gegenüberliegenden Seite der ***Kurbelwelle*** einzufügen und der der Befehl kann abschließend ***beendet*** werden.

7.2.6 Materialien zuweisen

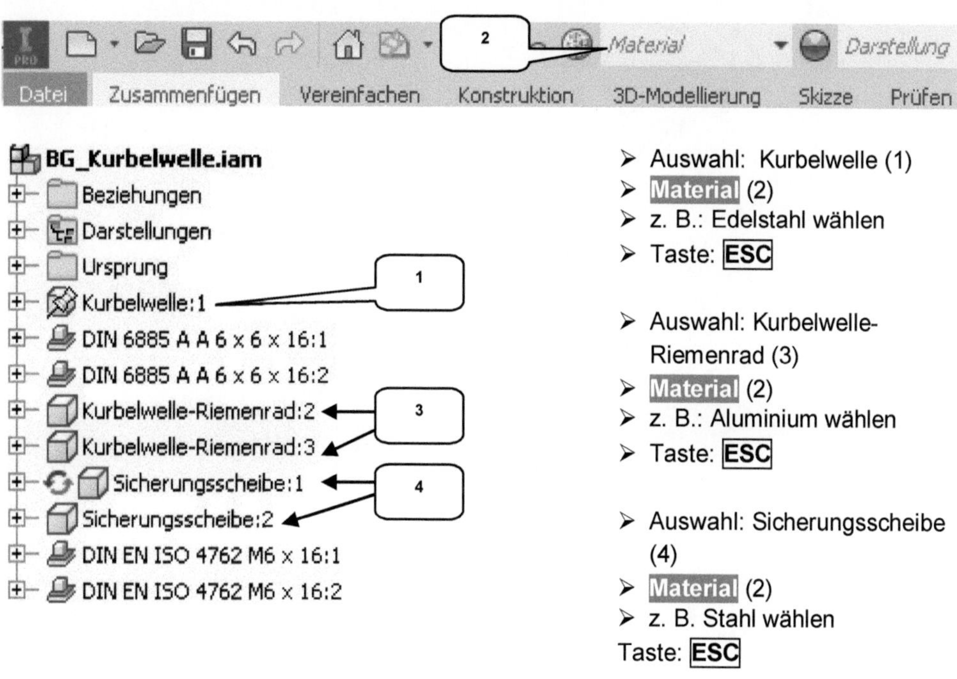

- Auswahl: Kurbelwelle (1)
- **Material** (2)
- z. B.: Edelstahl wählen
- Taste: **ESC**

- Auswahl: Kurbelwelle-Riemenrad (3)
- **Material** (2)
- z. B.: Aluminium wählen
- Taste: **ESC**

- Auswahl: Sicherungsscheibe (4)
- **Material** (2)
- z. B. Stahl wählen

Taste: **ESC**

Die Baugruppe kann anschließend ***gespeichert*** und ***geschlossen*** werden.

7.3 Unterbaugruppe: BG_Nockenwelle

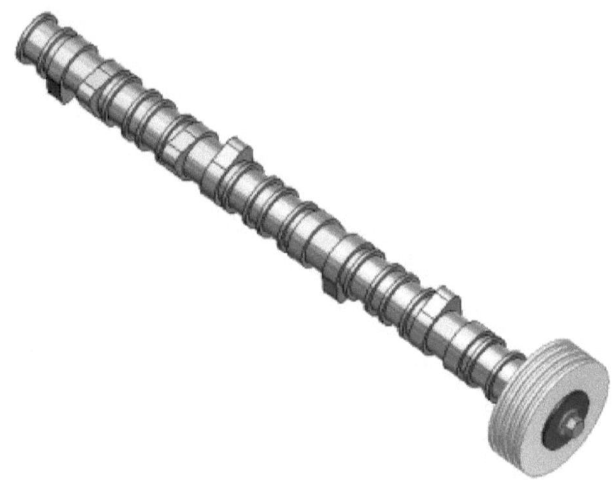

7.3.1 Platzieren der Komponenten

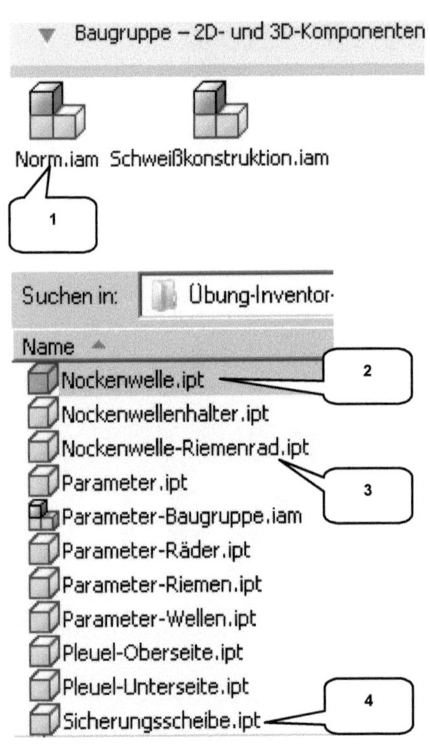

Erstellen Sie eine neue Baugruppendatei (Norm.iam) und ***speichern*** Sie diese unter der Bezeichnung ***BG_Nockenwelle***.

- Neu
- ***Norm.iam*** (1)
- Erstellen ***Erstellen***
- Speichern [BG_Nockenwelle]

- Platzieren
- Auswahl: Nockenwelle (2)
- Öffnen ***Öffnen***
- Taste: ESC

- Platzieren
- Auswahl: Nockenwelle-Riemenrad (3), Sicherungsscheibe (4)
- Öffnen ***Öffnen***
- Beide Bauteile 1x ablegen
- Taste: ESC

7.3.2 Passfeder aus dem Inhaltscenter einfügen

Fügen Sie weiterhin eine ***Passfeder*** aus dem Inhaltscenter in die Baugruppe ein.

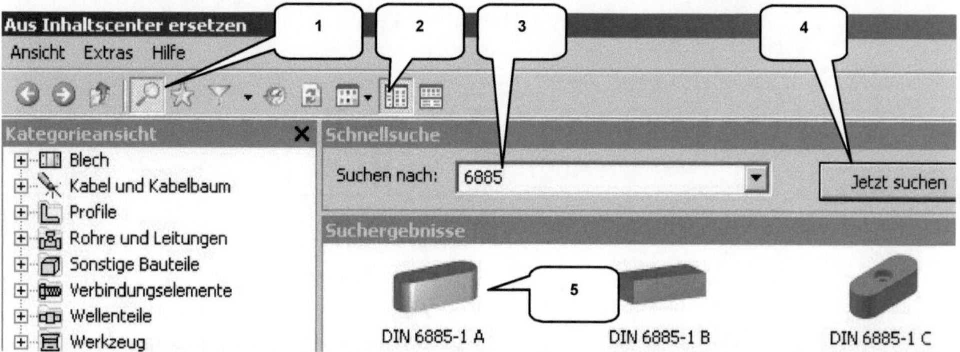

- Aus Inhaltscenter platzieren
- Option: ***Suchen*** aktivieren (sofern noch deaktiviert) (1)
- Option: ***Baumstrukturansicht*** aktivieren (sofern noch deaktiviert) (2)
- Suche nach: [DIN 6885] (3)
- Jetzt suchen ***Jetzt suchen*** (4)
- Markierte Passfeder doppelklicken (5)

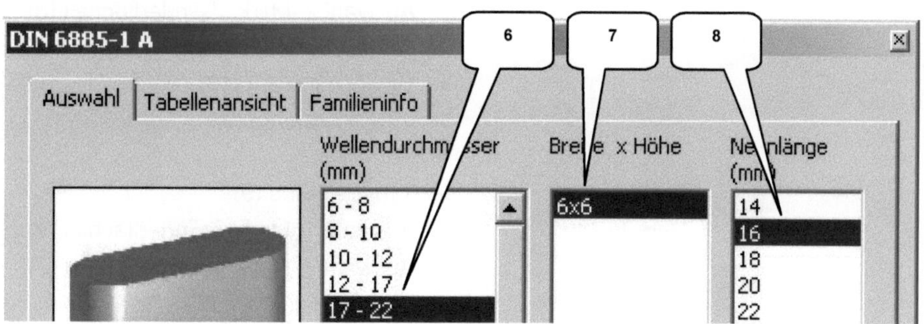

- Wellendurchmesser: 17-22 mm (6)
- Breite x Höhe: 6 x 6 mm (7)
- Nennlänge: 16 mm (8)
- OK ***OK***
- Passfeder einmal frei im Zeichenbereich ablegen
- Taste: ESC

Positionieren Sie die ***Passfeder*** in der Passfedernut der ***Nockenwelle***.

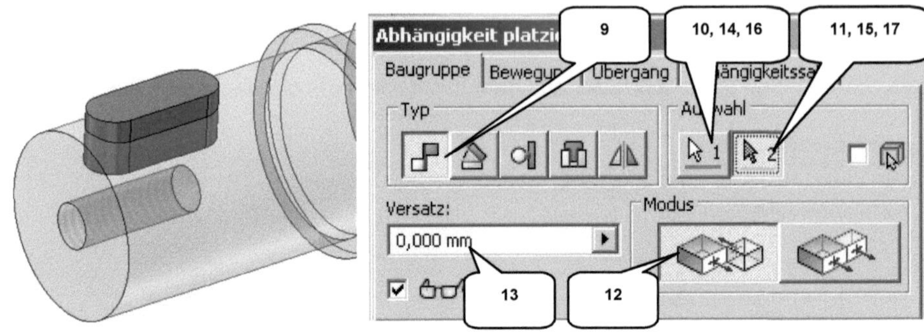

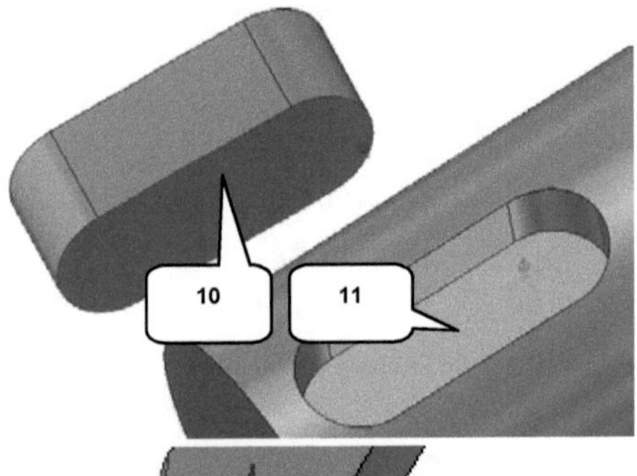

- Abhängig machen
- Typ: Passend (9)
- Auswahl 1: Markierte Fläche (10)
- Auswahl 2: Markierte Fläche (11)
- Modus: Passend (12)
- Versatz: [0 mm] (13)
- Anwenden ***Anwenden***

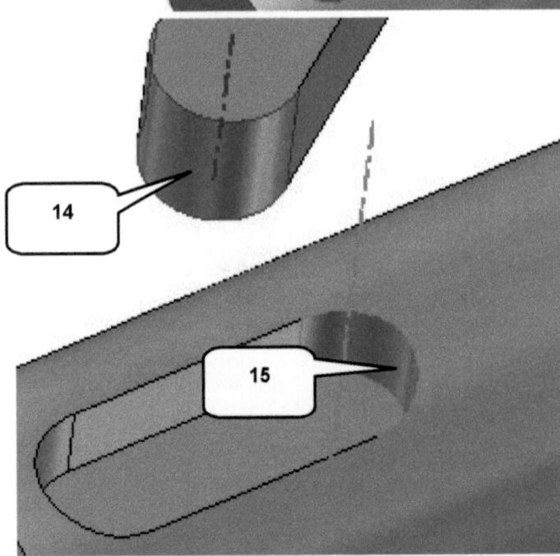

- Typ: Passend (9)
- Auswahl 1: Mark. Zylinderfläche (14)
- Auswahl 2: Mark. Zylinderfläche (15)
- Modus: Passend (12)
- Versatz: [0 mm] (13)
- Anwenden ***Anwenden***

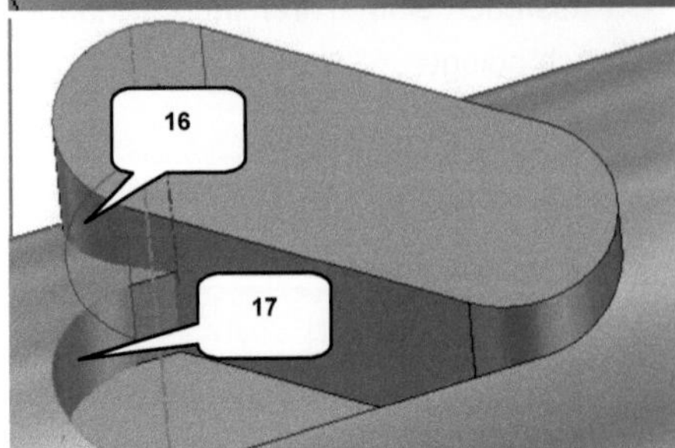

- Typ: Passend (9)
- Auswahl 1: Mark. Zylinderfläche (16)
- Auswahl 2: Mark. Zylinderfläche (17)
- Modus: Passend (12)
- Versatz: [0 mm] (13)
- OK ***OK***

7.3.3 Riemenrad auf der Nockenwelle befestigen

Das ***Riemenrad*** soll jetzt mit ***Nockenwelle*** und ***Passfeder*** verbunden werden. Es ist darauf zu achten, die Passfeder korrekt in der hierfür vorgesehenen Aussparung des Riemenrades zu platzieren. Auch muss das Riemenrad bündig mit der Stirnseite der Nockenwelle abschließen.

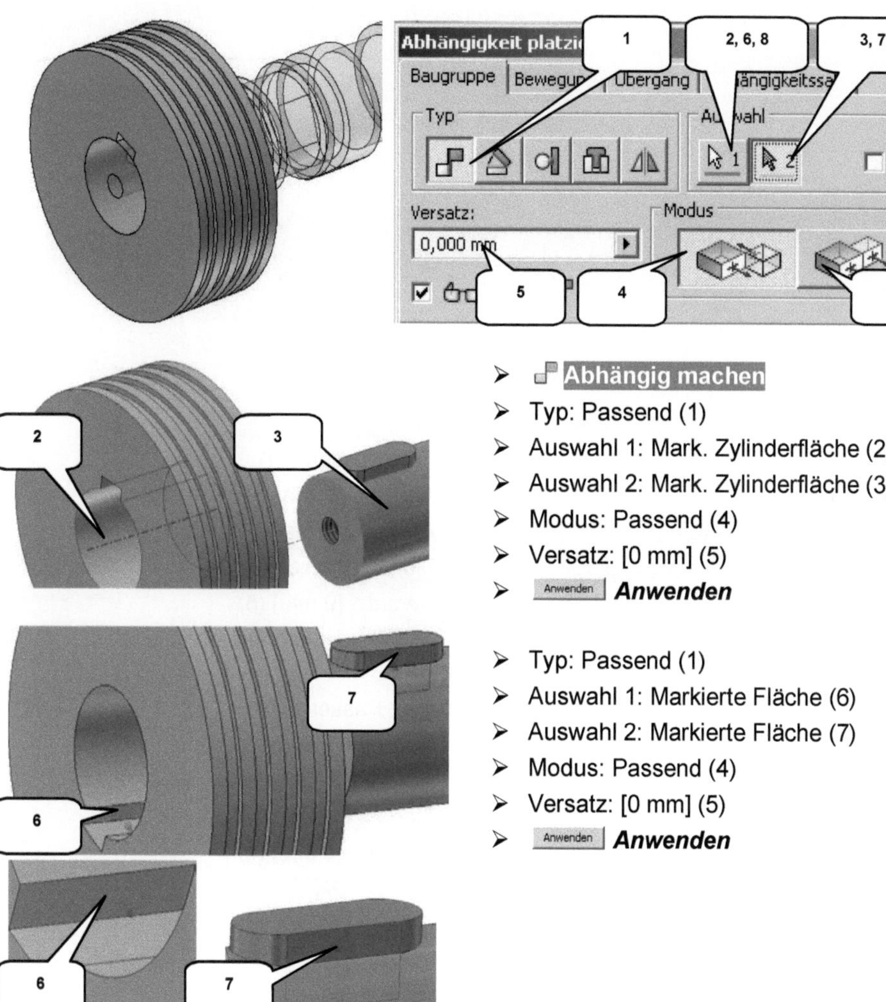

- Abhängig machen
- Typ: Passend (1)
- Auswahl 1: Mark. Zylinderfläche (2)
- Auswahl 2: Mark. Zylinderfläche (3)
- Modus: Passend (4)
- Versatz: [0 mm] (5)
- Anwenden ***Anwenden***

- Typ: Passend (1)
- Auswahl 1: Markierte Fläche (6)
- Auswahl 2: Markierte Fläche (7)
- Modus: Passend (4)
- Versatz: [0 mm] (5)
- Anwenden ***Anwenden***

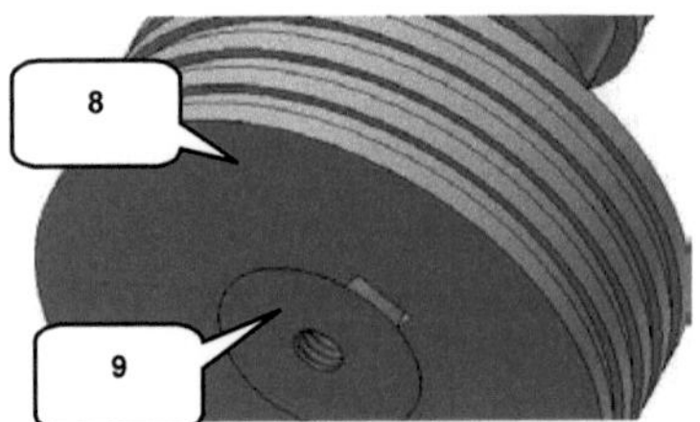

- Typ: Passend (1)
- Auswahl 1: Markierte Fläche (8)
- Auswahl 2: Markierte Fläche (9)
- Modus: Fluchtend (10)
- Versatz: [0 mm] (5)
- OK ***OK***

7.3.4 Sicherungsscheibe auf der Nockenwelle befestigen

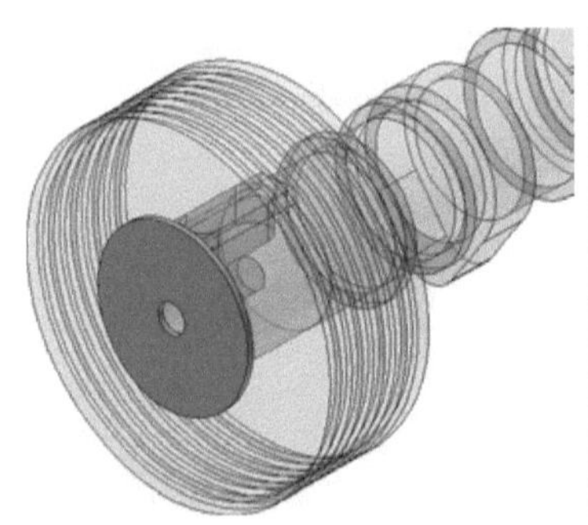

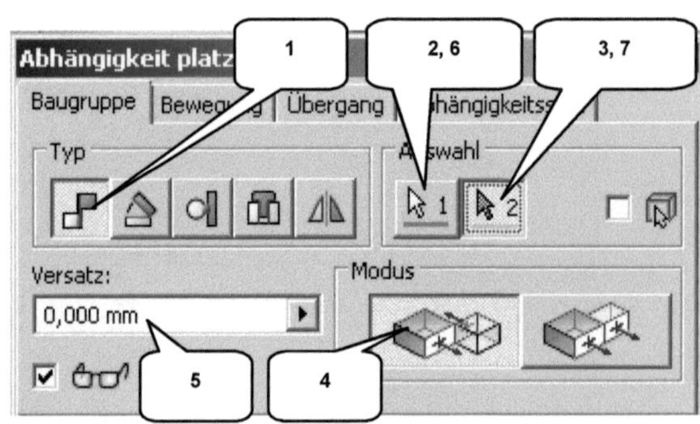

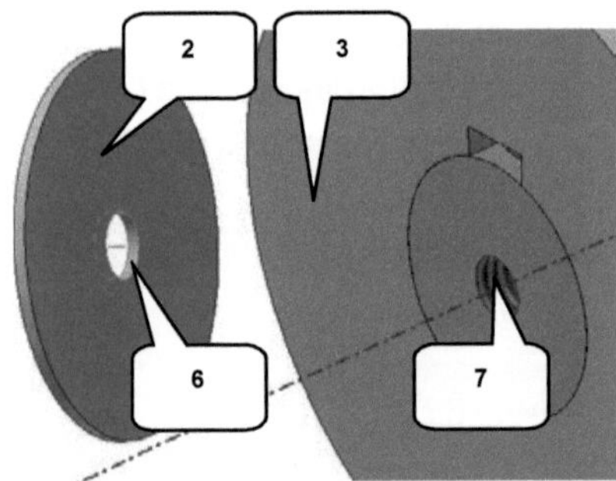

- 
- Typ: Passend (1)
- Auswahl 1: Markierte Fläche (2)
- Auswahl 2: Markierte Fläche (3)
- Modus: Passend (4)
- Versatz: [0 mm] (5)
- Anwenden ***Anwenden***

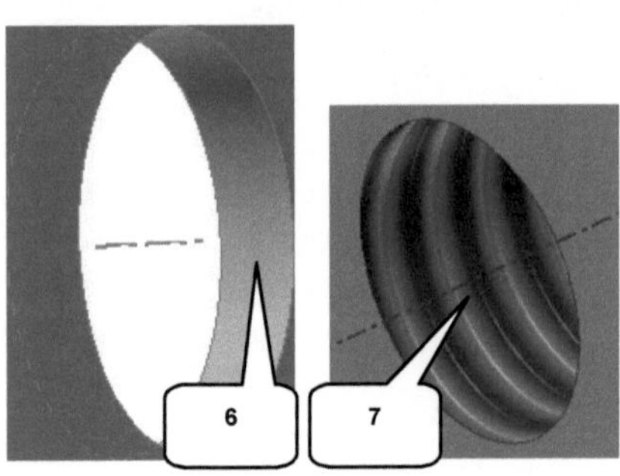

- Typ: Passend (1)
- Auswahl 1: Mark. Zylinderfläche (6)
- Auswahl 2: Markiertes Gewinde (7)
- Modus: Passend (4)
- Versatz: [0 mm] (5)
- OK ***OK***

7.3.5 Schraube aus dem Inhaltscenter einfügen

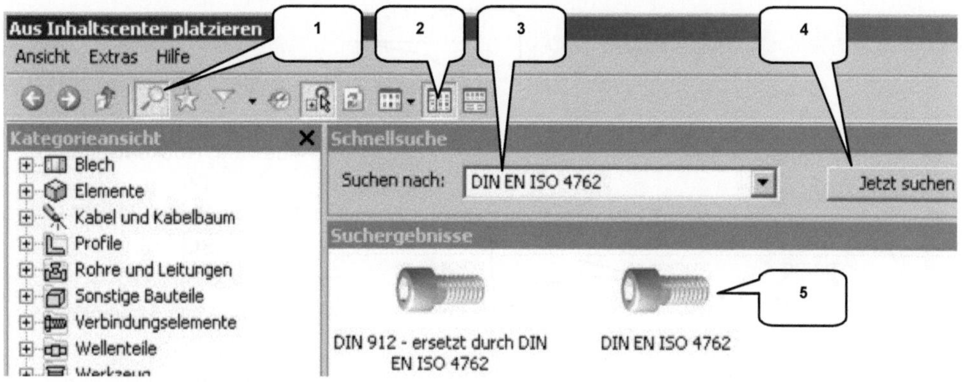

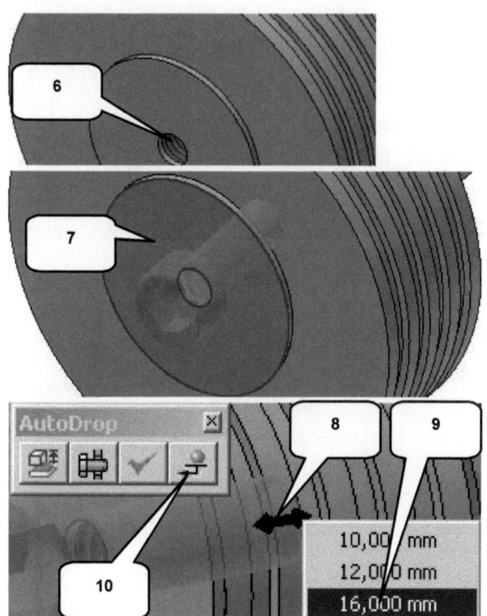

- **Aus Inhaltscenter platzieren**
- Option: ***Suchen*** aktivieren (sofern noch deaktiviert) (1)
- Option: ***Baumstrukturansicht*** aktivieren (sofern noch deaktiviert) (2)
- Suche nach: [DIN EN ISO 4762] (3)
- Jetzt suchen ***Jetzt suchen*** (4)
- Markierte Schraube doppelklicken (5)
- Gewindebohrung der Nockenwelle wählen (6)
- Startfläche wählen (7)
- Markierten Pfeil am Schraubenende doppelklicken (8)
- Schraubenlänge: 16 mm wählen (9)
- ***Platzieren*** (10)

HINWEIS: Normteile aus dem Inhaltscenter können jederzeit nachträglich bearbeitet werden. Um z. B. die ***geometrischen Abmessungen*** eines Normteils zu ändern, wählen Sie im Kontextmenü der ***rechter Maustaste*** die Option ***Größe ändern***. Um ein Normteil gegen ein anderes ***auszutauschen***, wählen Sie im Kontextmenü der ***rechter Maustaste*** die Option ***Aus Inhaltscenter ersetzen***.

7.3.6 Materialien zuweisen

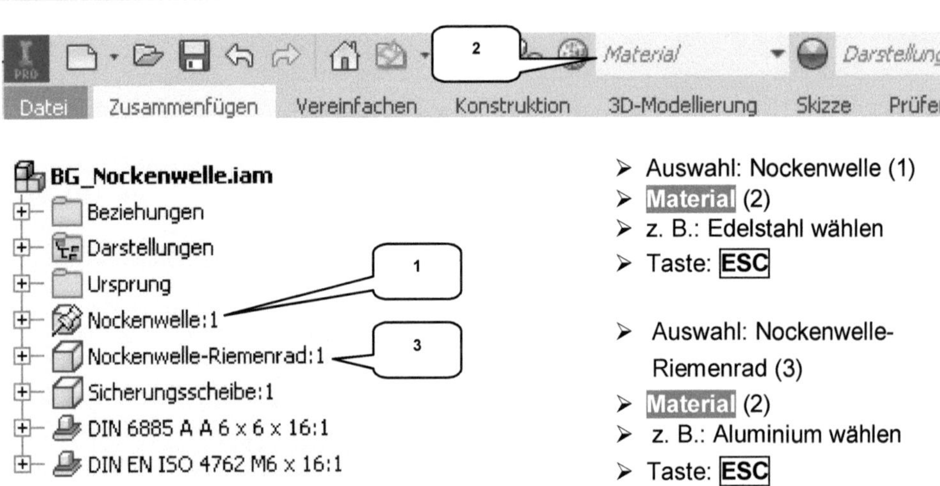

- Auswahl: Nockenwelle (1)
- **Material** (2)
- z. B.: Edelstahl wählen
- Taste: **ESC**

- Auswahl: Nockenwelle-Riemenrad (3)
- **Material** (2)
- z. B.: Aluminium wählen
- Taste: **ESC**

Da der ***Sicherungsscheibe*** bereits in einer anderen Baugruppe ein Material zugewiesen wurde, muss dies hier nicht erneut geschehen und die Baugruppendatei kann ***gespeichert*** und ***geschlossen*** werden. Achten Sie auch hier wieder darauf, die Option ***Ja für alle*** zu aktivieren, um auch die neuen Komponenten zu speichern.

7.4 Unterbaugruppe: BG_Zylinderblock

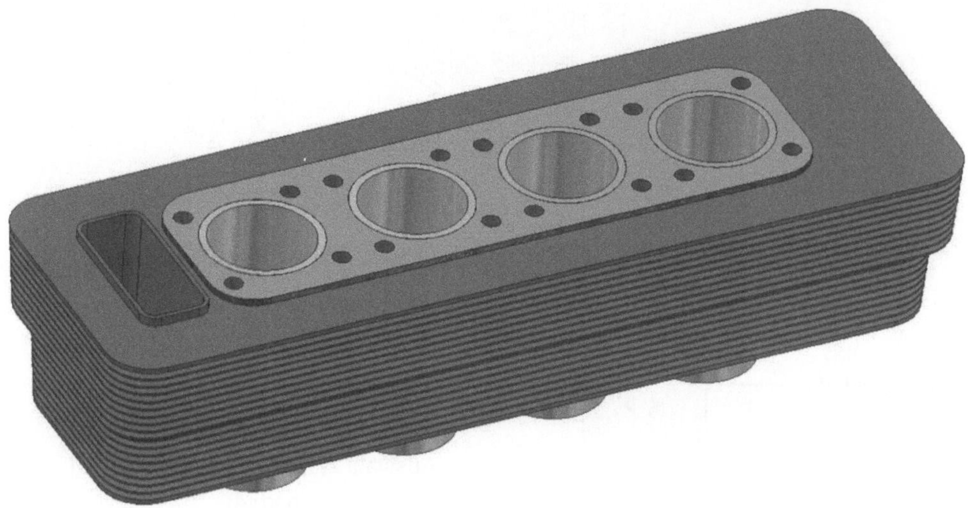

7.4.1 Einfügen der Komponenten

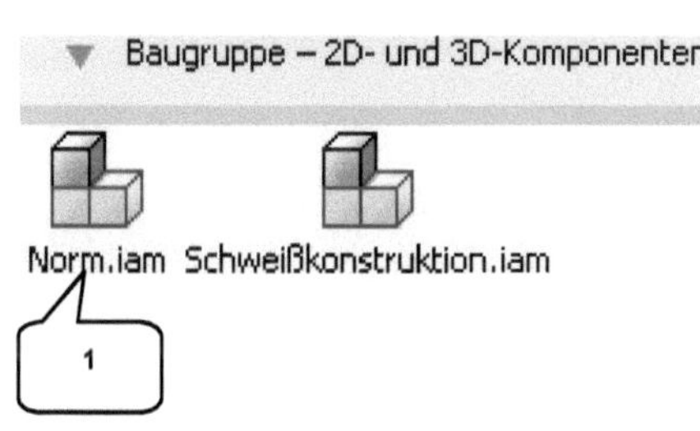

Erstellen Sie eine neue Baugruppendatei (Norm.iam) und ***speichern*** Sie diese unter der Bezeichnung ***BG_Zylinderblock***.

- Neu
- ***Norm.iam*** (1)
- ***Erstellen***
- Speichern [BG_Zylinderblock]

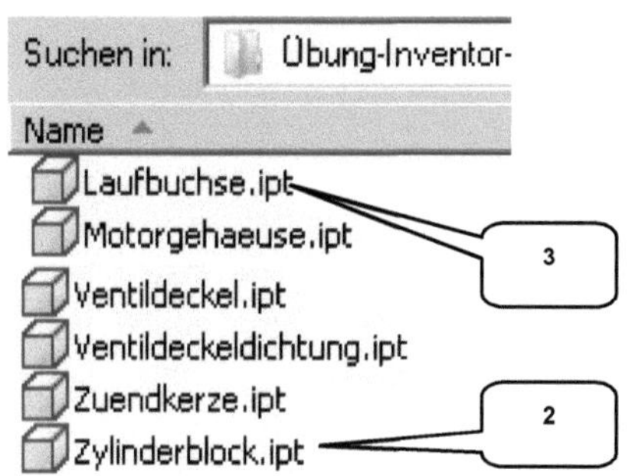

- Platzieren
- Auswahl: Zylinderblock (2)
- ***Öffnen***
- Taste: ESC

- Platzieren
- Auswahl: Laufbuchse (3)
- ***Öffnen***
- Bauteil 1x ablegen
- Taste: ESC

7.4.2 Laufbuchse im Zylinderblock befestigen

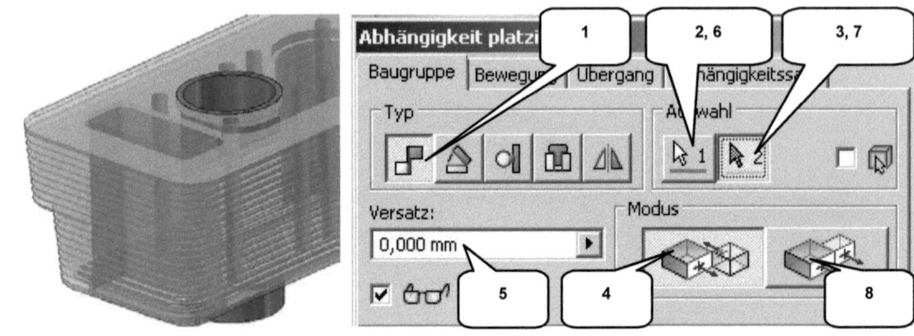

- Abhängig machen
- Typ: Passend (1)
- Auswahl 1: Mark. Zylinderfläche (2)
- Auswahl 2: Mark. Zylinderfläche (3)
- Modus: Passend (4)
- Versatz: [0 mm] (5)
- Anwenden ***Anwenden***

- Typ: Passend (1)
- Auswahl 1: Markierte Fläche (6)
- Auswahl 2: Markierte Fläche (7)
- Modus: Fluchtend (8)
- Versatz: [0 mm] (5)
- OK ***OK***

7.4.3 Laufbuchse als Muster anordnen

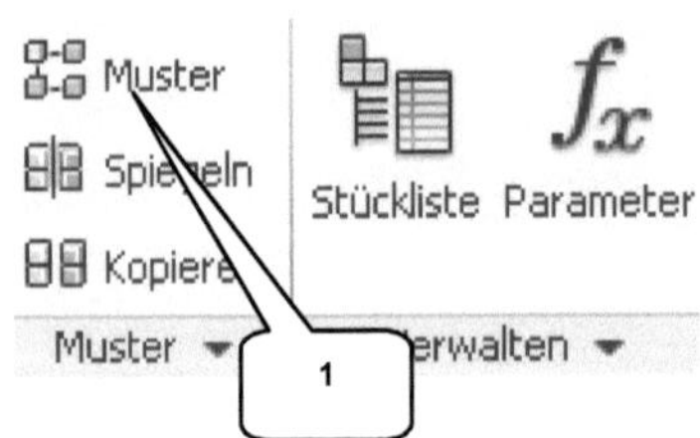

Die fehlenden drei Laufbuchsen können über eine lineare Anordnung erzeugt werden, denn auch im Baugruppenbereich gibt es eine äquivalente Lösung dafür: den Befehl Muster (1).

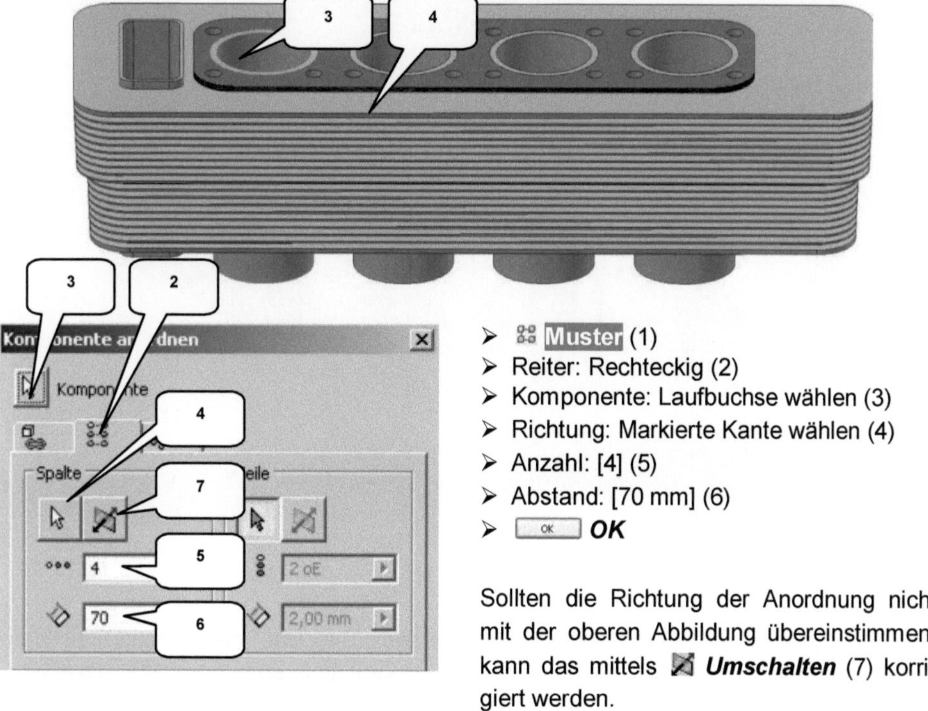

- Muster (1)
- Reiter: Rechteckig (2)
- Komponente: Laufbuchse wählen (3)
- Richtung: Markierte Kante wählen (4)
- Anzahl: [4] (5)
- Abstand: [70 mm] (6)
- ***OK***

Sollten die Richtung der Anordnung nicht mit der oberen Abbildung übereinstimmen, kann das mittels ***Umschalten*** (7) korrigiert werden.

7.4.4 Materialien zuweisen

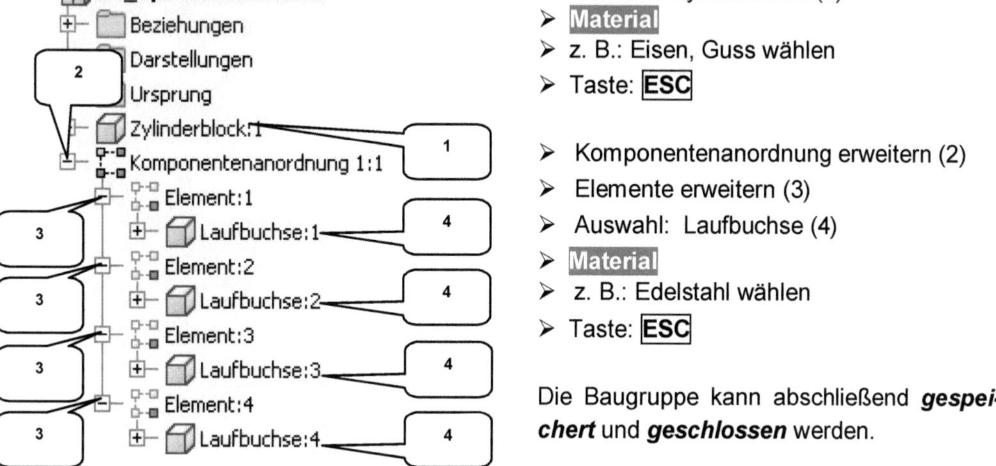

- Auswahl: Zylinderblock (1)
- Material
- z. B.: Eisen, Guss wählen
- Taste: ESC

- Komponentenanordnung erweitern (2)
- Elemente erweitern (3)
- Auswahl: Laufbuchse (4)
- Material
- z. B.: Edelstahl wählen
- Taste: ESC

Die Baugruppe kann abschließend ***gespeichert*** und ***geschlossen*** werden.

7.5 Unterbaugruppe: BG_Zylinderkopf

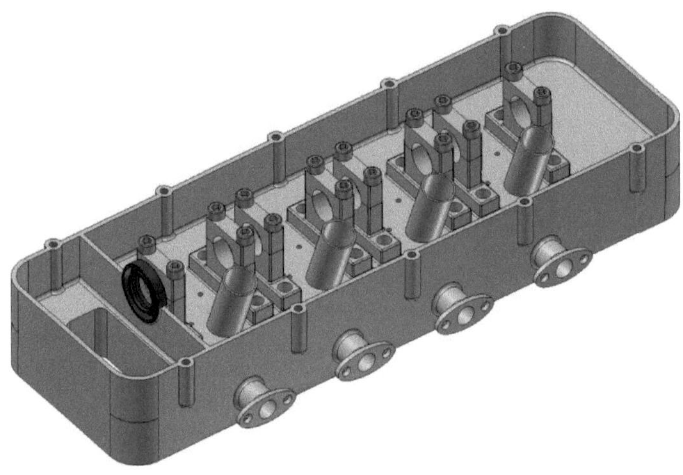

7.5.1 Einfügen der Komponenten

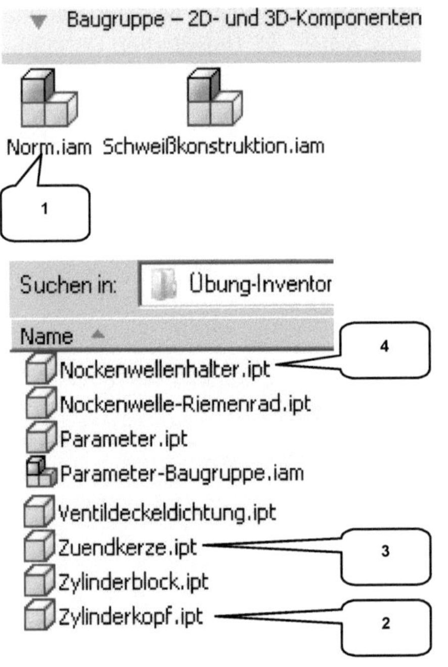

Erstellen Sie eine neue Baugruppendatei (Norm.iam) und ***speichern*** Sie diese unter der Bezeichnung ***BG_Zylinderkopf***.

- Neu
- ***Norm.iam*** (1)
- Erstellen ***Erstellen***
- Speichern [BG_Zylinderkopf]

- Platzieren
- Auswahl: Zylinderkopf (2)
- Öffnen ***Öffnen***
- Taste: **ESC**

- Platzieren
- Auswahl: Zündkerze (3), Nockenwellenhalter (4)
- Öffnen ***Öffnen***
- Bauteile 1x ablegen
- Taste: **ESC**

7.5.2 Zündkerzen im Zylinderkopf platzieren

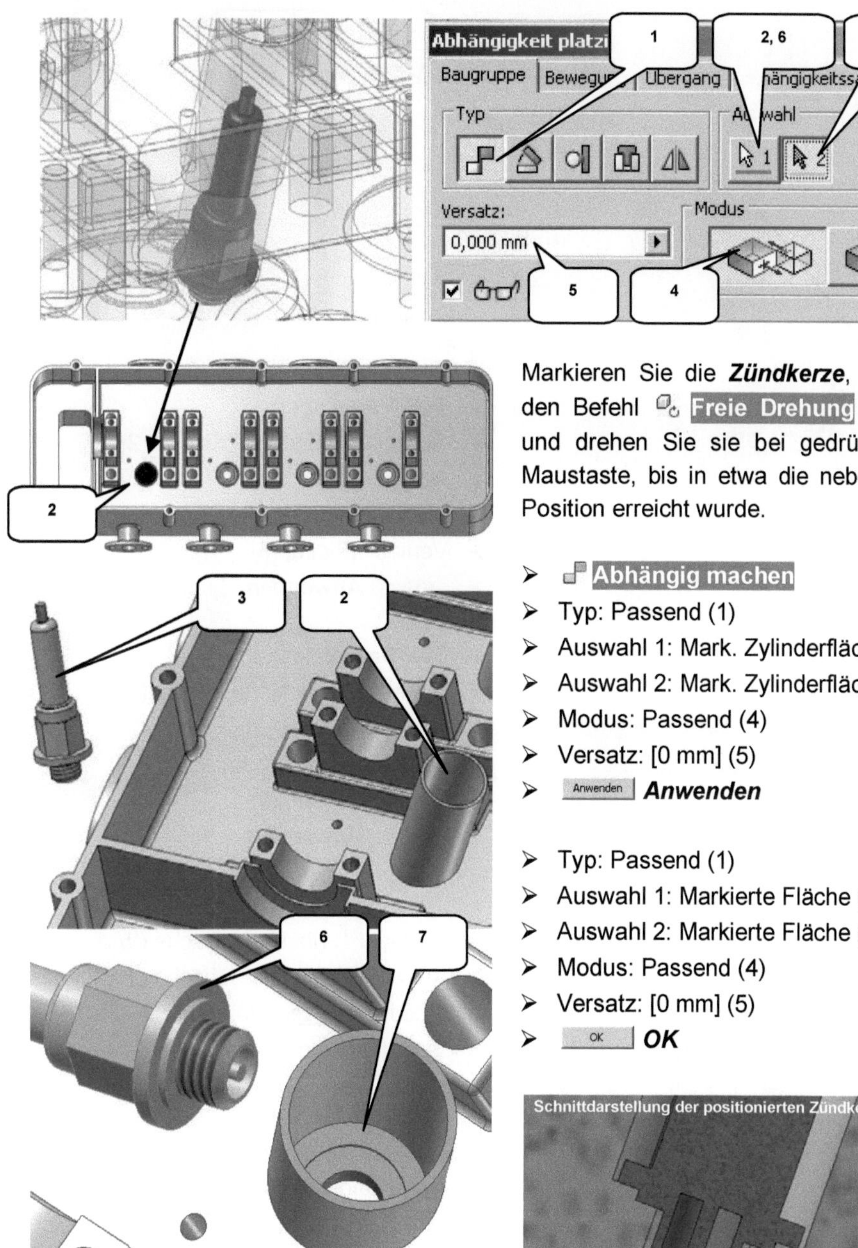

Markieren Sie die ***Zündkerze***, starten Sie den Befehl Freie Drehung (Taste: G) und drehen Sie sie bei gedrückter linker Maustaste, bis in etwa die nebenstehende Position erreicht wurde.

- Abhängig machen
- Typ: Passend (1)
- Auswahl 1: Mark. Zylinderfläche (2)
- Auswahl 2: Mark. Zylinderfläche (3)
- Modus: Passend (4)
- Versatz: [0 mm] (5)
- Anwenden ***Anwenden***

- Typ: Passend (1)
- Auswahl 1: Markierte Fläche (6)
- Auswahl 2: Markierte Fläche (7)
- Modus: Passend (4)
- Versatz: [0 mm] (5)
- OK ***OK***

Schnittdarstellung der positionierten Zündkerze.

7.5.3 Nockenwellenhalter im Zylinderkopf platzieren

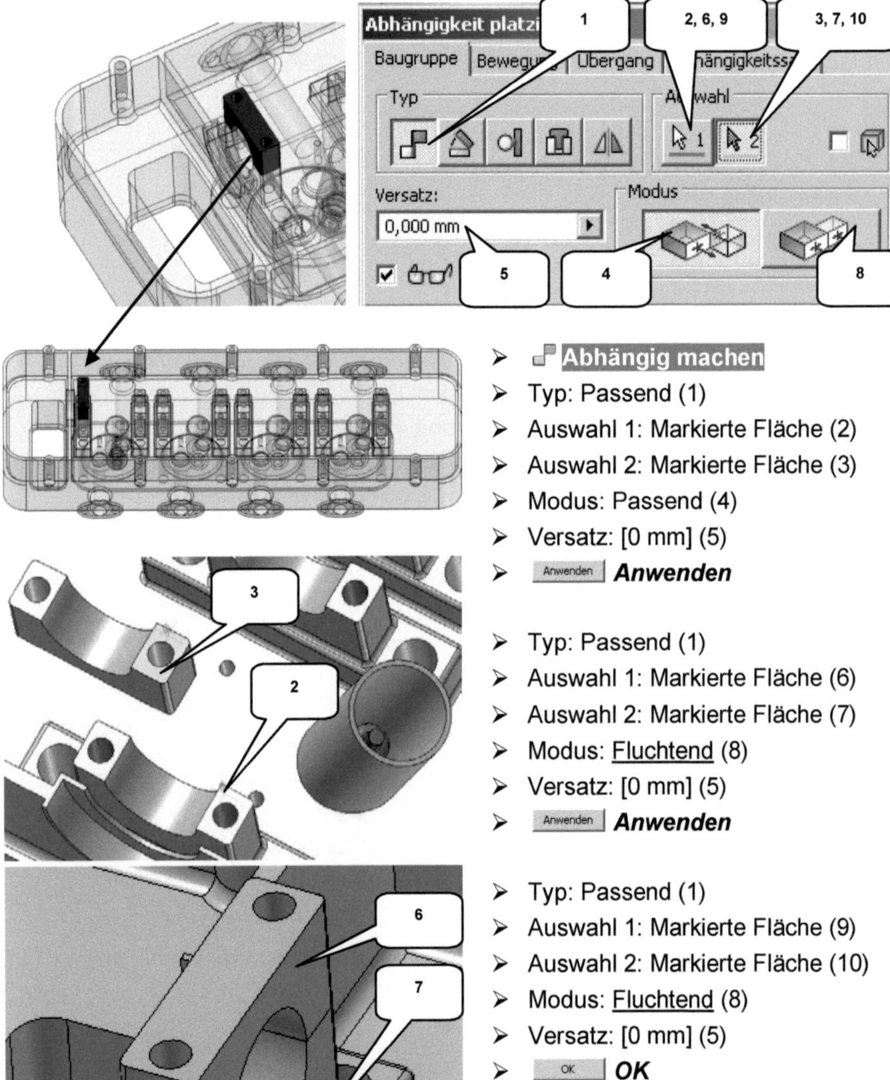

- Abhängig machen
- Typ: Passend (1)
- Auswahl 1: Markierte Fläche (2)
- Auswahl 2: Markierte Fläche (3)
- Modus: Passend (4)
- Versatz: [0 mm] (5)
- Anwenden ***Anwenden***

- Typ: Passend (1)
- Auswahl 1: Markierte Fläche (6)
- Auswahl 2: Markierte Fläche (7)
- Modus: <u>Fluchtend</u> (8)
- Versatz: [0 mm] (5)
- Anwenden ***Anwenden***

- Typ: Passend (1)
- Auswahl 1: Markierte Fläche (9)
- Auswahl 2: Markierte Fläche (10)
- Modus: <u>Fluchtend</u> (8)
- Versatz: [0 mm] (5)
- OK ***OK***

Importieren Sie einen weiteren ***Nockenwellenhalter*** und setzen Sie diesen auf Position (11).

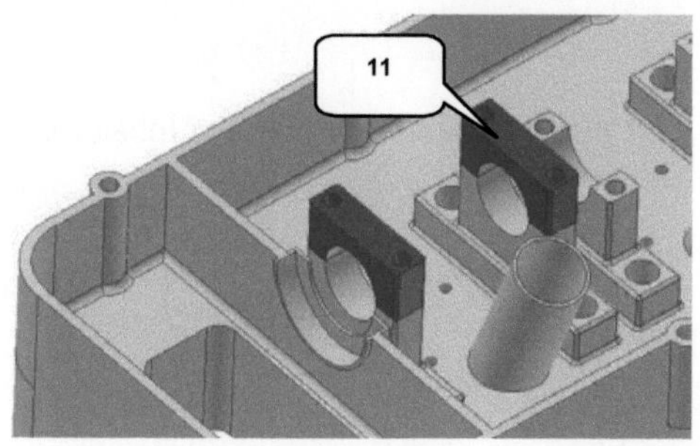

Importieren Sie einen weiteren ***Nockenwellenhalter*** und setzen Sie diesen auf Position (11).

Zündkerzen und Nockenwellenhalter der restlichen drei Zylinder können als Muster erzeugt werden.

7.5.4 Lineares Anordnen von Zündkerze und Nockenwellenhalter

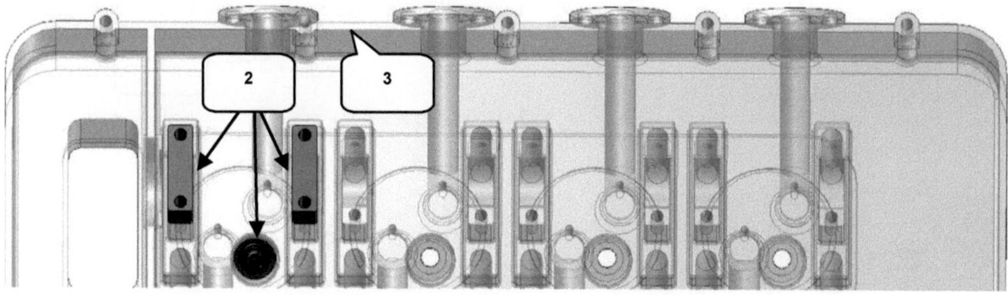

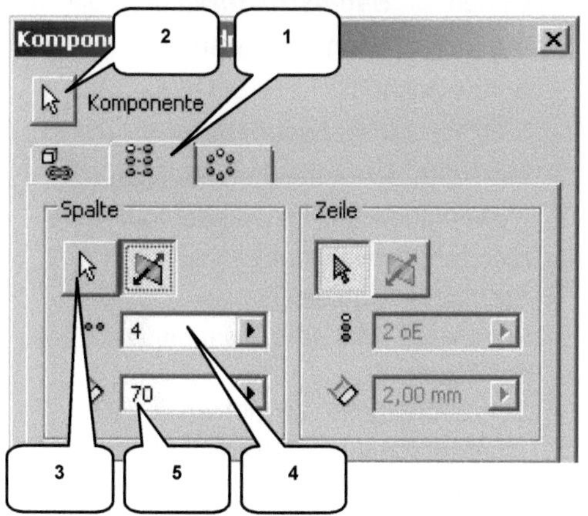

Nockenwellenhalter:2
Zuendkerze:1
Nockenwellenhalter:1
2

- **Muster**
- Reiter: Rechteckige Anordnung (1)
- Auswahl: Zuendkerze, beide Nockenwellenhalter (2)
- Spalte 1: Markierte Kante (3)
- Anzahl: [4], Abstand: [70 mm] (4, 5)
- OK ***OK***

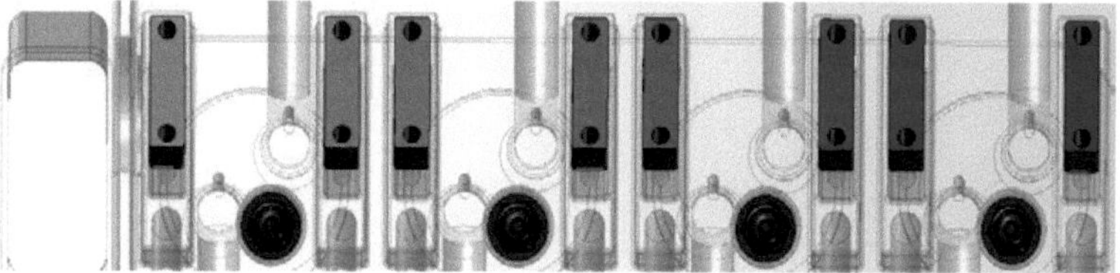

7.5.5 Schrauben aus dem Inhaltscenter einfügen

Nockenwellenhalter und ***Zylinderkopf*** sollen jetzt durch ***Schrauben*** aus dem Inhaltscenter miteinander verbunden werden.

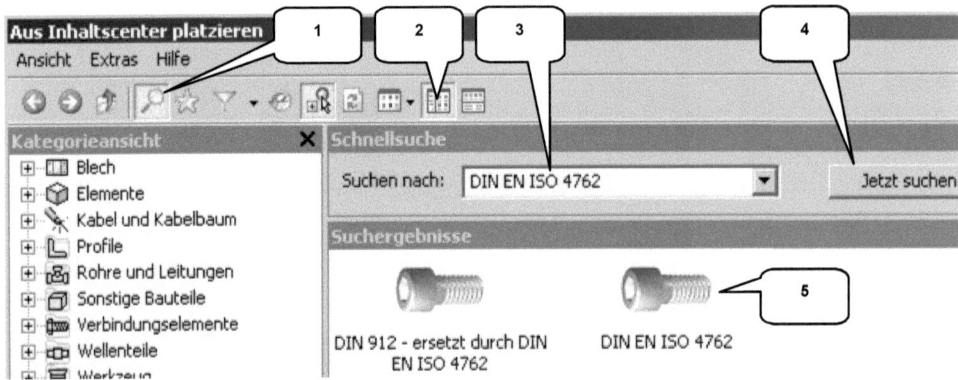

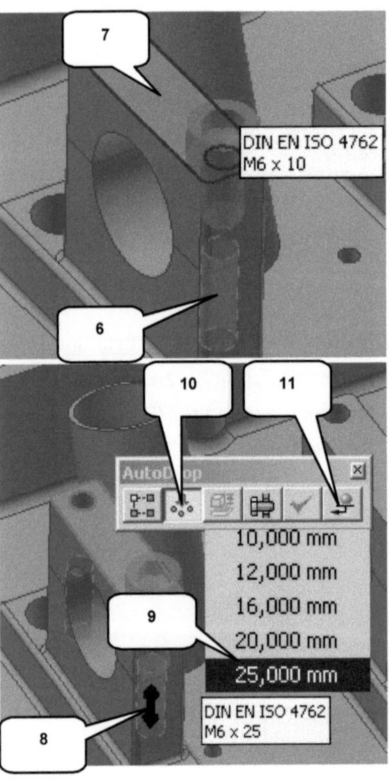

- Aus Inhaltscenter platzieren
- Option: ***Suchen*** aktivieren (sofern noch deaktiviert) (1)
- Option: ***Baumstrukturansicht*** aktivieren (sofern noch deaktiviert) (2)
- Suche nach: [DIN EN ISO 4762] (3)
- Jetzt suchen ***Jetzt suchen*** (4)
- Markierte Schraube doppelklicken (5)
- Gewindebohrung im Zylinderkopf (unterhalb Nockenwellenhalter) wählen (6)
- Startfläche wählen (7)
- Markierten Pfeil am Schraubenende doppelklicken (8)
- Schraubenlänge: 25 mm wählen (9)
- ***Mehrere einfügen*** aktivieren (10)
- ***Platzieren*** (11)

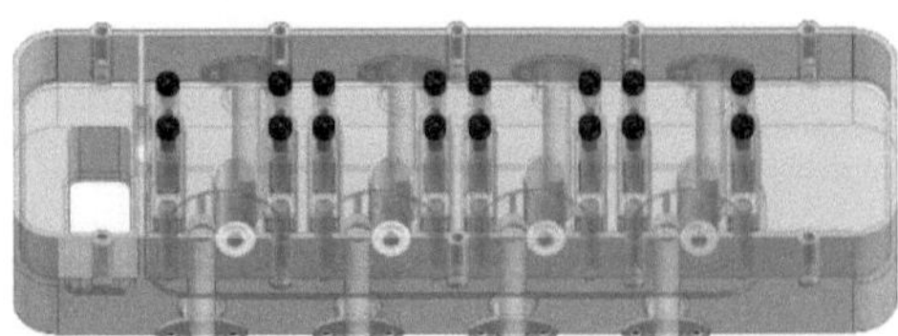

7.5.6 Wellendichtring aus dem Inhaltscenter einfügen und positionieren

Abschließend soll der Baugruppe ein ***Wellendichtring*** aus dem Inhaltscenter hinzugefügt werden. Die Positionierung muss manuell erfolgen.

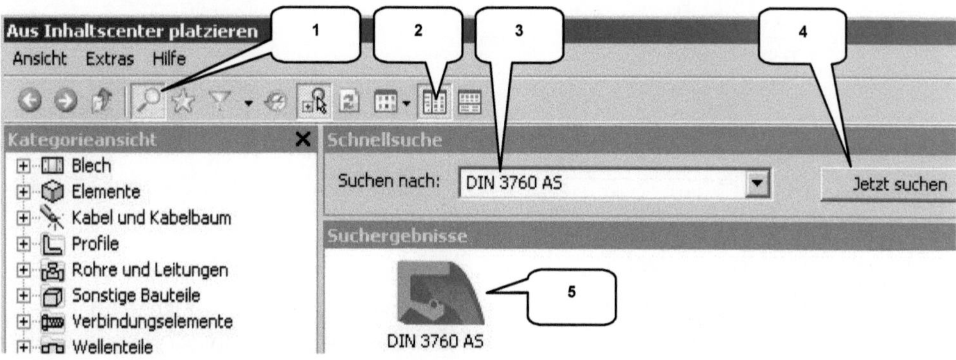

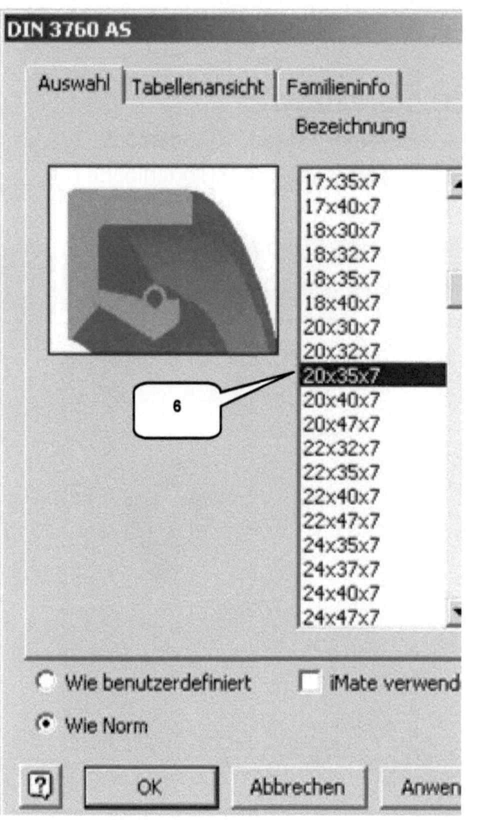

- Aus Inhaltscenter platzieren
- Option: ***Suchen*** aktivieren (sofern noch deaktiviert) (1)
- Option: ***Baumstrukturansicht*** aktivieren (sofern noch deaktiviert) (2)
- Suche nach: [DIN 3760 AS] (3)
- Jetzt suchen ***Jetzt suchen*** (4)
- Markierten Wellendichtring doppelklicken (5)
- Größe: 20 x 35 x 7 wählen (6)
- OK ***OK***

- Wellendichtring einmal frei mit der linken Maustaste ablegen
- Taste: ESC

Positionieren Sie den ***Wellendichtring*** in der hierfür vorgesehenen Aussparung des ***Zylinderkopfes***. Die offene Seite des Wellendichtrings muss in die Richtung des Riemenkanals zeigen.

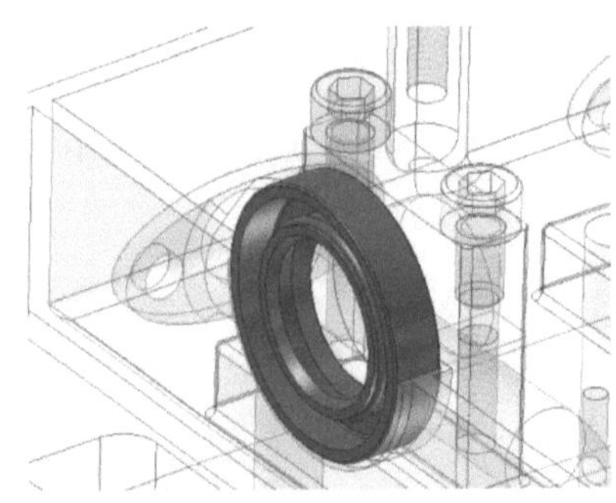

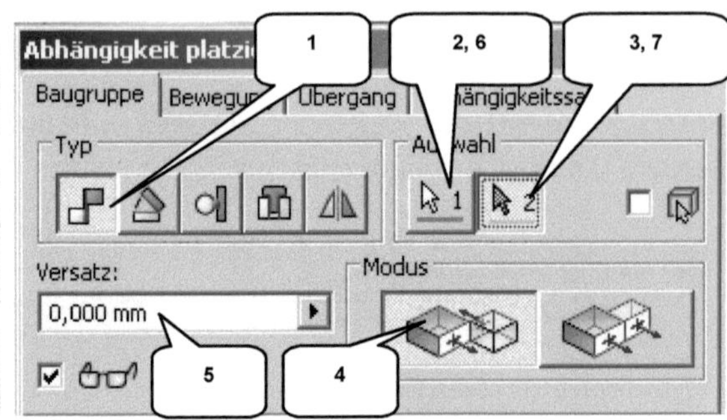

- Abhängig machen
- Typ: Passend (1)
- Auswahl 1: Markierte Fläche (2)
- Auswahl 2: Markierte Fläche (3)
- Modus: Passend (4)
- Versatz: [0 mm] (5)
- Anwenden ***Anwenden***

- Typ: Passend (1)
- Auswahl 1: Mark. Zylinderfläche (6)
- Auswahl 2: Mark. Zylinderfläche (7)
- Modus: Passend (4)
- Versatz: [0 mm] (5)
- OK ***OK***

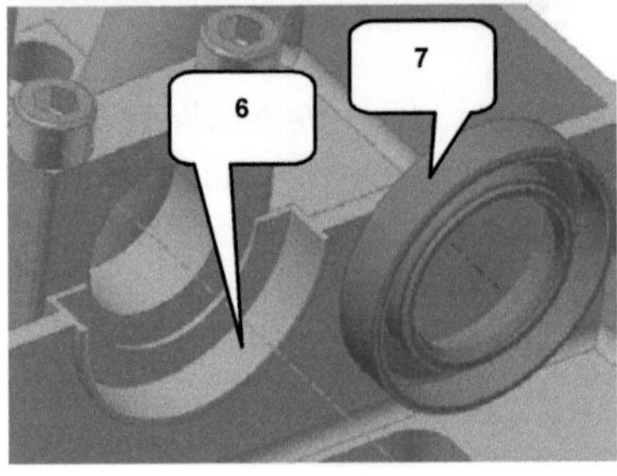

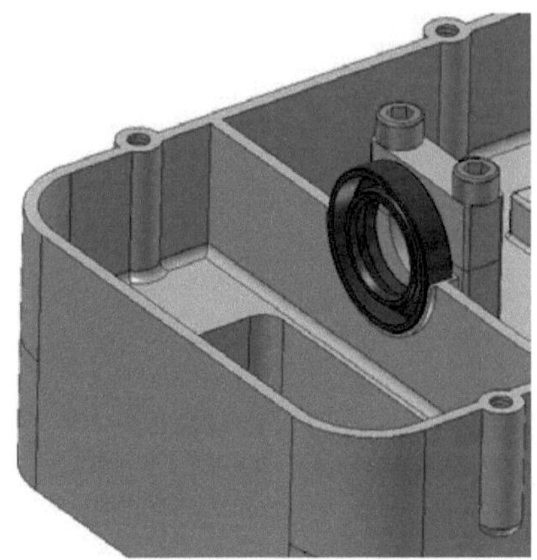

7.5.7 Ordnerstrukturen im Browser anlegen

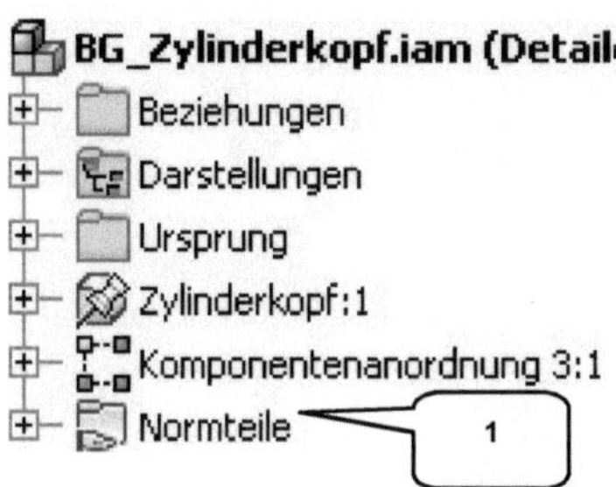

Der ***Browser*** einer Baugruppe kann schnell unübersichtlich werden, wenn viele Komponenten darin enthalten sind. Hier bietet das Programm eine gute Lösung: das Bilden von ***Ordnerstrukturen***. Komponenten werden dabei - in beliebiger Konstellation - in Ordnern zusammengefasst. Alle Normteile der Baugruppe sollen jetzt in einen Ordner.

Markieren Sie im Browser bei gedrückter Taste: **STRG** mit linker Maustaste alle ***Schrauben*** (DIN EN ISO 4762) und den ***Wellendichtring*** (DIN 3760 AS), klicken Sie mit der ***rechten Maustaste*** darauf, wählen Sie im Kontextmenü die Option ***Zu neuem Ordner hinzufügen*** und tragen Sie die Ordner-Bezeichnung ***Normteile*** (1) ein.

7.5.8 Materialien zuweisen

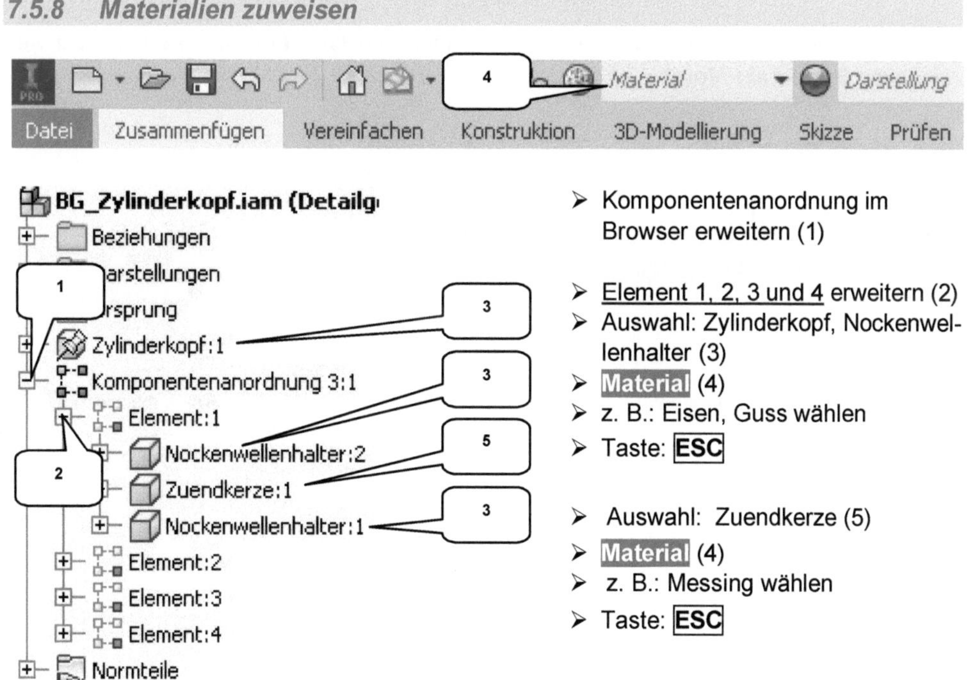

- Komponentenanordnung im Browser erweitern (1)

- Element 1, 2, 3 und 4 erweitern (2)
- Auswahl: Zylinderkopf, Nockenwellenhalter (3)
- **Material** (4)
- z. B.: Eisen, Guss wählen
- Taste: **ESC**

- Auswahl: Zuendkerze (5)
- **Material** (4)
- z. B.: Messing wählen
- Taste: **ESC**

Die Datei kann danach ***gespeichert*** und ***geschlossen*** werden. Das Hinweisfenster ist mit ***Ja für alle*** und ***OK*** zu bestätigen.

7.6 Hauptbaugruppe: BG_4-Takt-Motor

7.6.1 Einfügen der ersten Komponenten

Erstellen Sie eine neue Baugruppendatei (Norm.iam) und ***speichern*** Sie sie unter der Bezeichnung ***BG_4-Takt-Motor***.

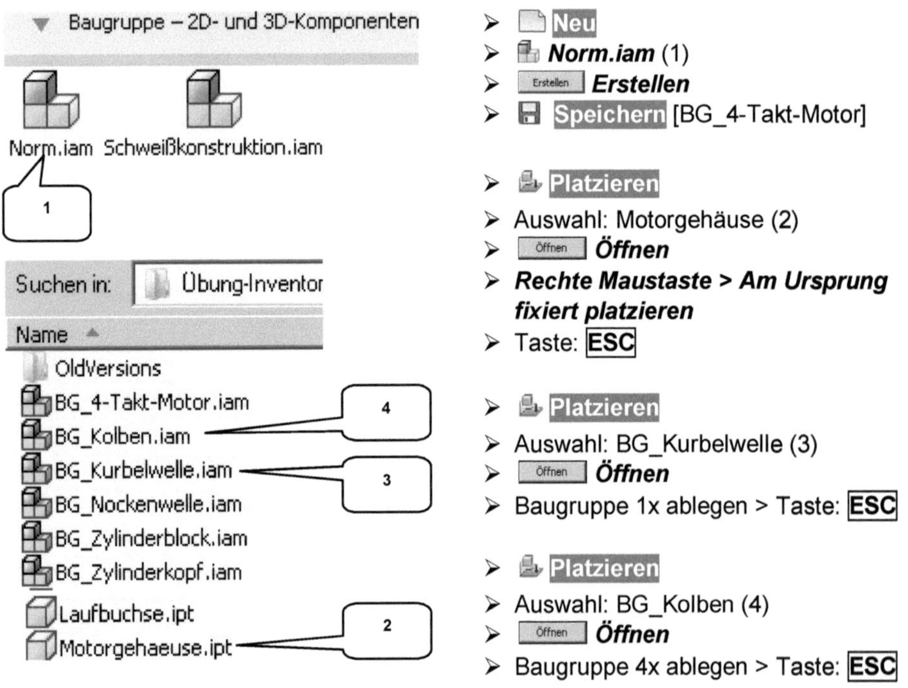

- Neu
- ***Norm.iam*** (1)
- ***Erstellen***
- Speichern [BG_4-Takt-Motor]

- Platzieren
- Auswahl: Motorgehäuse (2)
- ***Öffnen***
- ***Rechte Maustaste > Am Ursprung fixiert platzieren***
- Taste: ESC

- Platzieren
- Auswahl: BG_Kurbelwelle (3)
- ***Öffnen***
- Baugruppe 1x ablegen > Taste: ESC

- Platzieren
- Auswahl: BG_Kolben (4)
- ***Öffnen***
- Baugruppe 4x ablegen > Taste: ESC

HINWEIS: An dieser Stelle sollte noch einmal kontrolliert werden, ob das Bauteil ***Motorgehäuse*** auch wirklich fixiert ist, was im Browser durch die ***PIN-Nadel*** symbolisiert wird.

7.6.2 Flexibilität von Unterbaugruppen

Unterbaugruppen werden im Normalfall automatisch als starre Elemente in eine Baugruppe eingefügt. Das bedeutet, dass bewegliche Baugruppen nicht mehr beweglich sind, wenn Sie in eine andere Baugruppe eingefügt wurden. Bei der Baugruppe ***BG_Kolben*** wäre das ein Problem, weil das Programm die Abhängigkeiten nicht richtig setzen könnte.

Um sie wieder beweglich zu gestalten, klicken Sie mit der ***rechten Maustaste*** nacheinander auf jede der vier Kolbenbaugruppen, um im Kontextmenü die Option ***Flexibel*** zu aktivieren. Die vier Baugruppen erhalten so ihre volle Beweglichkeit zurück, was im Browser durch das Symbol ***Flexibel*** gekennzeichnet wird.

7.6.3 BG_Kurbelwelle im Motorgehäuse platzieren

Die Baugruppe ***BG_Kurbelwelle*** soll als nächste in das Motorgehäuse eingefügt werden. Sie muss mit den ***Kurbelwellenhaltern*** des Motorgehäuses verbunden und zusätzlich gegen ein axiales Herausrutschen gesichert werden.

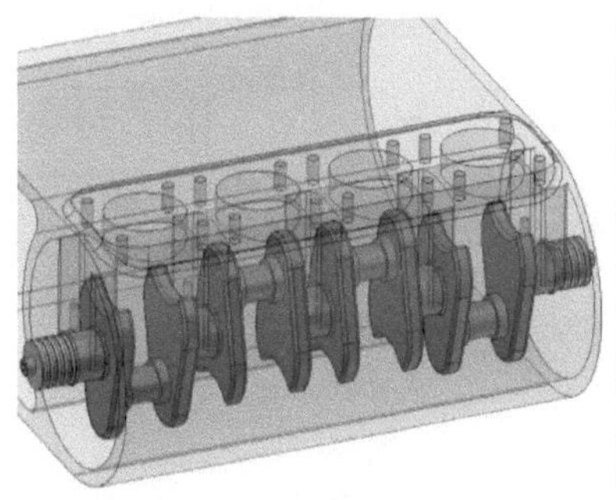

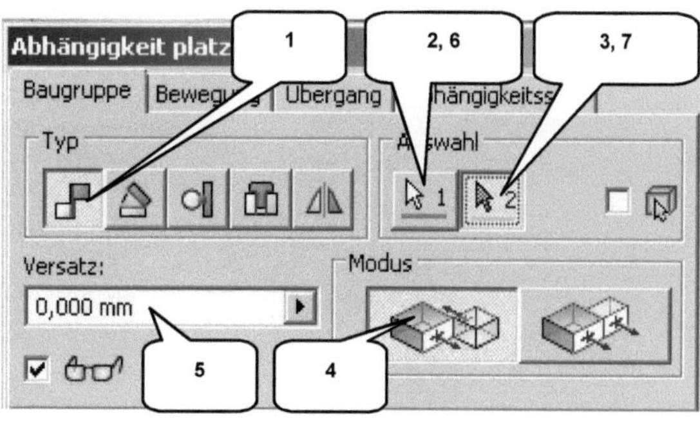

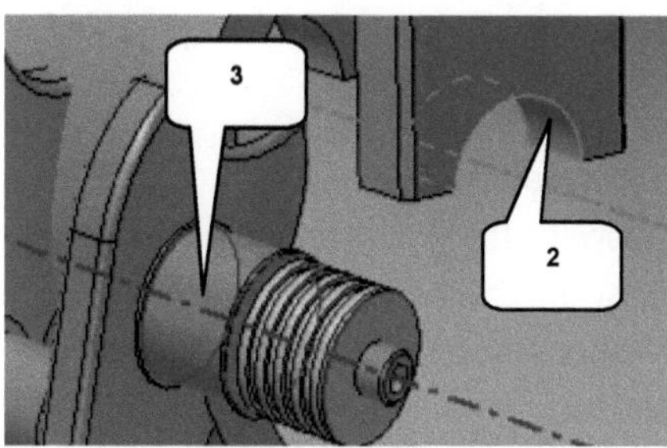

- Abhängig machen
- Typ: Passend (1)
- Auswahl 1: Mark. Zylinderfläche (2)
- Auswahl 2: Mark. Zylinderfläche (3)
- Modus: Passend (4)
- Versatz: [0 mm] (5)
- Anwenden ***Anwenden***

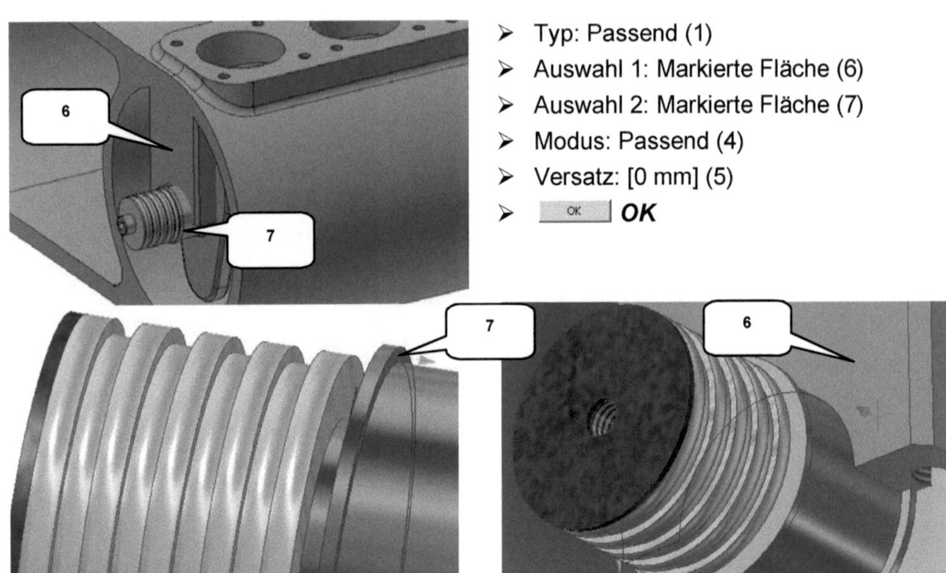

- Typ: Passend (1)
- Auswahl 1: Markierte Fläche (6)
- Auswahl 2: Markierte Fläche (7)
- Modus: Passend (4)
- Versatz: [0 mm] (5)
- OK **OK**

7.6.4 BG_Kolben im Motorgehäuse platzieren

Die 4 Baugruppen ***BG_Kolben*** sind jetzt mit ***Kurbelwelle*** und ***Motorgehäuse*** zu verbinden.

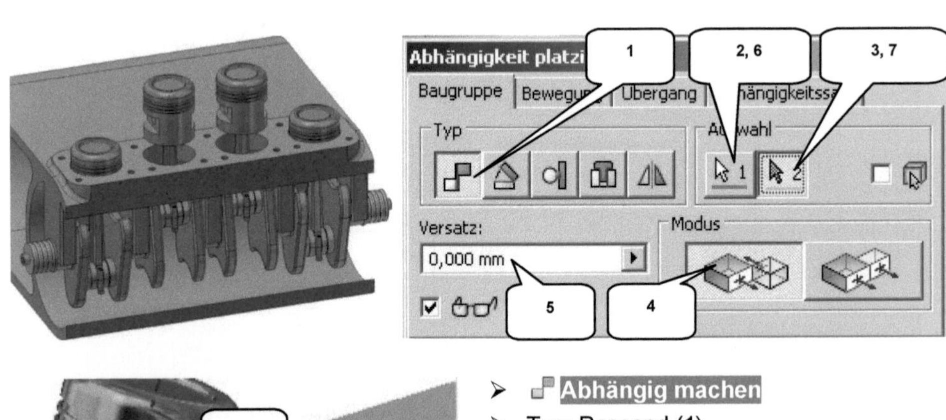

- Abhängig machen
- Typ: Passend (1)
- Auswahl 1: Mark. Zylinderfläche (2)
- Auswahl 2: Mark. Zylinderfläche (3)
- Modus: Passend (4)
- Versatz: [0 mm] (5)
- Anwenden ***Anwenden***

HINWEIS: Um die ***Kolbenbaugruppen*** besser mit der Kurbelwelle verbinden zu können, sollte das Motorgehäuse vorher ausgeblendet werden. Markieren Sie es im Browser und deaktivieren Sie per ***rechter Maustaste*** darauf die Option ***Sichtbarkeit***.

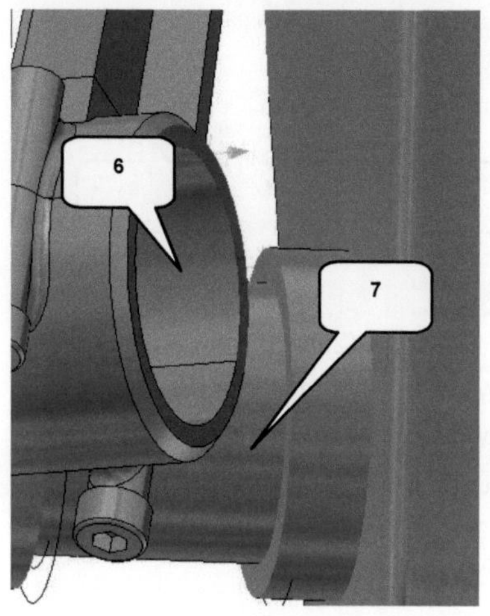

- Typ: Passend (1)
- Auswahl 1: Mark. Zylinderfläche (6)
- Auswahl 2: Mark. Zylinderfläche (7)
- Modus: Passend (4)
- Versatz: [0 mm] (5)
- OK ***OK***

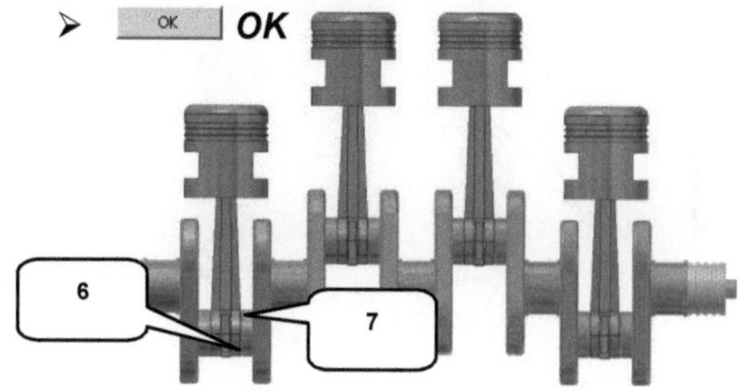

Wiederholen Sie das Setzen der letzten beiden Abhängigkeiten bei den restlichen drei ***Kolbenbaugruppen***. Sobald auch sie mit der Kurbelwelle verbunden sind, muss der Bewegungsablauf geprüft werden. Drehen Sie die Kurbelwelle leicht bei gedrückter linker Maustaste darauf. Die Kolben sollten sich linear auf und ab bewegen und die Sichtbarkeit des Motorgehäuses kann wieder aktiviert werden. Klicken Sie dafür mit der ***rechten Maustaste*** im Browser darauf und reaktivieren Sie die ***Sichtbarkeit***.

7.6.5 Kurbelwellenhalter platzieren, positionieren und linear anordnen

Importieren und positionieren Sie einen ***Kurbelwellenhalter*** in der Baugruppe.

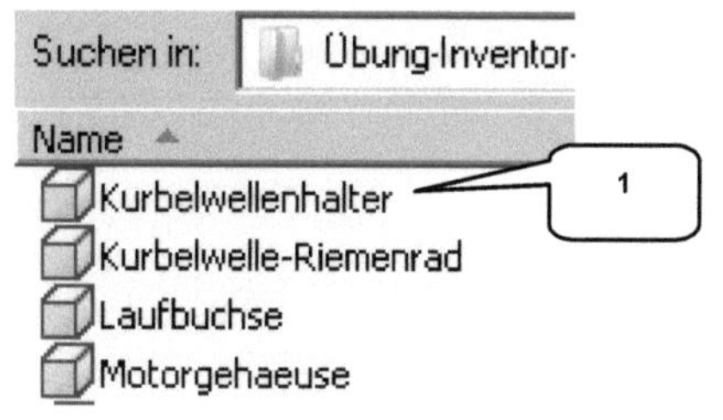

- Platzieren
- Auswahl: Kurbelwellenhalter (1)
- Öffnen ***Öffnen***
- Bauteil 1x ablegen
- Taste: ESC

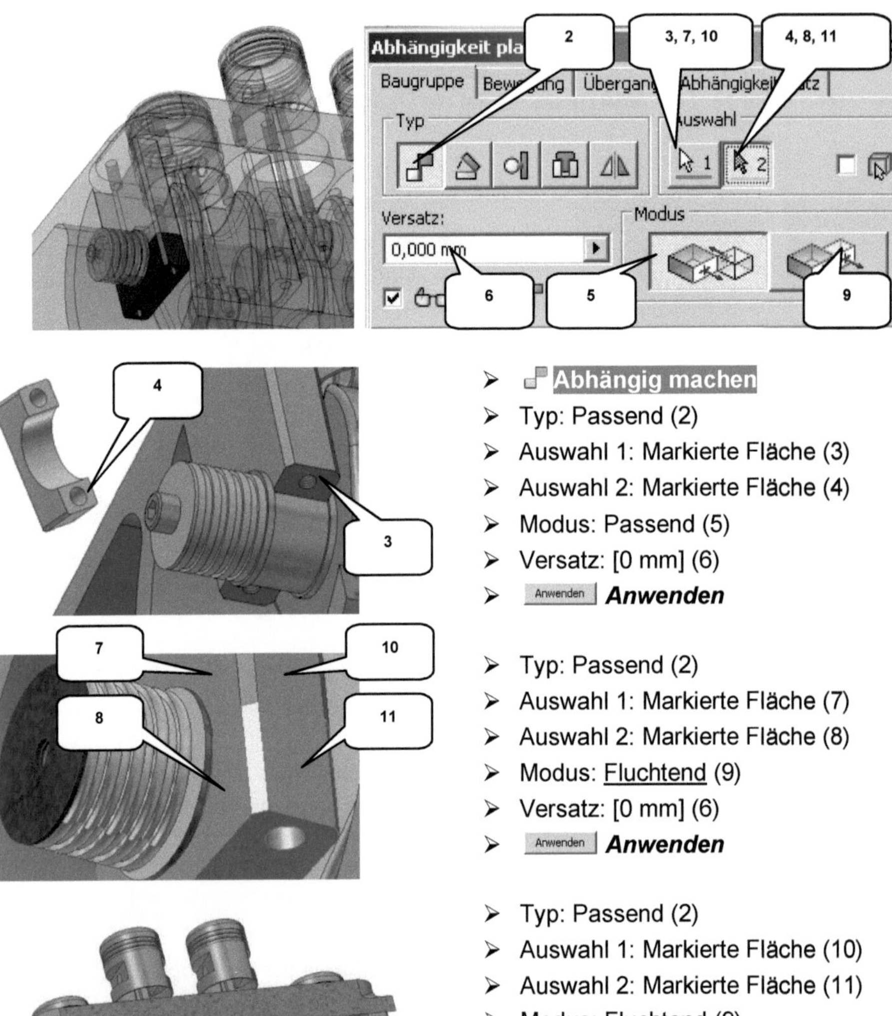

- Abhängig machen
- Typ: Passend (2)
- Auswahl 1: Markierte Fläche (3)
- Auswahl 2: Markierte Fläche (4)
- Modus: Passend (5)
- Versatz: [0 mm] (6)
- Anwenden ***Anwenden***

- Typ: Passend (2)
- Auswahl 1: Markierte Fläche (7)
- Auswahl 2: Markierte Fläche (8)
- Modus: <u>Fluchtend</u> (9)
- Versatz: [0 mm] (6)
- Anwenden ***Anwenden***

- Typ: Passend (2)
- Auswahl 1: Markierte Fläche (10)
- Auswahl 2: Markierte Fläche (11)
- Modus: <u>Fluchtend</u> (9)
- Versatz: [0 mm] (6)
- OK ***OK***

Die restlichen vier ***Kurbelwellenhalter*** können mit einer linearen Anordnung entlang der Z-Achse erzeugt werden.

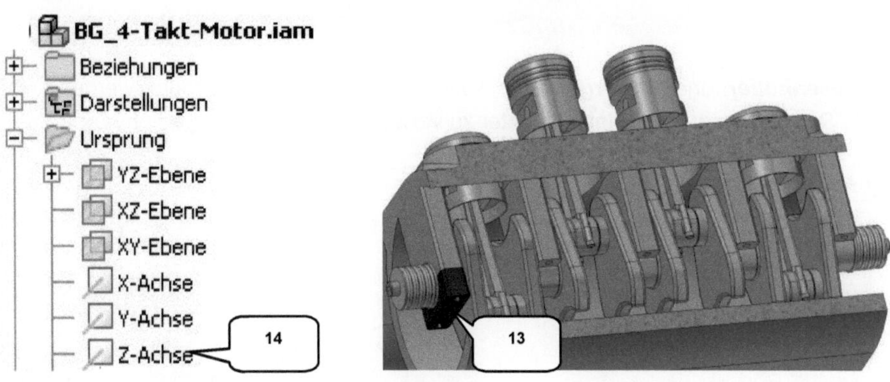

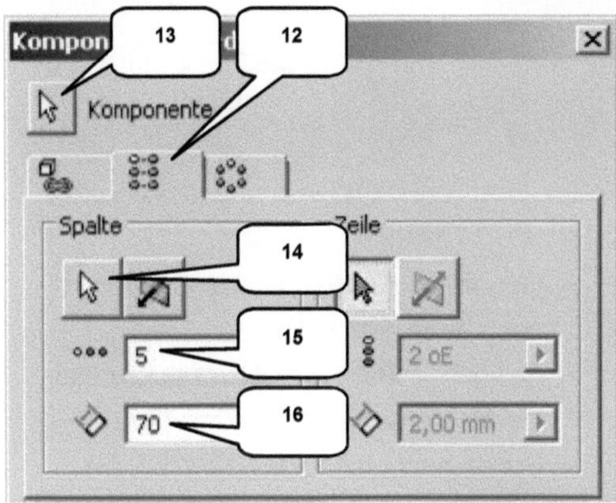

- Muster
- Reiter: Rechteckige Anordnung (12)
- Komponenten: Kurbelwellenhalter (13)
- Spalte: Z-Achse der Hauptbaugruppe (14)
- Anzahl: [5] (15)
- Abstand: [70 mm] (16)
- OK ***OK***

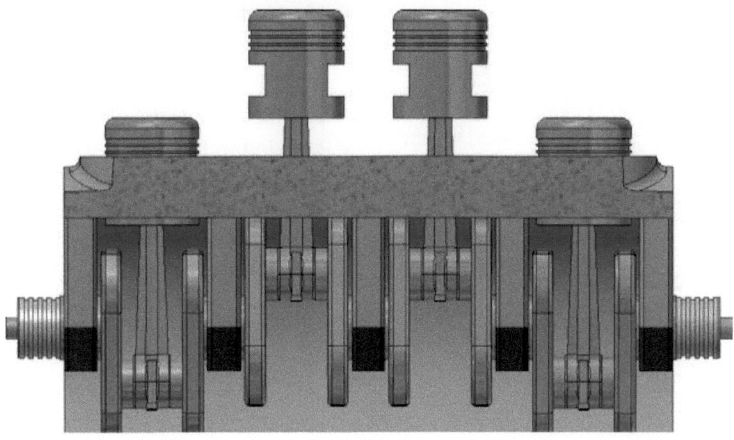

HINWEIS: Sollte die Anordnung in die falsche Richtung erzeugt worden sein (aus dem Motorgehäuse heraus), kann der Fehler mit ***Richtung umkehren*** korrigiert werden.

7.6.6 Schrauben aus dem Inhaltscenter einfügen

Kurbelwellenhalter und ***Motorgehäuse*** sollen miteinander verschraubt werden, wofür ebenfalls ***Schrauben*** aus dem Inhaltscenter zu verwenden sind.

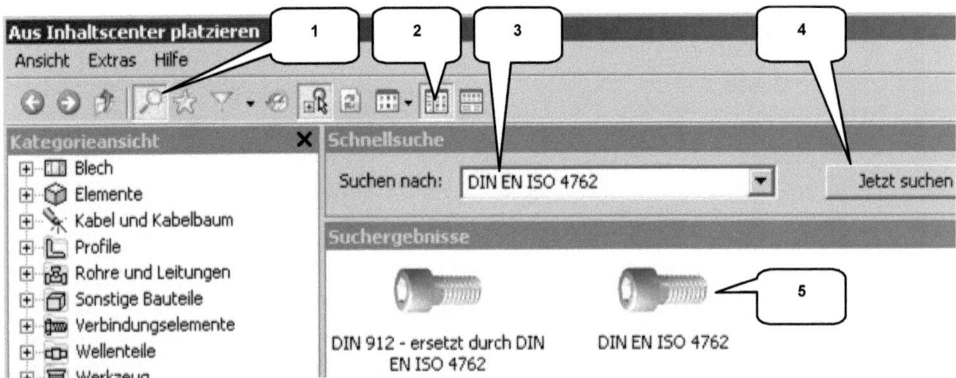

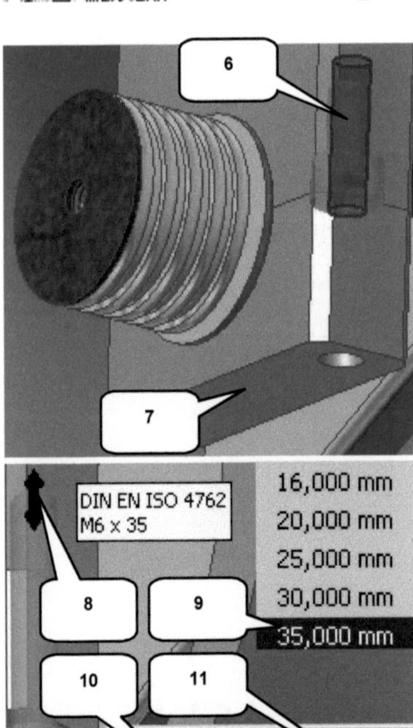

- **Aus Inhaltscenter platzieren**
- Option: ***Suchen*** aktivieren (sofern noch deaktiviert) (1)
- Option: ***Baumstrukturansicht*** aktivieren (sofern noch deaktiviert) (2)
- Suche nach: [DIN EN ISO 4762] (3)
- Jetzt suchen ***Jetzt suchen*** (4)
- Markierte Schraube doppelklicken (5)
- Gewindebohrung im Motorgehäuse wählen (6)
- Startfläche wählen (7)
- Markierten Pfeil am Schraubenende doppelklicken (8)
- Schraubenlänge: 35 mm wählen (9)
- ***Mehrere einfügen*** aktivieren (10)
- ***Platzieren*** (11)

7.6.7 Dichtung zwischen Motorgehäuse und Zylinderblock erstellen

Bevor der ***Zylinderblock*** auf dem ***Motorgehäuse*** befestigt werden kann, muss aus dem Motorgehäuse eine ***Dichtung*** erzeugt werden. Sie wird als neues Bauteil aus der Baugruppe heraus erstellt.

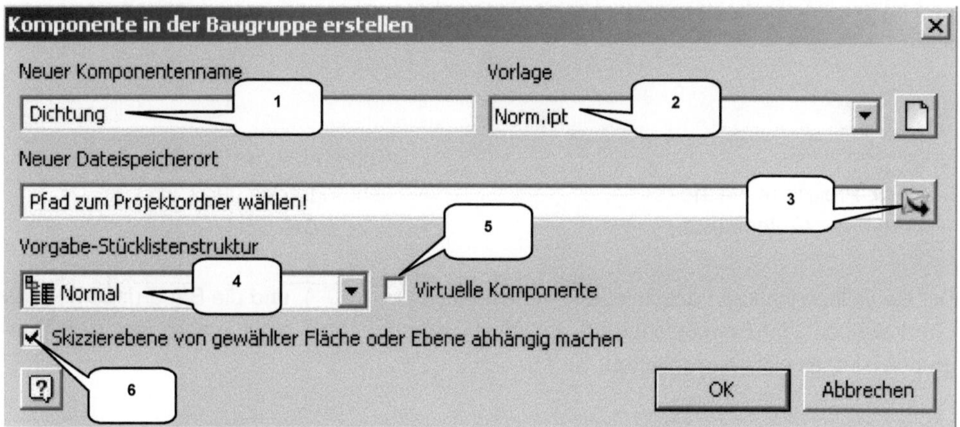

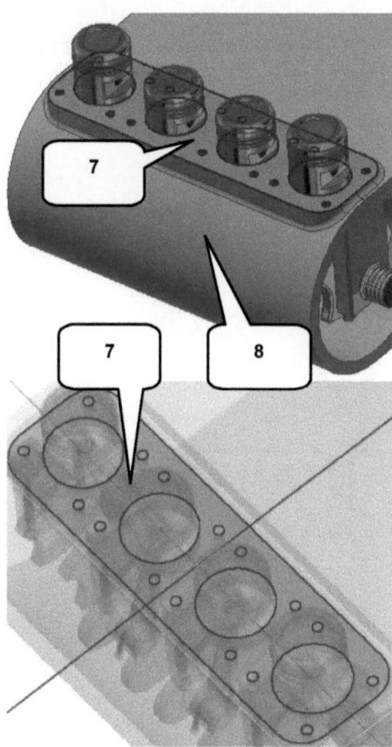

- Komponente erstellen
- Name: [Dichtung] (1)
- Vorlage: Norm.ipt (2)
- Speicherort: Projektordner wählen (3)
- Stücklistenstruktur: Normal (4)
- Deaktivieren: Virtuelle Komponente (5)
- Aktivieren: Skizzierebene von ... (6)
- OK ***OK***

- Markierte Fläche wählen (7)

- Schnittkanten projizieren
- Motorgehäuse wählen (8)
- Skizze fertigstellen

Zurück im Register ***3D-Modell***, soll die projizierte Kontur ***2 mm*** extrudiert werden.

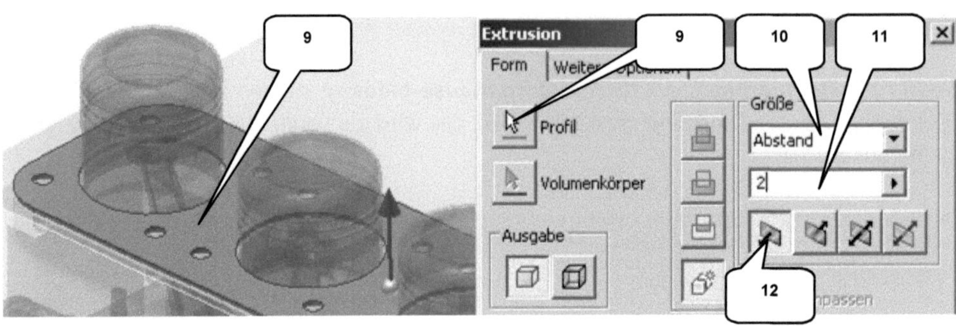

- Extrusion
- Profil: Projizierte Fläche (9)
- Verfahren: (Automatisch)
- Größe: Abstand [2 mm] (10, 11)
- Richtung: Richtung 1 (12)
- OK **_OK_**

Der Bauteilbereich kann anschließend verlassen (Zurück), und die Baugruppe ***gespeichert*** werden (die Erstspeicherung der neuen Komponenten nicht vergessen). Die Baugruppe ist noch <u>nicht</u> zu schließen!

7.6.8 BG_Zylinderblock einfügen und platzieren

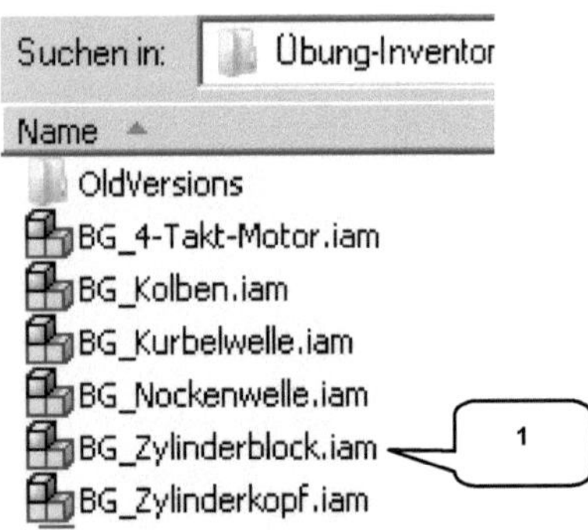

Importieren Sie die Baugruppe ***BG_Zylinderblock*** und legen Sie sie einmal in der Hauptbaugruppe ab.

- Platzieren
- Auswahl: BG_Zylinderblock (1)
- Öffnen ***Öffnen***
- Baugruppe 1x ablegen
- Taste: ESC

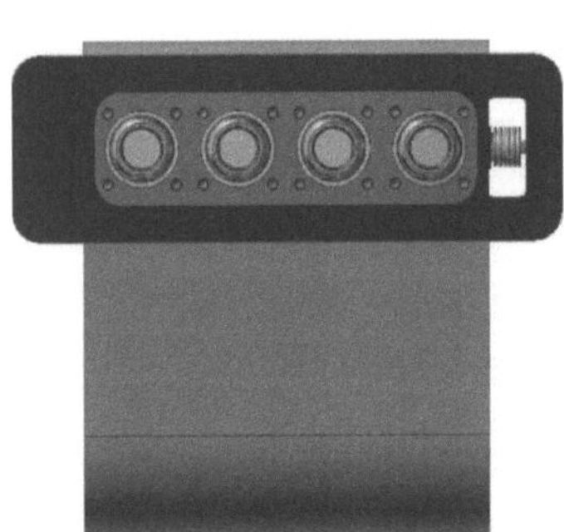

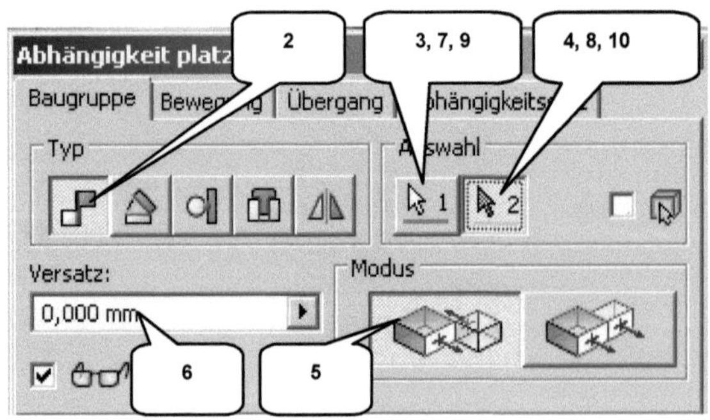

Setzen Sie die folgenden drei Abhängigkeiten und achten Sie dabei auf die korrekte Ausrichtung der Baugruppe ***BG_Zylinderblock***. Wenn Sie von oben auf die Baugruppe sehen (siehe linke, untere Abbildung auf der vorherigen Seite), sollte die dargestellte Ausrichtung des Zylinderblocks erreicht werden.

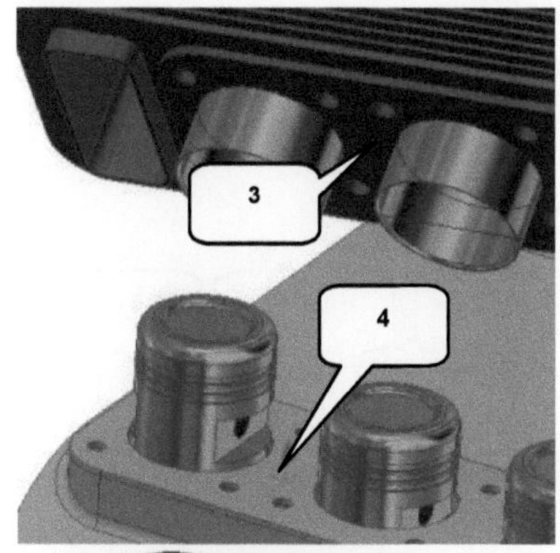

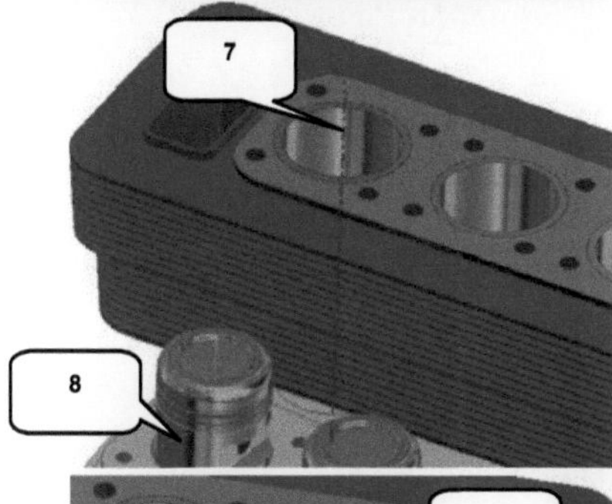

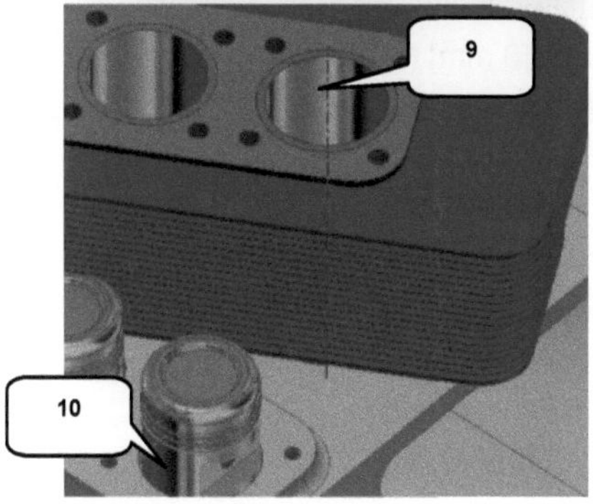

- Abhängig machen
- Typ: Passend (2)
- Auswahl 1: Markierte Fläche (3)
- Auswahl 2: Markierte Fläche (4)
- Modus: Passend (5)
- Versatz: [0 mm] (6)
- Anwenden ***Anwenden***

- Typ: Passend (2)
- Auswahl 1: Mark. Zylinderfläche (7)
- Auswahl 2: Mark. Zylinderfläche (8)
- Modus: Passend (5)
- Versatz: [0 mm] (6)
- Anwenden ***Anwenden***

- Typ: Passend (2)
- Auswahl 1: Mark. Zylinderfläche (9)
- Auswahl 2: Mark. Zylinderfläche (10)
- Modus: Passend (5)
- Versatz: [0 mm] (6)
- OK ***OK***

Bevor die Baugruppe ***BG_Zylinderkopf*** auf der Baugruppe ***BG_Zylinderblock*** platziert werden kann, soll auf der oberen Dichtfläche des Zylinderblocks ebenfalls eine Dichtung platziert werden, wofür die im vorangegangenen Kapitel erzeugte Dichtung zu verwenden ist.

HINWEIS: Die ***Dichtung*** kann erst erneut in die Baugruppe eingefügt werden, wenn die gesamte Baugruppe zwischenzeitlich gespeichert wurde.

7.6.9 Dichtung einfügen und auf dem Zylinderblock positionieren

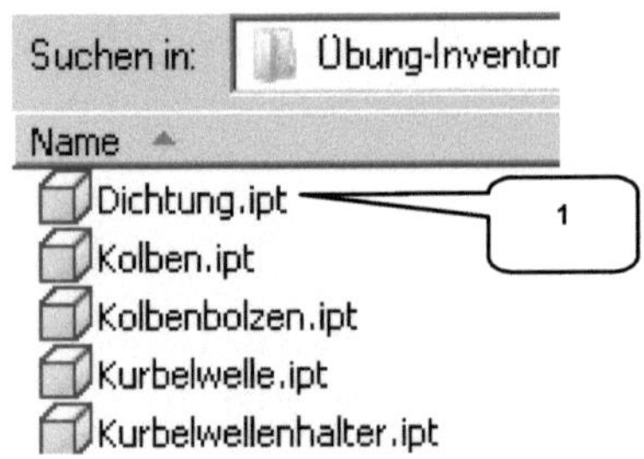

Importieren Sie das Bauteil ***Dichtung*** in die Hauptbaugruppe.

- Platzieren
- Auswahl: Dichtung (1)
- Öffnen ***Öffnen***
- Bauteil 1x ablegen
- Taste: ESC

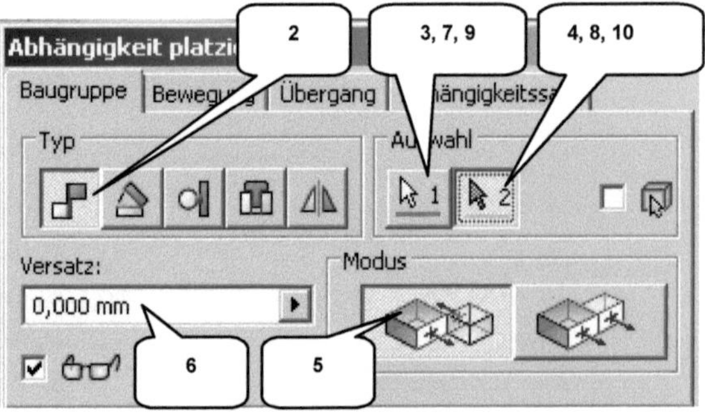

- 

- Typ: Passend (2)
- Auswahl 1: Markierte Fläche (3)
- Auswahl 2: Markierte Fläche (4)
- Modus: Passend (5)
- Versatz: [0 mm] (6)
- Anwenden ***Anwenden***

- Typ: Passend (2)
- Auswahl 1: Mark. Zylinderfläche (7)
- Auswahl 2: Mark. Zylinderfläche (8)
- Modus: Passend (5)
- Versatz: [0 mm] (6)
- Anwenden ***Anwenden***

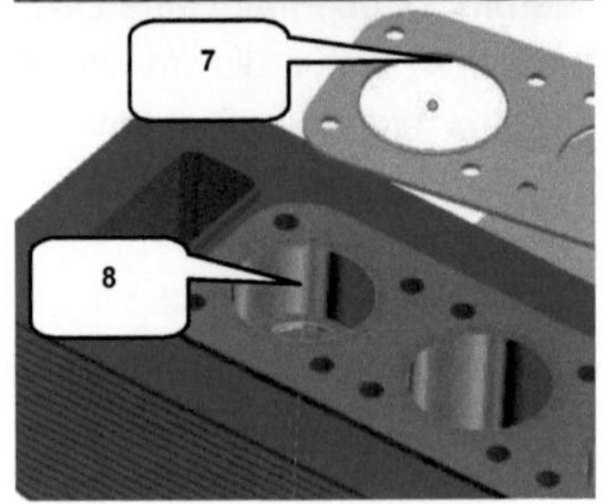

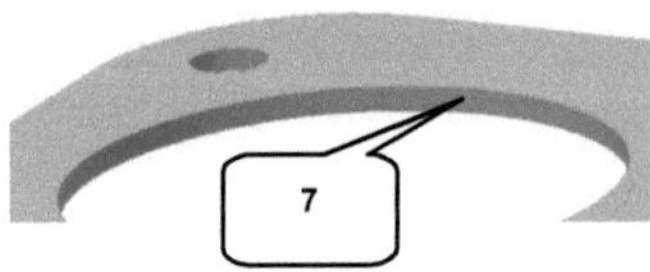

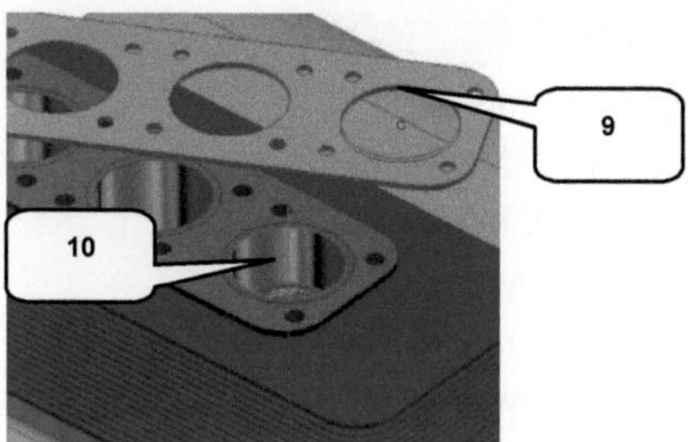

- Typ: Passend (2)
- Auswahl 1: Mark. Zylinderfläche (9)
- Auswahl 2: Mark. Zylinderfläche (10)
- Modus: Passend (5)
- Versatz: [0 mm] (6)
- OK ***OK***

HINWEIS: Die beiden ***Zylinderflächen*** (7, 9) der Dichtung sind sehr schmal. Es sollte also beim Setzen der Abhängigkeiten ausreichend dicht heran gezoomt werden.

7.6.10 BG_Zylinderkopf und BG_Nockenwelle platzieren und positionieren

Fügen Sie die Baugruppen ***BG_Zylinderkopf*** und ***BG_Nockenwelle*** jeweils einmal in die Hauptbaugruppe ein und positionieren Sie sie anschließend.

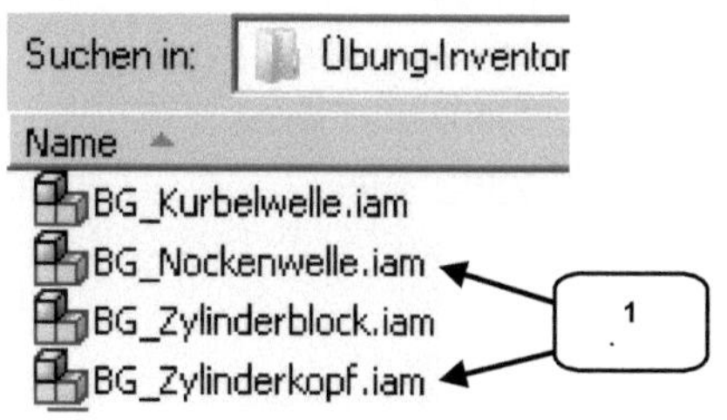

- Platzieren
- Auswahl: BG_Zylinderkopf, BG_Nockenwelle (1)
- Öffnen ***Öffnen***
- Baugruppen 1x ablegen
- Taste: ESC

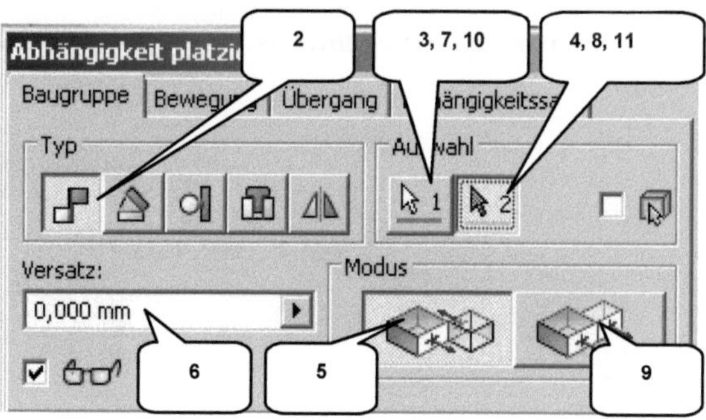

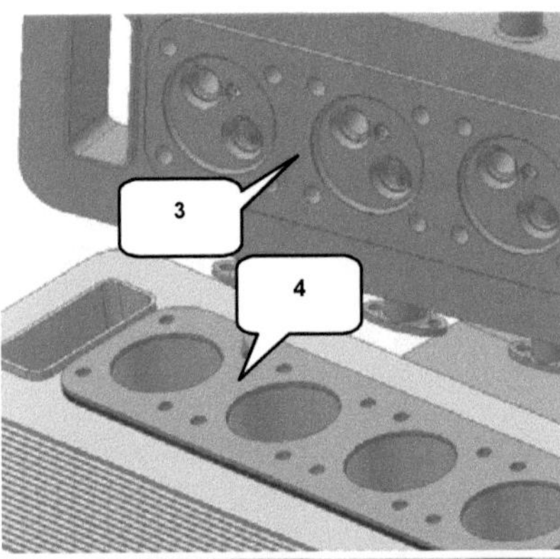

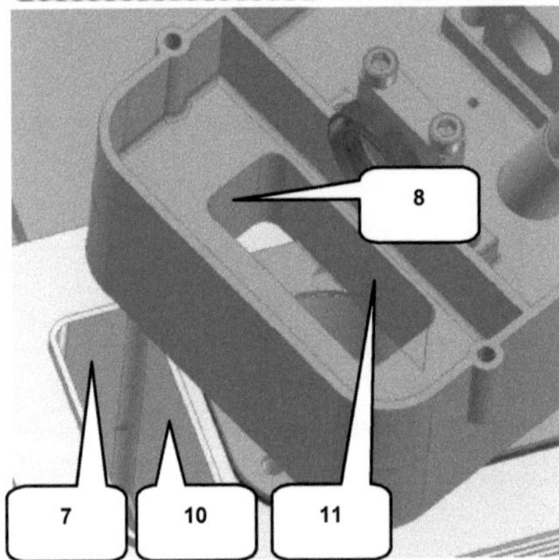

- Abhängig machen
- Typ: Passend (2)
- Auswahl 1: Markierte Fläche (3)
- Auswahl 2: Markierte Fläche (4)
- Modus: Passend (5)
- Versatz: [0 mm] (6)
- Anwenden ***Anwenden***

- Typ: Passend (2)
- Auswahl 1: Markierte Fläche (7)
- Auswahl 2: Markierte Fläche (8)
- Modus: Fluchtend (9)
- Versatz: [0 mm] (6)
- Anwenden ***Anwenden***

- Typ: Passend (2)
- Auswahl 1: Markierte Fläche (10)
- Auswahl 2: Markierte Fläche (11)
- Modus: Fluchtend (9)
- Versatz: [0 mm] (6)
- OK ***OK***

Die Baugruppe ***BG_Nockenwelle*** kann jetzt in der Baugruppe ***BG_Zylinderkopf*** platziert werden.

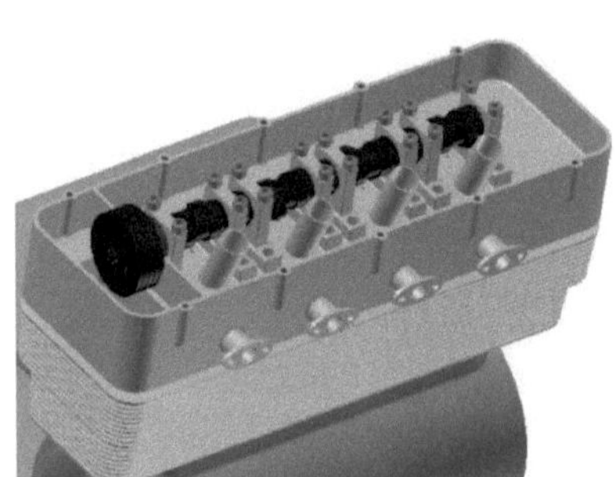

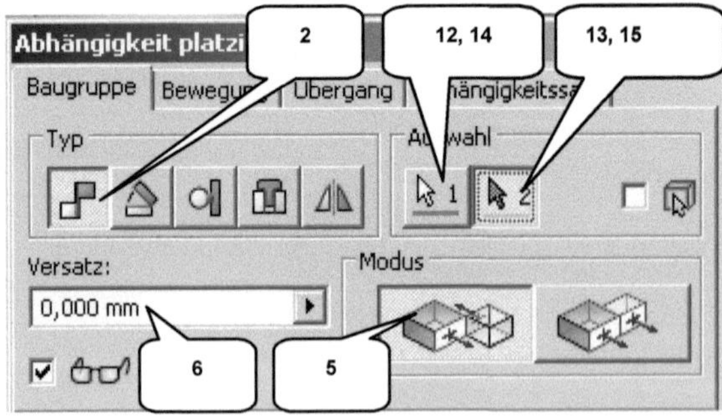

- Abhängig machen
- Typ: Passend (2)
- Auswahl 1: Mark. Zylinderfläche (12)
- Auswahl 2: Mark. Zylinderfläche (13)
- Modus: Passend (5)
- Versatz: [0 mm] (6)
- Anwenden ***Anwenden***

- Typ: Passend (2)
- Auswahl 1: Markierte Fläche (14)
- Auswahl 2: Markierte Fläche (15)
- Modus: Passend (5)
- Versatz: [0 mm] (6)
- OK ***OK***

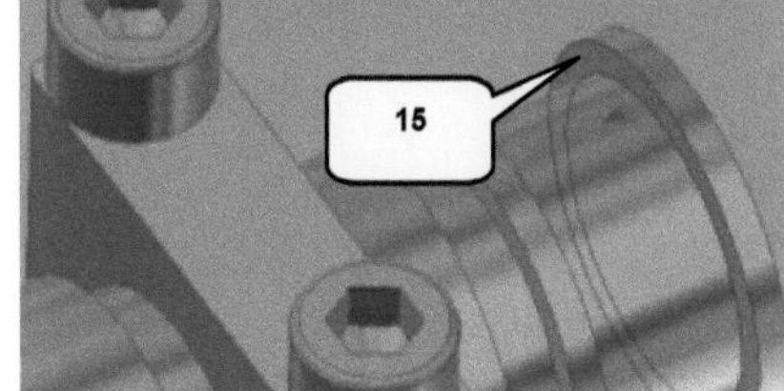

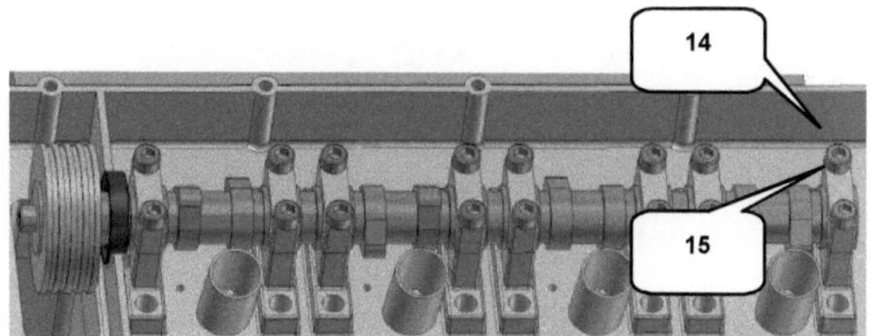

7.6.11 Ventile platzieren und mit Übergangsabhängigkeiten versehen

Die ***Ventile*** stellen in ihrer Platzierung innerhalb der Hauptbaugruppe eine Besonderheit dar. Sie werden linear im Zylinderkopf geführt, benötigen allerdings eine besondere Abhängigkeit, um den 4 einzelnen Nocken-Flächen der Nockenwelle folgen zu können. Normale Abhängigkeiten (z. B. Fläche auf Fläche, Achse auf Achse oder Tangentenabhängigkeiten) können dieser speziellen Anforderung nicht gerecht werden. Daher ist eine besondere Abhängigkeit, eine ***Übergangsabhängigkeit*** zu verwenden.

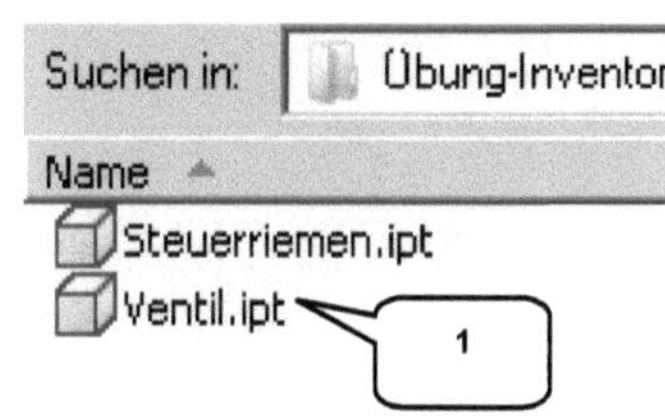

Importieren Sie das Bauteil ***Ventil*** und legen Sie es achtmal im Zeichenbereich ab.

- Platzieren
- Auswahl: Ventil (1)
- Öffnen ***Öffnen***
- Bauteil 8x ablegen
- Taste: ESC

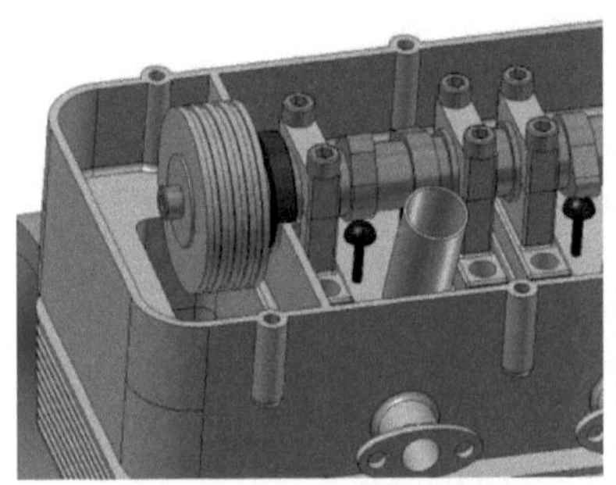

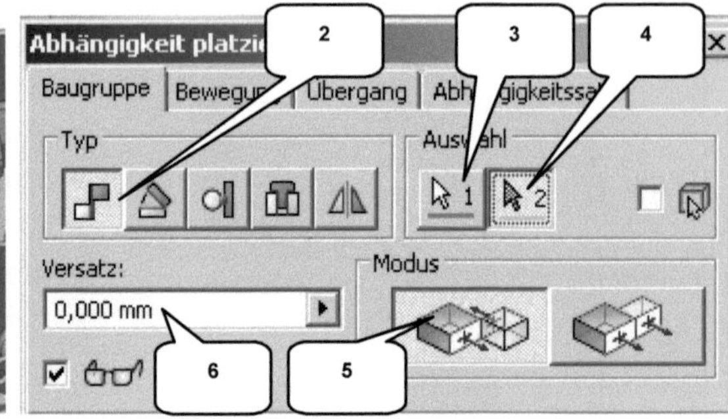

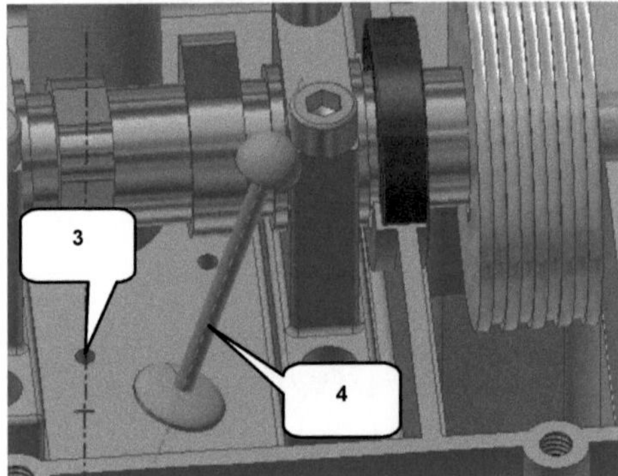

- Abhängig machen
- Typ: Passend (2)
- Auswahl 1: Mark. Zylinderfläche (3)
- Auswahl 2: Mark. Zylinderfläche (4)
- Modus: Passend (5)
- Versatz: [0 mm] (6)
- OK ***OK***

Positionieren Sie auch die restlichen sieben ***Ventile*** in den hierfür vorgesehenen Bohrungen des Zylinderkopfes. Achten Sie darauf, dass die Ventilköpfe, wie in der oberen Abbildung dargestellt, unterhalb der Nocken der Nockenwelle angeordnet sind und dass sie nicht mit den Nocken kollidieren (sollten die Ventile in die Nockenwelle hereinragen, sind sie bei gedrückter linker Maustaste etwas nach unten zu ziehen). Sobald alle Ventile in den vorgesehenen Bohrungen sitzen, können die Übergangsabhängigkeiten gesetzt werden. Hier ist die Reihenfolge sehr wichtig: Erst der Ventilkopf, dann die direkt über dem Ventil liegende Fläche (in axialer Richtung des Ventils betrachtet).

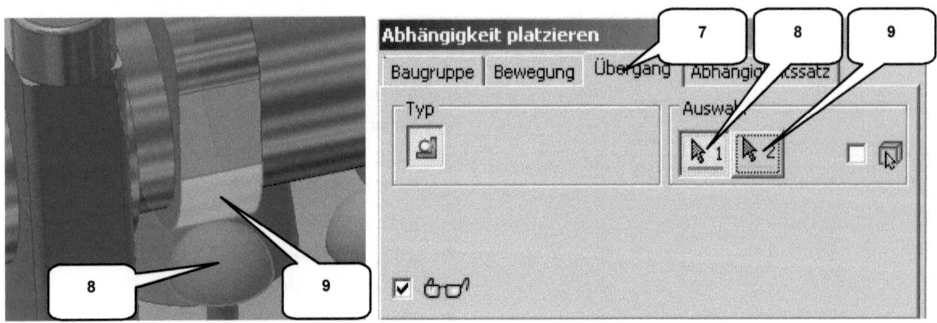

- **Abhängig machen**
- Reiter: Übergang (7)
- Auswahl 1: Ventilkopf (8)
- Auswahl 2: Nockenfläche (9)
- ***OK***

Mit welchem Ventil Sie starten, bleibt Ihnen überlassen. Wichtig ist nur, dass diejenige Fläche am Nocken gewählt wird, die in axialer Richtung direkt oberhalb des Ventils angeordnet ist (der Nocken besteht aus vier einzelnen Flächen). Wiederholen Sie diese Übergangsabhängigkeit bei den restlichen 7 Ventilen. Drehen Sie die Nockenwelle anschließend bei gedrückter linker Maustaste. Die Ventile sollten sich linear auf und ab bewegen und dem Verlauf des jeweils zugeordneten Nockens folgen. Je nach Rechenleistung Ihres PCs kann die Darstellung dieser Bewegung sehr diskontinuierlich verlaufen.

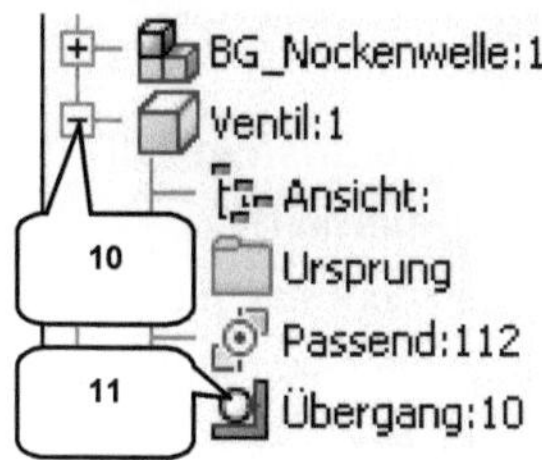

HINWEIS: Sollten beim Versuch, die Nockenwelle manuell zu drehen, ***Fehlermeldungen*** auftreten, liegt das mit Sicherheit an einer der Übergangsabhängigkeiten. Dann hilft oftmals nur, das entsprechende Bauteil im Browser zu erweitern (10), die darin enthaltene Übergangsabhängigkeit (11) zu löschen (***rechte Maustaste*** > ***Löschen***) und anschließend neu zu vergeben.

7.6.12 Schrauben aus dem Inhaltscenter einfügen

In der folgenden Übung sollen ***Zylinderkopfschrauben*** in die Baugruppe eingefügt werden, die Zylinderkopf und Zylinderblock mit dem Motorgehäuse verbinden. Deaktivieren Sie die Sichtbarkeit des Zylinderblocks (***rechte Maustaste*** > ***Sichtbarkeit***), um den Blick auf die Gewindebohrungen im Motorgehäuse freizugeben. Das eventuell folgende Fenster (***Assoziative Konstruktionsansichtsdarstellung*** > ***Verknüpfung entfernen***) kann mit ***OK*** bestätigt werden.

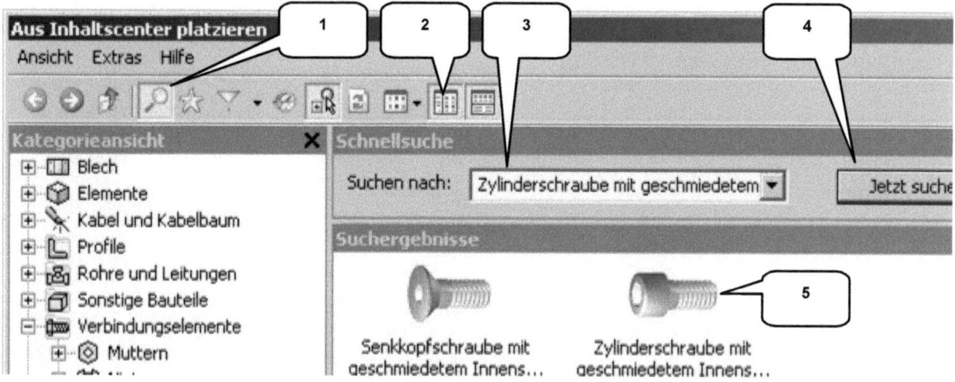

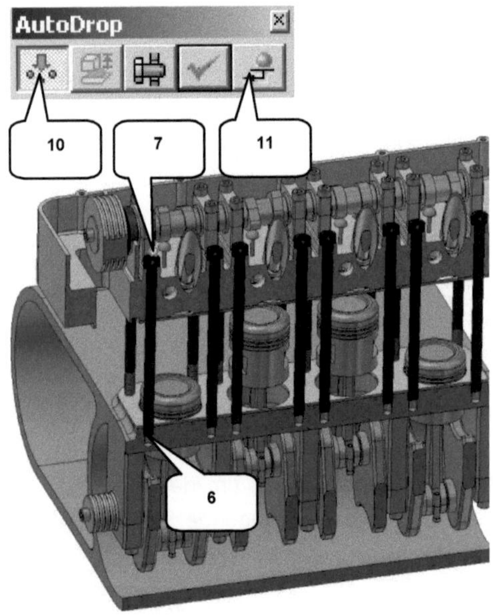

- Aus Inhaltscenter platzieren
- Option: **_Suchen_** aktivieren (sofern noch deaktiviert) (1)
- Option: **_Baumstrukturansicht_** aktivieren (sofern noch deaktiviert) (2)
- Suche nach: [Zylinderschraube mit geschmiedetem Innensechskant] (3)
- Jetzt suchen **_Jetzt suchen_** (4)
- Markierte Schraube doppelklicken (5)
- Eine der Gewindebohrungen im Motorgehäuse wählen (6)
- Startfläche wählen (7)
- Markierten Pfeil am Schraubenende doppelklicken (8)
- Schraubenlänge: 140 mm wählen (9)
- **_Mehrere einfügen_** aktivieren (10)
- **_Platzieren_** (11)

Die Sichtbarkeit der Baugruppe **_BG_Zylinderblock_** kann wieder aktiviert und die gesamte Hauptbaugruppe **_gespeichert_** werden.

HINWEIS: Sollte die **_Zylinderschraube_** mit geschmiedetem Innensechskant in Ihrem Inhaltscenter nicht verfügbar sein, kann sie aus dem Projektordner importiert werden (Ordner **_Normteile_**).

7.6.13 Erstellen der Ventildeckeldichtung

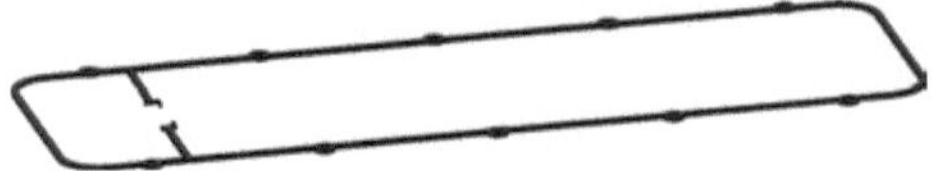

Erzeugen Sie auf der oberen Fläche des Zylinderkopfes ein neues Bauteil **_Ventildeckeldichtung_**.

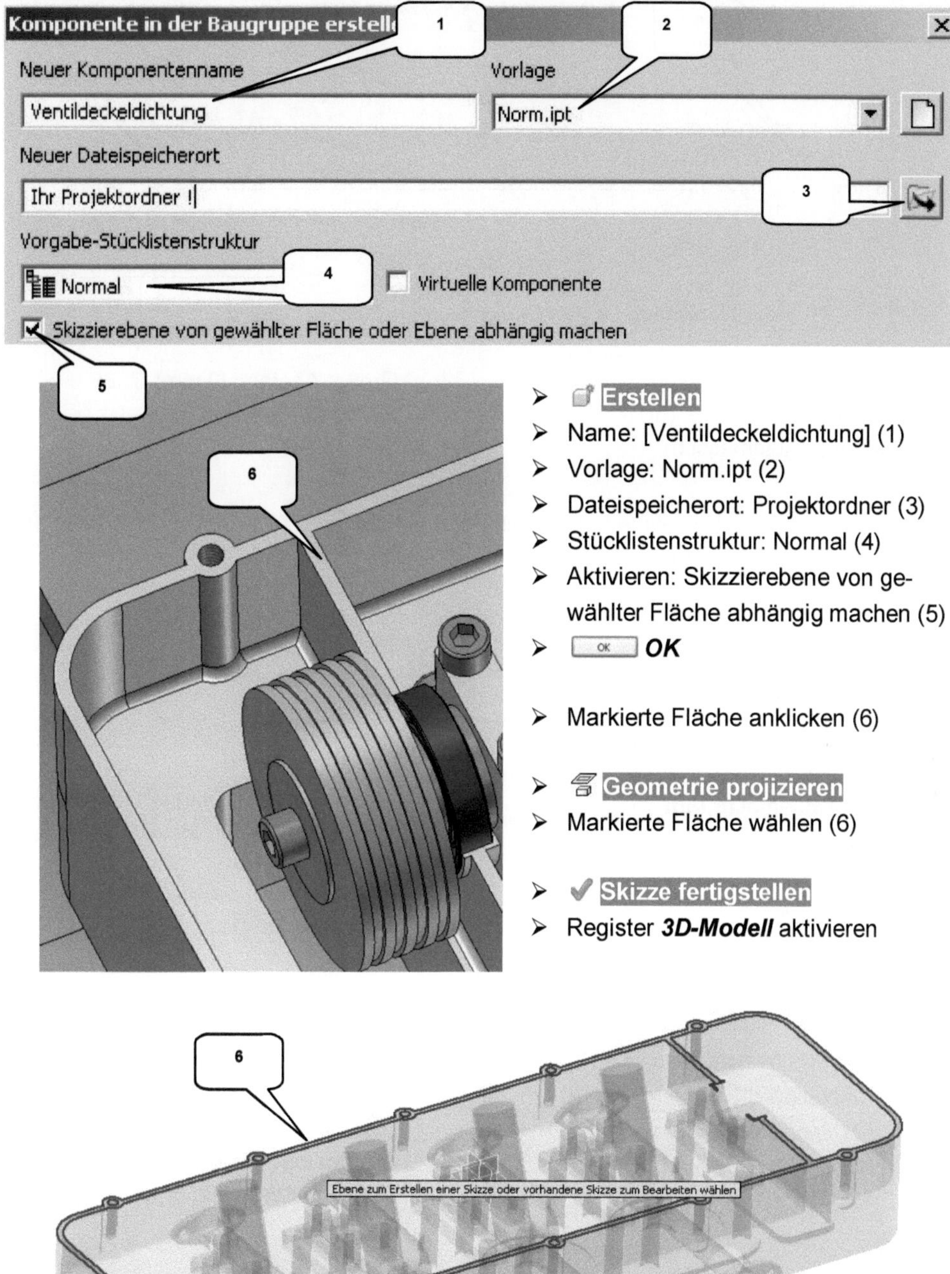

- Erstellen
- Name: [Ventildeckeldichtung] (1)
- Vorlage: Norm.ipt (2)
- Dateispeicherort: Projektordner (3)
- Stücklistenstruktur: Normal (4)
- Aktivieren: Skizzierebene von gewählter Fläche abhängig machen (5)
- OK ***OK***

- Markierte Fläche anklicken (6)

- Geometrie projizieren
- Markierte Fläche wählen (6)

- Skizze fertigstellen
- Register ***3D-Modell*** aktivieren

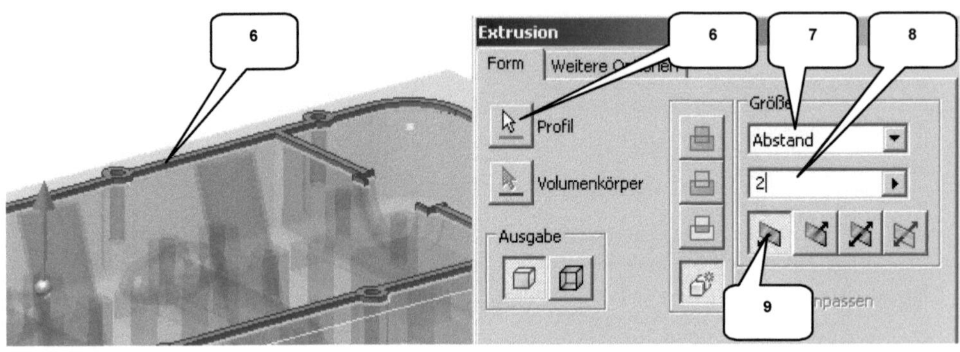

- Extrusion
- Profil: Markierte Fläche (6)
- Verfahren: (Automatisch)
- Größe: Abstand [2 mm] (7, 8)
- Richtung: Richtung 1 (9)
- OK **OK**

Entfernen Sie die Sichtbarkeit der vom Programm automatisch erzeugten Arbeitsebene und kehren Sie anschließend den Baugruppenbereich zurück (Zurück).

7.6.14 Materialien zuweisen

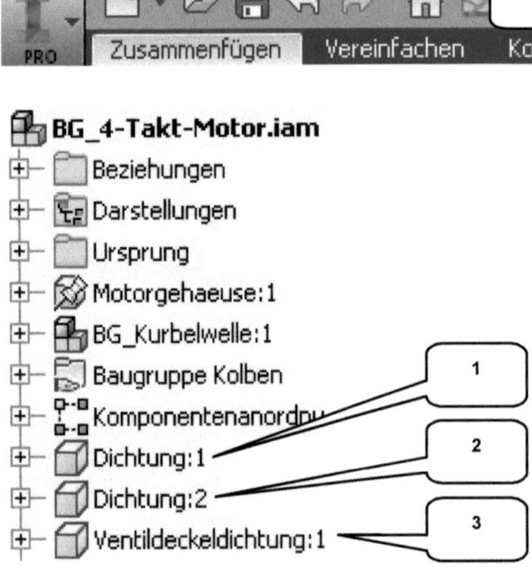

- Auswahl: Dichtung, Ventildeckeldichtung (1, 2, 3)
- Material (4)
- z. B.: Kork - Grob wählen
- Taste: ESC

Speichern Sie die gesamte Baugruppe und somit auch das neue Bauteil.

Die Frage der Speicherung aller Komponenten sollte wieder mit ***Ja für alle*** und ***OK*** bestätigt werden.

7.6.15 Ventildeckel einfügen

Importieren Sie das Bauteil ***Ventildeckel*** und legen Sie es einmal im Zeichenbereich ab. Setzen Sie anschließend die folgend dargestellten Abhängigkeiten zwischen Ventildeckeldichtung, Ventildeckel und Zylinderkopf.

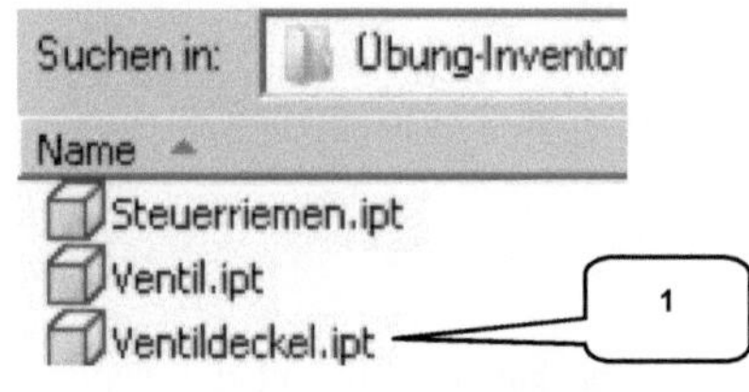

- Platzieren
- Auswahl: Ventildeckel (1)
- Öffnen ***Öffnen***
- Bauteil 1x ablegen
- Taste: ESC

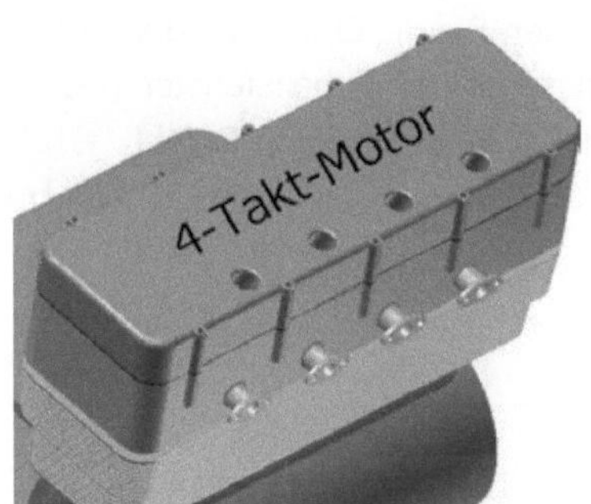

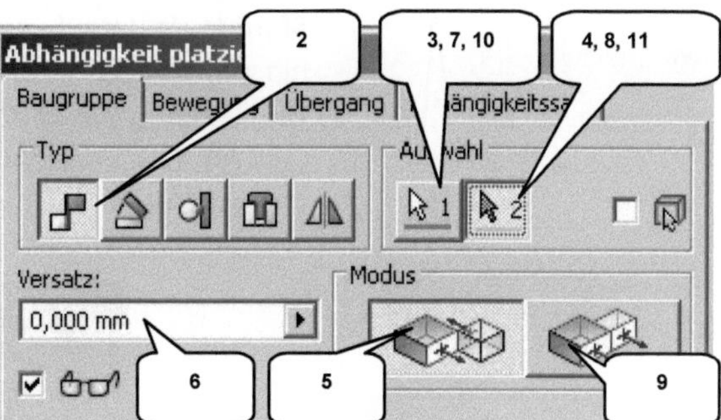

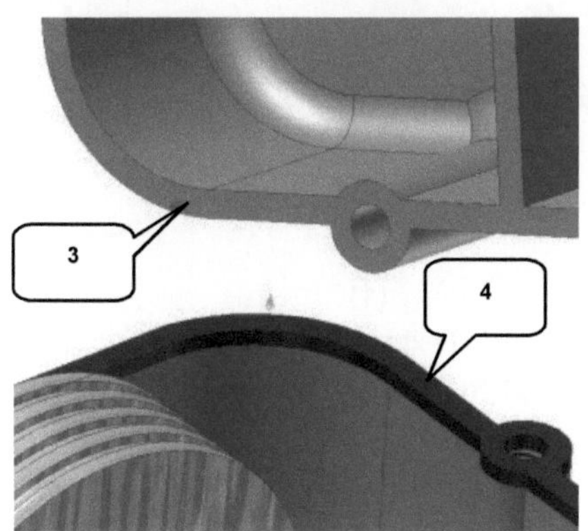

- Abhängig machen
- Typ: Passend (2)
- Auswahl 1: Markierte Fläche (3)
- Auswahl 2: Markierte Fläche (4)
- Modus: Passend (5)
- Versatz: [0 mm] (6)
- Anwenden ***Anwenden***

- Typ: Passend (2)
- Auswahl 1: Markierte Fläche (7)
- Auswahl 2: Markierte Fläche (8)
- Modus: <u>Fluchtend</u> (9)
- Versatz: [0 mm] (6)
- Anwenden ***Anwenden***

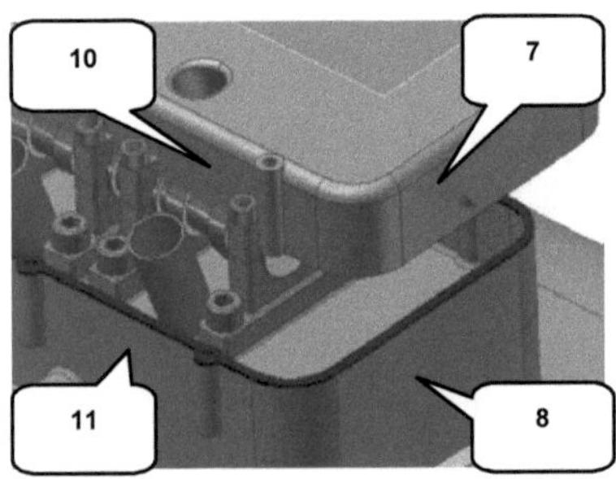

- Typ: Passend (2)
- Auswahl 1: Markierte Fläche (10)
- Auswahl 2: Markierte Fläche (11)
- Modus: Fluchtend (9)
- Versatz: [0 mm] (6)
- OK ***OK***

7.6.16 Prägen und Gravieren von Flächen

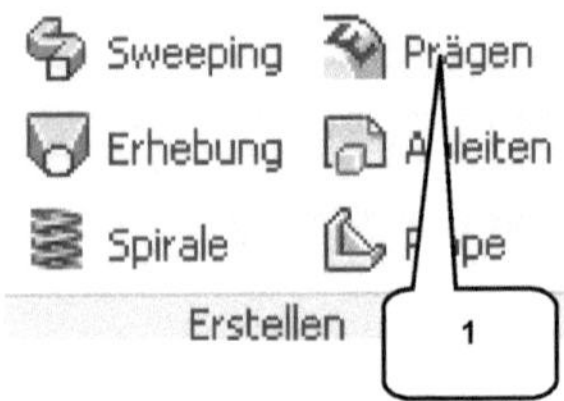

Markieren Sie den Ventildeckel, klicken Sie mit der ***rechten Maustaste*** darauf und wählen Sie die Option ***Öffnen***, worauf hin das Bauteil in einem separaten Arbeitsfenster geöffnet wird. Starten Sie im Register ***3D-Modell*** den Befehl Prägen (1). Der Ventildeckel enthält eine Skizze mit einem Text (4-Takt-Motor), der in den Ventildeckel graviert werden soll.

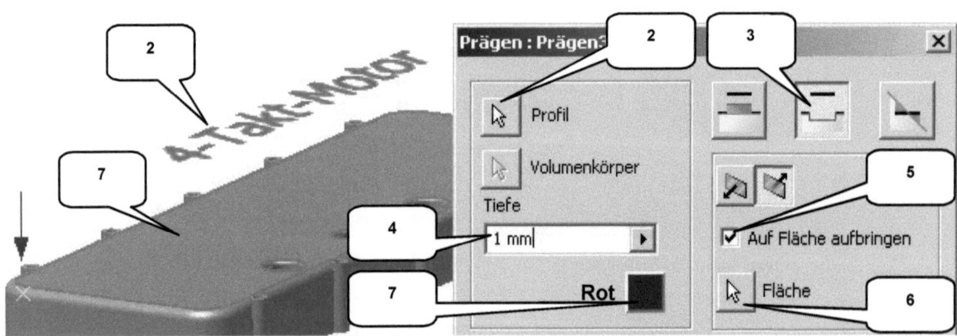

- Prägen (1)
- Profil: Text wählen (2)
- Option: Von Fläche gravieren (3)
- Tiefe: [1 mm] (4)
- Aktivieren: Auf Fläche aufbringen (5)
- Fläche: Markierte Fläche wählen (6)
- Oberflächenfarbe: Rot (7)
- OK ***OK***

Das Bauteil kann anschließend ***gespeichert*** und wieder ***geschlossen*** werden.

7.6.17 Schrauben aus dem Inhaltscenter einfügen

Ventildeckel und ***Zylinderkopf*** sollen durch ***Schrauben*** aus dem Inhaltscenter gesichert werden, wofür eine Zylinderkopfschraube mit Schlitz zu verwenden ist.

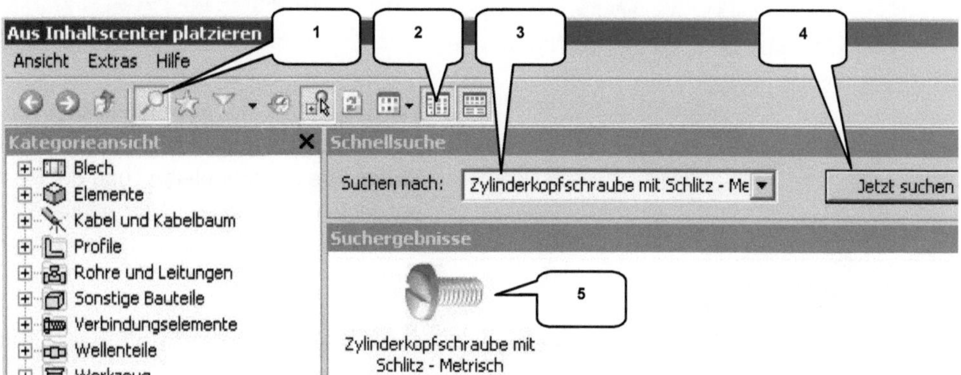

- Aus Inhaltscenter platzieren
- Option: ***Suchen*** aktivieren (sofern noch deaktiviert) (1)
- Option: ***Baumstrukturansicht*** aktivieren (sofern noch deaktiviert) (2)
- Suche nach: [Zylinderkopfschraube mit Schlitz - Metrisch] (3)
- Jetzt suchen ***Jetzt suchen*** (4)
- Markierte Schraube doppelklicken (5)
- Gewindebohrung im Zylinderkopf wählen (6)
- Startfläche wählen (7)
- Markierten Pfeil am Schraubenende doppelklicken (8)
- Schraubenlänge: 50 mm wählen (9)
- ***Mehrere einfügen*** aktivieren (10)
- ***Platzieren*** (11)

7.6.18 Bewegungsabhängigkeit zwischen Kurbelwelle und Nockenwelle

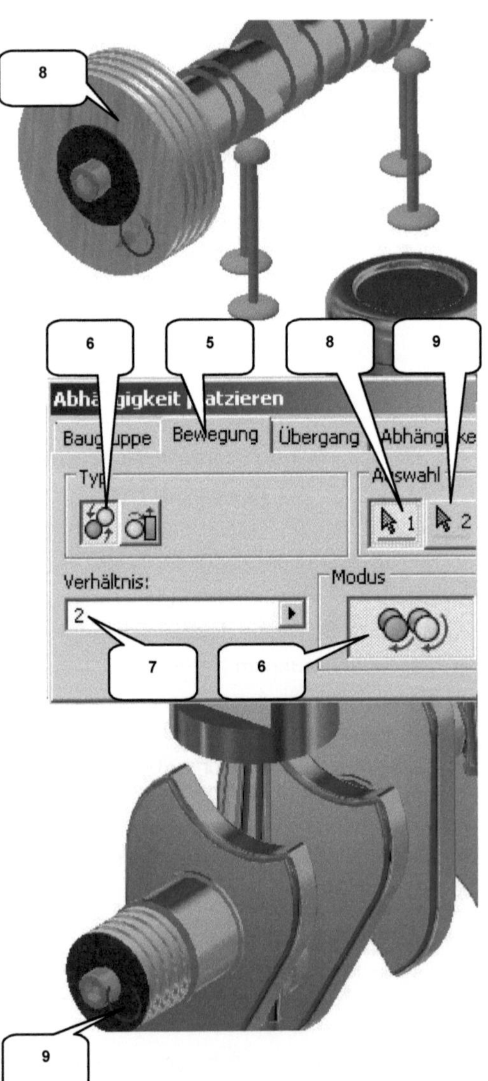

Für das Setzen der folgenden Abhängigkeit sollten nur wenige Komponenten der Baugruppe sichtbar bleiben und der Rest ausgeblendet werden. Hier bietet das Programm eine schnelle Lösung: ***das Isolieren***.

- Im Browser markieren:
- 4x BG_Kolben (1)
- 1x BG_Kurbelwelle (2)
- 1x BG_Nockenwelle (3)
- 8x Ventil (4)
- ***Rechte Maustaste*** auf eines der markierten Objekte > ***Isolieren***

- Abhängig machen
- Register: Bewegung (5)
- Typ: Drehung (6)
- Verhältnis: [2] (7)
- Auswahl 1: Fläche (Nockenwelle) (8)
- Auswahl 2: Fläche (Scheibe) (9)
- Modus: Vorwärts (10)
- OK ***OK***

Um die neue Abhängigkeit zu überprüfen, drehen Sie die Kurbelwelle bei gedrückter linker Maustaste auf Pos. 9. Die Nockenwelle sollte sich ebenfalls drehen, und zwar halb so schnell. Die Ventile müssten nach wie vor dem Verlauf des jeweils zugeordneten Nockens folgen.

7.6.19 Erstellen des Steuerriemens aus der Hauptbaugruppe heraus

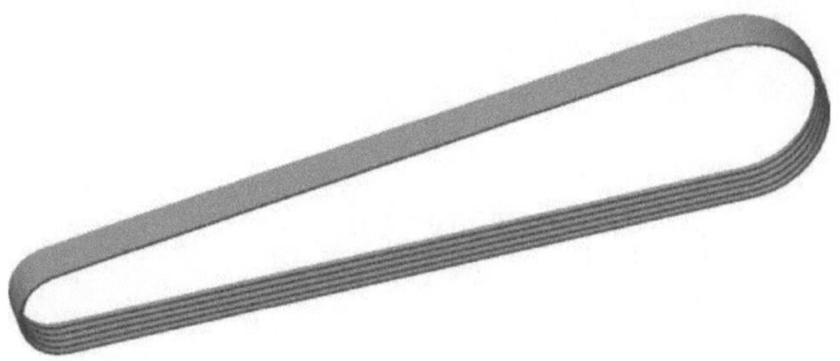

Erstellen Sie ein neues Bauteil ***Steuerriemen*** aus der Baugruppe heraus und referenzieren Sie es auf die Konturen der Riemenräder von Nocken- und Kurbelwelle.

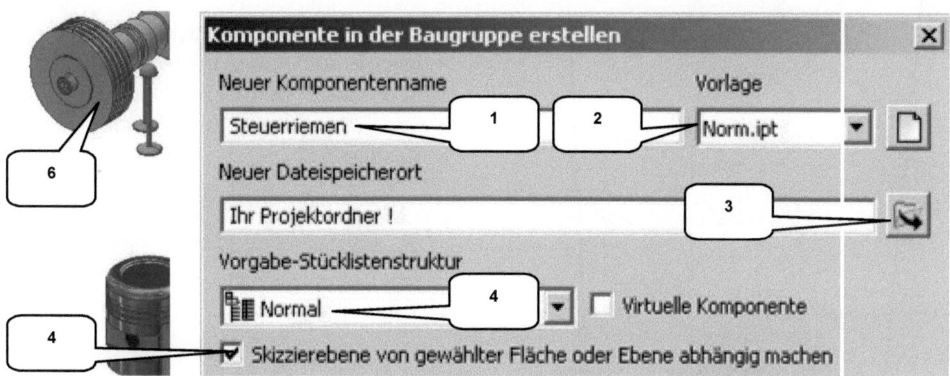

- Komponente erstellen
- Name: [Steuerriemen] (1)
- Vorlage: Norm.ipt (2)
- Dateispeicherort: Projektordner (3)
- Stücklistenstruktur: Normal (4)
- Aktivieren: Skizzierebene... (5)
- OK ***OK***
- Fläche: Markierte Fläche wählen (6)

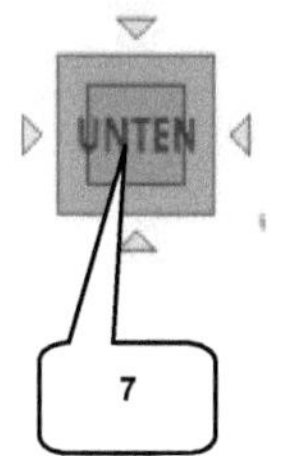

Wechseln Sie am ***ViewCube*** zur Ansicht ***UNTEN*** und projizieren Sie im Skizzenbereich des neuen Bauteils die Außenkanten der beiden Riemenräder (von Nocken- und Kurbelwelle). Zeichnen Sie zwei Linien neben die projizierten Kreise und legen Sie diese tangential daran an. Die überstehenden Linienenden können dann gestutzt und die offene Kontur mit zwei Bögen geschlossen werden.

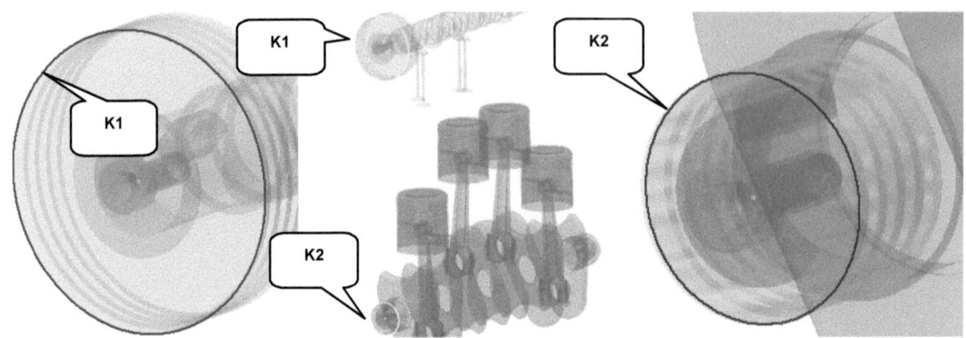

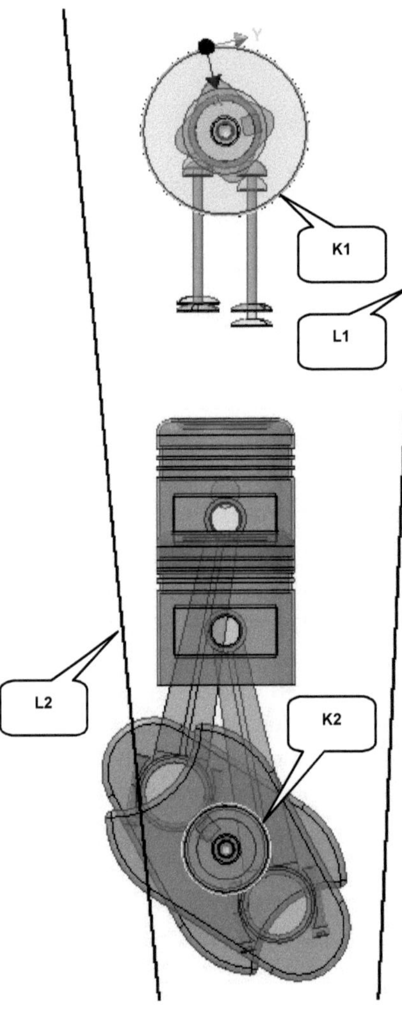

- ***ViewCube*-Ansicht: *UNTEN* (7)**

- **Geometrie projizieren**
- **Konstruktion** aktivieren
- Nacheinander die beiden markierten Kreiskanten (K1, K2) wählen
- **Konstruktion** deaktivieren
- Taste: **ESC**

- **Linie**
- Zwei einzelne Linien (L1, L2) zeichnen wie dargestellt
- Taste: **ESC**

- **Tangential**
- Linie (L1), dann Kreis (K1) wählen
- Linie (L1), dann Kreis (K2) wählen
- Linie (L2), dann Kreis (K1) wählen
- Linie (L2), dann Kreis (K2) wählen
- Taste: **ESC**

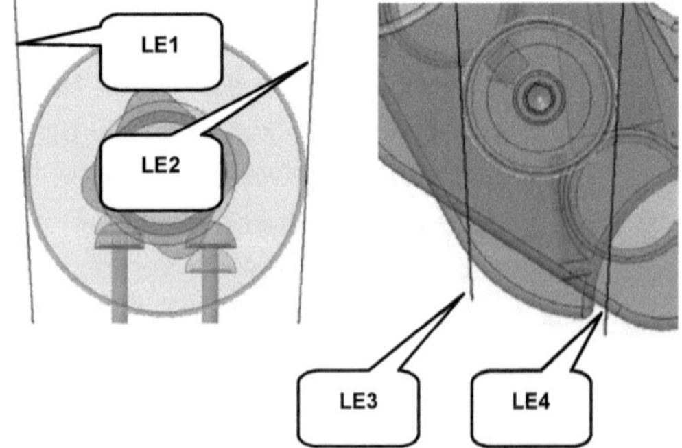

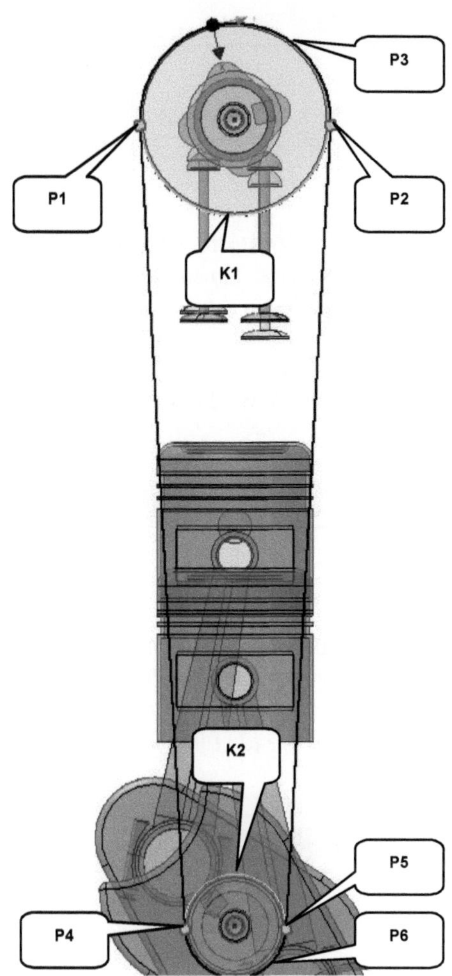

- Stutzen
- Linienenden (LE1...LE4) entfernen
- Taste: ESC

- Bogen (Drei Punkte)
- Punkt (P1), Punkt (P2) dann Kreis (K1) in etwa auf Position (P3) anklicken
- Taste: ESC

- Bogen (Drei Punkte)
- Punkt (P4), Punkt (P5) dann Kreis (K2) in etwa auf Position (P6) anklicken
- Taste: ESC

- Skizze fertigstellen

Zurück im Register ***3D-Modell*** soll eine weitere Skizze auf der YZ-Ebene der Kurbelwelle erstellt werden.

- ***BG_Kurbelwelle*** erweitern (8)
- ***Kurbelwelle*** erweitern (9)
- Ordner ***Ursprung*** erweitern (10)
- ***YZ-Ebene*** der Kurbelwelle wählen (11)

- 2D-Skizze
- ***ViewCube***-Ansicht: ***LINKS*** (90° im UZS gedreht) (12)

- Schnittkanten projizieren
- Konstruktion aktivieren
- Bauteil: Nockenwelle-Riemenrad im Zeichenbereich wählen (13)
- Konstruktion deaktivieren
- Taste: ESC

HINWEIS: Wenn die YZ-Ebene der Kurbelwelle nicht senkrecht nach oben zeigt, dann muss die Kurbelwelle vorab etwas gedreht werden.

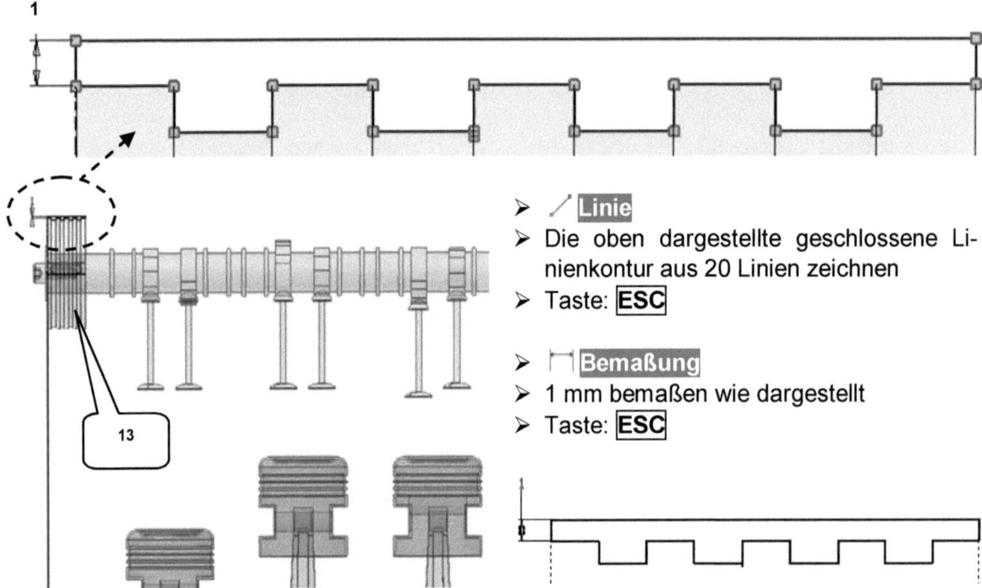

- Linie
- Die oben dargestellte geschlossene Linienkontur aus 20 Linien zeichnen
- Taste: ESC

- Bemaßung
- 1 mm bemaßen wie dargestellt
- Taste: ESC

Kontrollieren Sie beide Skizzen noch einmal. Die Linienkontur aus den 20 Linien muss geschlossen sein. Sollten im folgenden Befehl Probleme bei der Auswahl des Profils oder des Pfades auftreten, sind oftmals unsauber gezeichnete Linienkonturen dafür verantwortlich. Die beiden Skizzen werden die Grundlage für den 3D-Befehl Sweeping bilden, welcher daraus den Volumenkörper erzeugt.

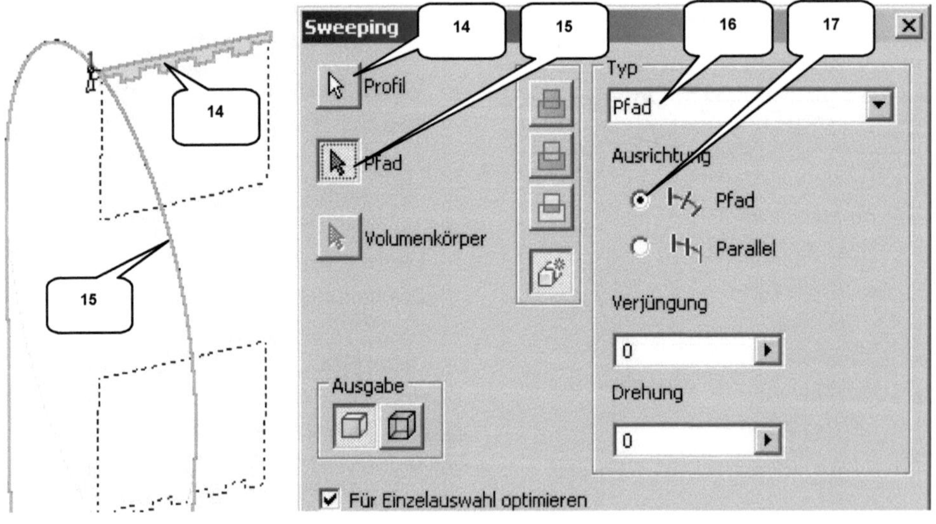

- Sweeping
- Profil: Markierte Kontur wählen (14)
- Pfad: Markierte Kontur wählen (15)
- Verfahren: (Automatisch)
- Typ: Pfad (16)
- Ausrichtung: Pfad (17)
- OK ***OK***

Sollte das Programm eine Fehlermeldung anzeigen (***Profil schneidet Pfad nicht***), so kann diese mit Ja ***Ja*** bestätigt werden.

Blenden Sie abschließend eventuell noch sichtbare Arbeitsebenen aus und verlassen Sie den Bearbeitungsbereich des Steuerriemens (Zurück). ***Speichern*** Sie die gesamte Baugruppe mit allen neuen Komponenten.

7.6.20 Animation einer Bewegungsabhängigkeit

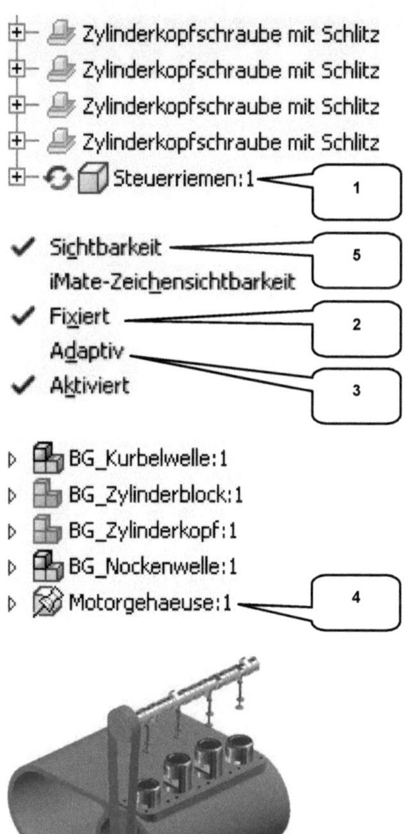

Bevor die Baugruppe animiert werden kann, sollten noch einige Vorbereitungen getroffen werden. Entfernen Sie die Adaptivität des Steuerriemens (geometrische Verbindung zu den beiden Riemenrädern) und setzen Sie diesen auf der aktuellen Position fest (Fixierung).

- ***Rechte Maustaste*** auf den Steuerriemen im Browser (1)
- Aktivieren: ***Fixiert*** (2)
- ***Rechte Maustaste*** auf den Steuerriemen im Browser (1)
- Deaktivieren: ***Adaptiv*** (3)

Zwischen der YZ-Ebene der ***Kurbelwelle*** und einer Fläche des ***Motorgehäuses*** ist eine zusätzliche Winkelabhängigkeit zu erzeugen. Hierfür muss das Motorgehäuse kurzfristig wieder eingeblendet werden.

- ***Rechte Maustaste*** auf das Bauteil ***Motorgehäuse*** (4)
- Aktivieren: ***Sichtbarkeit*** (5)

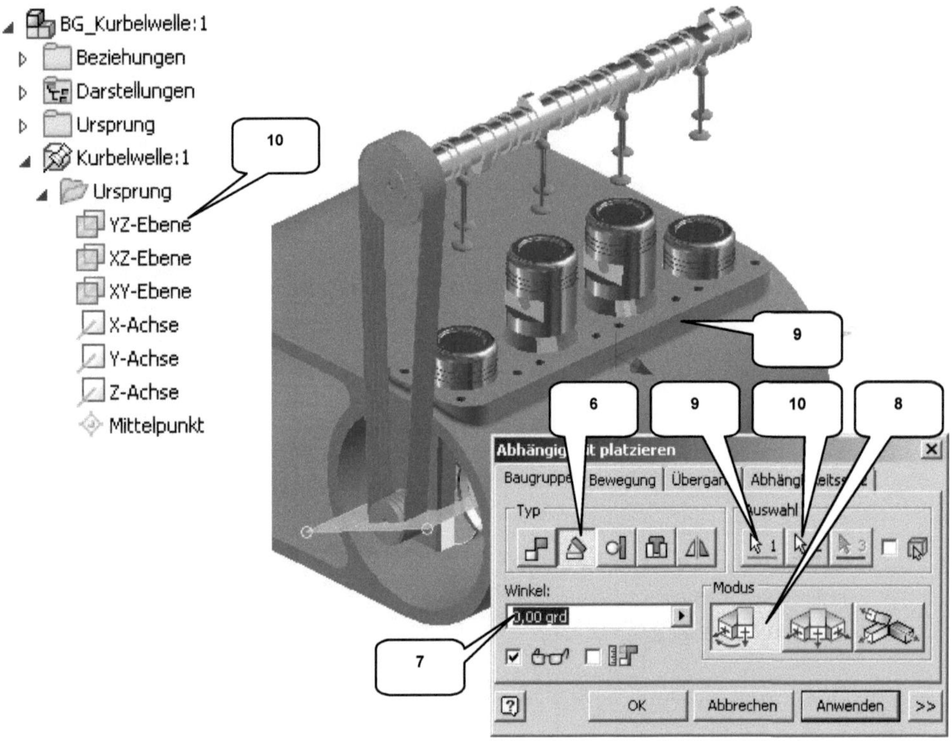

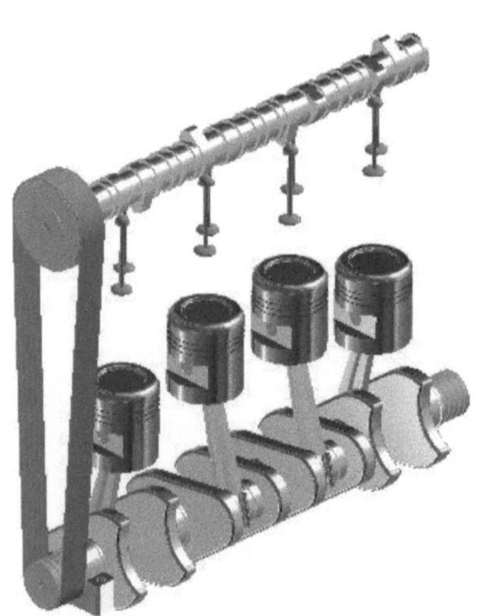

- **Abhängig machen**
- Typ: Winkel [0°] (6, 7)
- Modus: Gerichteter Winkel (8)
- Auswahl 1: Markierte Fläche am Motorgehäuse (9)
- Auswahl 2: YZ-Ebene des Bauteils Kurbelwelle (Ebene des Bauteils Kurbelwelle, nicht der Baugruppe) (10)
- ***OK***

- ***Rechte Maustaste*** auf das Bauteil ***Motorgehäuse*** (4)
- Deaktivieren: ***Sichtbarkeit*** (5)

Weder Kurbelwelle noch Nockenwelle dürften sich jetzt per Hand drehen lassen.

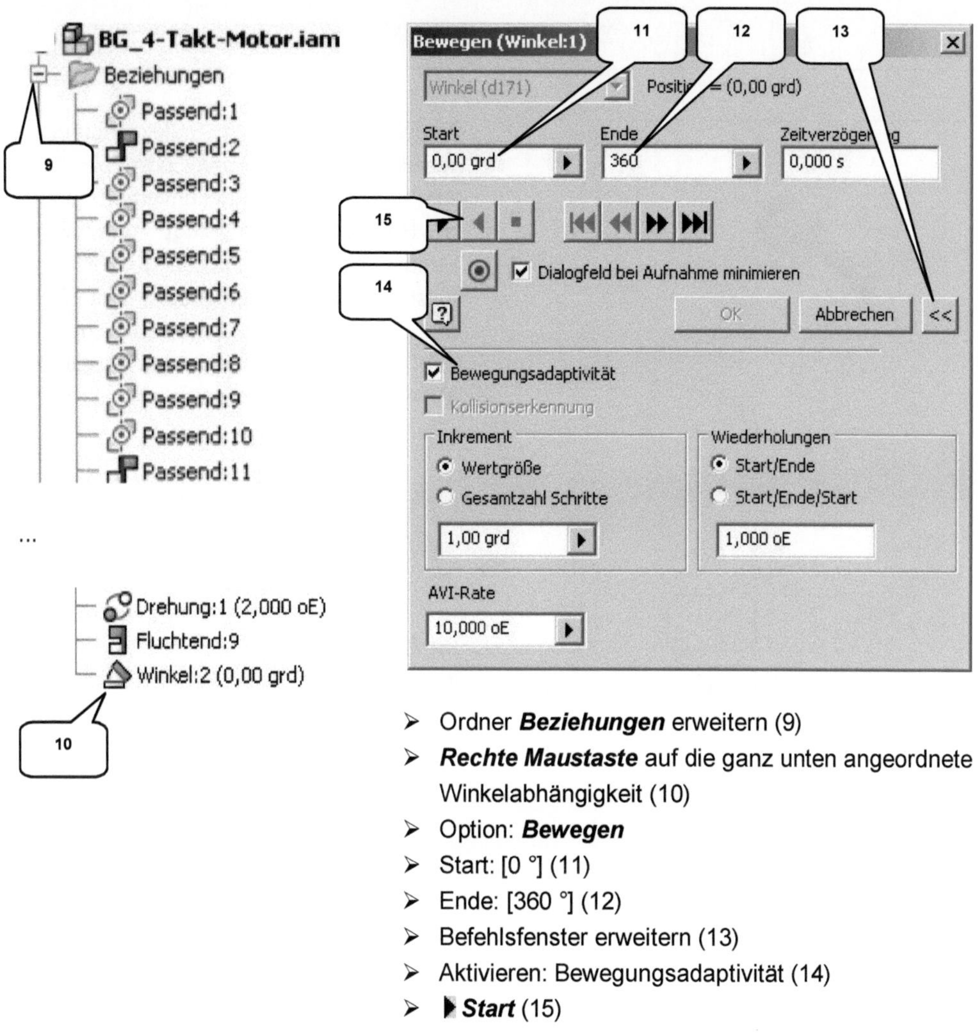

- Ordner ***Beziehungen*** erweitern (9)
- ***Rechte Maustaste*** auf die ganz unten angeordnete Winkelabhängigkeit (10)
- Option: ***Bewegen***
- Start: [0 °] (11)
- Ende: [360 °] (12)
- Befehlsfenster erweitern (13)
- Aktivieren: Bewegungsadaptivität (14)
- ▶ ***Start*** (15)

HINWEIS: Um die Animation auf ***Video*** aufnehmen zu können, aktivieren Sie vor dem ▶ ***Start*** der Animation die ◉ ***Aufnahme***. Am Ende der Animation muss der Befehl dann erneut gewählt werden.

Nachdem die Simulation einmal erfolgreich durchgeführt wurde, kann der Befehl beendet werden. Markieren Sie jetzt nacheinander bei gedrückter Taste: STRG alle im Browser grau hinterlegten Komponenten und blenden Sie sie wieder ein (***rechte Maustaste*** > ***Sichtbarkeit***). Mit dieser Übung soll der Baugruppenbereich verlassen und in den Bereich der Zeichnungsableitung gewechselt werden. ***Speichern*** und ***schließen*** Sie die Hauptbaugruppe.

8 ZEICHNUNGSABLEITUNGEN

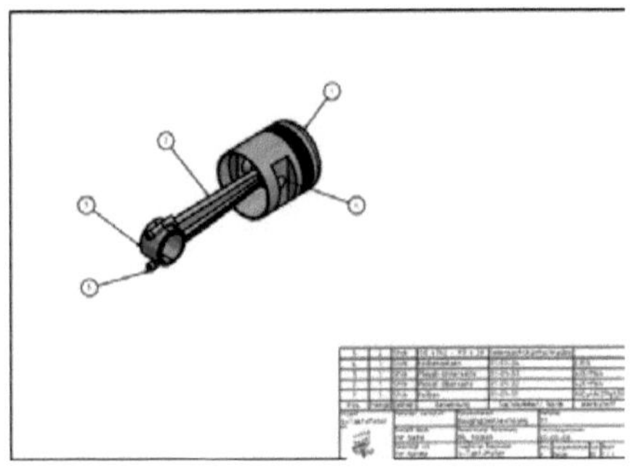

Bauteile werden im Skizzenbereich gezeichnet, im Modellbereich in Volumen- oder Flächenelemente konvertiert, dann in Baugruppen eingefügt und zum Schluss als Zeichnung abgeleitet. Ein vollständiger ***Zeichnungssatz*** besteht in der Regel aus der Baugruppenzeichnung samt Positionsnummern, der Stückliste und den Bauteilzeichnungen.

8.1 Öffnen der vorhandenen Zeichnungsvorlage

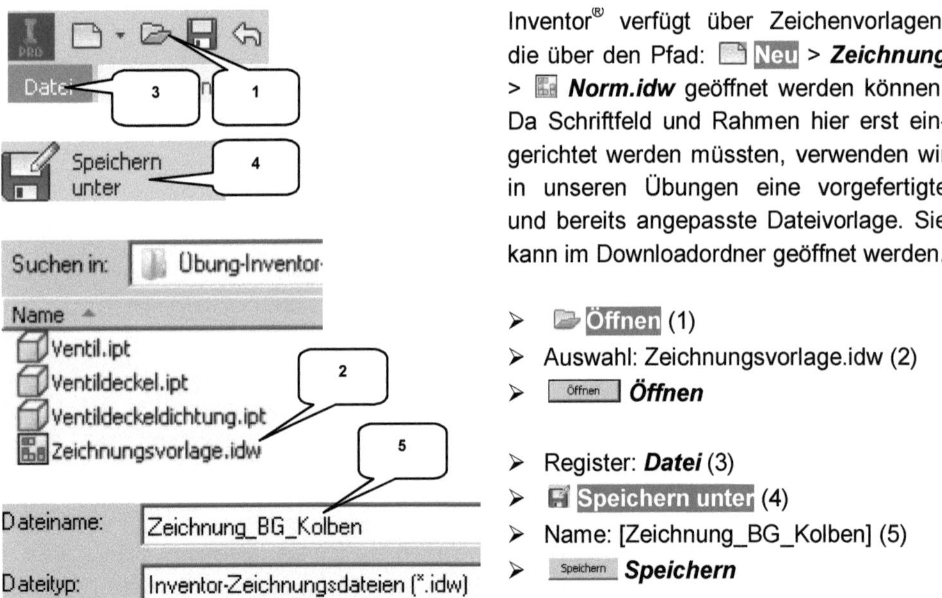

Inventor® verfügt über Zeichenvorlagen, die über den Pfad: Neu > ***Zeichnung*** > ***Norm.idw*** geöffnet werden können. Da Schriftfeld und Rahmen hier erst eingerichtet werden müssten, verwenden wir in unseren Übungen eine vorgefertigte und bereits angepasste Dateivorlage. Sie kann im Downloadordner geöffnet werden.

- Öffnen (1)
- Auswahl: Zeichnungsvorlage.idw (2)
- Öffnen ***Öffnen***

- Register: ***Datei*** (3)
- Speichern unter (4)
- Name: [Zeichnung_BG_Kolben] (5)
- Speichern ***Speichern***

HINWEIS: Das ***Speichern*** der Zeichnung ***unter*** einer anderen Bezeichnung soll verhindern, dass die Zeichnungsvorlage ungewollt überschieben wird. Alternativ kann ein eigenes Template in Inventor erzeugt werden. Bei geöffneter Datei ***Zeichnungsvorlage.idw*** muss dafür der Pfad: Hauptmenü > Kopie als Vorlage speichern gewählt werden.

8.2 Das Register ANSICHTEN PLATZIEREN im Überblick

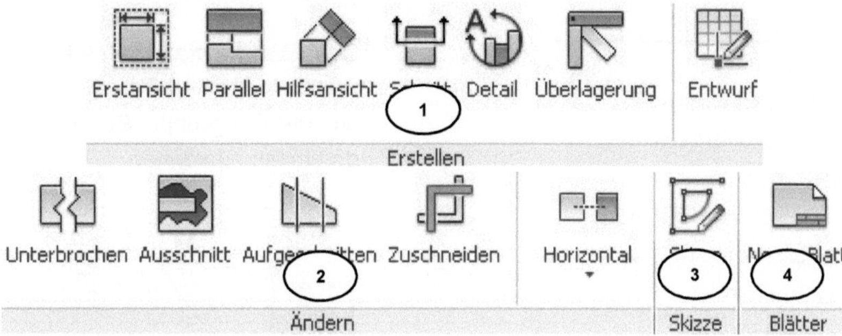

OPTIONEN

1) Erstellen neuer Ansichten
2) Bearbeiten vorhandener Ansichten
3) Erstellen einer 2D-Skizze
4) Erstellen weiterer Blätter

8.3 Das Register MIT ANMERKUNG VERSEHEN im Überblick

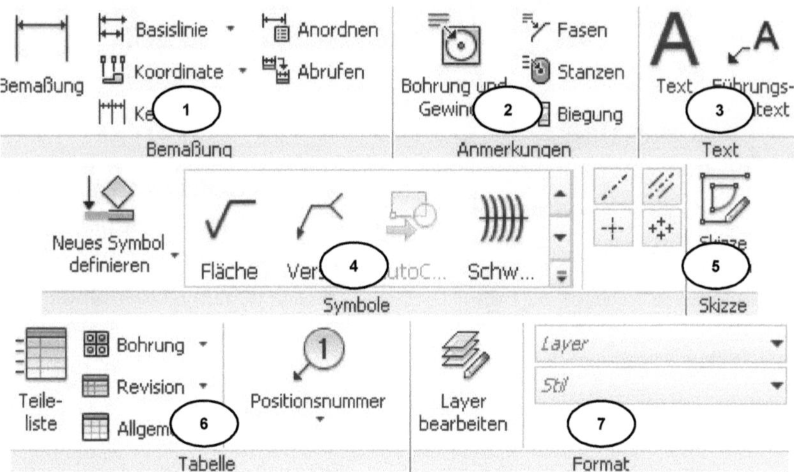

OPTIONEN

1) Bemaßungen erzeugen
2) Informationen von Bohrungen, Fasen, Biegungen abrufen
3) Textfelder einfügen
4) Symbole und Markierungen einfügen
5) 2D-Skizze erstellen
6) Tabellen und Positionsnummern
7) Linien, Texte, Layer einstellen

8.4 Zeichnungsableitung der Baugruppe: BG_Kolben
8.4.1 Blattformat und Schriftfeld bearbeiten

Das ***Blattformat*** DIN A4 soll auf das Blattformat DIN A3 vergrößert werden, um die Baugruppe ***BG_Kolben*** besser darstellen zu können.

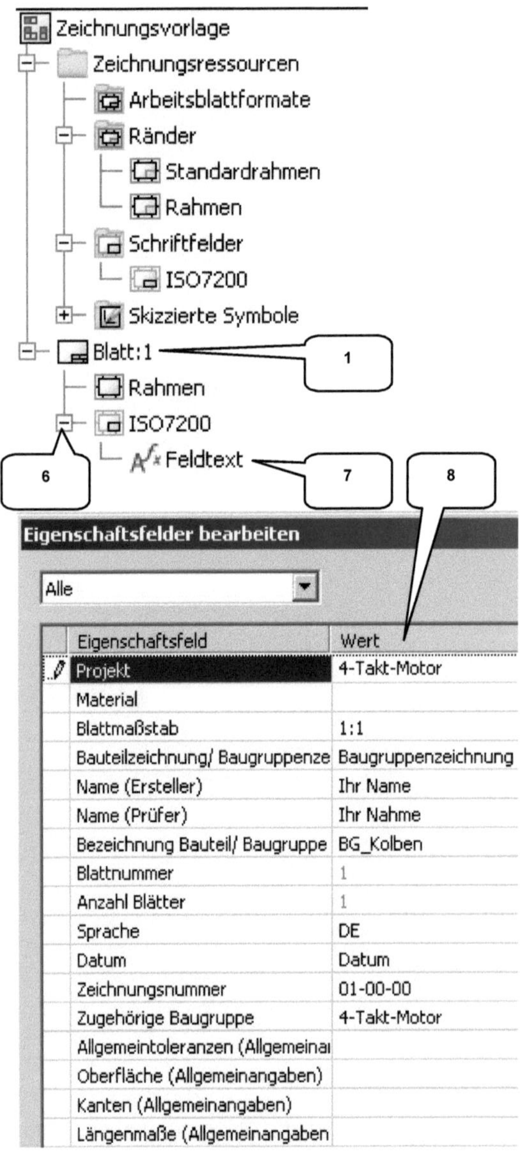

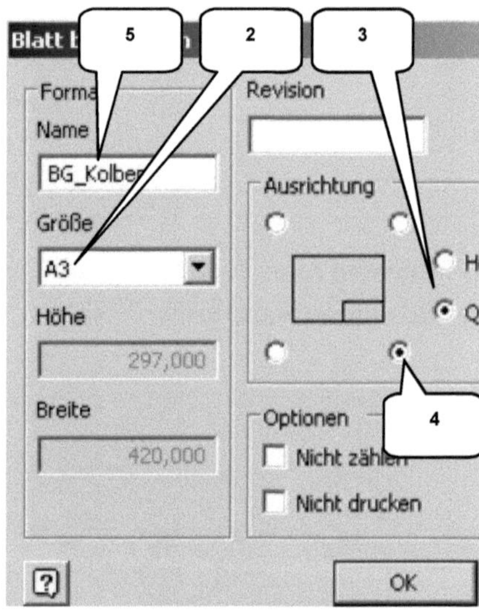

- ***Rechte Maustaste*** auf ***Blatt:1*** (1)
- Option: ***Blatt bearbeiten*** wählen
- Größe: A3 (2)
- Ausrichtung: Querformat (3)
- Position Schriftfeld: Unten rechts (4)
- Name: [BG_Kolben] (5)
- OK ***OK***

Bearbeiten Sie jetzt das Schriftfeld:

- ***ISO7200*** erweitern (6)
- Doppelklick auf ***Feldtext*** (7)
- Eingaben der Spalte ***Wert*** übernehmen wie dargestellt (8)
- OK ***OK***

8.4.2 Platzieren einer schattierten Ansicht

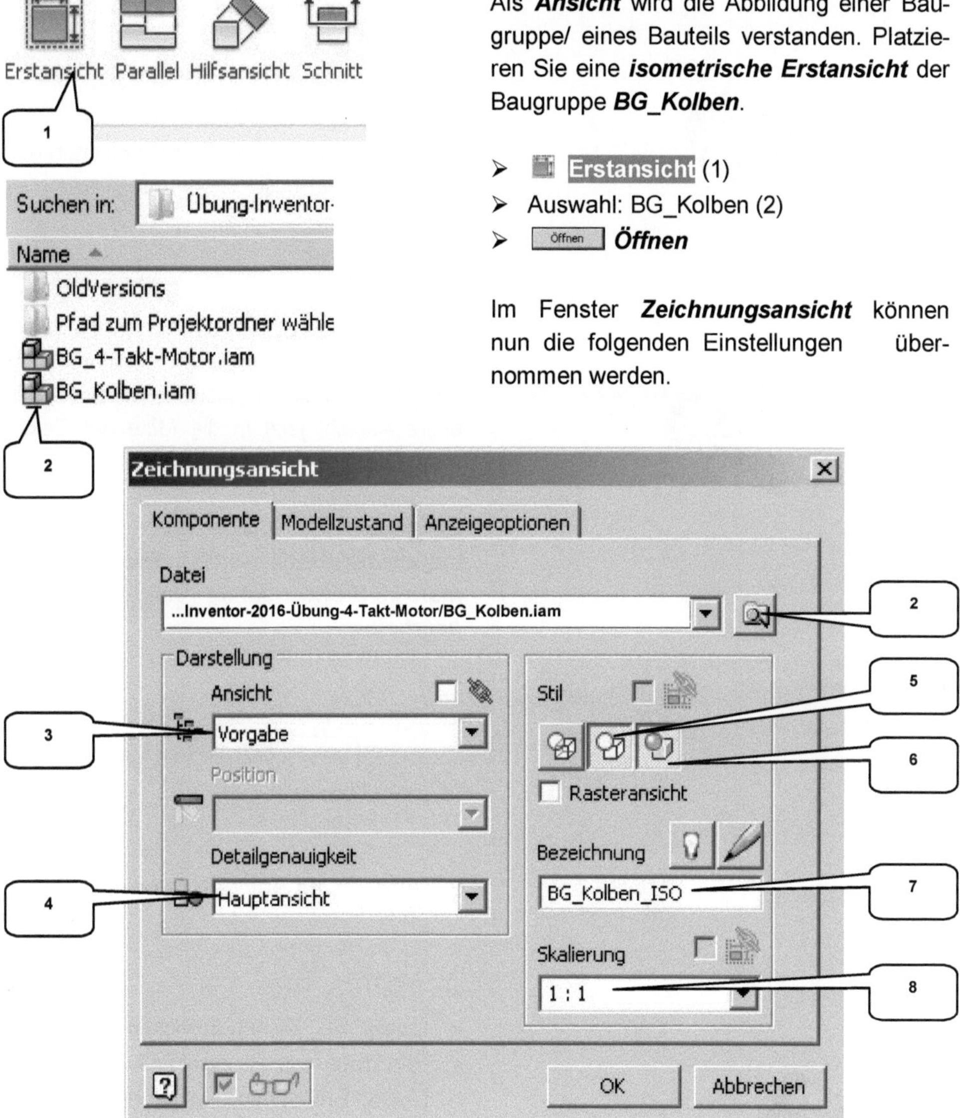

Als ***Ansicht*** wird die Abbildung einer Baugruppe/ eines Bauteils verstanden. Platzieren Sie eine ***isometrische Erstansicht*** der Baugruppe ***BG_Kolben***.

- Erstansicht (1)
- Auswahl: BG_Kolben (2)
- Öffnen ***Öffnen***

Im Fenster ***Zeichnungsansicht*** können nun die folgenden Einstellungen übernommen werden.

HINWEIS: Im Zeichenbereich sollte die Baugruppe ***BG_Kolben*** bereits zu sehen sein. Wenn nicht, sind die Anwendungsoptionen zu kontrollieren: ***Register: Extras*** > ***Anwendungsoptionen*** > ***Reiter: Zeichnung*** > ***Vorschau anzeigen als: Alle Komponenten***.

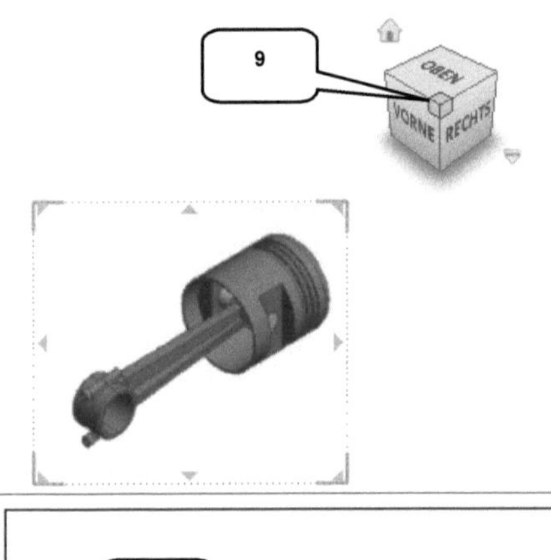

- Ansicht: Vorgabe (3)
- Detailgenauigkeit: Hauptansicht (4)
- Stil: Ohne verdeckte Linien (5) und Schattiert (6)
- Bezeichnung: [BG_Kolben_ISO] (7)
- Skalierung: 1:1 wählen (8)
- ***ViewCube***-Ansicht: ***ECKE*** zwischen den Seiten VORNE, OBEN und RECHTS wählen (9)
- OK ***OK***

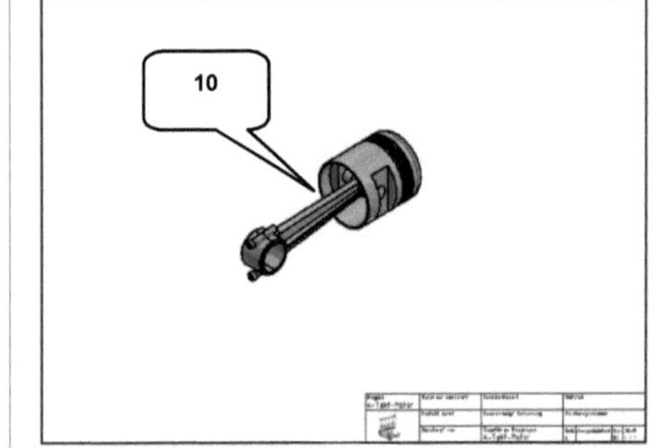

Die Maus ist jetzt über die Ansicht zu schieben, bis eine rote Umrandung erscheint. Bei gedrückter linker Maustaste darauf kann diese Ansicht jetzt in die Mitte der Zeichnung geschoben werden (10).

HINWEIS: Eine Ansicht kann auch nachträglich bearbeitet werden: ***Rechte Maustaste*** im Browser auf die Ansicht > ***Ansicht bearbeiten***.

8.4.3 Einfügen einer Teileliste (Stückliste)

Datei | Ansichten platzieren | Mit Anmerkung versehen | Skizze | Extras | Verwalten | Ansicht

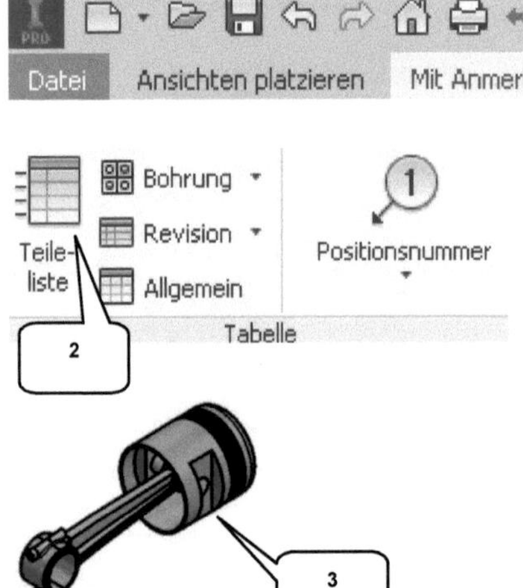

- Register: ***Mit Anmerkungen versehen*** (1)
- Teileliste (2)
- Quelle: BG_Kolben anklicken (3)
- Stücklistenansicht: Strukturiert (4)
- Ebene: Erste (wenn verfügbar) (5)
- Min. Stellen: 1 (wenn verfügbar) (6)
- Umbruchrichtung: Links (7)
- OK ***OK***

HINWEIS: Die Quelle kann alternativ auch über das Ordnersymbol (8) gewählt werden.

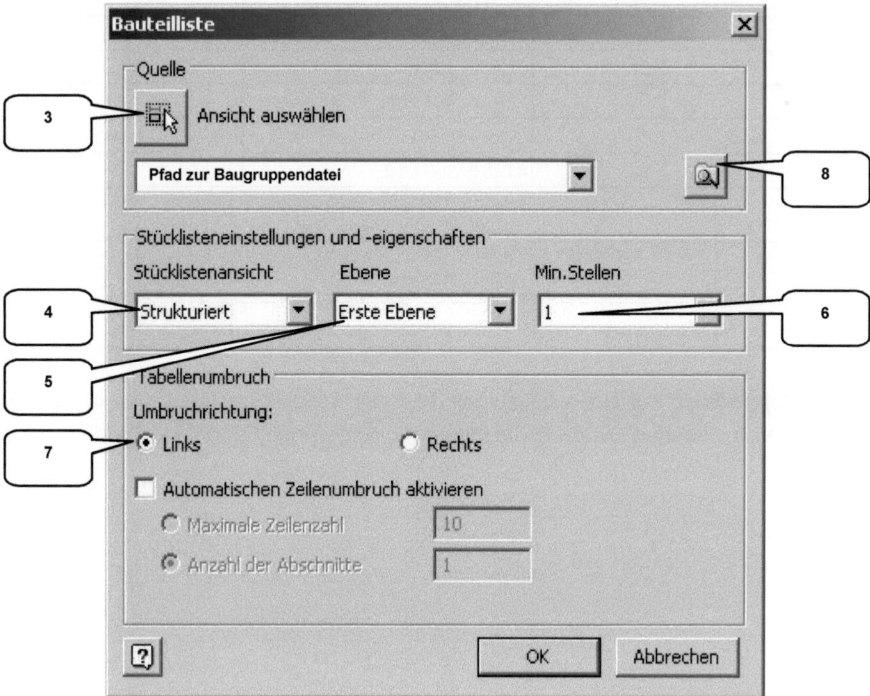

Legen Sie die Tabelle oberhalb des Schriftfeldes ab. Das eventuell erscheinende Hinweisfenster ***Stücklistenansicht deaktiviert*** kann mit OK ***OK*** (9) bestätigt werden. Legen Sie die Teileliste danach so im Zeichenbereich ab, dass diese auf dem Schriftfeld oben aufliegt und an ihrer rechten Seite an den Zeichnungsrahmen anschließt.

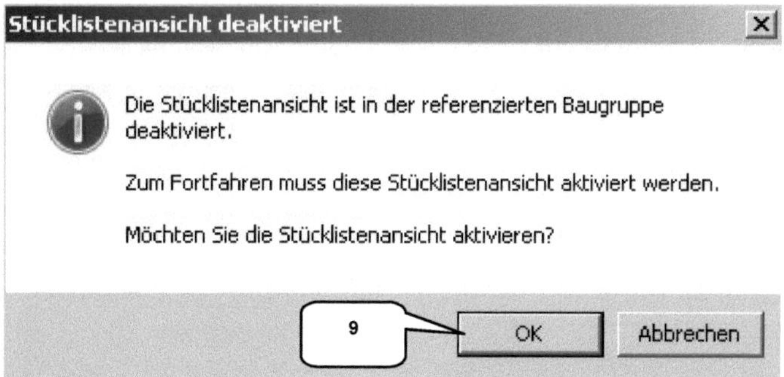

Die Teileliste ist jetzt in der Zeichnung hinterlegt, muss aber noch überarbeitet werden.

TEILELISTE			
OBJEKT	ANZAHL	BAUTEILNUMMER	BESCHREIBUNG
1	1	Kolben	
2	1	Pleuel-Oberseite	
3	1	Pleuel-Unterseite	
4	2	ISO 4762 - M3 x 20	Innensechskantschraube
5	1	Kolbenbolzen	

10

Projekt 4-Takt-Motor	Material/ Werkstoff	Dokumentenart Baugruppenzeichnung	Maßstab 1:1			
	Erstellt durch Ihr Name	Bezeichnung/ Benennung BG_Kolben	Zeichnungsnummer 01-00-00			
	Genehmigt von Ihr Nahme	Zugehörige Baugruppe 4-Takt-Motor	Änd. A	Ausgabedatum Datum	Spr. DE	Blatt 1 / 1

Mit einem ***Doppelklick*** auf einen beliebigen Text der Teileliste gelangt man in ihren ***Bearbeitungsbereich***. Nehmen Sie darin die folgenden Änderungen vor:

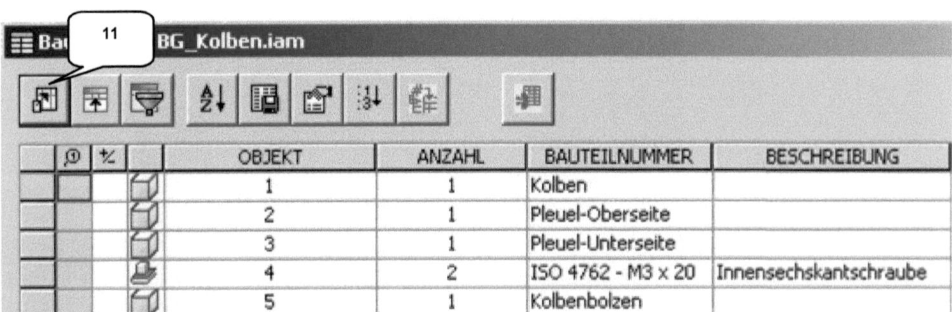

OBJEKT	ANZAHL	BAUTEILNUMMER	BESCHREIBUNG
1	1	Kolben	
2	1	Pleuel-Oberseite	
3	1	Pleuel-Unterseite	
4	2	ISO 4762 - M3 x 20	Innensechskantschraube
5	1	Kolbenbolzen	

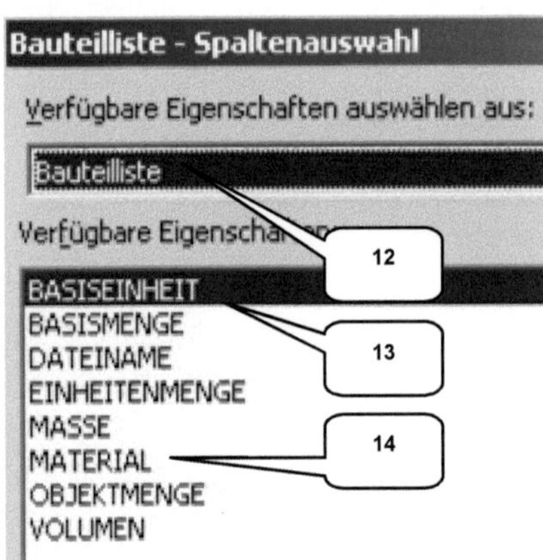

- Doppelklick auf den Text (10)
- Spaltenauswahl (11)
- Auswahl: Bauteilliste (12)
- Doppelklicken: Basiseinheit (13)
- Doppelklicken: Material (14)

Mit den beiden Optionen ***Nach unten*** und ***Nach oben*** kann die Reihenfolge im rechten Fenster (Ausgewählte Eigenschaften) bearbeitet werden.

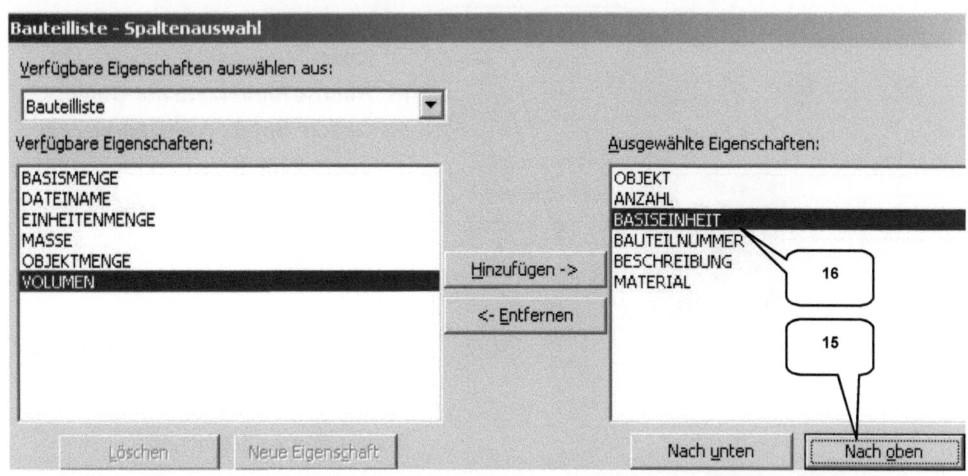

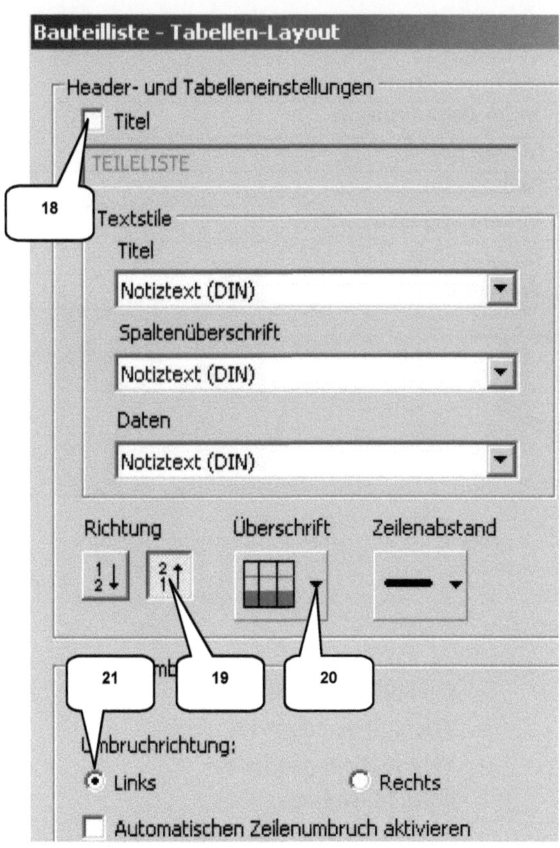

- Markieren: Basiseinheit (16)
- ***Nach oben*** (15) klicken, bis die ***Basiseinheit*** in der 3. Zeile angeordnet ist
- ***OK*** (Fenster: Bauteilliste-Spaltenauswahl)
- ***Anwenden***

- Tabellen-Layout (17)
- Deaktivieren: Titel (18)
- Richtung: Oben neue Bauteile (19)
- Überschrift: Unten (20)
- Umbruchausrichtung: Links (21)
- ***OK*** (Fenster: Bauteilliste-Tabellen-Layout)
- ***Anwenden***

Jetzt können die Bezeichnungen der einzelnen Spalten überarbeitet werden.

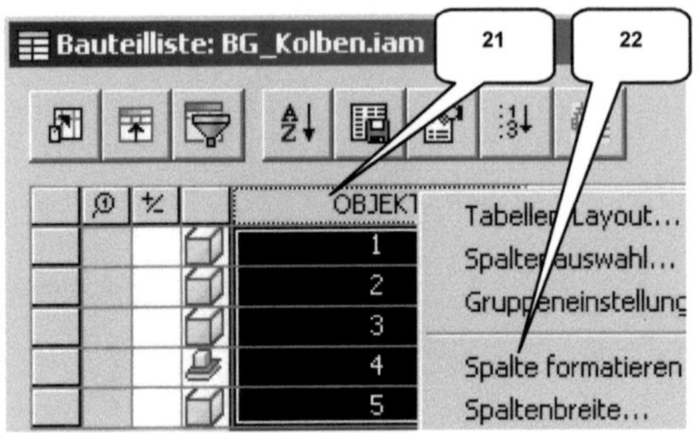

- Spaltenbezeichnung ***Objekt*** mit der linken Maustaste markieren (21)
- ***Rechte Maustaste*** auf ***Objekt*** (21)
- Option: ***Spalte formatieren*** (22)
- Überschrift: [Pos.] eintragen (23)
- ***OK*** (Fenster: Spalte formatieren)
- ***Anwenden***

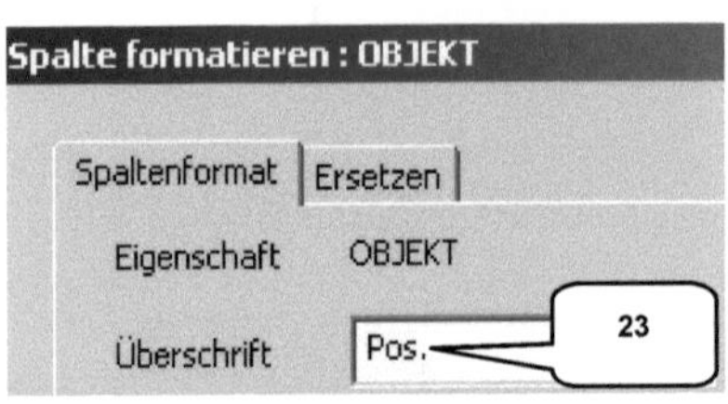

Ändern Sie auch die Bezeichnungen der restlichen fünf Spalten. Achten Sie darauf, jede Änderung durch ***Anwenden*** zu bestätigen.

Alte Bezeichnung	***Neue Bezeichnung***
Anzahl	Menge (24)
Basiseinheit	Einheit (25)
Bauteilnummer	Benennung (26)
Beschreibung	Sachnummer / Norm (27)
Material	Werkstoff (28)

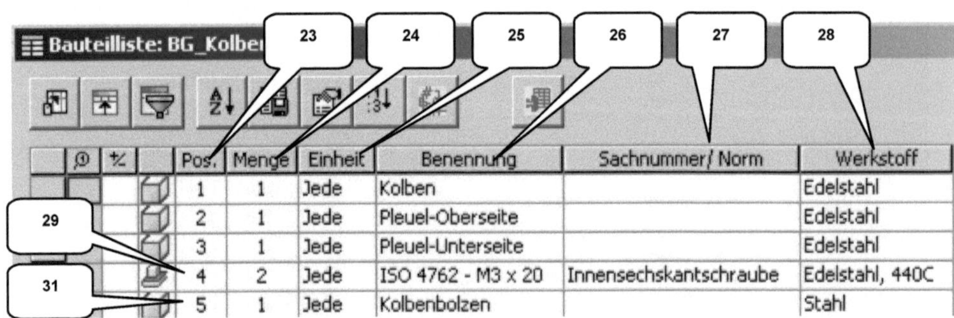

Pos.	Menge	Einheit	Benennung	Sachnummer/ Norm	Werkstoff
1	1	Jede	Kolben		Edelstahl
2	1	Jede	Pleuel-Oberseite		Edelstahl
3	1	Jede	Pleuel-Unterseite		Edelstahl
4	2	Jede	ISO 4762 - M3 x 20	Innensechskantschraube	Edelstahl, 440C
5	1	Jede	Kolbenbolzen		Stahl

Pos.	Menge	Einheit
1	1	Jede
2	1	Jede
3	1	Jede
5	2	Jede
4	1	Jede

30

32

- Feld (29) doppelklicken
- Wert: [5] eintragen (30)
- Feld (31) doppelklicken
- Wert: [4] eintragen (32)

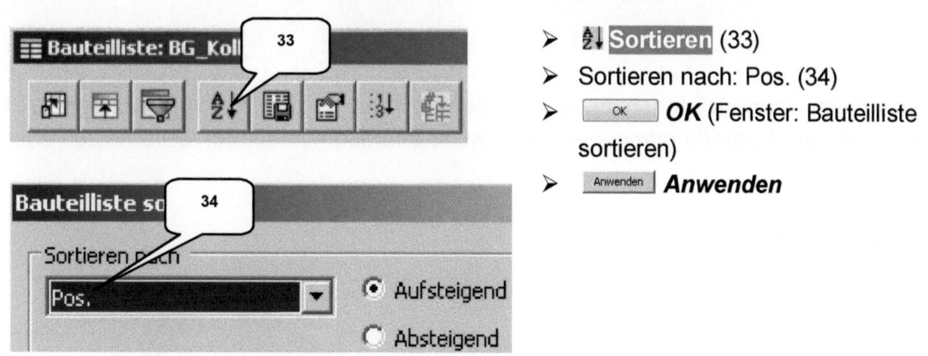

- Sortieren (33)
- Sortieren nach: Pos. (34)
- OK ***OK*** (Fenster: Bauteilliste sortieren)
- Anwenden ***Anwenden***

Überarbeiten Sie die Teileliste jetzt wie folgt: Per Doppelklick gelangen Sie in die jeweiligen Felder, und mit den Pfeiltasten wechseln Sie zwischen diesen.

				Pos.	Menge	Einheit	Benennung	Sachnummer/ Norm	Werkstoff
				1	1	Stck	Kolben	01-01-01	AlCu4Ni2Mg1,5
				2	1	Stck	Pleuel-Oberseite	01-01-02	42CrMo4
				3	1	Stck	Pleuel-Unterseite	01-01-03	42CrMo4
				4	1	Stck	Kolbenbolzen	01-01-04	E355
				5	2	Stck	ISO 4762 - M3 x 20	Innensechskantschraube	

Sobald alle Änderungen übernommen wurden, bestätigen Sie mit Anwenden ***Anwenden*** und beenden die Bearbeitung der Teileliste abschließend mit OK ***OK***.

35

5	2	Stck	ISO 4762 - M3 x 20	Innensechskantschraube	
4	1	Stck	Kolbenbolzen	01-01-04	E355
3	1	Stck	Pleuel-Unterseite	01-01-03	42CrMo4
2	1	Stck	Pleuel-Oberseite	01-01-02	42CrMo4
1	1	Stck	Kolben	01-01-01	AlCu4Ni2Mg1,5
Pos.	Menge	Einheit	Benennung	Sachnummer/ Norm	Werkstoff

Projekt 4-Takt-Motor	Material/ Werkstoff	Dokumentenart Baugruppenzeichnung	Maßstab 1:1			
	Erstellt durch Ihr Name	Bezeichnung/ Benennung BG_Kolben	Zeichnungsnummer 01-00-00			
	Genehmigt von Ihr Nahme	Zugehörige Baugruppe 4-Takt-Motor	Änd. A	Ausgabedatum Datum	Spr. DE	Blatt 1 / 1

Verschieben Sie die Teileliste bei gedrückter linker Maustaste so, dass diese passend oberhalb des Schriftfeldes angeordnet ist. Die Spaltenbreiten können geändert werden, indem die Trennlinien (z. B. 35) bei gedrückter linker Maustaste verschoben werden. ***Speichern*** Sie die Zeichnung, und lassen Sie sie noch geöffnet.

8.4.4 Einfügen der Positionsnummern

Die ***Positionsnummern*** können manuell platziert oder automatisch abgerufen werden. Weil die automatische Methode oftmals viel Nacharbeit erfordert, ist das manuelle Setzen eher empfehlenswert.

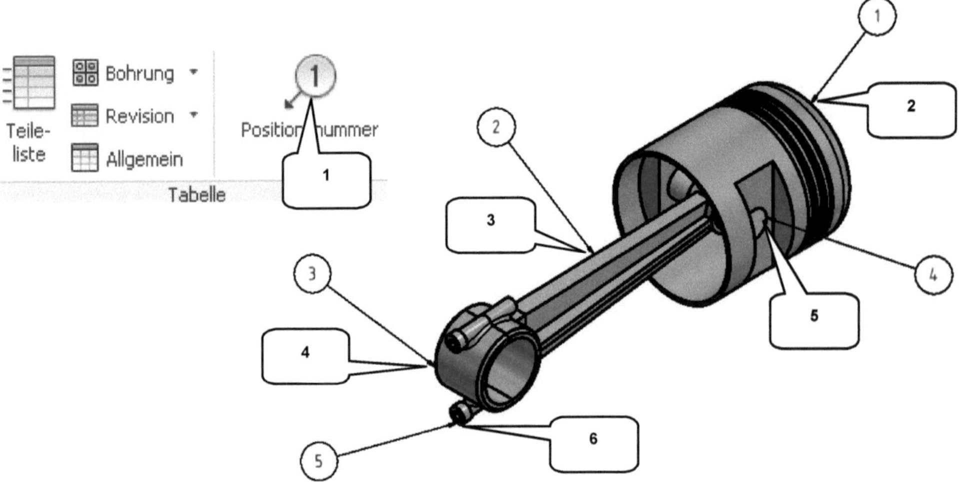

- Positionsnummer (1)
- Kolben an Kante (2) anklicken
- Nummer ablegen wie dargestellt
- ***Rechte Maustaste*** > ***Weiter***
- Pleuel-Oberseite an Kante (3) anklicken
- Nummer ablegen wie dargestellt
- ***Rechte Maustaste*** > ***Weiter***
- Pleuel-Unterseite an Kante (4) anklicken
- Nummer ablegen wie dargestellt
- ***Rechte Maustaste*** > ***Weiter***
- Kolbenbolzen an Kante (5) anklicken
- Nummer ablegen wie dargestellt
- ***Rechte Maustaste*** > ***Weiter***
- Schraube an Kante (6) anklicken
- Nummer ablegen wie dargestellt
- ***Rechte Maustaste*** > ***Weiter***
- Taste: ESC

HINWEIS: Eine ***Positionsnummer*** kann nachträglich verschoben werden, wenn sie markiert und dann am grünen Punkt bei ***gedrückter linker Maustaste*** verschoben wird. Die Nummer selbst kann ebenfalls geändert werden: Per ***Doppelklick*** darauf.

Die Darstellung der Baugruppe ***BG_Kolben*** samt Positionsnummern und die dazugehörige Stückliste wurden erfolgreich erstellt, und die Baugruppenzeichnung kann ***gespeichert*** werden.

8.5 Zeichnungsableitung des Bauteils: Pleuel-Unterseite

8.5.1 Erstellen und Bearbeiten eines neuen Blattes

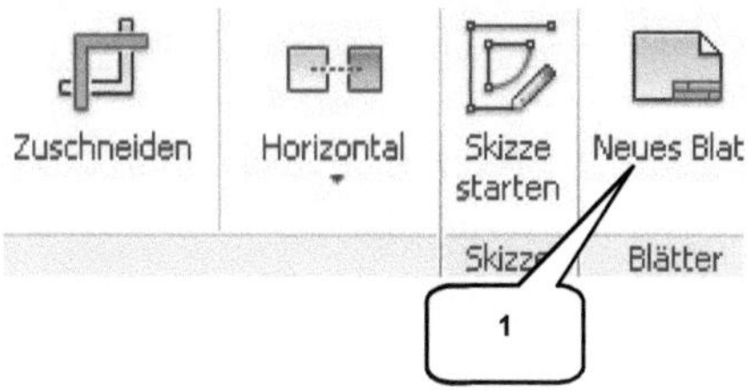

Die vorhandene Datei soll jetzt um ein weiteres ***Zeichenblatt*** ergänzt werden, auf dem das Bauteil ***Pleuel-Unterseite*** darzustellen ist.

- Register: ***Ansichten platzieren***
- Neues Blatt (1)
- Eintragungen der Spalte ***Wert*** (2) übernehmen wie dargestellt
- OK ***OK***

Eigenschaftsfelder bearbeiten

Alle

Eigenschaftsfeld	Wert
Projekt	4-Takt-Motor
Material	42CrM04
Blattmaßstab	2:1
Bauteilzeichnung/ Baugruppenzeichnung/ Stückliste	Bauteilzeichnung
Name (Ersteller)	Ihr Name
Name (Prüfer)	Ihr Name
Bezeichnung Bauteil/ Baugruppe	Pleuel-Unterseite
Blattnummer	2
Anzahl Blätter	2
Sprache	DE
Datum	Datum
Zeichnungsnummer	01-01-03
Zugehörige Baugruppe	4-Takt-Motor
Allgemeintoleranzen (Allgemeinangaben)	Allgemeintoleranzen ISO 2768-mK
Oberfläche (Allgemeinangaben)	Oberflächen ISO 1302
Kanten (Allgemeinangaben)	Kanten ISO 13715
Längenmaße (Allgemeinangaben)	SIZE ISO 14405 (E)

Das ***Blattformat*** muss auf DIN A4 - Hochformat geändert werden, da das Bauteil ***Pleuel-Unterseite*** in vollständiger Darstellung nur wenig Platz benötigt.

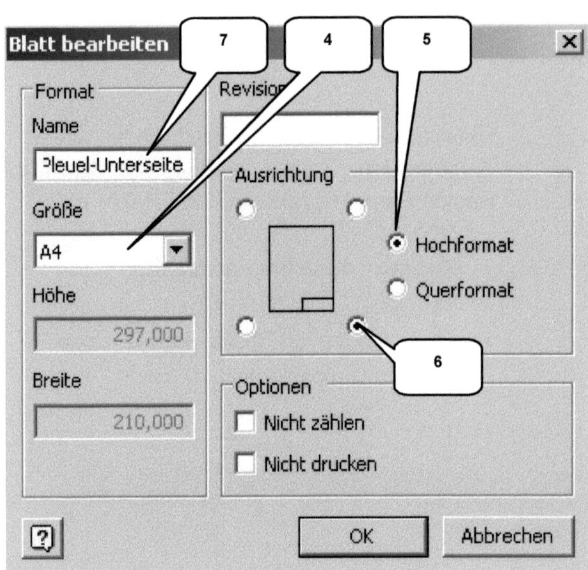

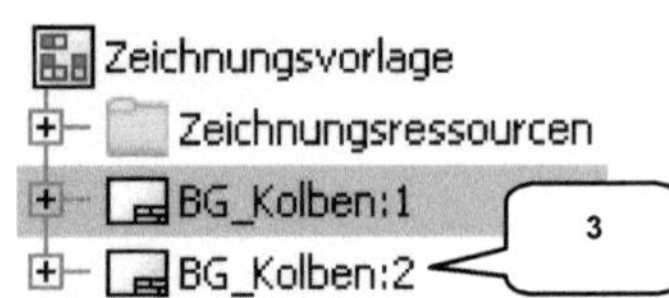

- ***Rechte Maustaste*** auf das neue Blatt (3)
- Option: ***Blatt bearbeiten***
- Größe: A4 (4)
- Ausrichtung: Hochformat (5)
- Position Schriftfeld: Unten rechts (6)
- Name: [Pleuel-Unterseite] (7)
- OK ***OK***

8.5.2 Platzieren von Erst- und Parallelansicht

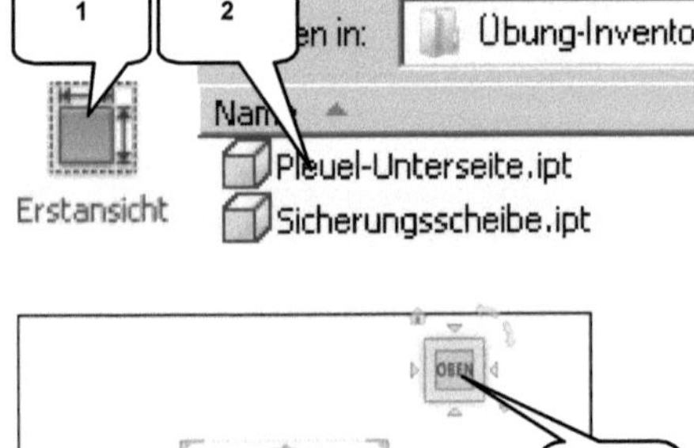

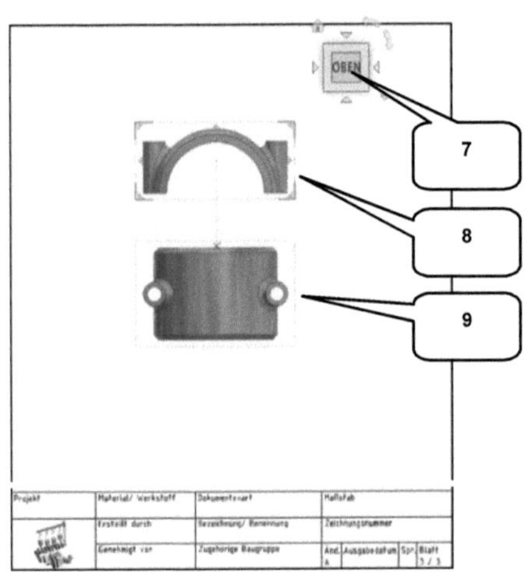

- Erstansicht (1)
- Auswahl: Pleuel-Unterseite (2)
- Öffnen ***Öffnen***
- Ansicht: Hauptansicht (3)
- Stil: Ohne verdeckte Linien (4)
- Bezeichnung: [Pleuel-Unterseite] (5)
- Skalierung: 2:1 wählen (6)
- ***ViewCube***-Ansicht: ***OBEN*** (7)
- 1. Ansicht mit linker Maustaste auf Pos. (8) ablegen
- Maus in gerader Linie nach unten ziehen
- 2. Ansicht mit linker Maustaste auf Pos. (9) ablegen
- OK ***OK***

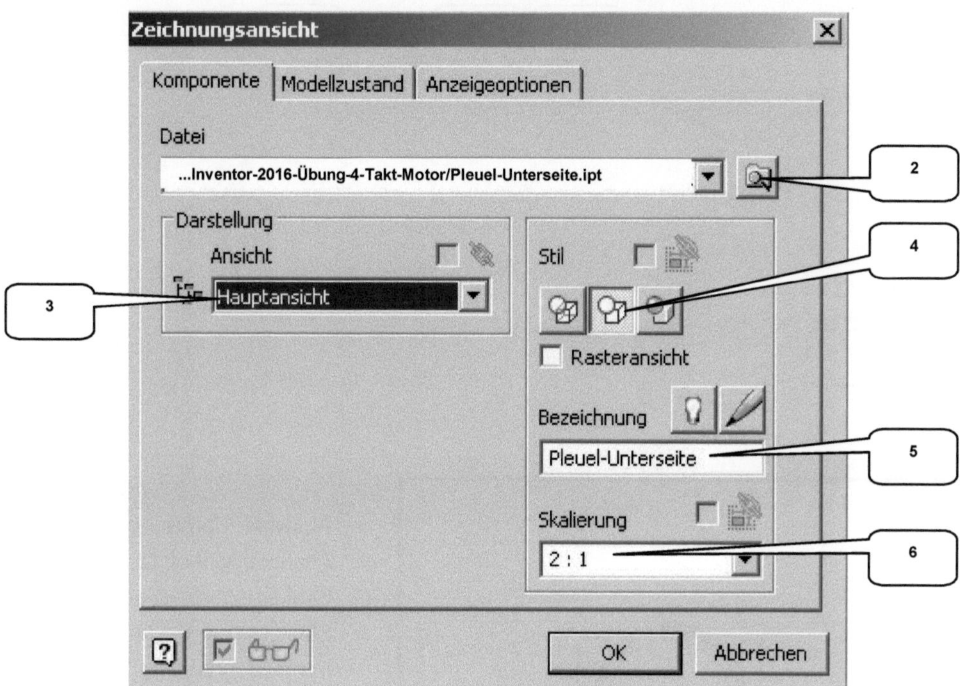

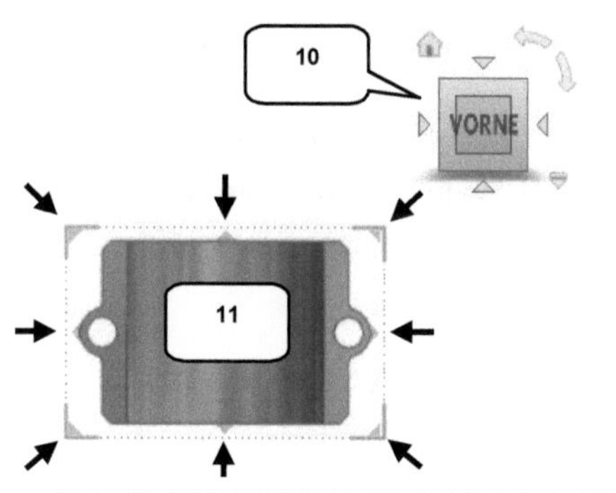

HINWEIS: Um die ***Ausrichtung einer Erstansicht*** zu ändern, ist am ViewCube (10) die gewünschte Seite/ Kante/ Ecke einzustellen. Um eine ***Parallelansicht*** von der Erstansicht abzuleiten, kann mit der Maus auf die gewünschte Position geklickt, oder an der Erstansicht (11) die markierten Pfeile gewählt werden.

8.5.3 Erzeugen einer Detailansicht

Detailansichten (1) ermöglichen eine vergrößerte Darstellung eines bestimmten Bereiches einer Ansicht. Erzeugen Sie eine Detailansicht der unteren Ansicht im Bereich der rechten Bohrung.

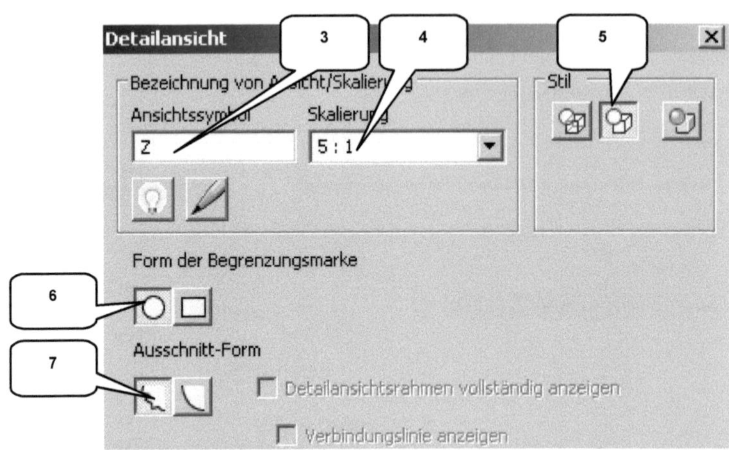

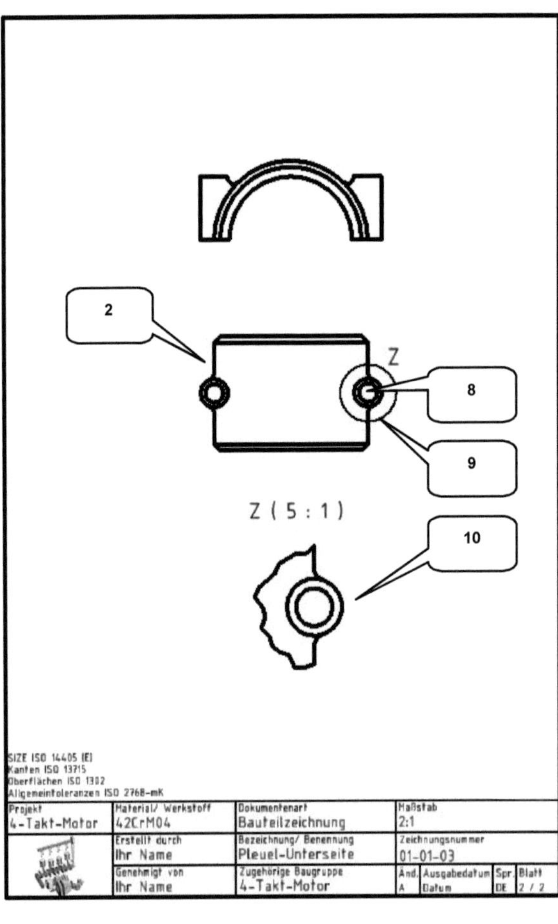

- **Detailansicht** (1)
- Auswahl: Untere Ansicht (2)
- Ansichtssymbol: [Z] (3)
- Skalierung: [5:1] (4)
- Stil: Ohne verdeckte Linien (5)
- Form (Begrenzung): Rund (6)
- Form (Ausschnitt): Gezackt (7)
- Mittelpunkt des Kreises (Begrenzung) wählen (8)
- Außenpunkt des Kreises (Begrenzung) wählen (9)
- Detailansicht an Pos. (10) ablegen

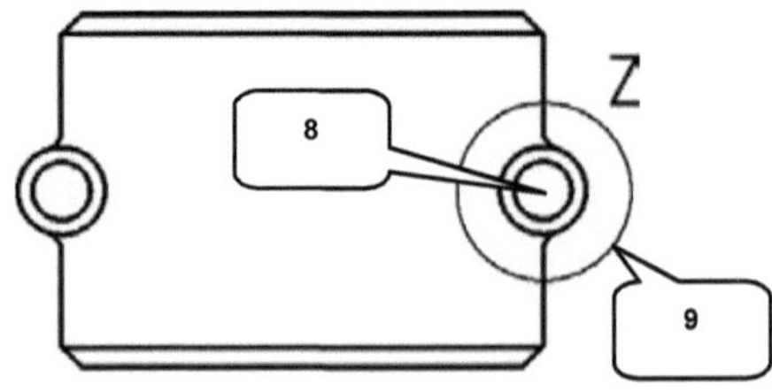

8.5.4 Mittellinien und Mittelpunkte markieren

Befehle für ***Mittellinien*** und ***Mittelpunkte*** befinden sich im rechten Bereich der Befehlsgruppe ***Symbole***. Versehen Sie alle Ansichten mit den notwendigen Markierungen.

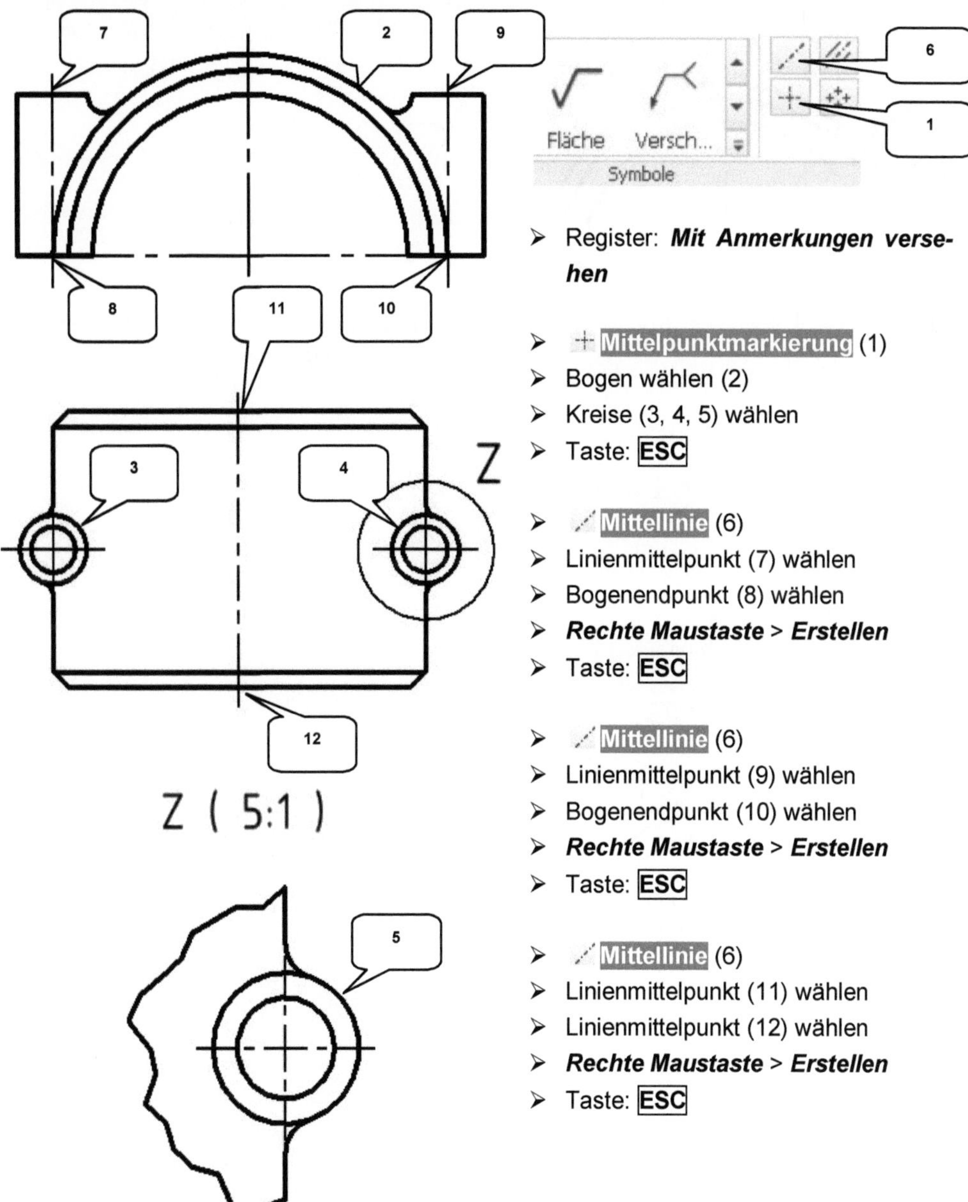

- Register: ***Mit Anmerkungen versehen***

- Mittelpunktmarkierung (1)
- Bogen wählen (2)
- Kreise (3, 4, 5) wählen
- Taste: ESC

- Mittellinie (6)
- Linienmittelpunkt (7) wählen
- Bogenendpunkt (8) wählen
- ***Rechte Maustaste*** > ***Erstellen***
- Taste: ESC

- Mittellinie (6)
- Linienmittelpunkt (9) wählen
- Bogenendpunkt (10) wählen
- ***Rechte Maustaste*** > ***Erstellen***
- Taste: ESC

- Mittellinie (6)
- Linienmittelpunkt (11) wählen
- Linienmittelpunkt (12) wählen
- ***Rechte Maustaste*** > ***Erstellen***
- Taste: ESC

8.5.5 Bemaßen der Ansichten

Die drei Ansichten können jetzt bemaßt und komplettiert werden.

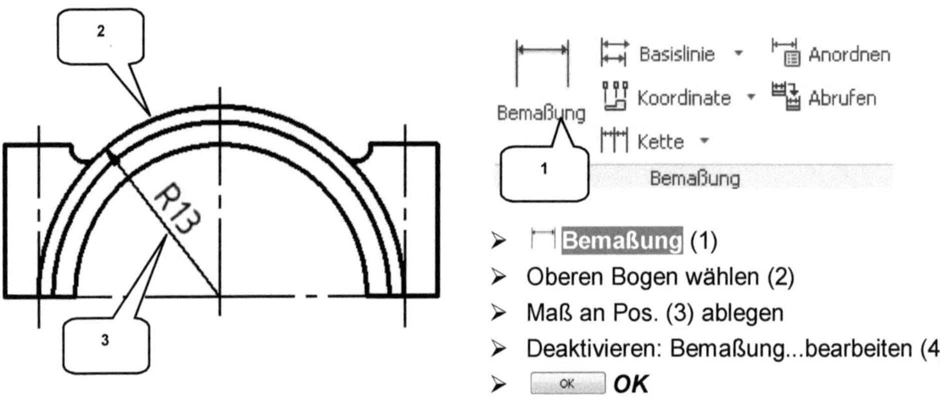

- Bemaßung (1)
- Oberen Bogen wählen (2)
- Maß an Pos. (3) ablegen
- Deaktivieren: Bemaßung...bearbeiten (4)
- OK ***OK***

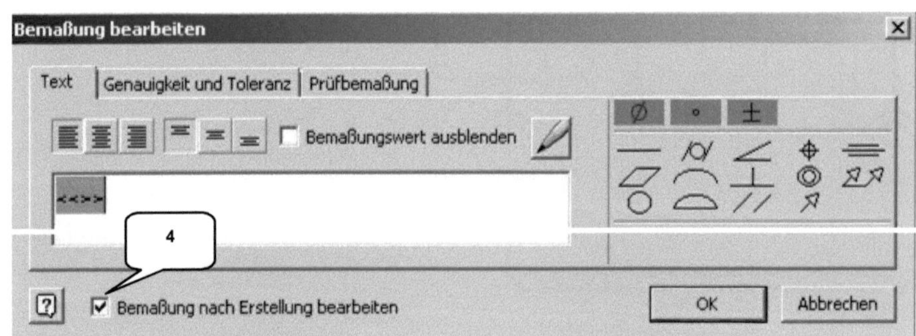

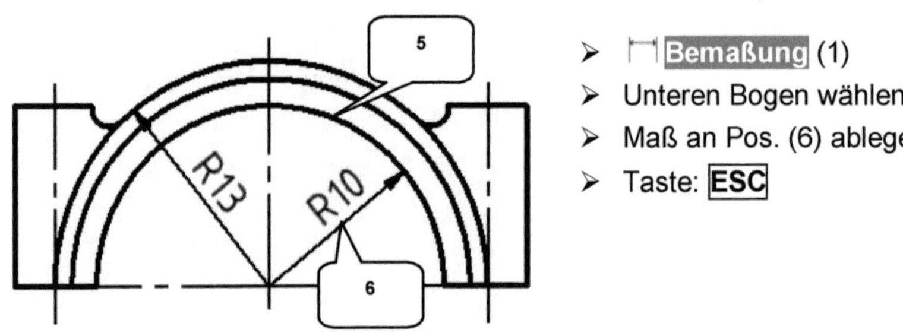

- Bemaßung (1)
- Unteren Bogen wählen (5)
- Maß an Pos. (6) ablegen
- Taste: ESC

HINWEIS: Das Fenster ***Bemaßung bearbeiten*** wird nach dem Setzen einer Bemaßung automatisch geöffnet. Da es nicht immer benötigt wird, sollte dieser Automatismus deaktiviert werden. Per Doppelklick auf ein vorhandenes Maß öffnet das Fenster dann bei Bedarf.

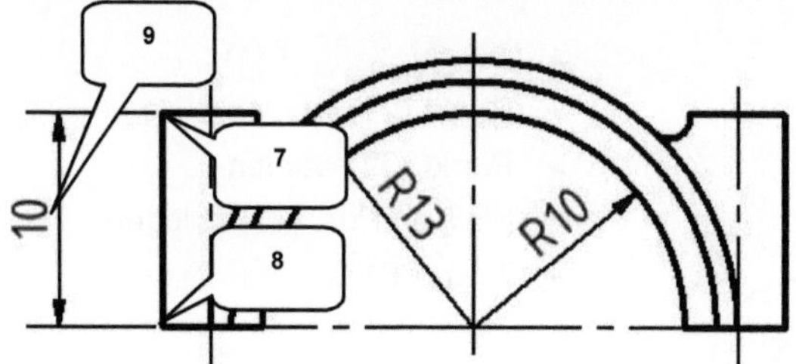

- Bemaßung (1)
- Punkt (7) wählen
- Punkt (8) wählen
- Maß nach links ziehen, bis es gestrichelt dargestellt wird, dann an Pos. (9) ablegen

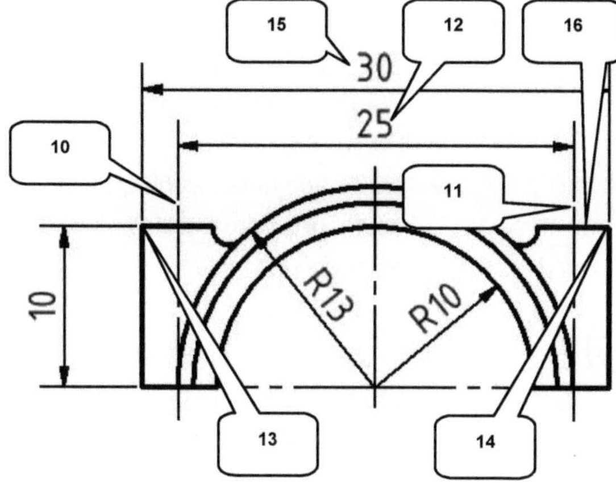

- Punkt (10) wählen
- Punkt (11) wählen
- Maß an Pos. (12) ablegen

- Punkt (13) wählen
- Punkt (14) wählen
- Maß an Pos. (15) ablegen
- Taste: ESC

- Bei gedrückter Taste: STRG die Maße (12, 15) mit der linken Maustaste markieren
- ***Rechte Maustaste*** > ***Bemaßung anordnen***
- Linie (16) wählen

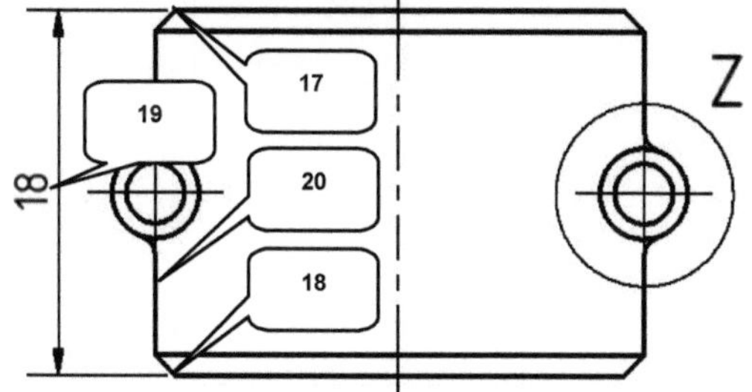

- Bemaßung (1)
- Punkt (17) wählen
- Punkt (18) wählen
- Maß an Pos. (19) ablegen
- Taste: ESC
- ***Rechte Maustaste*** auf das Maß > ***Bemaßung anordnen***
- Linie (20) wählen

HINWEIS: Um Bemaßungen korrekt nach DIN 406 auszurichten (10 mm Abstand zur Körperkante, 7 mm Abstand zw. den Maßlinien), kann ein Maß entweder vor dem Ablegen manuell gezogen werden, bis es gestrichelt dargestellt wird (sehr ungenaue Methode), oder nach dem Ablegen ausgerichtet werden. Hierfür sind die Maße zu markieren und die Option ***Bemaßung anordnen*** der ***rechten Maustaste*** ist zu wählen. Die Abstände selbst sind im ***Register: Verwalten*** > ***Stil-Editor*** > ***Bemaßung*** > ***Standard (DIN)*** festzulegen.

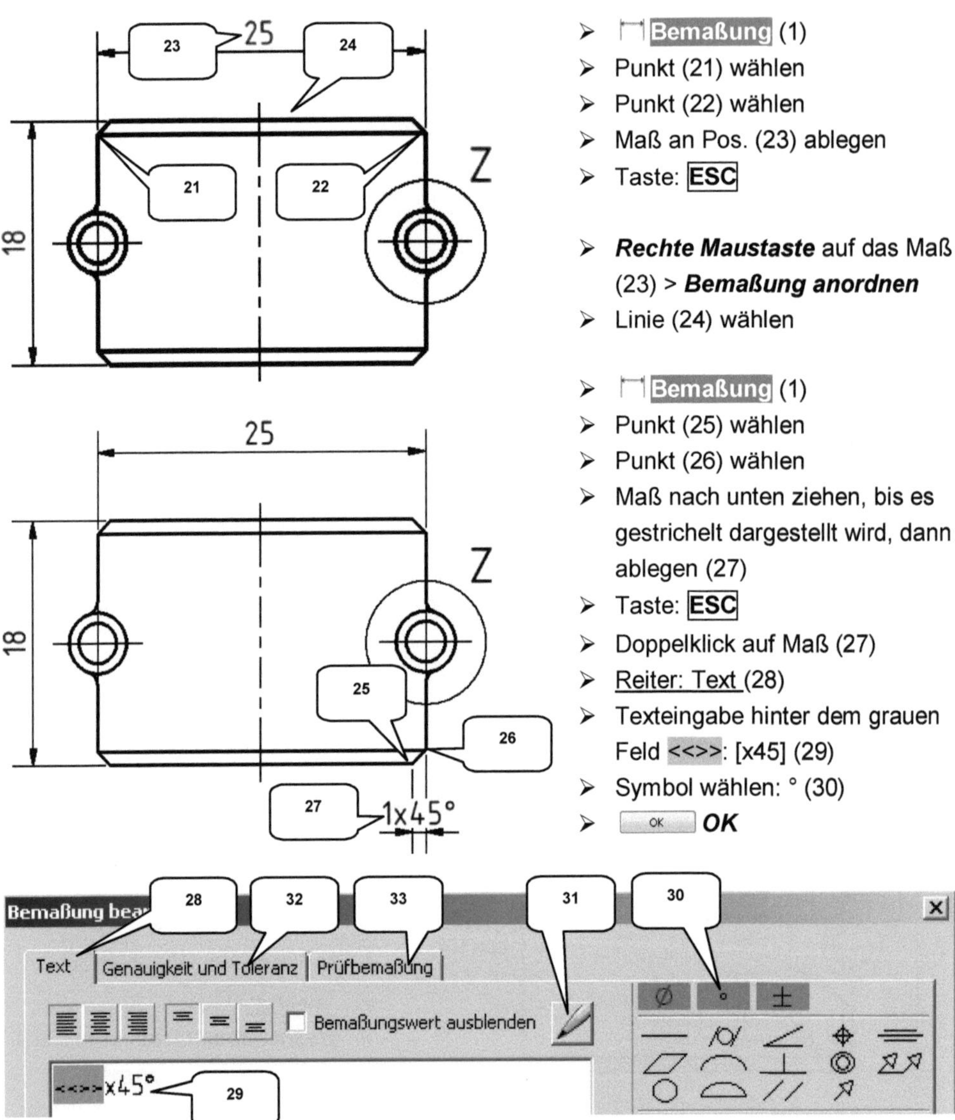

- Bemaßung (1)
- Punkt (21) wählen
- Punkt (22) wählen
- Maß an Pos. (23) ablegen
- Taste: ESC

- ***Rechte Maustaste*** auf das Maß (23) > ***Bemaßung anordnen***
- Linie (24) wählen

- Bemaßung (1)
- Punkt (25) wählen
- Punkt (26) wählen
- Maß nach unten ziehen, bis es gestrichelt dargestellt wird, dann ablegen (27)
- Taste: ESC
- Doppelklick auf Maß (27)
- Reiter: Text (28)
- Texteingabe hinter dem grauen Feld <<>>: [x45] (29)
- Symbol wählen: ° (30)
- OK ***OK***

HINWEIS: Im Fenster ***Bemaßung bearbeiten*** befinden sich auf der rechten Seite weitere Symbole und Sonderzeichen. Der Button ***Texteditor starten*** (31) öffnet ein Fenster zur Formatierung des Bemaßungstextes. Im Reiter ***Genauigkeit und Toleranz*** (32) können Passungen und Toleranzen definiert werden und im Reiter ***Prüfbemaßung*** (33) können Zusatzangaben zu Prüfbemaßungen ergänzt werden.

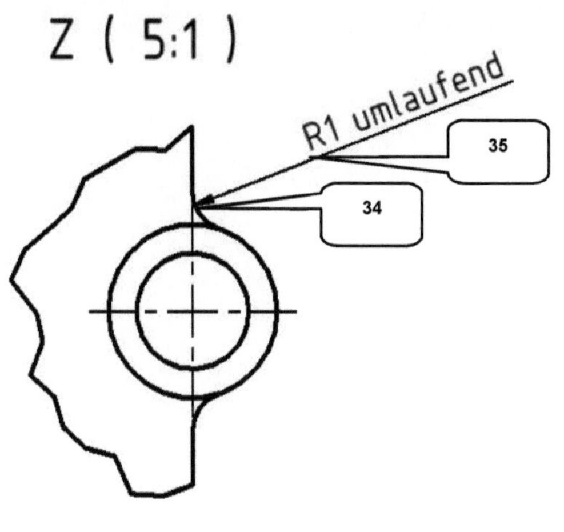

- Bemaßung (1)
- Rundung (34) wählen
- Maß an Pos. (35) ablegen
- Taste: ESC

- Doppelklick auf Maß (35)
- Reiter: Text
- Texteingabe hinter dem grauen Feld <<>>: [umlaufend]
- OK **OK**

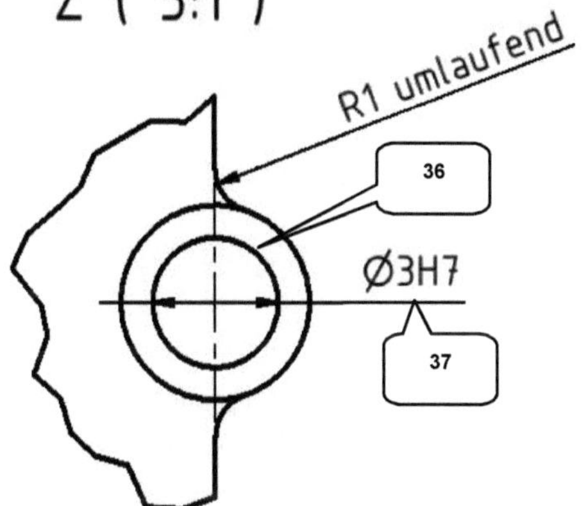

- Bemaßung (1)
- Kreis (36) wählen
- **Rechte Maustaste** > **Optionen**
- Deaktivieren: Einfache Bemaßungslinie
- Maß an Pos. (37) ablegen
- Taste: ESC
- Doppelklick auf Maß (37)
- Reiter: Text
- Texteingabe hinter dem grauen Feld <<>>: [H7]
- OK **OK**

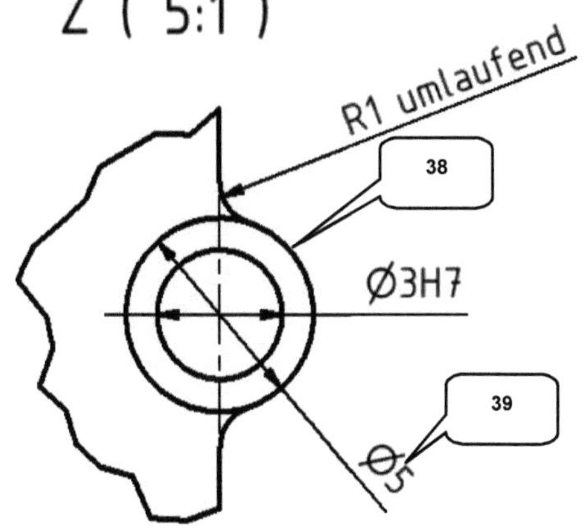

- Bemaßung (1)
- Kreis (38) wählen
- **Rechte Maustaste** > **Optionen**
- Deaktivieren: Einfache Bemaßungslinie
- Maß an Pos. (39) ablegen
- Taste: ESC

HINWEIS: Bei der Bemaßung des Bogens (34) muss darauf geachtet werden, sehr nah an diesen Bereich heranzuzoomen. Hier ist der Bogen selbst zu wählen, nicht einer der (grünen) Bogenpunkte!

8.5.6 Platzieren von Oberflächenangaben

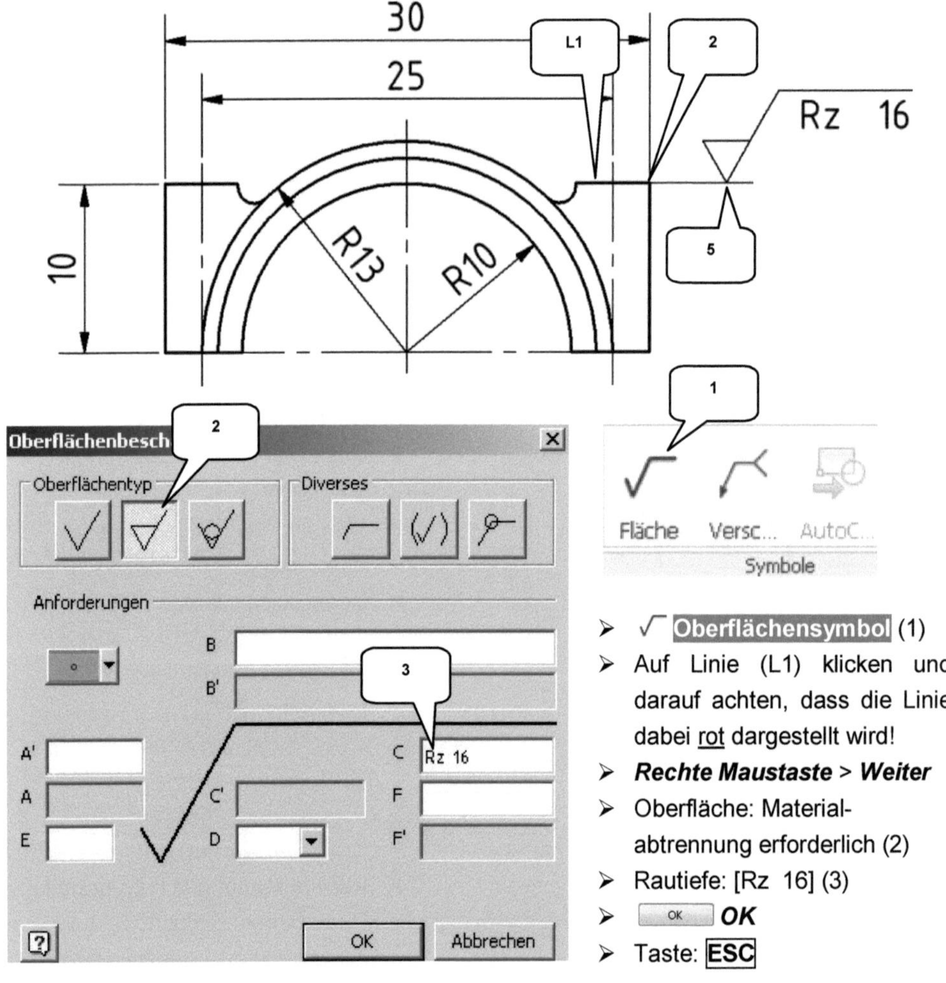

- √‾ **Oberflächensymbol** (1)
- Auf Linie (L1) klicken und darauf achten, dass die Linie dabei rot dargestellt wird!
- ***Rechte Maustaste*** > ***Weiter***
- Oberfläche: Materialabtrennung erforderlich (2)
- Rautiefe: [Rz 16] (3)
- OK ***OK***
- Taste: ESC

Das neu erzeugte Symbol der Oberflächenangabe ist jetzt am grünen Punkt (5) bei gedrückter linker Maustaste in gerader Linie nach rechts zu ziehen und auf Pos. (5) abzulegen.

Anschließend sind drei weitere Oberflächenangaben (4) einzufügen, wie in den folgenden Abbildungen dargestellt wird. Die Vorgehensweise ist identisch.

- Zeichnungsableitung des Bauteils: Pleuel-Unterseite -

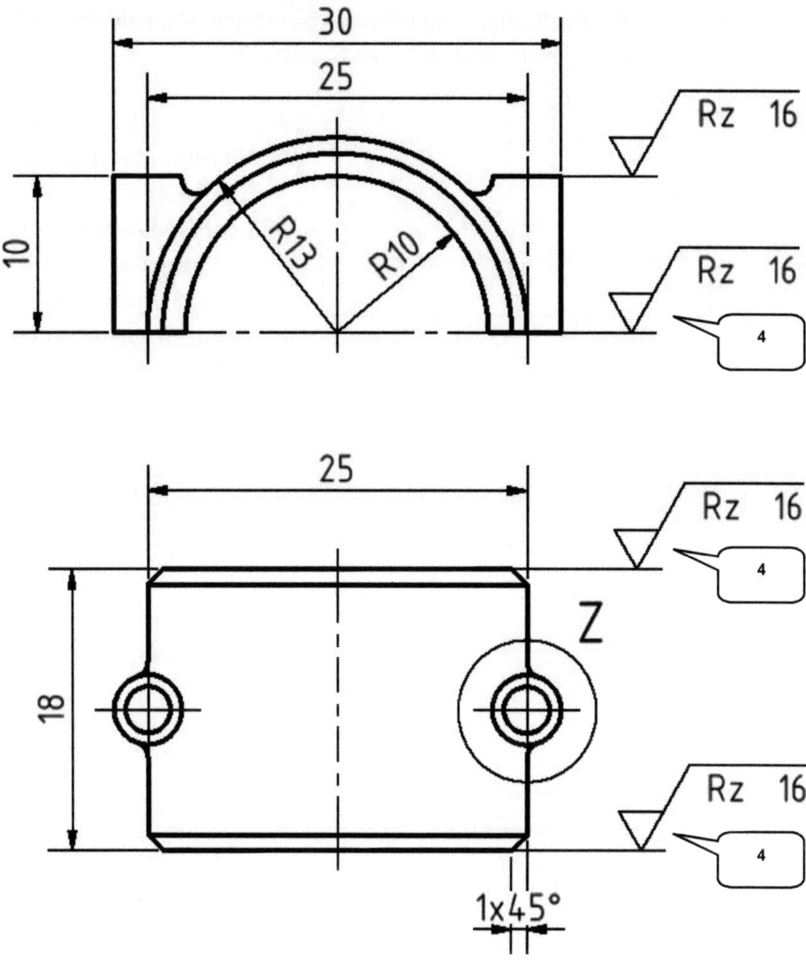

8.5.7 Allgemeinangaben, Kantenangaben und Projektionsmethode

SIZE ISO 14405 (E)
Kanten ISO 13715
Oberflächen ISO 1302
Allgemeintoleranzen ISO 2768-mK

2 — Rz 32 (✓)

Projekt 4-Takt-Motor	Material/ Werkstoff 42CrMo4	Dokumentenart Bauteilzeichnung	Maßstab 2:1			
	Erstellt durch Ihr Name	Bezeichnung/ Benennung Pleuel-Unterseite	Zeichnungsnummer 01-01-03			
	Genehmigt von Ihr Name	Zugehörige Baugruppe 4-Takt-Motor	Änd. A	Ausgabedatum Datum	Spr. DE	Blatt 2 / 2

Die gekennzeichneten vier Oberflächen sind mit einer gemittelten Rautiefe ***Rz 16*** zu versehen, alle anderen Oberflächen mit einer gemittelten Rautiefe ***Rz 32***.

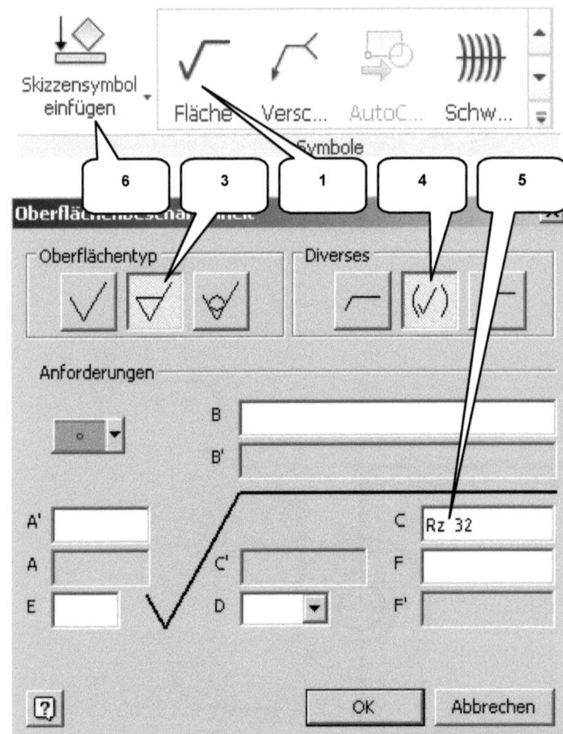

- √‾ Oberflächensymbol (1)
- Mit linker Maustaste auf Pos. (2) klicken
- ***Rechte Maustaste*** > ***Weiter***
- Oberfläche: Materialabtrennung erforderlich (3)
- Zusatz: Allgemeine Oberflächengüte (4)
- Rautiefe: [Rz 32] (5)
- OK ***OK***
- Taste: ESC

Fügen Sie abschließend die bereits vorgefertigten Symbole der ***Projektionsmethode 1*** und die ***Kantenangaben*** ein.

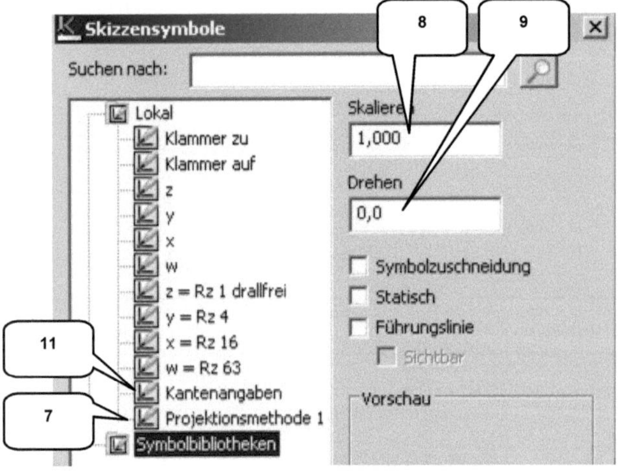

- Skizzensymbol (6)
- Auswahl: Projektionsmethode 1 (7)
- Skalieren: [1] (8)
- Drehen: [0°] (9)
- OK ***OK***
- Symbol auf Pos. (10) ablegen
- ***Rechte Maustaste*** > ***Weiter***
- Taste: ESC

- Skizzensymbol (6)
- Auswahl: Kantenangaben (11)
- Skalieren: [1] (8)
- Drehen: [0°] (9)
- OK ***OK***
- Symbol auf Pos. (12) ablegen
- ***Rechte Maustaste*** > ***Weiter***
- Taste: ESC

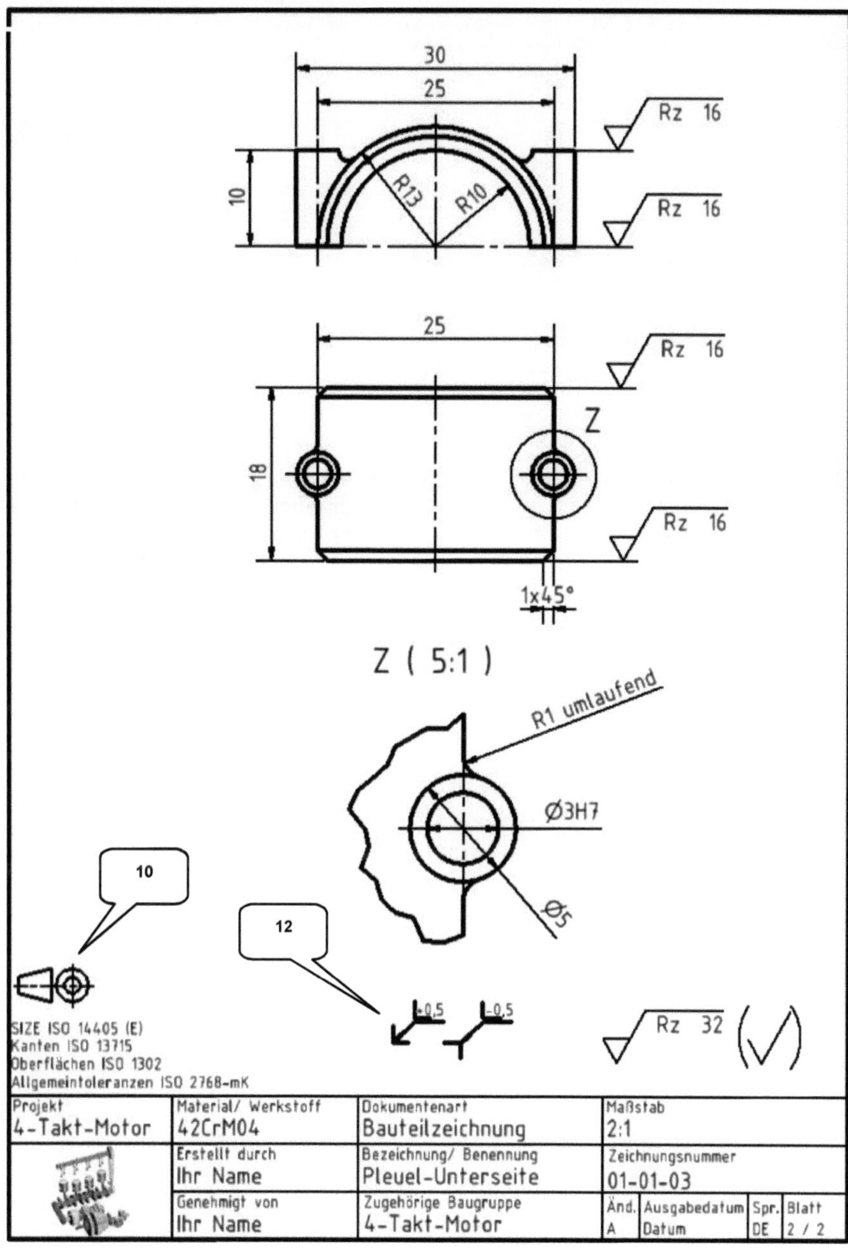

Der Bereich der Zeichnungsableitung kann jetzt verlassen werden. ***Speichern*** Sie die Datei und ***schließen*** Sie sie abschließend.

9 PRÄSENTATION / Explosionsdarstellung

9.1 Erstellen einer neuen Präsentation

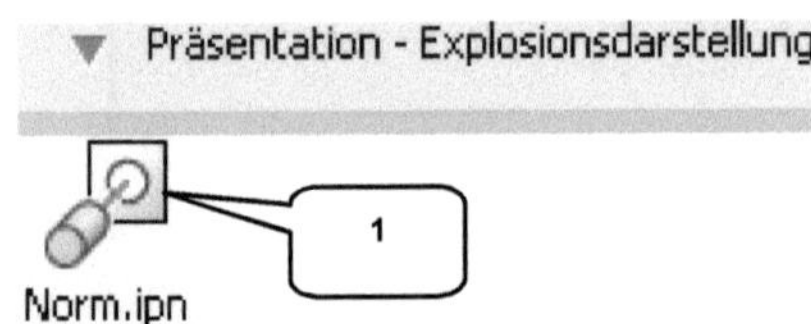

Erstellen Sie eine Präsentation (Norm.ipn) und ***speichern*** Sie sie unter der Bezeichnung ***BG_Nockenwelle***.

- Neu
- ***Norm.ipn*** (1)
- Erstellen ***Erstellen***
- Speichern [BG_Nockenwelle]

9.2 Das Register PRÄSENTATION im Überblick

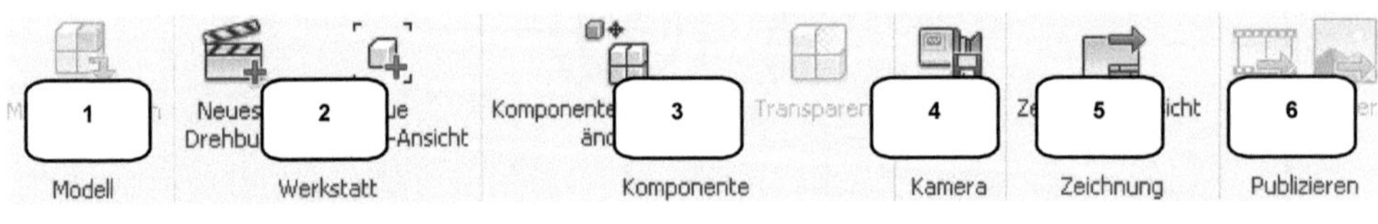

OPTIONEN

1) Baugruppen platzieren
2) Animationsabläufe definieren
3) Komponentenpositionen ändern
4) Kameraposition ändern
5) Ansicht als Zeichnung ableiten
6) Video erzeugen/ Bild rendern

In einer ***Präsentation*** können die Bauteile einer Baugruppe aus der montierten Ausgangsdarstellung in eine gesprengte Darstellung geändert werden. Das Ergebnis kann animiert und als Video abgespeichert, oder als Bild gerendert werden.

9.3 Einfügen der Baugruppe BG_Nockenwelle

In der folgenden Übung ist die Baugruppe ***BG_Nockenwelle*** in ihre Einzelteile zu zerlegen. Im ersten Schritt muss die Baugruppendatei eingefügt werden. Das Fenster ***Einfügen*** sollte automatisch erscheinen. Sollten Sie das Fenster bereits geschlossen haben, kann alternativ der Befehl Modell einfügen gestartet werden.

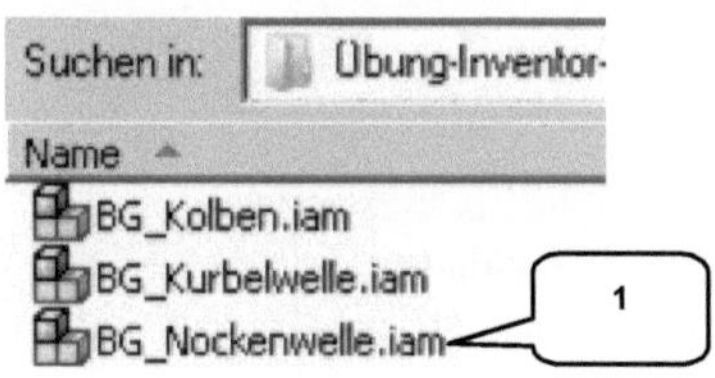

- Auswahl: BG_Nockenwelle (1)
- Öffnen ***Öffnen***

Die Baugruppe wird automatisch einmal im Zeichenbereich abgelegt.

9.4 Komponentenposition ändern

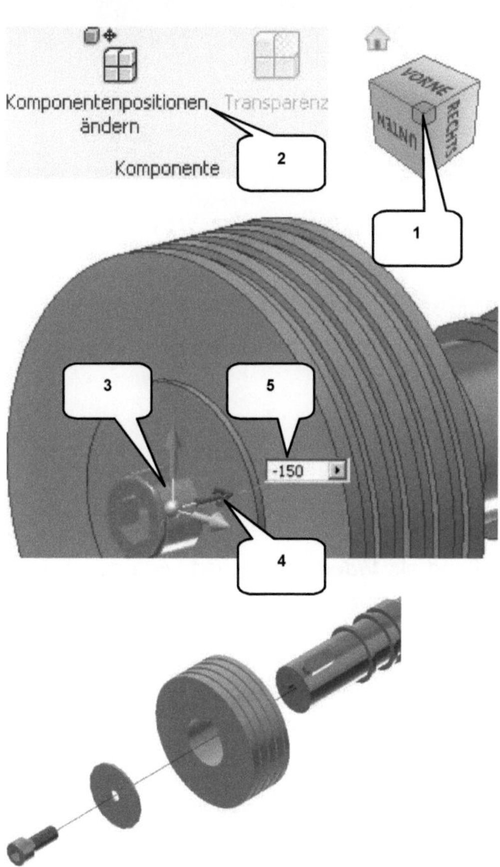

Die einzelnen Komponenten müssen jetzt verschoben werden.

- ***ViewCube***-Ansicht: ***ECKE*** zwischen den Seiten ***VORNE***, ***RECHTS*** und ***UNTEN*** (1)

- Komponentenposition (2)
- Schraube (3) wählen
- Auf markierten Pfeil klicken (4)
- Abstand: [-150 mm] eintragen (5)
- Taste: ENTER

- Komponentenposition (2)
- Scheibe (6) wählen
- Auf markierten Pfeil klicken (7)
- Abstand: [-100 mm] eintragen (8)
- Taste: ENTER

- Komponentenposition (2)
- Riemenscheibe (9) wählen
- Auf markierten Pfeil klicken (10)
- Abstand: [-50 mm] eintragen (11)
- Taste: ENTER

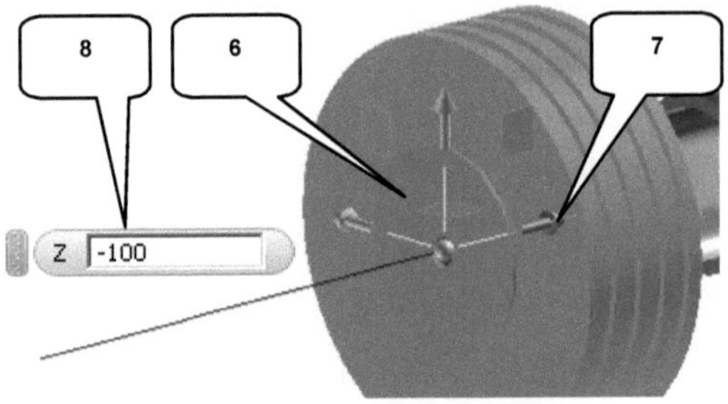

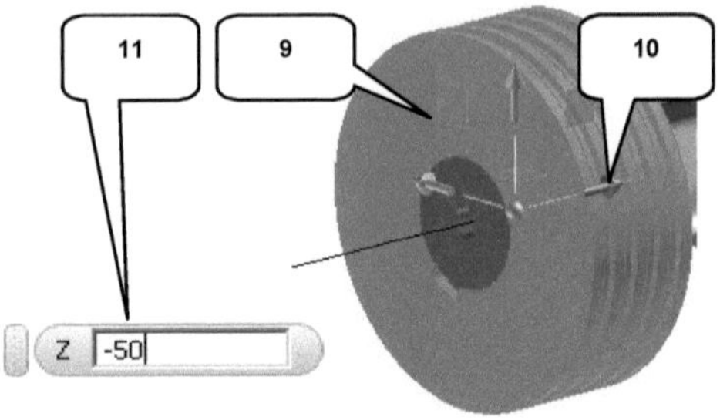

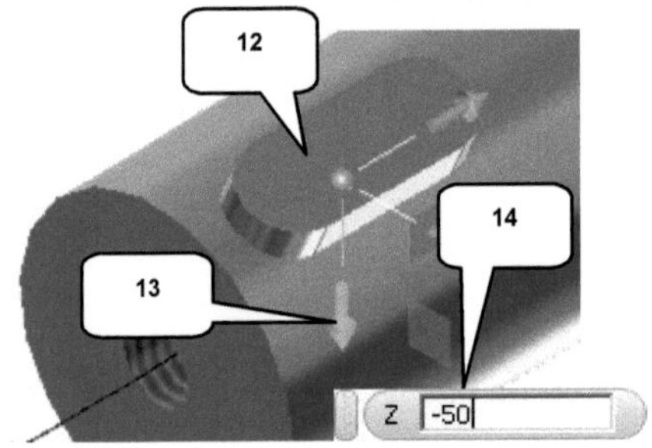

- Komponentenposition (2)
- Passfeder (12) wählen
- Auf markierten Pfeil klicken (13)
- Abstand: [-50 mm] eintragen (14)
- Taste: ENTER

9.5 Animation der Explosionsdarstellung

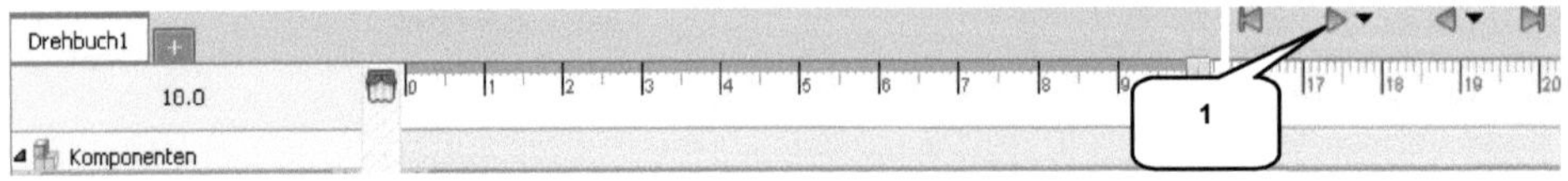

Die Explosion soll jetzt ***animiert*** und anschließend als ***Video*** gespeichert werden. Im unteren Bereich des Programms wird die Animationssequenz abgebildet. Starten Sie hier die Animation und lassen Sie sie einmal vollständig durchlaufen. Im Anschluss daran kann das Video erzeugt werden (Befehlsgruppe ***Publizieren***, Befehl Video).

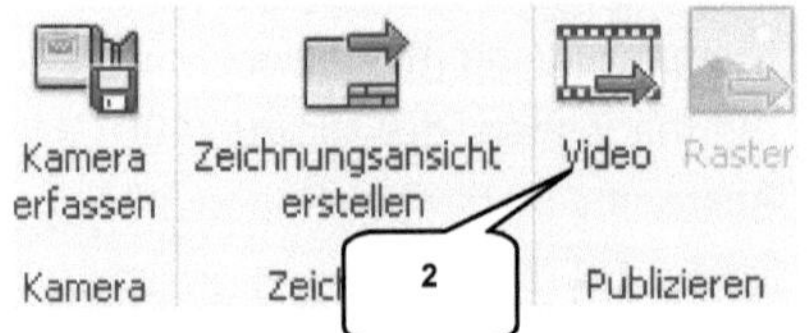

- Aktuelles Drehbuch wiedergeben (1)
- Befehlsgruppe: ***Publizieren***
- Video (2)

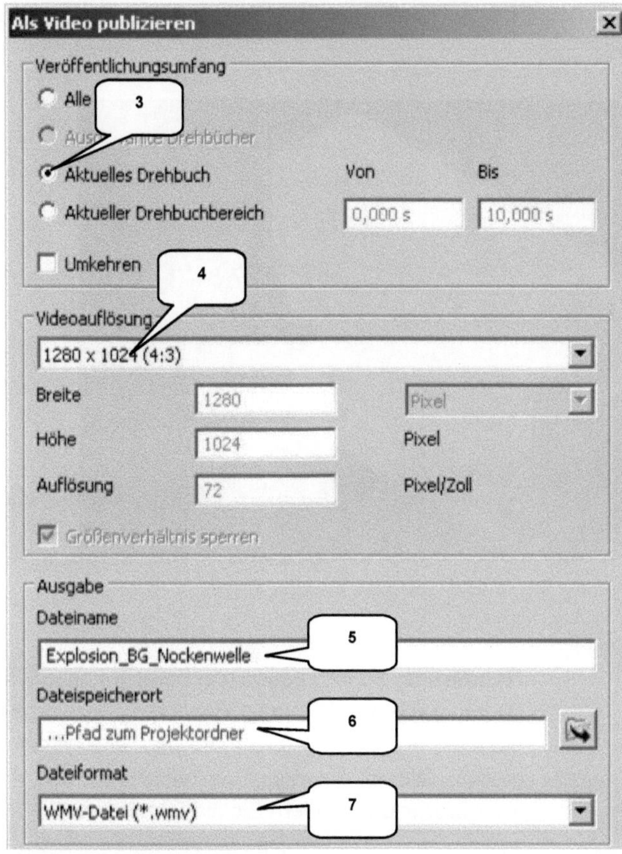

- Auswahl: Aktuelles Drehbuch (3)
- Auflösung: 1280 x 1024 (4)
- Dateiname: Explosion_ BG_Nockenwelle (5)
- Dateispeicherort: ...Pfad zum Projektordner (6)
- Dateiformat: WMV-Datei (7)
- OK ***OK***

Das Video kann im Anschluss daran im Projektordner geöffnet und dort geöffnet werden.

Speichern und ***schließen*** Sie die Datei abschließend.

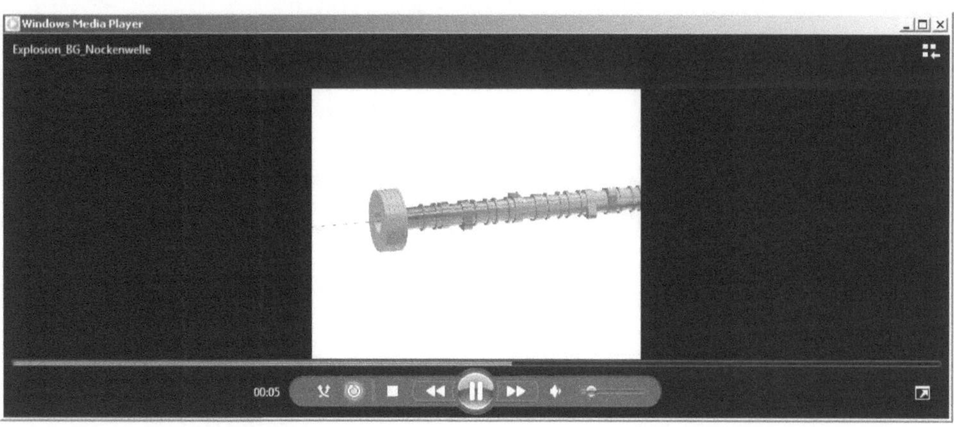

10 RENDERN eines BILDES

10.1 Inventor Studio

Rendern ist die fotorealistische Berechnung eines Bildes durch den PC, unter Beachtung der vorgegebenen Parameter (Licht, Farben und Hintergrund). Öffnen Sie die Hauptbaugruppe ***BG_4-Takt-Motor*** und rendern Sie ein Bild davon.

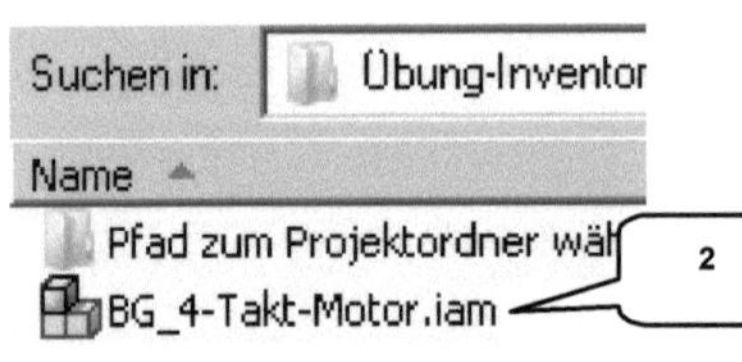

- Öffnen (1)
- Auswahl: BG_4_Takt-Motor (2)
- Öffnen ***Öffnen***
- Register: ***Umgebungen***

- Register: ***Umgebungen***
- Inventor Studio (3)

Wählen Sie am ***ViewCube*** eine passende Ansicht.

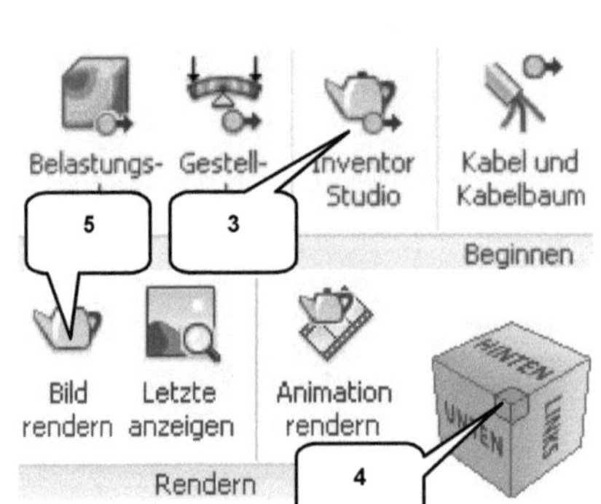

- **ViewCube**-Ansicht: ***Ecke*** zwischen den Seiten ***UNTEN***, ***LINKS*** und ***HINTEN*** (4)

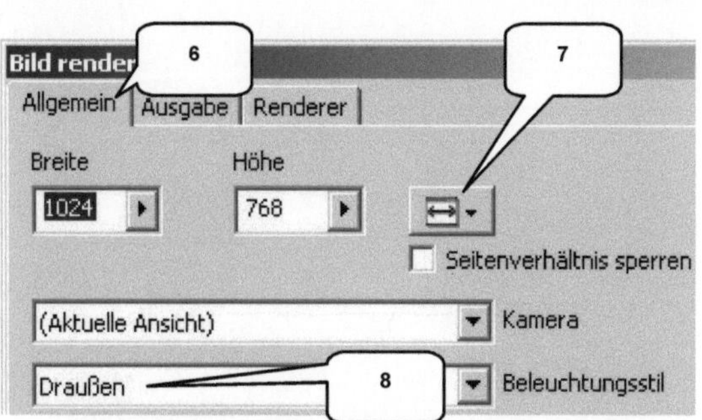

- Bild rendern (5)
- Reiter: Allgemein (6)
- Größe: 1024 x 768 wählen (7)
- Beleuchtung: Draußen (8)
- Rendern ***Rendern***

- Speichern (9)

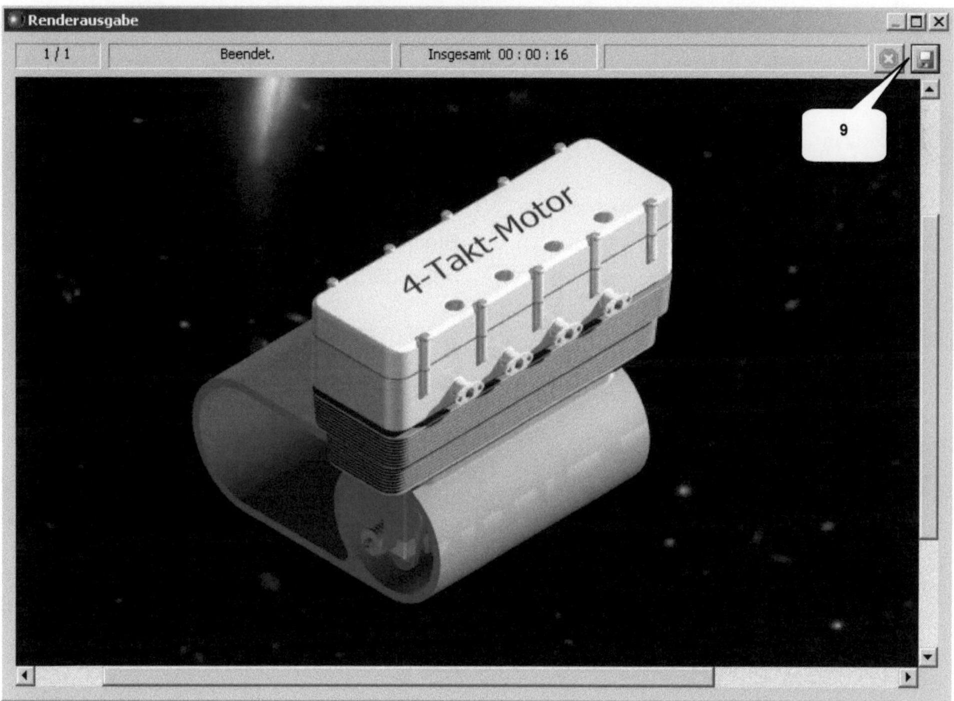

Blenden Sie einige Bauteile wie z. B. ***Ventildeckel***, ***Zylinderkopf***, ***Zylinderblock*** und ***Motorgehäuse*** aus, um auch Aufnahmen vom Inneren der Hauptbaugruppe zu bekommen.

Speichern Sie die Hauptbaugruppe danach und ***schließen*** Sie sie anschließend.

11 BLECHBEARBEITUNG

11.1 Erstellen einer neuen Datei

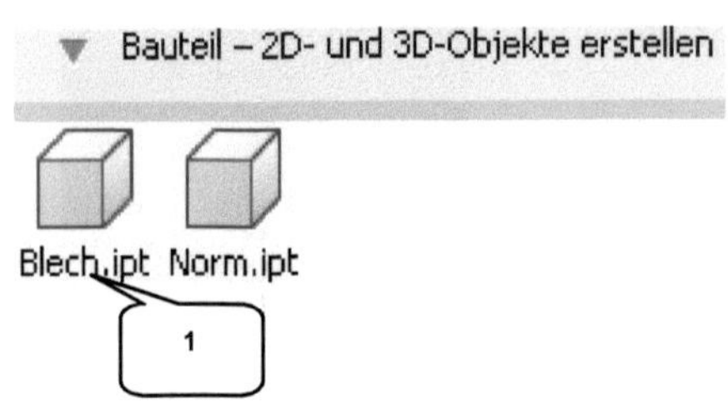

Erstellen Sie ein neues Bauteil, diesmal als Blechteil (Blech.ipt) und ***speichern*** Sie es unter der Bezeichnung ***Blechwanne***.

- Neu
- ***Blech.ipt*** (1)
- Erstellen ***Erstellen***
- Speichern [Blechwanne]

11.2 Das Register BLECH im Überblick

OPTIONEN

1) Neue Skizzen erstellen
2) Skizze in Blechkörper konvertieren
3) Vorhandene Bleche bearbeiten
4) Ebenen, Achsen, Punkte erzeugen
5) Muster (rechteckig, polar, gespiegelt)
6) Blechstandards bearbeiten
7) Blechabwicklungen erstellen
8) Parameter
9) Abstände, Winkel, Konturen, Flächen messen

11.3 Die Blechwanne

11.3.1 Zeichnen der Basisskizze

Die folgende Übung soll ein kleiner Ausflug in den ***Blechbereich*** sein. Für den Motor soll eine Blechwanne konstruiert werden, die während Montagearbeiten (bspw. zum Auffangen von Flüssigkeiten) unter den Motor geschoben werden könnte. Zeichnen Sie im Skizzenbereich zuerst das folgende Rechteck:

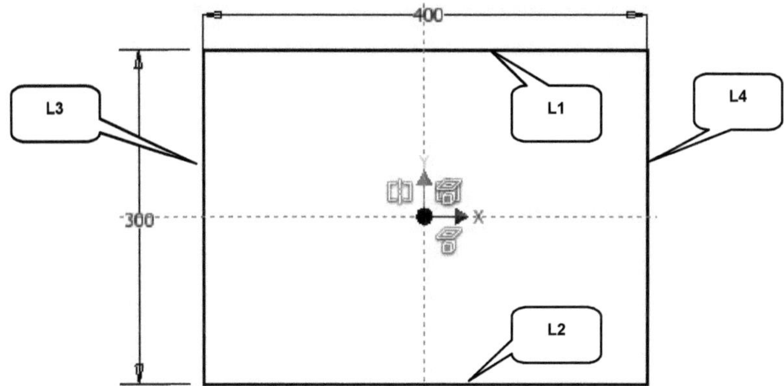

- Geometrie projizieren
- Konstruktion aktivieren
- Ordner ***Ursprung*** öffnen
- 3 Achsen anklicken
- Konstruktion deaktivieren
- Taste: ESC

- Rechteck
- Das oben dargestellte Rechteck (400 x 300 mm) zeichnen, bemaßen
- Taste: ESC

- Symmetrie
- Nacheinander Linie (L1), Linie (L2) und die projizierte X-Achse wählen
- Taste: ESC

- Symmetrie
- Nacheinander Linie (L3), Linie (L4) und die projizierte Y-Achse wählen
- Taste: ESC

- Skizze fertigstellen

11.3.2 Fläche extrudieren

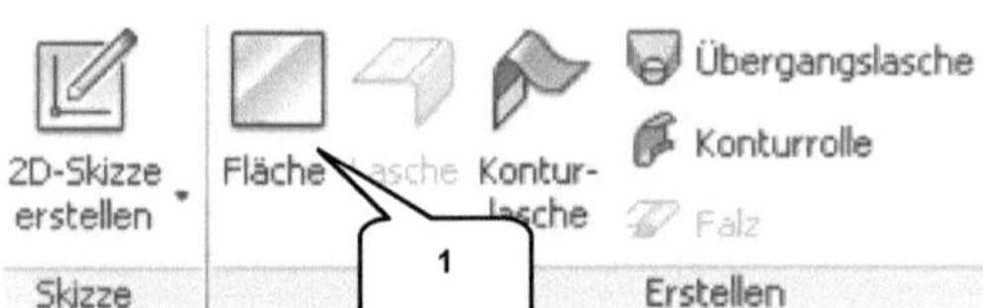

Der Befehl Fläche (1) fügt einer geschlossen Kontur aus einer 2D-Skizze Material hinzu und konvertiert sie dadurch in einen Blechkörper.

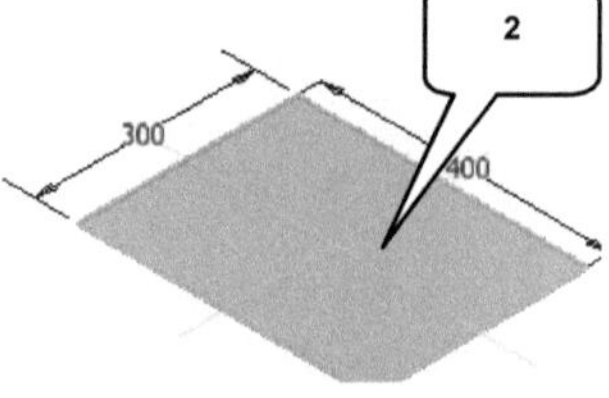

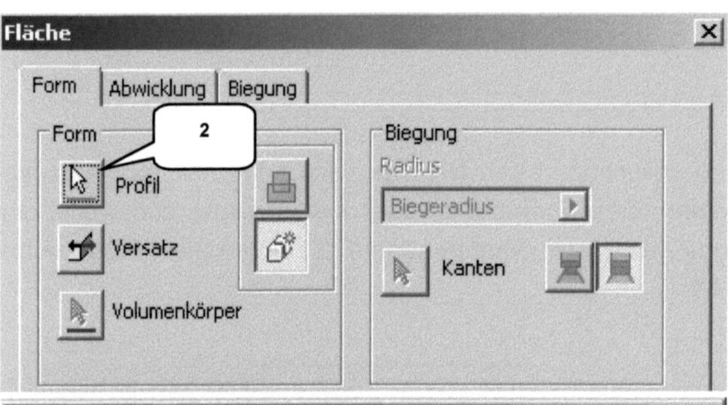

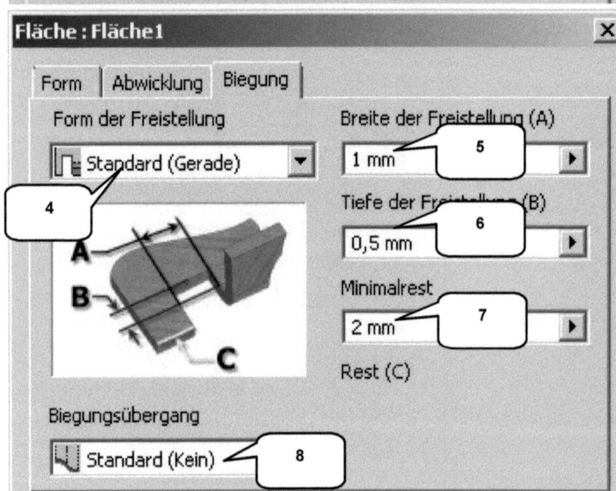

- ➢ Fläche (1)

- ➢ Reiter: Form
- ➢ Profil: Rechteck (2)

- ➢ Reiter: Abwicklung
- ➢ Regel: Standard (3)

- ➢ Reiter: Biegung
- ➢ Form: Standard (4)
- ➢ Breite: [1 mm] (5)
- ➢ Tiefe: [0,5 mm] (6)
- ➢ Rest: [2 mm] (7)
- ➢ Übergang: Standard (8)
- ➢ OK ***OK***

HINWEIS: Die Blechstärke selbst kann hier nicht festgelegt werden. Sie ist in den Blechstandards zu definieren.

Die aktuelle ***Blechstärke*** von 0,5 mm soll jetzt geändert werden.

11.3.3 Definition der Blechstärke in den Blechstandards

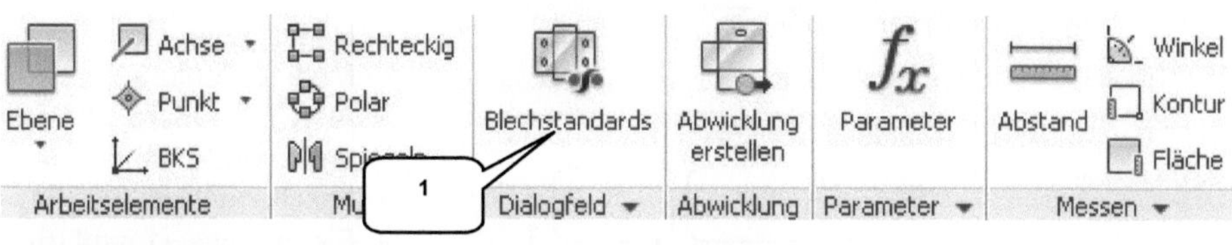

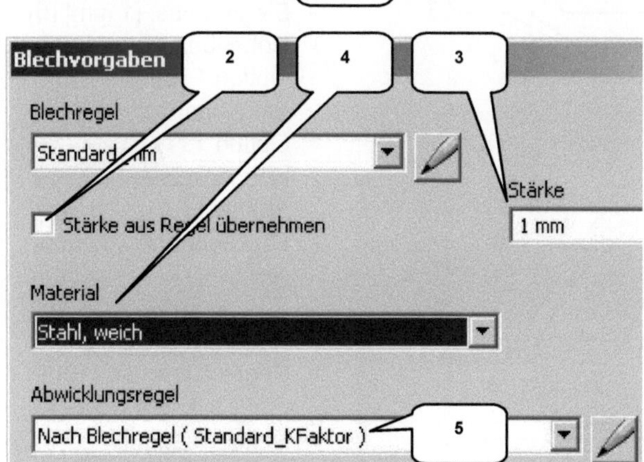

Ändern Sie die ***Blechstärke*** auf ***1 mm***.

- Blechstandards (1)
- Deaktivieren: Stärke aus Regel übernehmen (2)
- Stärke: [1 mm] (3)
- Material: Stahl, weich (4)
- Abwicklungsregel: Nach Blechregel (5)
- OK ***OK***

11.3.4 Hinzufügen von Laschen an den oberen vier Blechkanten

Die vier Seiten des Bleches sollen jeweils um eine ***Lasche*** ergänzt werden.

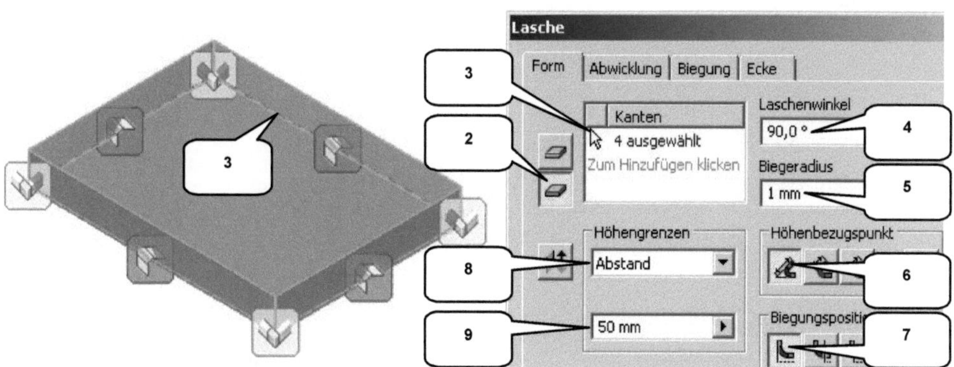

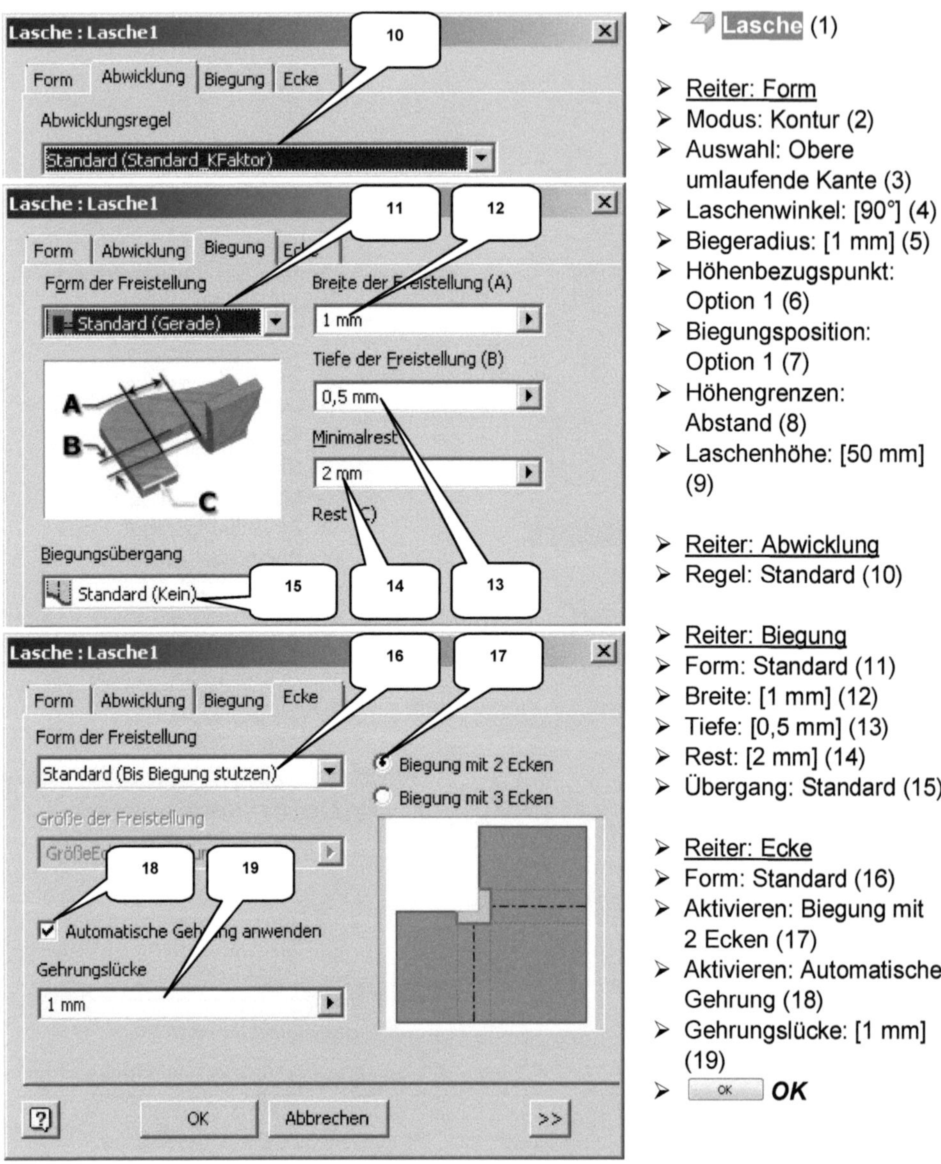

- Lasche (1)

- Reiter: Form
- Modus: Kontur (2)
- Auswahl: Obere umlaufende Kante (3)
- Laschenwinkel: [90°] (4)
- Biegeradius: [1 mm] (5)
- Höhenbezugspunkt: Option 1 (6)
- Biegungsposition: Option 1 (7)
- Höhengrenzen: Abstand (8)
- Laschenhöhe: [50 mm] (9)

- Reiter: Abwicklung
- Regel: Standard (10)

- Reiter: Biegung
- Form: Standard (11)
- Breite: [1 mm] (12)
- Tiefe: [0,5 mm] (13)
- Rest: [2 mm] (14)
- Übergang: Standard (15)

- Reiter: Ecke
- Form: Standard (16)
- Aktivieren: Biegung mit 2 Ecken (17)
- Aktivieren: Automatische Gehrung (18)
- Gehrungslücke: [1 mm] (19)
- OK ***OK***

Die Laschen sollen zusätzlich mit einem ***Falz*** versehen werden.

11.3.5 Falzen

Fügen Sie den vier Laschen nacheinander jeweils einen ***Falz*** hinzu.

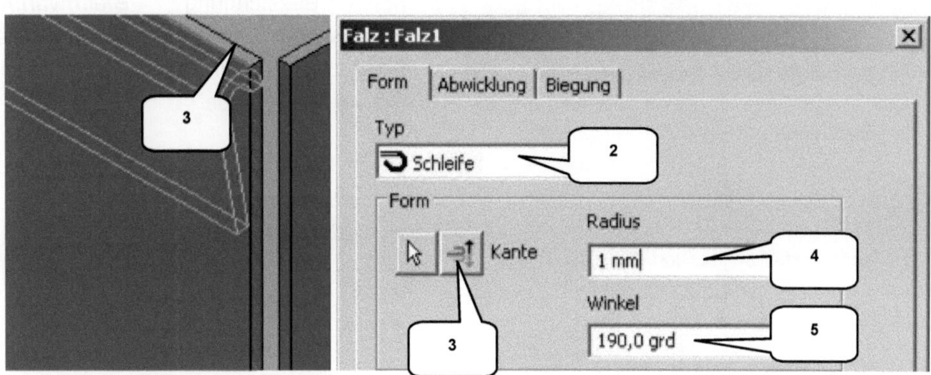

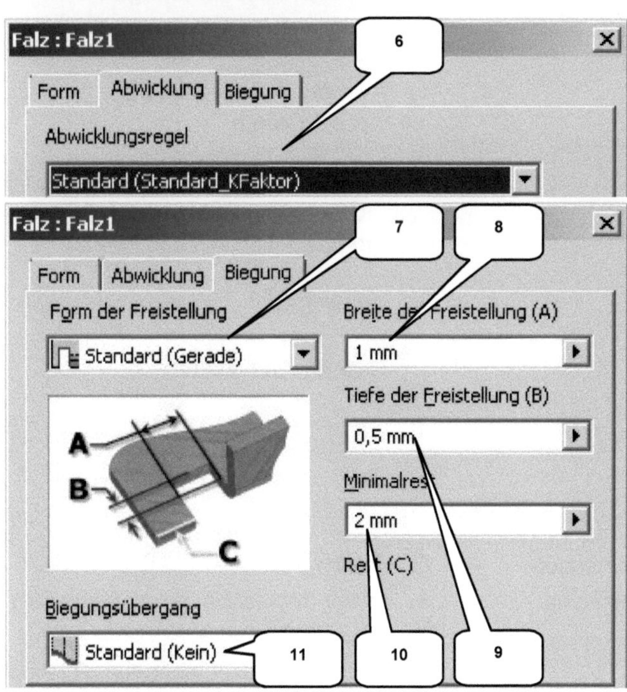

- Falz (1)

- Reiter: Form
- Typ: Schleife (2)
- Auswahl: Außenkante einer der vier Laschen (3)
- Radius: [1 mm] (4)
- Winkel: [190°] (5)

- Reiter: Abwicklung
- Regel: Standard (6)

- Reiter: Biegung
- Form: Standard (7)
- Breite: [1 mm] (8)
- Tiefe: [0,5 mm] (9)
- Rest: [2 mm] (10)
- Übergang: Standard (11)
- OK ***OK***

Falzen Sie die restlichen 3 Laschen, ***speichern*** und ***schließen*** Sie die Datei.

12 SCHWEISSKONSTRUKTION

12.1 Erstellen einer neuen Schweißbaugruppe

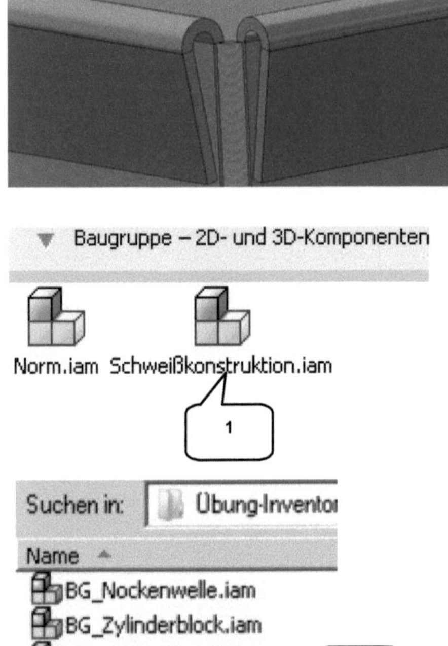

Erstellen Sie eine neue Baugruppe, als Schweißbaugruppe (Schweißkonstruktion.iam) und ***speichern*** Sie diese unter der Bezeichnung ***Blechwanne-geschweißt***. Importieren Sie anschließend das Bauteil ***Blechwanne*** in die Schweißbaugruppe.

- Neu
- ***Schweißkonstruktion.iam*** (1)
- ***Erstellen***

- Speichern
- Name: [Blechwanne-geschweißt]

- Register: ***Zusammenfügen***

- Platzieren
- Auswahl: Blechwanne (2)
- ***Öffnen***

Die Blechwanne sollte sich automatisch am Koordinatenursprung der Schweißbaugruppe ausrichten und fixieren.

- Taste: ESC

- Register: ***Schweißen***

12.2 Das Register SCHWEISSEN im Überblick

OPTIONEN

1) Schweißnähte/ Vorarbeiten erzeugen
2) Schweißnahtdefinition, -berechnung
3) Skizzen erstellen
4) Volumenkörperbearbeitung
5) Ebenen, Achsen, Punkte erstellen
6) Muster (rechteckig, polar, gespiegelt)
7) Parameter
8) Abstände, Winkel, Konturen, Flächen

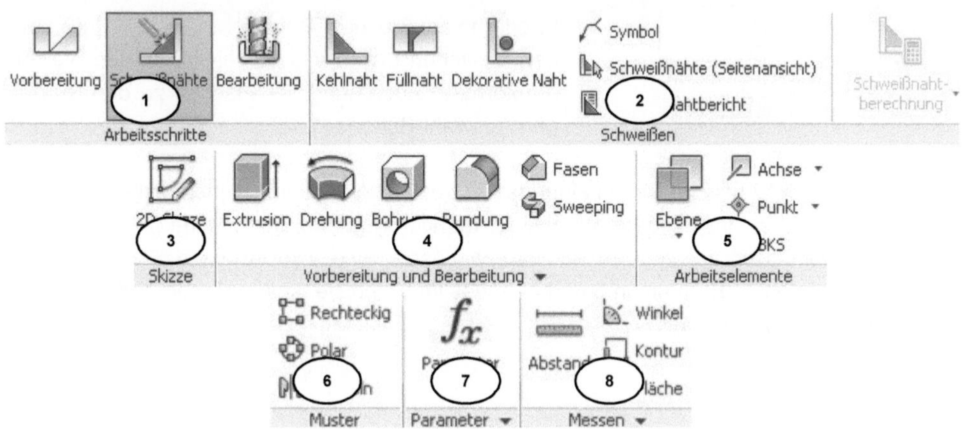

12.3 Einfügen der Schweißverbindungen

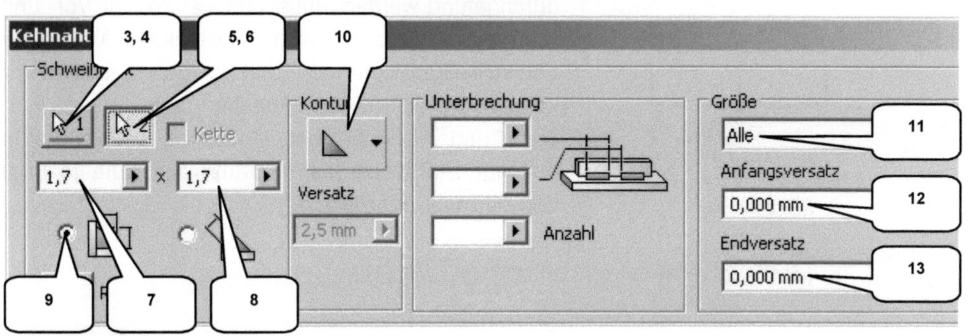

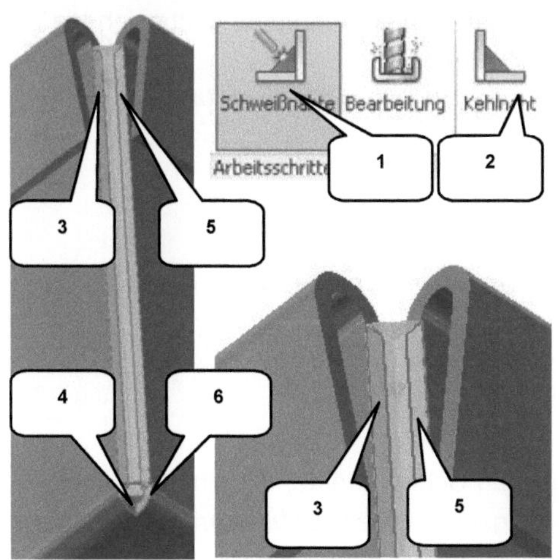

- Schweißnähte (1)
- Kehlnaht (2)
- Auswahl 1: Flächen (3, 4) wählen
- Auswahl 2: Flächen (5, 6) wählen
- Schenkel 1: [1,7 mm] eingeben (7)
- Schenkel 2: [1,7 mm] eingeben (8)
- Aktivieren: Schenkellängen (9)
- Kontur: Flach (10)
- Größe: Alle (11)
- Anfangsversatz: [0 mm] (12)
- Endversatz: [0 mm] (13)
- OK ***OK***

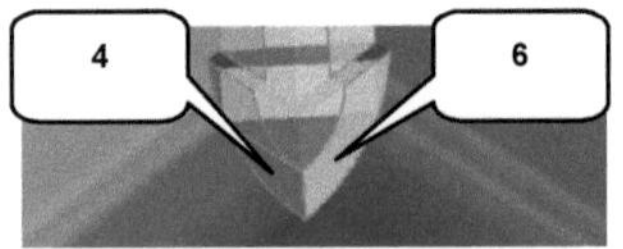

Wiederholen Sie den Befehl **Kehlnaht** (2) bei den restlichen Ecken des Blechteils. Achten Sie auf die korrekte Zuordnung der Flächen zu den jeweiligen Auswahl-Buttons (1, 2).

HINWEIS: Bei der Auswahl der miteinander zu verschweißenden Flächen sollte darauf geachtet werden, dass das Programm nach der Markierung der ersten Fläche (z. B. Fläche 3) eventuell automatisch zur zweiten Auswahl wechselt. Sind also in einem Schritt mehrere Flächen zu wählen (z. B. Flächen 3 und 4), muss im Befehlsfenster in diesem Fall erneut die Auswahl 1 aktiviert werden.

12.4 Generieren eines Schweißnahtberichtes

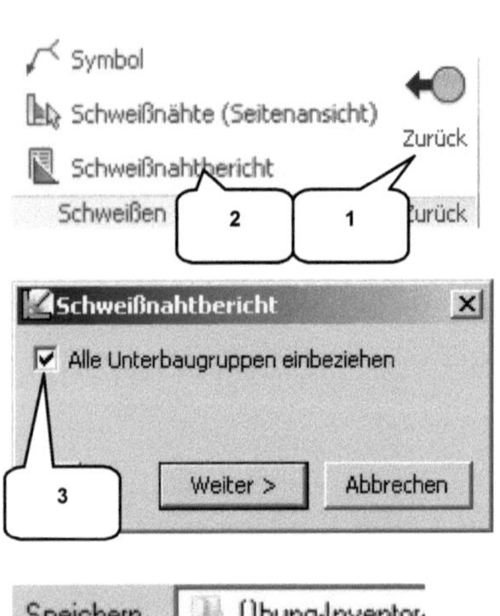

Schweißen ist eine sehr kostenintensive Bearbeitungsmethode, da sie in der Praxis oft von Hand durchgeführt werden muss, und viel Zeit für Vor- und Nacharbeit erfordert. Um die Kostenkalkulation einer Schweißbaugruppe möglichst präzise gestalten zu können, werden genaue Angaben über Längen, Flächen und Volumen der einzelnen Schweißnähte benötigt. Hier bietet das Programm eine gute Lösung: den ***Schweißnahtbericht***.

- **Zurück** (1)
- **Schweißnahtbericht** (2)
- Aktivieren: Alle Unterbaugruppen einbeziehen (3)
- ***Weiter***
- Dateiname: [Schweißnahtbericht] (4)

Speichern | Übung-Inventor
Name
OldVersions
Parameter.xls
Schweißnahtbericht.xls
4
5

ID	Typ	Länge	Maßeinheit	Masse	Maßeinheit	Fläche	Maßeinheit	Volumen	Maßeinheit
Kehlnaht 1	Kehlnaht	47,468	mm	1,84E-04	kg	277,645	mm^2	67,992	mm^3
Kehlnaht 3	Kehlnaht	47,468	mm	1,84E-04	kg	277,645	mm^2	67,992	mm^3
Kehlnaht 4	Kehlnaht	47,468	mm	1,84E-04	kg	277,645	mm^2	67,992	mm^3

Der tabellarische Bericht (5) enthält alle vorhandenen Schweißnähte, mit einigen wichtigen, für eine Kostenkalkulation notwendigen Berechnungsgrundlagen. ***Schließen*** Sie die Tabelle, ***speichern*** Sie die Schweißbaugruppe und ***schließen*** Sie auch diese sie.

13 PARAMETRISCHE ABHÄNGIGKEITEN

13.1 Parameter - Grundlagen

Die bisher erzeugten Skizzen, Bauteile und Baugruppen wurden mit festen Werten bemaßt. Eine andere Möglichkeit der Konstruktion ist das Arbeiten mit ***Parametern***. Werden Maße durch Gleichungssysteme ersetzt, dann entstehen kleine Prozessketten, die dazu verwendet werden können, um z. B. wiederkehrende logische Schritte vom Programm automatisch berechnen zu lassen. In der folgenden Übung soll die Skizze einer Bauteildatei parametrisiert werden. Die Skizze soll dann mehrfach exportiert und weiterverarbeitet werden, und die resultierenden Bauteile werden anschließend über die Quelldatei gesteuert.

13.2 Parametrisieren und Ableiten von Konturen einer Skizze

13.2.1 Basisskizze

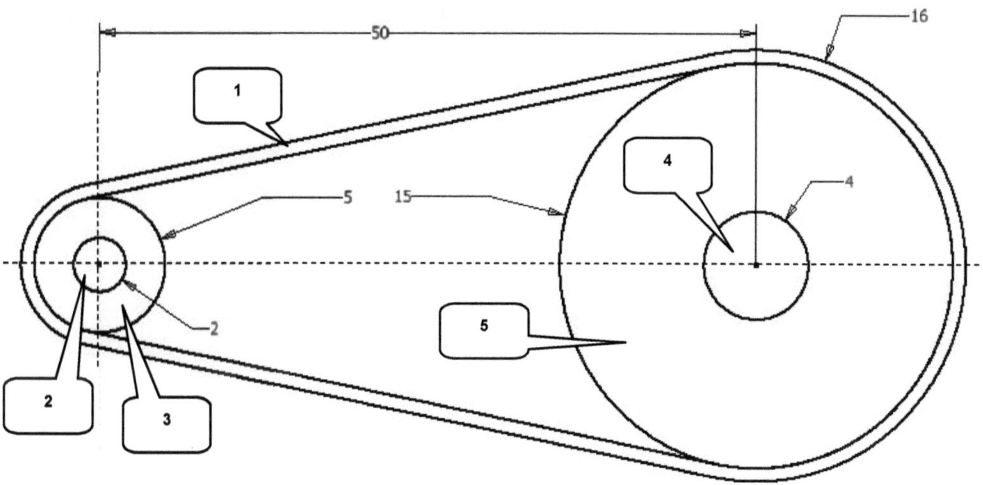

1) Riemen 2) Antriebswelle 3) Antriebsrad 4) Abtriebswelle 5) Abtriebsrad

Öffnen Sie die Datei ***Parameter-Basisskizze*** im Projektordner. Darin finden Sie eine Skizze mit einem vereinfacht dargestellten Riementrieb (s. o.).

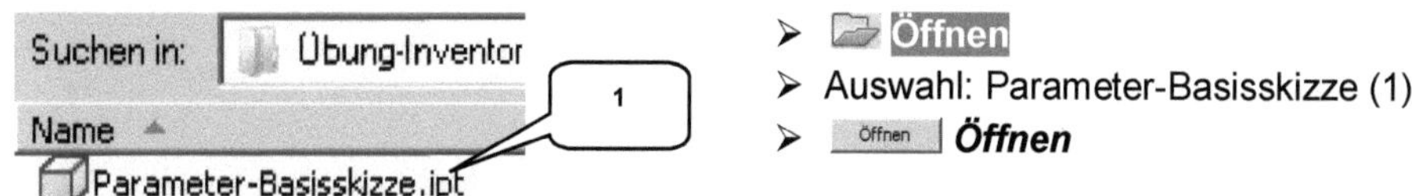

- Öffnen
- Auswahl: Parameter-Basisskizze (1)
- ***Öffnen***

13.2.2 Parameter bearbeiten

Starten Sie den Befehl f_x Parameter. In der ersten Spalte (Parametername) finden Sie die Modellparameter. Hier wurde vom Programm jedem Skizzenmaß eine Kurzbezeichnung zugewiesen (d2...d11), die jetzt geändert werden müssen. In der dritten Spalte (Gleichung) finden Sie die zugeordneten Bemaßungen, welche durch Gleichungen zu ersetzen sind.

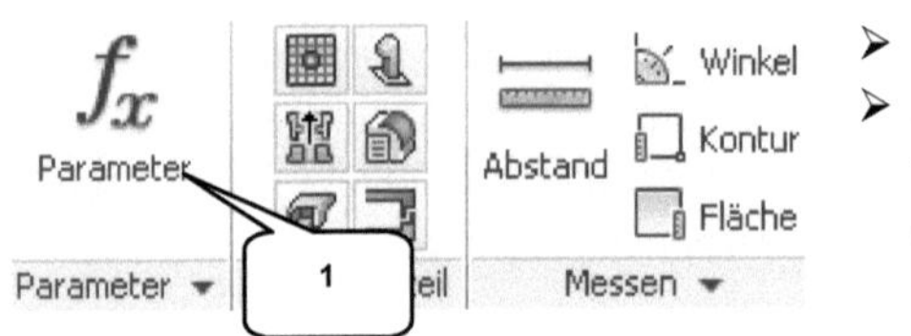

- f_x Parameter (1)
- ***Parameternamen*** (d2...d11) der ersten Spalte ändern wie in der folgenden Tabelle dargestellt:

Parametername (ALT) (2)	***Parametername (NEU)*** (3)
d2	Abstand
d7	Radius_Riemen
d8	Radius_Abtriebsrad
d9	Radius_Antriebsrad
d10	Radius_Antriebswelle
d11	Radius_Abtriebswelle

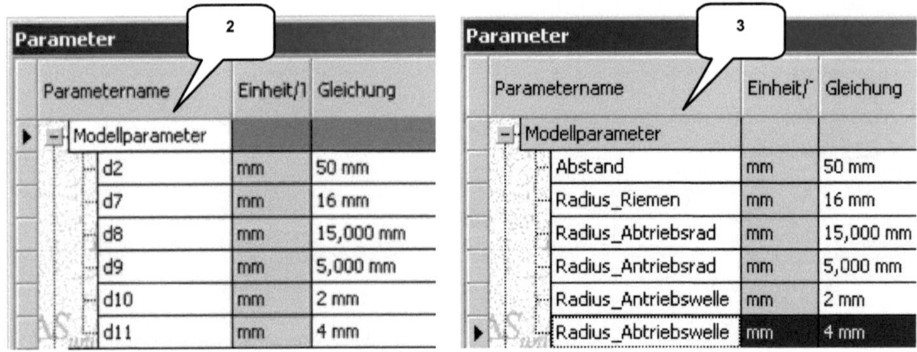

Fügen Sie jetzt drei ***Benutzerparameter*** hinzu, die als Schnittstelle zwischen Skizzen- und Modellbereich dienen sollen.

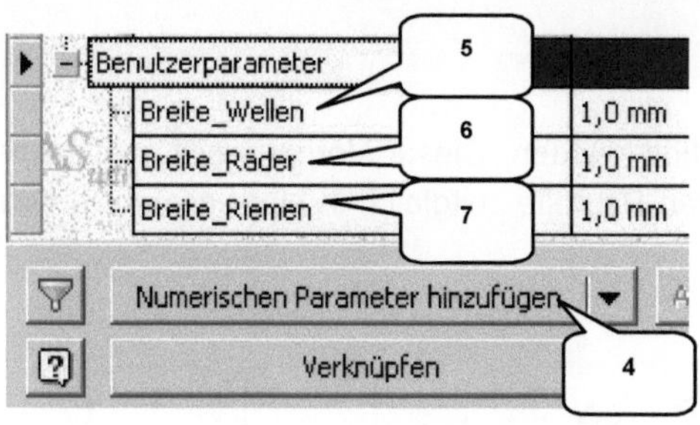

- ➢ ***Numerischen Parameter...*** (4)
- ➢ Name: [Breite_Wellen] (5)
- ➢ Taste: **ENTER**
- ➢ ***Numerischen Parameter...*** (4)
- ➢ Name: [Breite_Räder] (6)
- ➢ Taste: **ENTER**
- ➢ ***Numerischen Parameter...*** (4)
- ➢ Name: [Breite_Riemen] (7)
- ➢ Taste: **ENTER**

Die Inhalte der Spalte ***Gleichung*** (8) sind wie folgt zu ändern:

Parametername	**Gleichung *(NEU)*** (8)
Abstand	10 oE * Radius_Antriebsrad
Radius_Riemen	(0,5 oE * Radius_Abtriebswelle) + Radius_Abtriebsrad
Radius_Abtriebsrad	2,5 oE * Radius_Abtriebswelle
Radius_Antriebsrad	2,5 oE * Radius_Antriebswelle
Radius_Antriebswelle	2 mm
Radius_Abtriebswelle	2 oE * Radius_Antriebswelle
Breite_Wellen	Radius_Abtriebsrad * 2 oE
Breite_Räder	Radius_Abtriebsrad
Breite_Riemen	Radius_Abtriebsrad - 1 mm

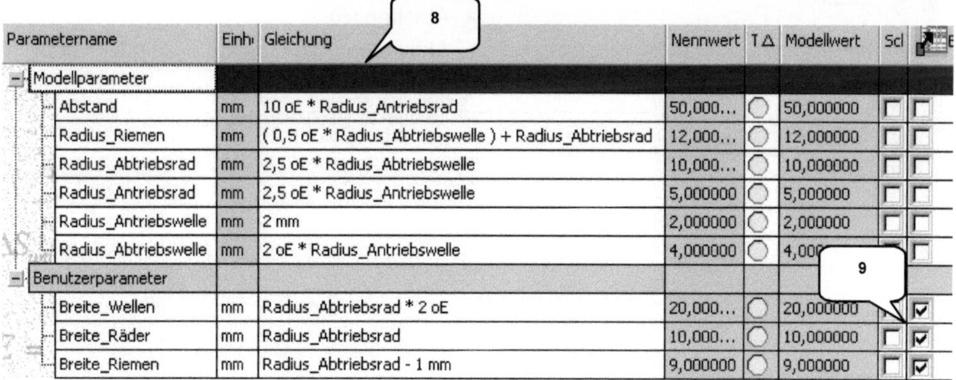

Parametername	Einh	Gleichung	Nennwert	TΔ	Modellwert	Scl
Modellparameter						
Abstand	mm	10 oE * Radius_Antriebsrad	50,000...		50,000000	
Radius_Riemen	mm	(0,5 oE * Radius_Abtriebswelle) + Radius_Abtriebsrad	12,000...		12,000000	
Radius_Abtriebsrad	mm	2,5 oE * Radius_Abtriebswelle	10,000...		10,000000	
Radius_Antriebsrad	mm	2,5 oE * Radius_Antriebswelle	5,000000		5,000000	
Radius_Antriebswelle	mm	2 mm	2,000000		2,000000	
Radius_Abtriebswelle	mm	2 oE * Radius_Antriebswelle	4,000000		4,00	
Benutzerparameter						
Breite_Wellen	mm	Radius_Abtriebsrad * 2 oE	20,000...		20,000000	
Breite_Räder	mm	Radius_Abtriebsrad	10,000...		10,000000	
Breite_Riemen	mm	Radius_Abtriebsrad - 1 mm	9,000000		9,000000	

Markieren Sie die drei Benutzerparameter als ***Exportparameter*** (9) und beenden Sie den Parameter-Manager anschließend mit Fertig ***Fertig***.

13.2.3 Bauteile aus der Basisskizze heraus exportieren

In der folgenden Übung soll die Skizze exportiert werden. Dieser Vorgang soll insgesamt drei Mal durchgeführt und die drei resultierenden Bauteile zeitgleich in einer gemeinsamen Baugruppe platziert werden.

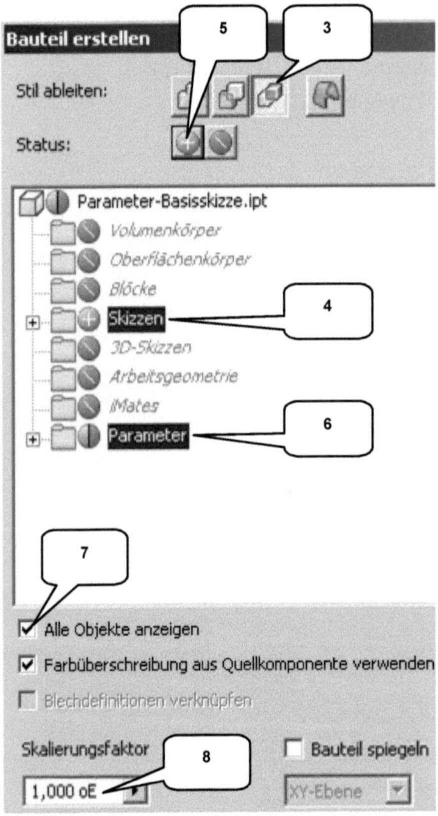

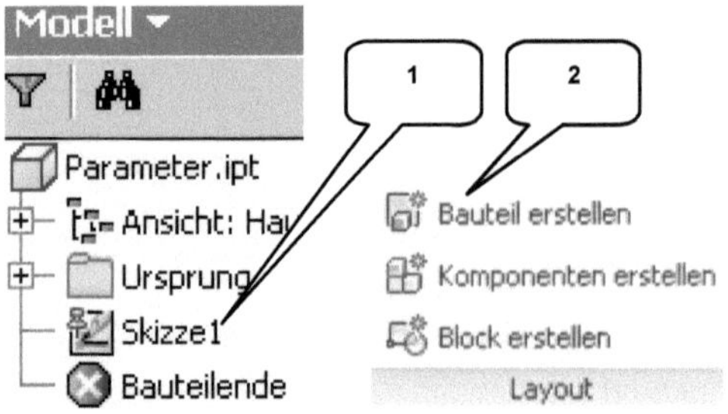

- ***Skizze1*** im Browser doppelklicken (1)

- **Bauteil erstellen** (2)
- (Befehlsgruppe: ***Layout***)
- Stil: Jeden Volumenkörper... (3)
- Markieren: Skizzen (4)
- Ableiten (5)
- Markieren: Parameter (6)
- Ableiten (5)
- Aktivieren: Alle Objekte anzeigen, Farbüberschreibung (7)
- Skalierungsfaktor: [1] (8)

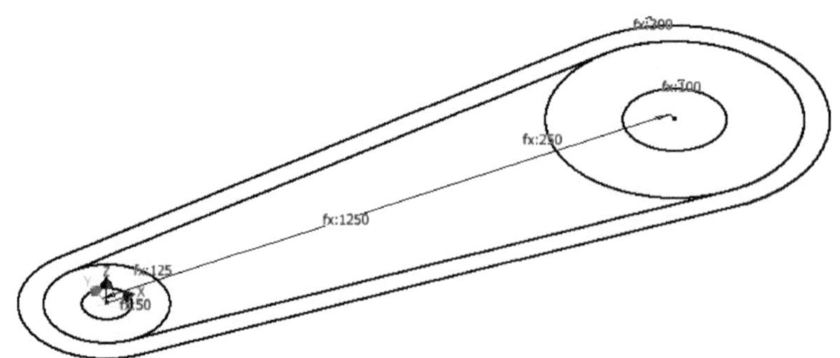

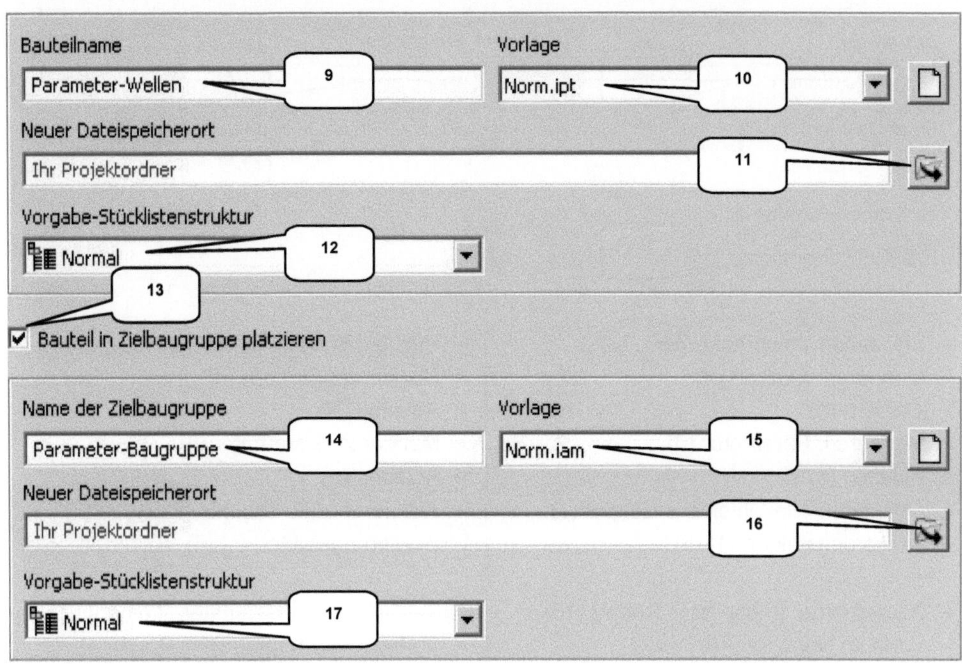

- Bauteilname: [Parameter-Wellen] (9)
- Vorlage: Norm.ipt (10)
- Speicherort: (Ihr Projektordner) (11)
- Stücklistenstruktur: Normal (12)
- Aktivieren: Bauteil in Zielbaugruppe platzieren (13)

- Name der Zielbaugruppe: [Parameter-Baugruppe] (14)
- Vorlage: Norm.iam (15)
- Speicherort: (Ihr Projektordner) (16)
- Stücklistenstruktur: Normal (17)
- Anwenden ***Anwenden*** (nicht ***OK***!)

Wiederholen Sie diese Prozedur zwei weitere Male. Der Befehl darf erst nach dem letzen Schritt durch OK ***OK*** beendet werden!

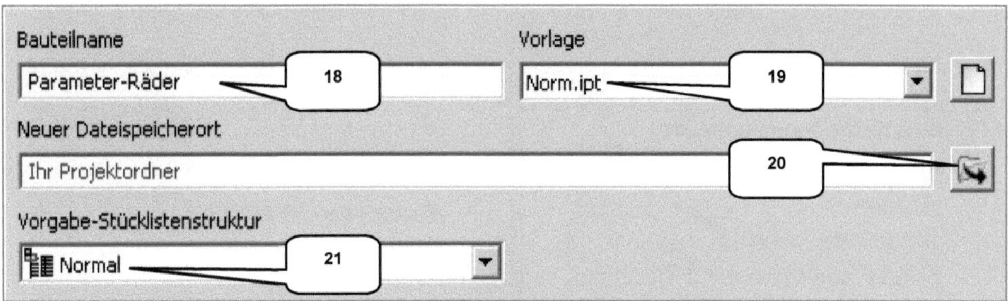

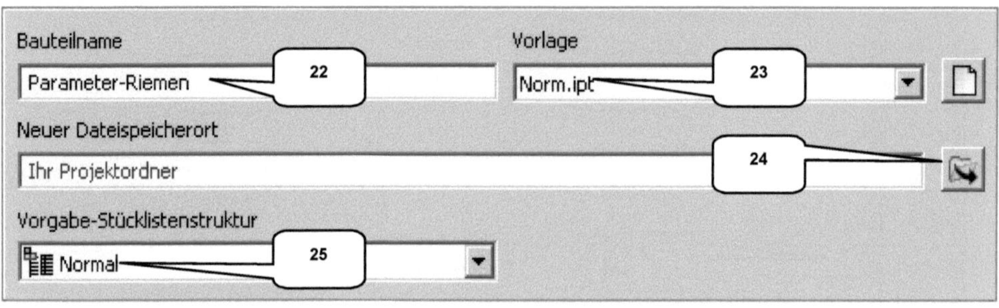

- Stil: Jeden Volumenkörper... (3)
- Markieren: Skizzen (4)
- Ableiten (5)
- Markieren: Parameter (6)
- Ableiten (5)
- Aktivieren: Alle Objekte anzeigen (7)
- Skalierungsfaktor: [1] (8)

- Bauteilname: [Parameter-Räder] (18)
- Vorlage: Norm.ipt (19)
- Speicherort: (Ihr Projektordner) (20)
- Stücklistenstruktur: Normal (21)
- Anwenden ***Anwenden***

- Stil: Jeden Volumenkörper... (3)
- Markieren: Skizzen (4)
- Ableiten (5)
- Markieren: Parameter (6)
- Ableiten (5)
- Aktivieren: Alle Objekte anzeigen (7)
- Skalierungsfaktor: [1] (8)

- Bauteilname: [Parameter-Riemen] (22)
- Vorlage: Norm.ipt (23)
- Speicherort: (Ihr Projektordner) (24)
- Stücklistenstruktur: Normal (25)
- OK ***OK***

Das Programm eröffnet im Hintergrund die neue Baugruppe ***Parameter-Baugruppe***, die im unteren Bereich des Zeichnungsfensters angezeigt wird (26). Wechseln Sie über diese Registerkarte in die neue Baugruppe.

Parameter-Basisski...ipt | Parameter-Baugru...iam | 26

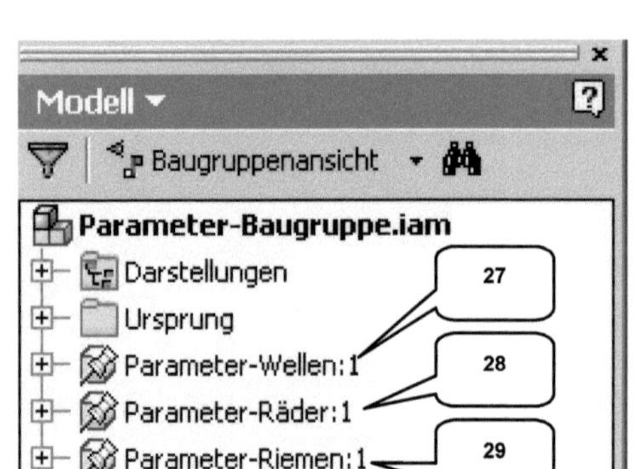

- ***Parameter-Baugruppe*** öffnen (26)

Hier finden Sie im Browser die drei Bauteile:

- ***Parameter-Wellen*** (27)
- ***Parameter-Räder*** (28)
- ***Parameter-Riemen*** (29)

13.3 Parametrische Extrusion der Bauteile

Doppelklicken Sie im Browser das Bauteil ***Parameter-Wellen*** und extrudieren Sie die Wellen.

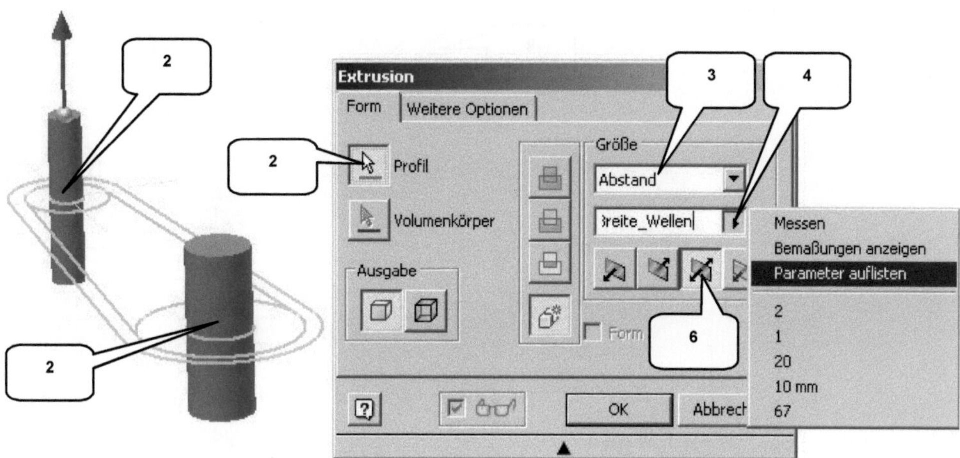

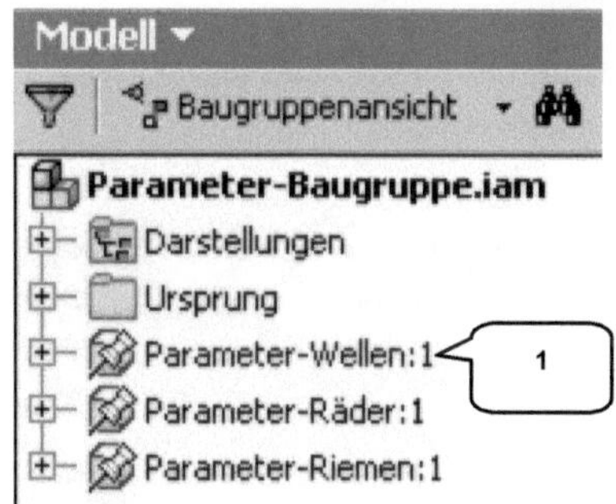

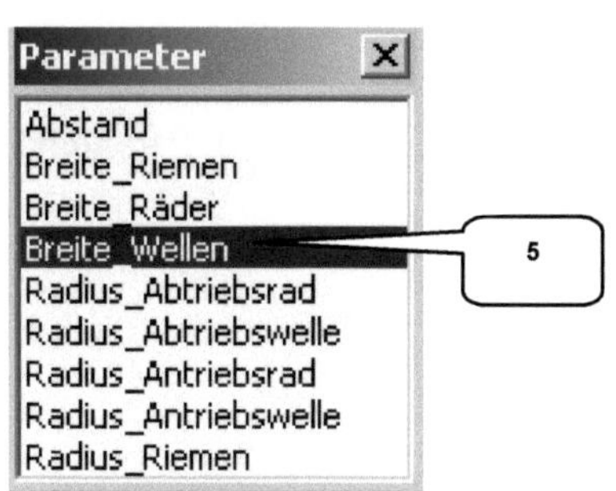

- Doppelklick auf ***Parameter-Wellen*** im Browser (1)

- Extrusion
- Profil: Die kleinen Kreise wählen (2)
- Verfahren: (Automatisch)
- Größe: Abstand (3)
- Auswahl erweitern (4)
- Option: Parameter auflisten
- Parameter: Breite_Wellen (5)
- Richtung: Symmetrisch (6)
- OK ***OK***

- Zurück (Modellbereich verlassen)

Zurück im Baugruppenbereich, kann im Browser das Bauteil ***Parameter-Räder*** per Doppelklick geöffnet und bearbeitet werden.

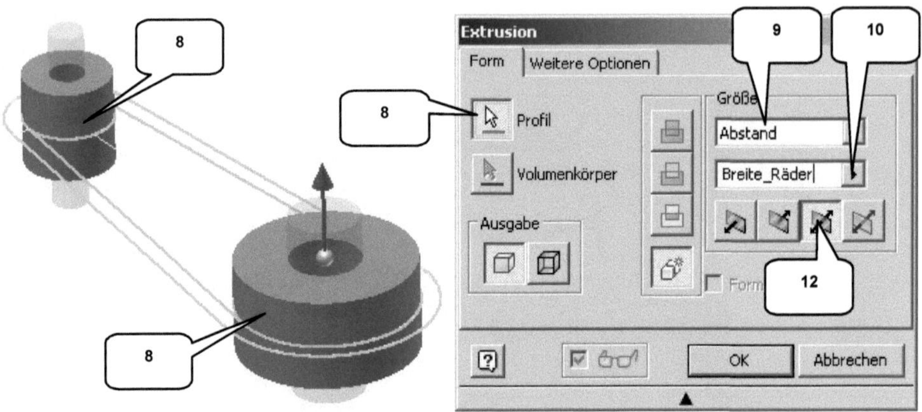

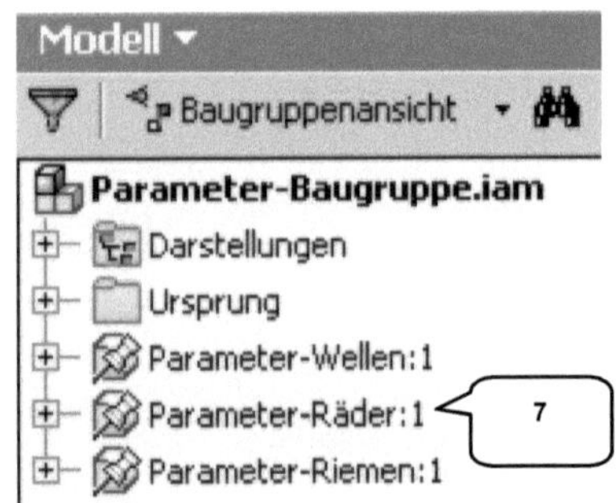

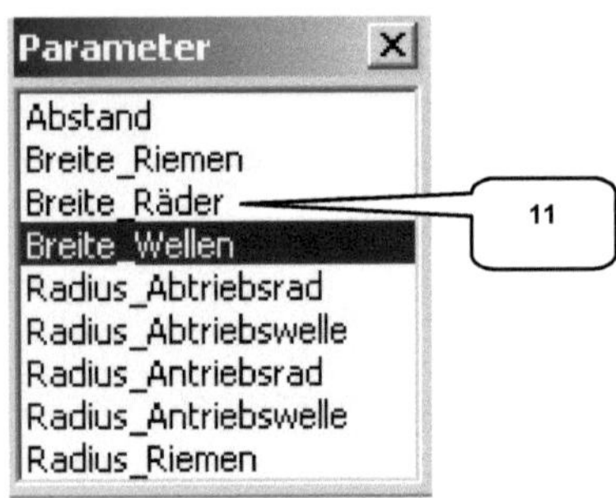

- Doppelklick auf ***Parameter-Räder*** im Browser (7)

- Extrusion
- Profil: Die großen Kreise wählen (8)
- Verfahren: (Automatisch)
- Größe: Abstand (9)
- Auswahl erweitern (10)
- Option: Parameter auflisten
- Parameter: Breite_Räder (11)
- Richtung: Symmetrisch (12)
- OK ***OK***

- Zurück (Modellbereich verlassen)

Im Anschluss daran ist das Bauteil ***Parameter-Riemen*** zu bearbeiten.

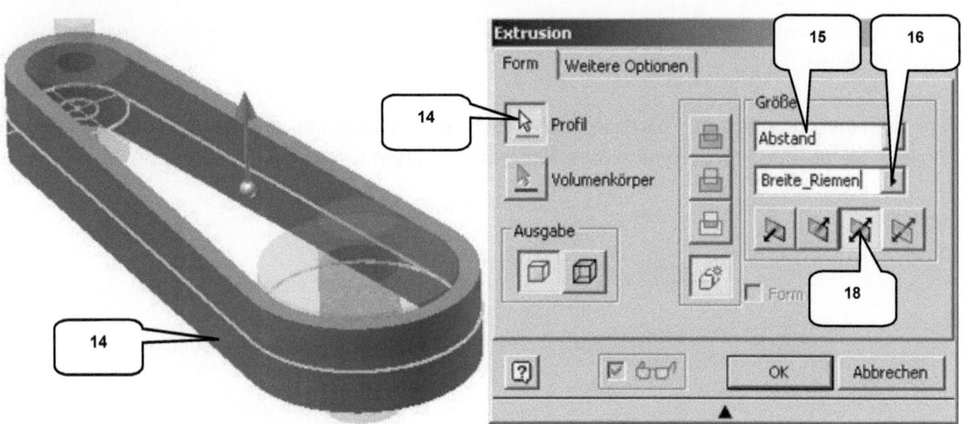

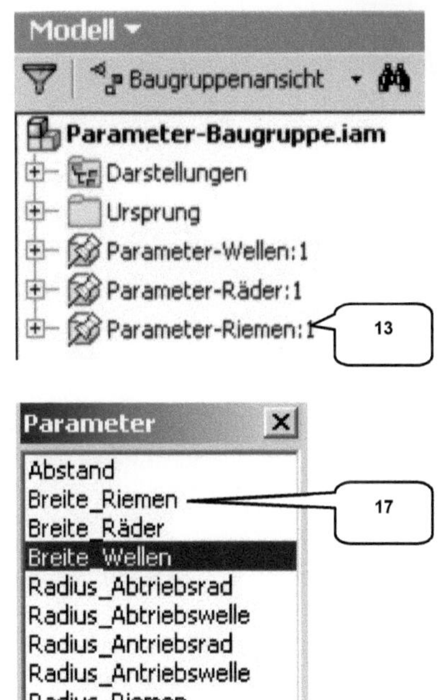

- Doppelklick auf ***Parameter-Riemen*** im Browser (13)

- Extrusion
- Profil: Riemenkontur (14)
- Verfahren: (Automatisch)
- Größe: Abstand (15)
- Auswahl erweitern (16)
- Option: Parameter auflisten
- Parameter: Breite_Riemen (17)
- Richtung: Symmetrisch (18)
- OK ***OK***

- Zurück (Modellbereich verlassen)
- Speichern (Baugruppe)

Weil die Skizzen der drei neuen Bauteile samt der Extrusionshöhen von der Basisskizze des Bauteils ***Parameter-Basisskizze*** abhängig sind, sollte jede geometrische Änderung in der Basisskizze auch auf die drei Bauteile übertragen werden

13.4 Parametrische Steuerung der Baugruppe

13.4.1 Materialien zuweisen

Um die Auswirkungen der parametrischen Änderungen besser sichtbar zu machen, sollten Wellen, Räder und Riemen mit einem Material versehen werden.

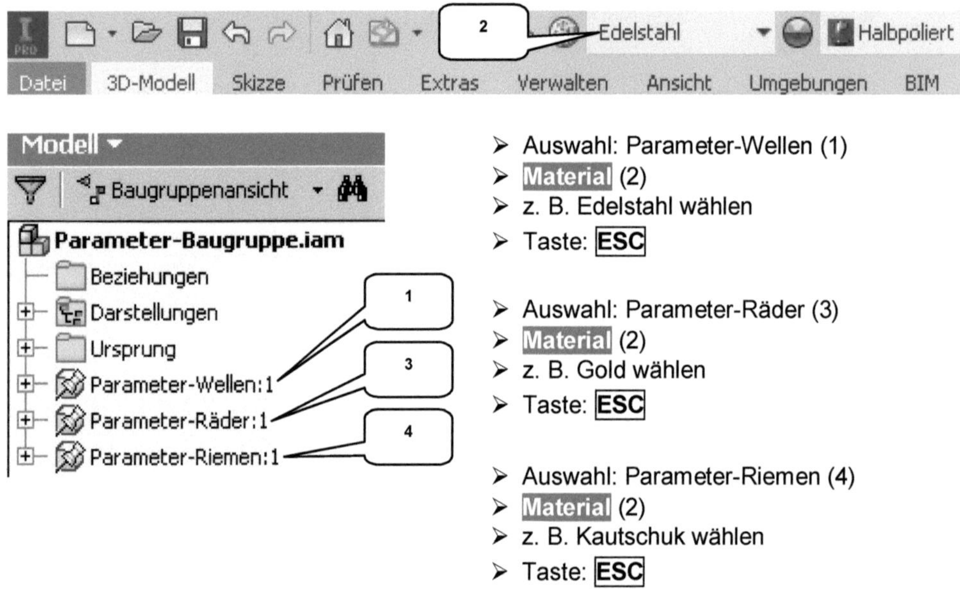

- Auswahl: Parameter-Wellen (1)
- **Material** (2)
- z. B. Edelstahl wählen
- Taste: **ESC**

- Auswahl: Parameter-Räder (3)
- **Material** (2)
- z. B. Gold wählen
- Taste: **ESC**

- Auswahl: Parameter-Riemen (4)
- **Material** (2)
- z. B. Kautschuk wählen
- Taste: **ESC**

13.4.2 Fenster nebeneinander anordnen

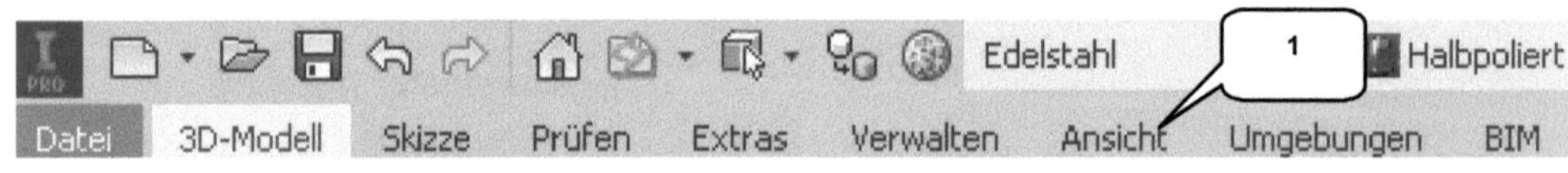

Bauteil ***Parameter-Basisskizze*** und Baugruppe ***Parameter-Baugruppe*** sollten beide noch geöffnet sein sollten. Sie sind jetzt zur besseren Übersicht nebeneinander anzuordnen.

Wechseln Sie ins Register ***Ansicht*** (1) und eröffnen Sie dort ein weiteres Ansichtsfenster.

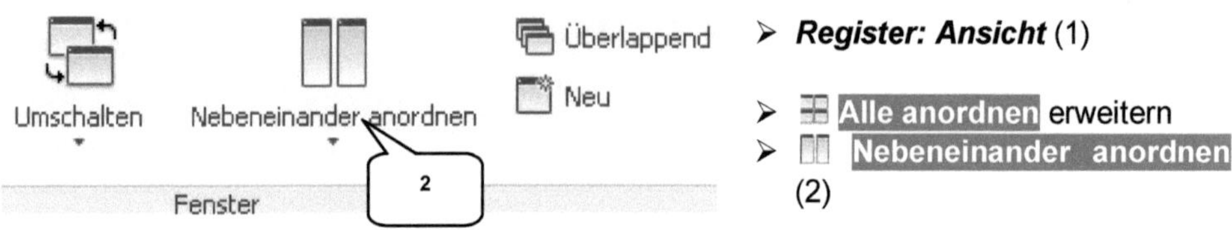

- ***Register: Ansicht*** (1)
- **Alle anordnen** erweitern
- **Nebeneinander anordnen** (2)

13.4.3 Ausgangswert bearbeiten

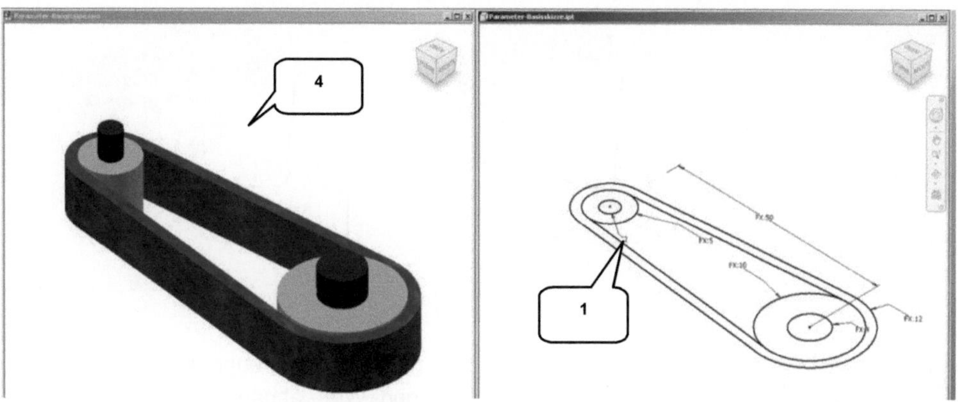

Doppelklicken Sie im Zeichenbereich des Bauteils ***Parameter-Basisskizze*** das Maß ***2 mm*** (1) und ändern Sie den Wert auf ***5 mm*** (2). Nachdem die Änderung ***bestätigt*** wurde (3), aktualisiert sich die Skizze automatisch.

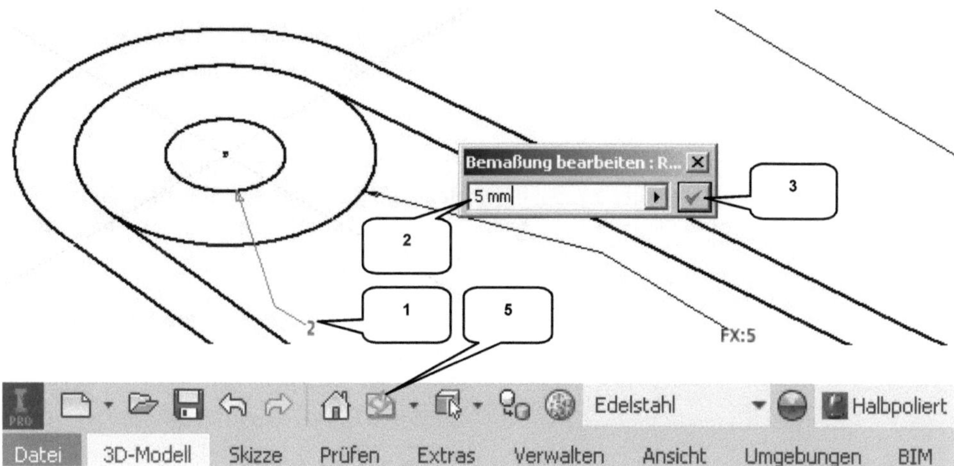

Klicken Sie anschließend mit der linken Maustaste einmal in den Zeichenbereich der Baugruppe ***Parameter-Baugruppe*** (4) um diese zu aktivieren. Die Änderung in der Basisskizze des Bauteils wird unter Umständen nicht automatisch in die Baugruppe übernommen, sodass eine manuelle Aktualisierung erforderlich ist, was durch ein kleines Blitzsymbol (Lokale Aktualisierung) in der oberen Befehlsleiste (5) angezeigt wird. Klicken Sie darauf, und die Baugruppe passt sich den Änderungen der referenzierten Basisskizze an.

Wiederholen Sie diese Übung mit den Werten: ***10 mm***, ***20 mm*** und ***30 mm***.

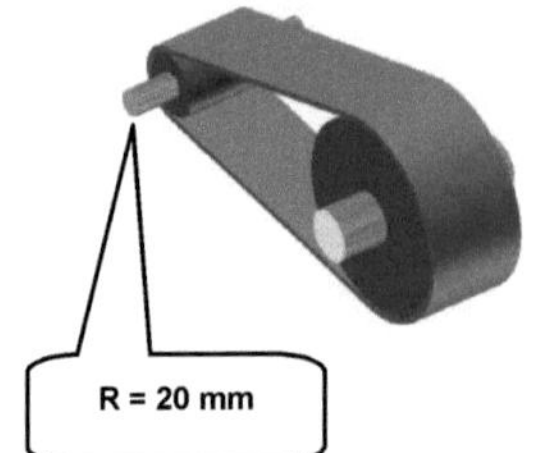

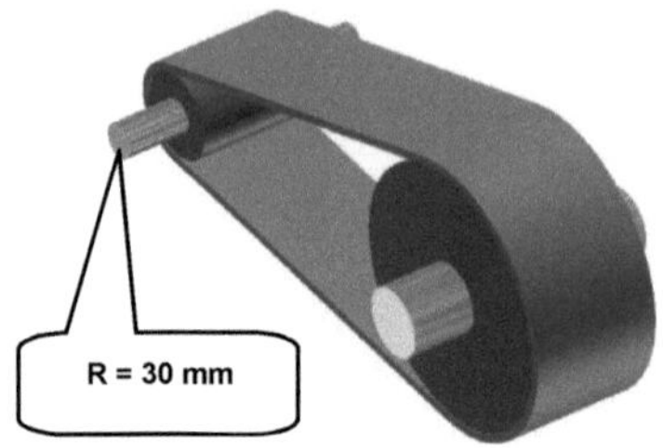

13.5 Parametrische Steuerung mit externen Datenquellen

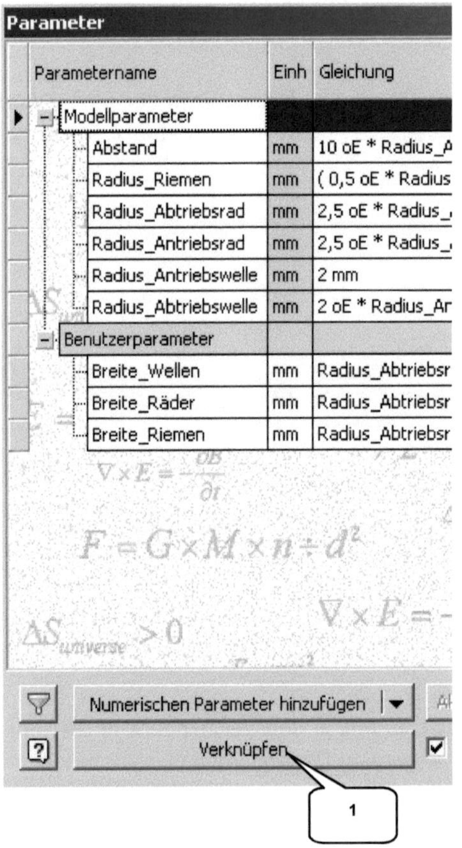

Die gesamte Baugruppe ist jetzt von einem einzigen Wert abhängig: dem Radius der Antriebswelle. Dieser soll zusätzlich durch eine ***externe Tabelle*** gesteuert werden.

Das Programm bietet die Möglichkeit, parametrische Werte mit einer externen Datei (Inventor®-Datei oder Microsoft® Excel®-Tabelle) zu verknüpfen.

Klicken Sie mit der linken Maustaste in den Zeichenbereich des Bauteils ***Parameter-Basisskizze***, starten Sie den Befehl f_x Parameter und klicken Sie auf Verknüpfen ***Verknüpfen*** (1).

Wählen Sie die Tabelle ***Parameter.xls*** aus, die sich im Projektordner befindet, tragen Sie in die Startzelle den Wert ***A1*** ein und aktivieren Sie die Option ***Verknüpfen***.

Die Eingaben sind abschließend durch Öffnen ***Öffnen*** zu bestätigen.

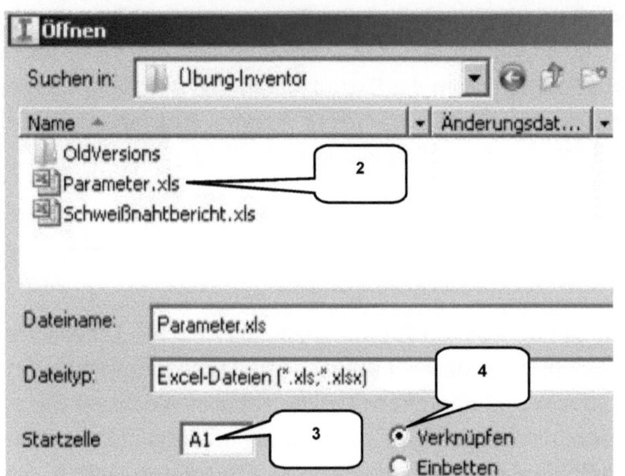

- Fenster aktivieren: ***Parameter-Basisskizze***
- *fx* Parameter
- Option: Verknüpfen (1)
- <u>Fenster: Öffnen</u>
- Auswahl: Parameter.xls (2)
- Startzelle: [A1] eintragen (3)
- Aktivieren: Verknüpfen (4)
- Öffnen ***Öffnen***

<u>HINWEIS</u>: Wenn eine Inventor®-Datei mit einer Excel®-Tabelle verknüpft wird, sollte die Option ***Verknüpfen*** (4) verwendet werden. Dadurch wird sichergestellt, dass auch spätere Änderungen in der Tabelle kontinuierlich ins Programm übertragen werden. Mit der Option ***Einbetten*** werden Daten hingegen nur einmalig übernommen und nicht aktualisiert.

Parameter

Parametername	Einh	Gleichung	Nennwert	Tol.	Modellwert
Modellparameter					
Abstand	mm	10 oE * Radius_Antriebsrad	1250,0...	○	1250,000...
Radius_Riemen	mm	(0,5 oE * Radius_Abtriebswelle) + Radius_Abtriebsrad	300,00...	○	300,000000
Radius_Abtriebsrad	mm	2,5 oE * Radius_Abtriebswelle	250,00...	○	250,000000
Radius_Antriebsrad	mm	2,5 oE * Radius_Antriebswelle	125,00...	○	125,000000
Radius_Antriebswelle	mm	Aktueller_Wert (7)	50,000...	○	50,000000
Radius_Abtriebswelle	mm	2 oE * Radius_Antriebswelle	100,00...	○	100,000000
Benutzerparameter					
Breite_Wellen	mm	Radius_Abtriebsrad * 2 oE	500,00...	○	500,000000
Breite_Räder	mm	Radius_Abtriebsrad	250,00...	○	250,000000
Breite_Riemen	mm	Radius_Abtriebsrad - 1 mm	249,00...	○	249,000000
E:\00-Autor\Bücher\Bü...					
Aktueller_Wert (5)	mm	50 mm (6)	50,000...	●	50,000000

Numerischen Parameter hinzufügen | Aktualisieren | Nicht verwendete bereinigen

Verknüpfen | ☑ Sofort aktualisieren

Zurück im Eingabefenster der Parameter finden Sie im unteren Bereich der Tabelle die neue Zeile ***Aktueller_Wert*** (5). Diese Bezeichnung bezieht das Programm aus der verknüpften Tabelle (Zelle A1), ebenso den Wert ***35 mm*** (6). Um die Skizzengeometrie durch die Tabelle steuern zu können, muss die Gleichung des Modellparameters ***Radius_Antriebswelle*** auf den Parameter der Tabelle ***Aktueller_Wert*** ausgerichtet werden.

Parametername	**Gleichung *(NEU)*** (7)
Radius_Antriebswelle	Aktueller_Wert

Starten Sie Ihren Windows® Arbeitsplatz und öffnen Sie die Microsoft® Excel®-Tabelle ***Parameter.xls*** (im Projektordner) mit einem geeigneten Tabellenbearbeitungsprogramm. Ändern Sie den Wert der Zelle ***A2*** auf ***50 mm*** und ***speichern*** Sie die Tabelle. Wechseln Sie zu Inventor®, um dort zu ***aktualisieren***; die Änderungen sollten dann übernommen werden. Die Skizze des Bauteils ***Parameter-Basisskizze***, die drei Bauteile ***Parameter-Wellen***, ***Parameter-Räder*** und ***Parameter-Riemen*** und auch die Baugruppe ***Parameter-Baugruppe*** werden jetzt von der Tabelle gesteuert.

13.5.1 Speichern mehrerer Dateien

Öffnen Sie das Register ***Datei*** und wählen Sie in der erweiterten Auswahl des Befehls Speichern den Befehl Alle speichern. Das Programm sichert jetzt alle geöffneten Dateien.

Erweitern Sie anschließend den Befehl Schließen und starten Sie den Befehl Alle schließen, um alle geöffneten Dateien zeitgleich zu schließen.

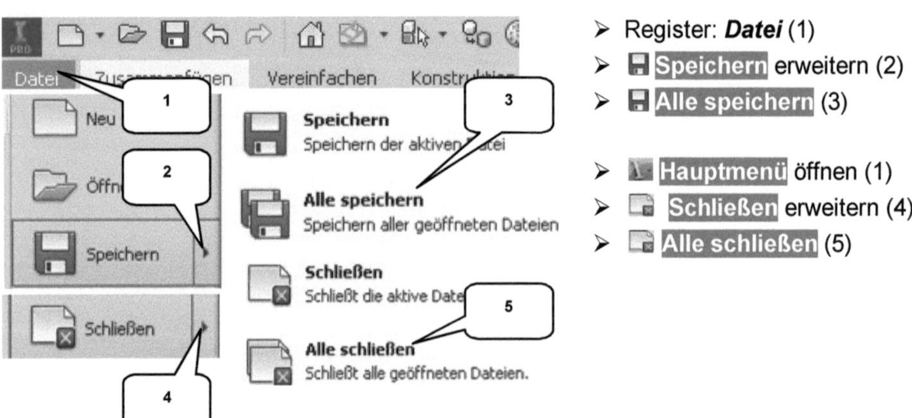

- Register: ***Datei*** (1)
- Speichern erweitern (2)
- Alle speichern (3)

- Hauptmenü öffnen (1)
- Schließen erweitern (4)
- Alle schließen (5)

14 Archivierung mit dem Befehl PACK AND GO

Das gesamte Projekt ***4-Takt-Motor*** soll in der letzten Übung als komplettes Paket gespeichert werden. Hier bietet das Programm die Möglichkeit, alle Baugruppen, Bauteile, Normteile, Texturen und Abhängigkeiten eines Projekts in einem einzigen Schritt zu sammeln und in einem Ordner zu sichern.

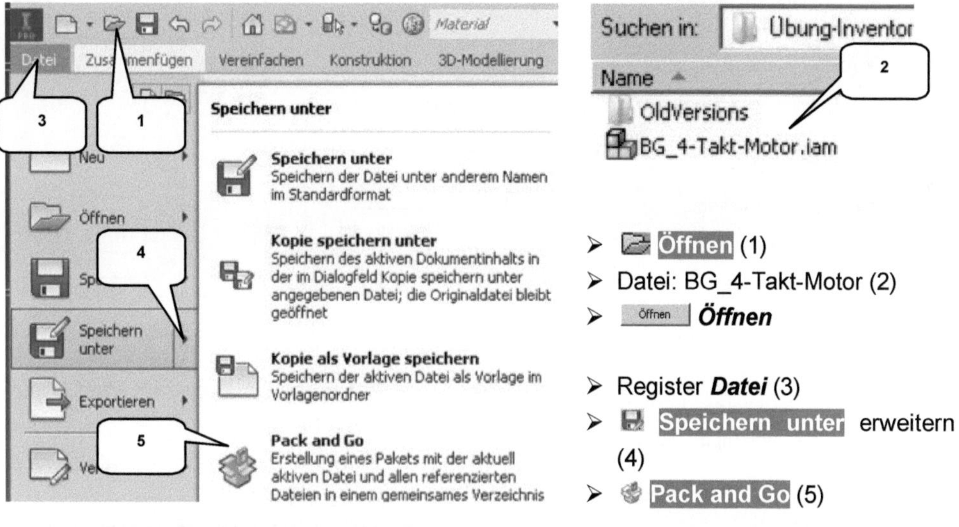

- Öffnen (1)
- Datei: BG_4-Takt-Motor (2)
- Öffnen ***Öffnen***

- Register ***Datei*** (3)
- Speichern unter erweitern (4)
- Pack and Go (5)

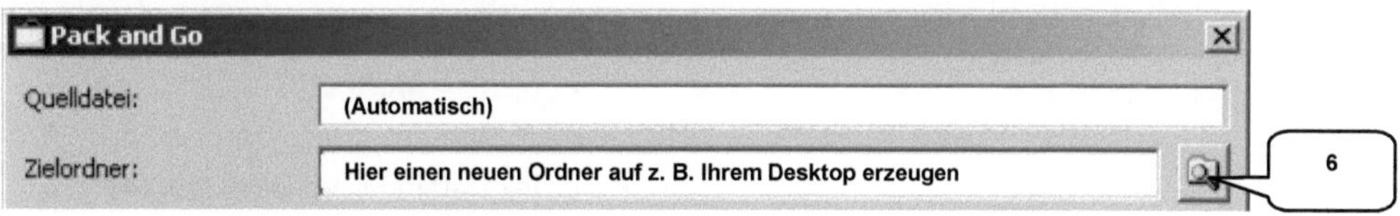

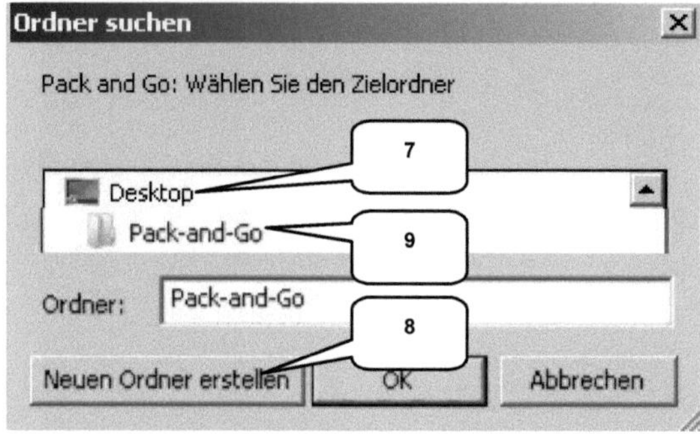

- Ordnersymbol anklicken (6)
- Desktop wählen (7)
- Neuen Order erstellen (8)
- Name: [Pack-and-Go] (9)
- OK ***OK***

HINWEIS: Der Zielordner (6) darf nicht innerhalb des Projektordners liegen!

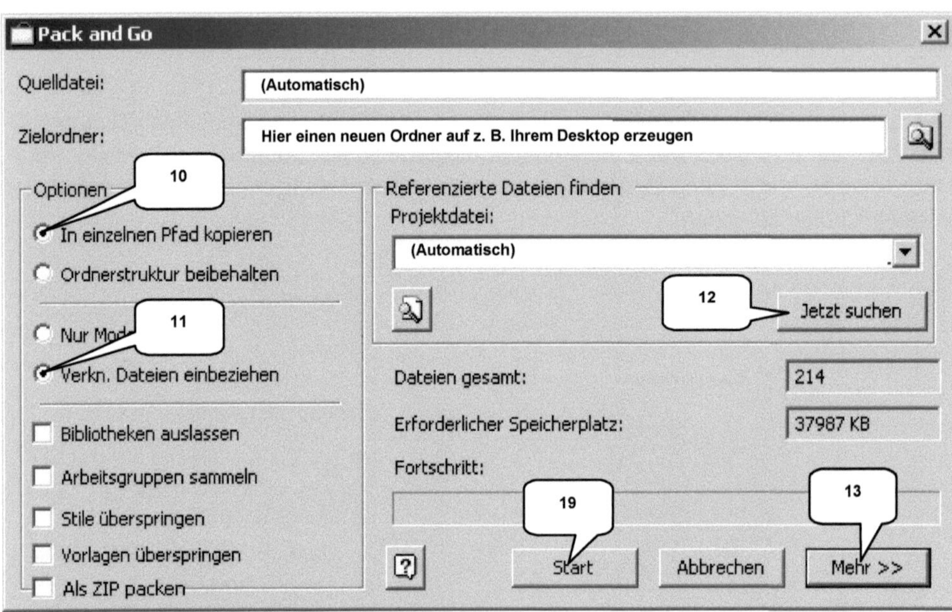

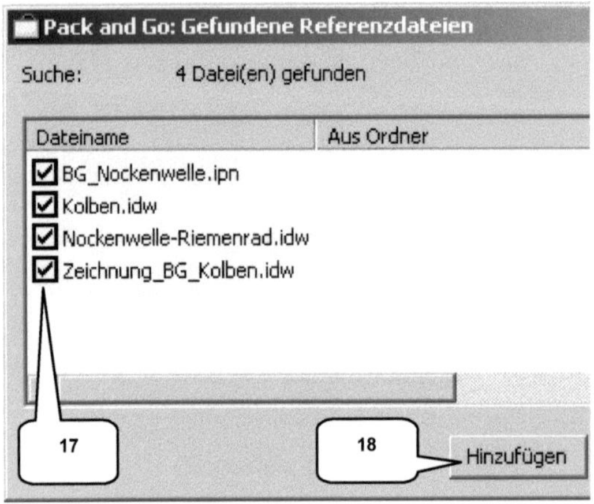

- Aktivieren: In einzelnen Pfad kopieren (10)
- Aktivieren: Verknüpfte Dateien einbeziehen (11)
- Jetzt suchen ***Jetzt suchen*** (12)

- Mehr >> ***Mehr*** (13)
- Aktivieren: Speicherorte der Projektdateien durchsuchen (14)
- Aktivieren: Untergeordnete Ordner einbeziehen (15)
- Jetzt suchen ***Jetzt suchen*** (16)

- Alle Dateien im neuen Fenster aktivieren (17)
- Hinzufügen ***Hinzufügen*** (18)
- Start ***Start*** (19)

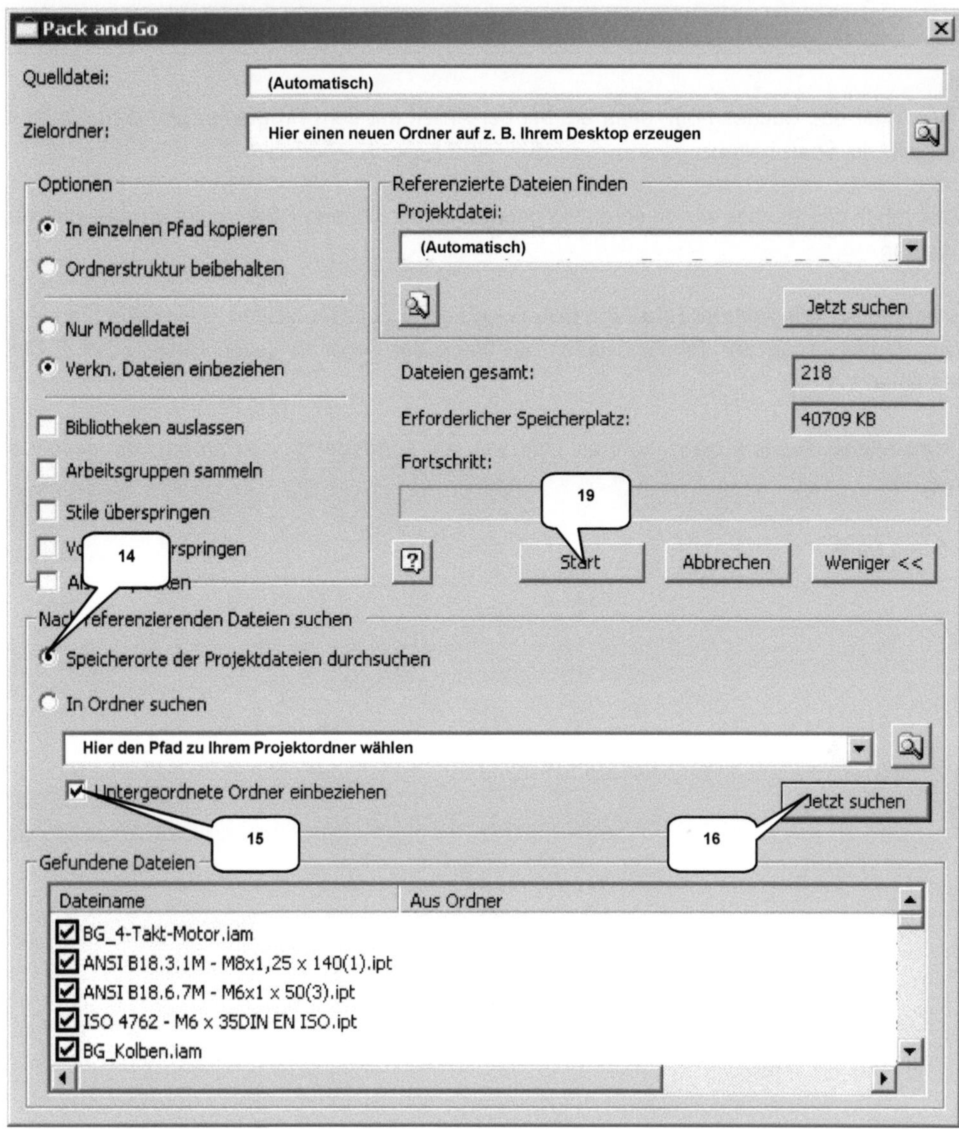

Öffnen Sie den Ordner ***Pack-and-Go*** auf Ihrem Desktop. Darin finden Sie alle Bauteile, Normteile, Baugruppen, die Zeichnungsableitung und die Präsentation.

<u>HINWEIS</u>: Der Ordner ***Pack-and-Go*** kann jetzt auf jeden beliebigen PC mit installiertem Inventor® 2017 kopiert werden. Um die Baugruppe auch dort vollständig öffnen zu können, ist nach Programmstart die im Pack-and-Go-Ordner enthaltene Projektdatei zu aktivieren.

15 SCHLUSSWORT

Der Autor des Buches hofft, dass Sie bei der Arbeit mit dem Programm und dem Übungsprojekt viel Spaß hatten.

Der Inhalt des Buches wurde sorgfältig geprüft. Leider können Fehler nicht ausgeschlossen werden.

Wenn Ihnen während der Arbeit mit dem Buch Fehler auffallen sollten, oder wenn Sie Ideen zur Verbesserung des Inhaltes haben, ist Ihnen der Autor für jeden Hinweis per E-Mail dankbar.

Konstruktive Anmerkungen können jederzeit an ***schlieder@cad-trainings.de*** gesendet werden.

Vielen Dank.

Auszug aus dem Aufbaukurs KONSTRUKTION

Die folgenden Seiten zeigen Auszüge aus dem Buch:

- ***Autodesk® Inventor® 2016 - Aufbaukurs KONSTRUKTION***

Inventor® verfügt im Baugruppenbereich über einen Reiter ***Konstruktion*** welcher im Grundlagenbuch nicht behandelt wird.

Die Befehle hier wurden an die speziellen Bedürfnisse der Konstruktion im Maschinenbau angepasst. Sie sind teilweise sehr komplex und erfordern ein gewisses Grundwissen zum Programm.

Der ***Aufbaukurs KONSTRUKTION*** erweitert das Übungsbeispiel 4-Takt-Motor um viele neue Komponenten. Die folgenden Befehle werden in diesem Buch behandelt:

- ***Druckfeder-Generator***
- ***Gehrungen erzeugen***
- ***Gestell-Generator***
- ***Kegelräder-Generator***
- ***Keilwellen-Generator***
- ***Lager-Generator***
- ***Rollenketten-Generator***
- ***Schraubenverbindungs-Generator***
- ***Stirnräder-Generator***
- ***Wellen-Generator***
- ***Zahnriemen-Generator***
- ***Zugfeder-Generator***

Weitere Informationen zu diesem und anderen Büchern erhalten Sie auf der Webseite:

- ***http://www.cad-trainings.de/***

LEICHT VERSTÄNDLICH - KOMPLEXES ÜBUNGSBEISPIEL

Christian Schlieder

Autodesk® Inventor® 2016

Aufbaukurs KONSTRUKTION

5. Auflage

Viele praktische Übungen am Konstruktionsobjekt

GETRIEBE

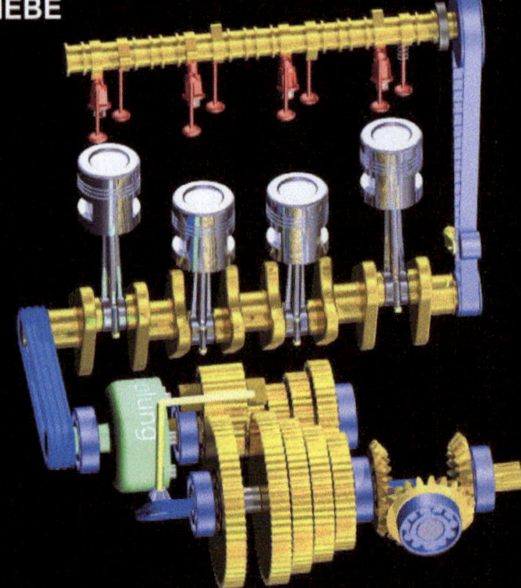

Konstruieren von Druckfedern, Gehrungen, Gestellen, Kegelrädern, Keilwellen, Lagern, Rollenketten, Stirnrädern, Schraubenverbindungen, Wellen, Zahnriemen und Zugfedern mit den Inventor® -Konstruktionstools.

INHALTSVERZEICHNIS

1 Grundlegendes zum Buch

1.1 Zielgruppe & Aufbau des Buches

Dieses Buch ist ein Aufbaukurs für Fortgeschrittene, die mit den Grundlagen von ***Autodesk® Inventor® 2016*** bereits vertraut sind. Das Programm verfügt im Baugruppenbereich über ein Register ***Konstruktion*** welches zur Berechnung und Konstruktion, speziell im Maschinenbau verwendeter Komponenten dient. In einem komplexen Übungsbeispiel wird der Leser theoretische Grundlagen einiger Befehle aus diesem Register erlernen und anschließend praktisch umsetzen.

Das verwendete Übungsbeispiel baut auf das Grundlagenbuch ***Autodesk® Inventor® 2016 – Grundlagen in Theorie und Praxis*** auf, in welchem ein vereinfachter 4-Takt-Motor erstellt wurde. Dieser Motor wird im vorliegenden Buch um ein Getriebe erweitert.

In diesem Buch werden die folgenden Befehle des Registers ***Konstruktion*** behandelt:

- ***Druckfeder-Generator***
- ***Gehrungen erzeugen***
- ***Gestell-Generator***
- ***Kegelräder-Generator***
- ***Keilwellen-Generator***
- ***Lager-Generator***
- ***Rollenketten-Generator***
- ***Schraubenverbindungs-Generator***
- ***Stirnräder-Generator***
- ***Wellen-Generator***
- ***Zahnriemen-Generator***
- ***Zugfeder-Generator***

Das Übungsbeispiel bietet genügend Möglichkeiten, die Befehlsketten sporadisch zu verlassen und eigene Versuche mit den Befehlen zu starten.

1.2 Erzeugen des Projektordners/ Herunterladen der Übungsdateien

Bevor Sie mit der Umsetzung des Projekts beginnen, sollten die folgenden Arbeiten erledigt werden:

Erzeugen eines neuen Projektordners

Erstellen Sie auf Ihrem PC an geeigneter Stelle einen neuen Ordner:

- ***Inventor-2016-Übung-Konstruktion***

Herunterladen der Übungsdateien

Besuchen Sie im Internet die folgende Website:

- ***http://www.cad-trainings.de/html/Download.html***

Suchen Sie das passende Buch und klicken Sie auf den nebenstehenden Link, um die zum Buch gehörende Übungsdatei (ZIP-Format) auf Ihrem PC zu speichern. Speichern Sie die Datei in dem vorher erzeugten Projektordner ***Inventor-2016-Übung-Konstruktion*** und entpacken Sie die Datei dort hinein. Die darin enthaltenen Dateien werden später benötigt.

2 Installation von Autodesk® Inventor® 2016

2.1 Systemanforderungen

Die folgenden von Autodesk® empfohlenen Systemanforderungen gelten für Bauteile und Baugruppen mit weniger als 1000 Bauteilen:

Betriebssystem	Mindestens: 32-Bit Microsoft® Windows® 7 mit Service Pack 1 Empfohlen: 64-Bit-Microsoft® Windows® 7 mit Service Pack 1 oder Windows 8. 1
CPU-Typ	Mindestens: 64-Bit Intel® oder AMD® mit 2 GHz Empfohlen: Intel® Xeon® E3 oder Core® i7 oder min. 3 GHz
Arbeitsspeicher	Mindestens: 8 GB RAM Empfohlen: 16 GB Ram oder mehr
Festplatte	Mindestens: 100 GB freier Festplattenspeicher Empfohlen: 250 GB freier Festplattenspeicher oder mehr
Grafikkarte	Mindestens: Microsoft® Direct3D 10 fähige Grafikkarte Empfohlen: Microsoft® Direct3D 11 fähige Grafikkarte
Sonstiges	DVD-ROM oder USB, 1280 x 1024 oder höhere Bildschirmauflösung, Internetverbindung für Autodesk® 360-Funktionalität, Web-Downloads und Zugriff auf die Subskriptionsüberprüfung, Adobe® Flash® Player 15, Microsoft® Internet Explorer® 8 oder höher, Microsoft® Excel® 2007, 2010 oder 2013 für iFeatures, iParts, iAssemblies, Gewindeanpassungen, globale Stückliste, Teilelisten, Revisionstabellen und tabellenbasierte Konstruktionen, 64-Bit-Microsoft® Office® Access® 2007, -dBase IV, Text und CSV-Format, Microsoft® .NET Framework 4. 5

5 Aktivierung des Einzelbenutzerprojekts

Inventor® arbeitet grundsätzlich in Projekten, was die Koordination zusammenhängender Dateien und Einstellungen vereinfacht. Eine Projektdatei (*.ipj) sichert alle Informationen und Querverweise eines Projekts. Das ist wichtig, wenn später komplexe Baugruppen archiviert oder von einem PC auf einen anderen übertragen werden sollen.

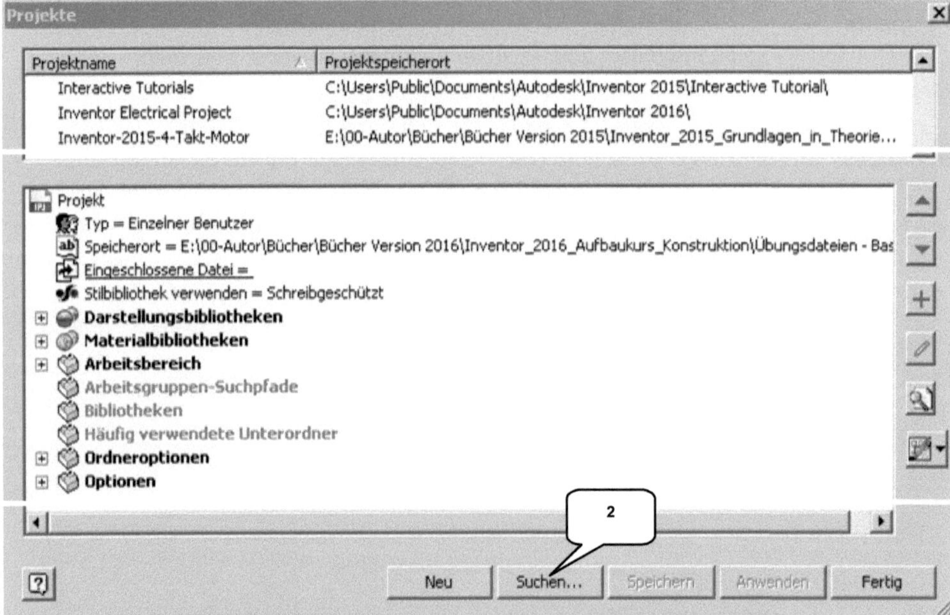

Starten Sie im Register ***Erste Schritte*** (Befehlsgruppe ***Starten***) den Befehl Projekte (1). Mit der Option ***Suchen*** (2) soll in Ihrem Projektordner die Projektdatei ***Übung-Konstruktion-2016.ipj*** (3) aktiviert werden, welche sich bereits bei den extrahierten Dateien befindet (siehe Kapitel ***1.2 Erzeugen des Projektordners/ Herunterladen der Übungsdateien***).

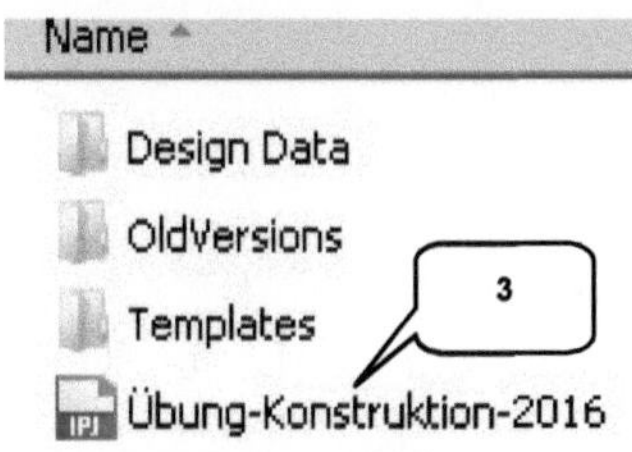

Das neue Projekt wird automatisch aktiviert, was durch einen kleinen Haken in der entsprechenden Zeile (4) signalisiert wird. Auch bei der späteren Arbeit mit dem Programm, sollte das jeweils aktive Projekt nach Programmstart stets kontrolliert werden.

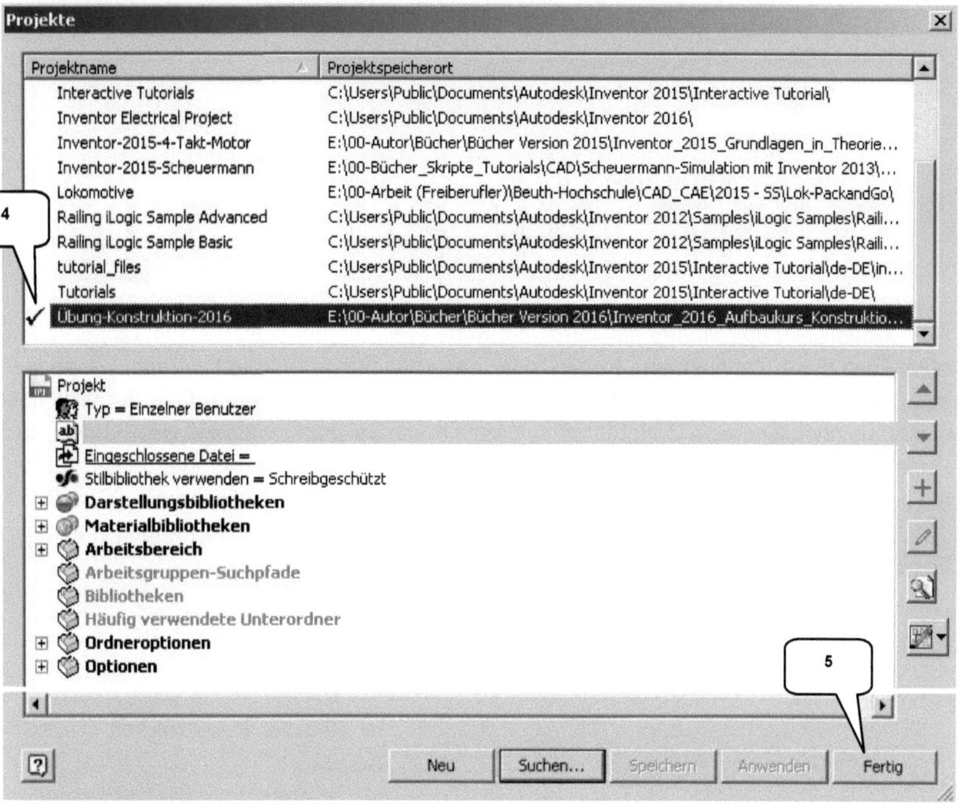

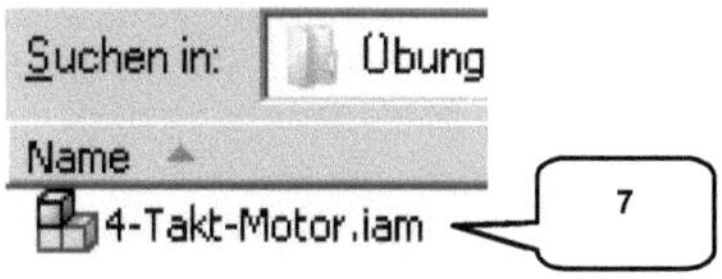

So kann vermieden werden, dass Dateien unbeabsichtigt einem anderen Projekt zugeordnet werden. ***Fertig*** (5) beendet den Befehl.

Öffnen (6) Sie die vorhandene Baugruppe ***4-Takt-Motor.iam*** (7).

6 Komplettierung des Kurbeltriebes

6.1 Theoretische Grundlagen zum Zahnriemenantrieb

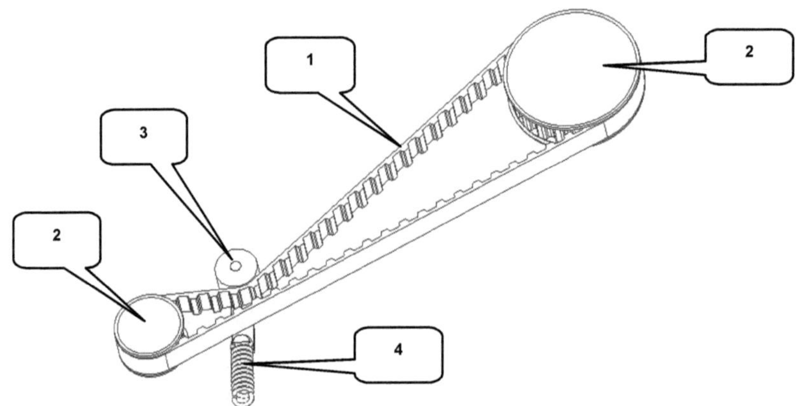

Die Nockenwelle des Motors soll durch die Kurbelwelle angetrieben werden. Diese Verbindung kann durch Zahnriemen-, Ketten- oder Zahnradantriebe realisiert werden. Häufig werden Zahnriemenantriebe verwendet. Diese sind, bedingt durch ihren Aufbau (Kunststoffgewebe mit innenliegenden Zugdrähten aus Metall), geräuscharm während des Betriebs und kostengünstig in ihrer Herstellung. Der Zahnriemen (1) wird über Zahnräder geführt (2). Um ihn konstant auf Spannung zu halten, wird er mit einer zusätzlichen Spannrolle (3) bestückt, welche von einer Zugfeder (4) gespannt wird. Zahnriemenantriebe sind wartungsfrei, unterliegen allerdings regelmäßigen Austausch-Intervallen.

6.2 Konstruktion eines Zahnriemenantriebes

6.2.1 Befehlsgrundlagen ZAHNRIEMEN-GENERATOR

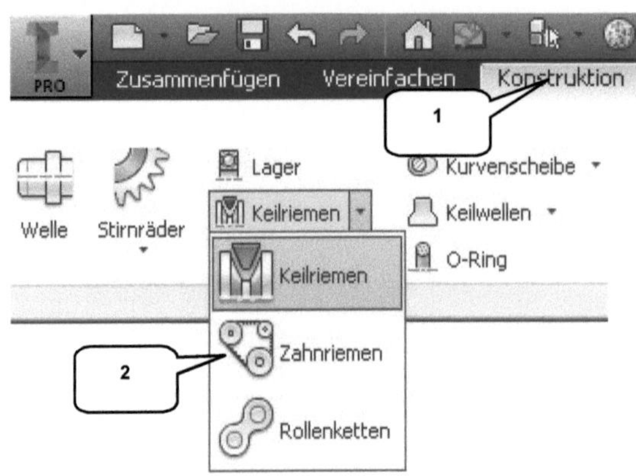

Im Register ***Konstruktion*** (1) finden Sie den **Zahnriemen-Generator** (2). Hiermit können Zahnriemenantriebe (bestehend aus Zahnriemen, Riemenscheiben und Spannrollen) berechnet und konstruiert werden.

Im Inhaltscenter finden Sie eine Auswahl an Zahnriemen, welche entsprechend der zugehörigen Norm bearbeitet werden können. Der Zahnriemenantrieb kann auf bereits vorhandene geometrische Elemente bezogen werden, die Darstellung kann als Skizze, als Volumenkörper oder auch detailliert erfolgen.

6.2.1.1 Register KONSTRUKTION

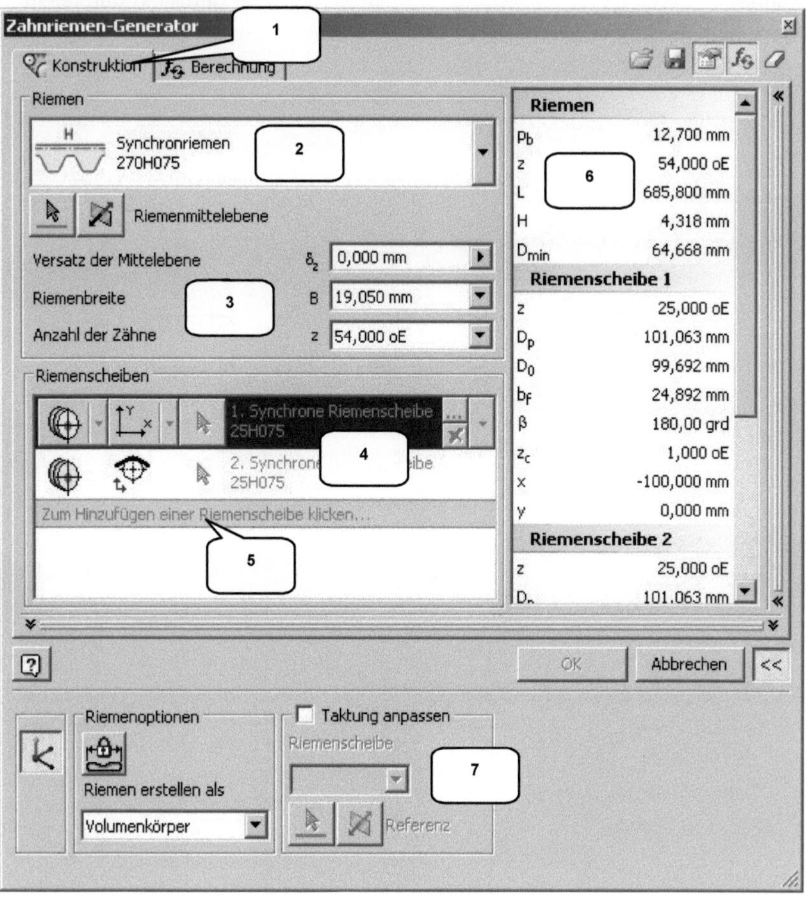

INHALT

Das Register ***Konstruktion*** ermöglicht die Auswahl eines vordefinierten Zahnriemens aus dem Inhaltscenter, welcher anschließend bearbeitet werden kann. Riemenscheiben und Spannrollen können hinzugefügt oder bearbeitet werden, die Zusammenstellung kann als Vorlage exportiert werden, eine bereits vorhandene Vorlage kann importiert werden.

OPTIONEN

1) Register: Konstruktion/ Berechnung
2) Riementyp auswählen
3) Riemenmittelebene, Versatz der Mittelebene, Riemenbreite und Anzahl der Zähne
4) Riemenscheiben/ Spannrollen bearbeiten
5) Riemenscheiben/ Spannrollen hinzufügen
6) Berechnungsergebnisse
7) Riementrieb als Skizze, Volumenkörper oder detailliert darstellen

6.2.1.2 Register BERECHNUNG

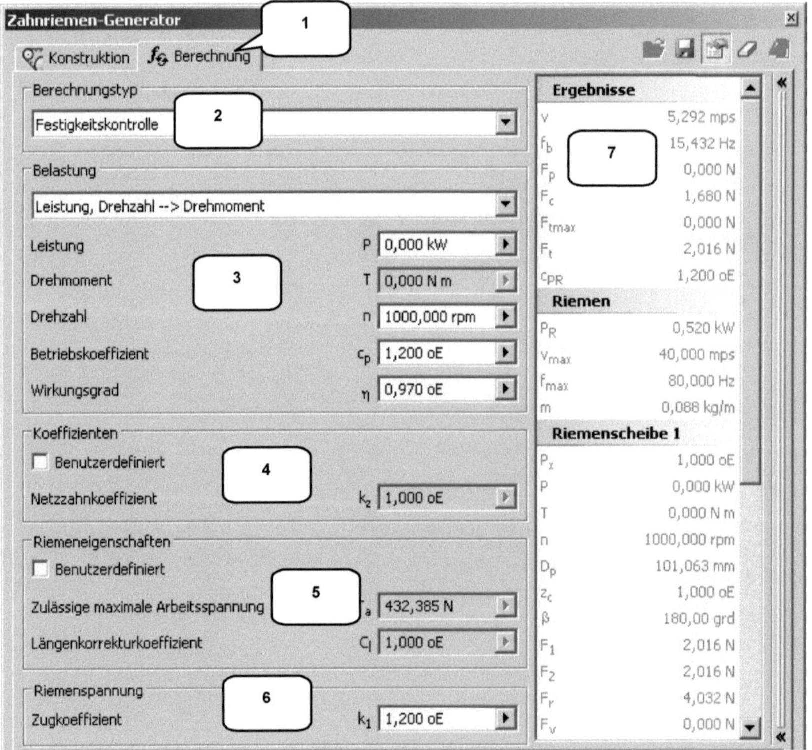

INHALT

Das Register ***Berechnung*** ermöglicht die Auswahl von Berechnungstyp, Belastung, Koeffizienten, Riemeneigenschaften und Riemenspannung.

OPTIONEN

1) Register: Konstruktion/ Berechnung
2) Berechnungstyp
3) Belastung
4) Koeffizienten
5) Riemeneigenschaften
6) Riemenspannung
7) Berechnungsergebnisse

6.2.2 Zahnriemenantrieb zwischen Nocken-und Kurbelwelle erzeugen

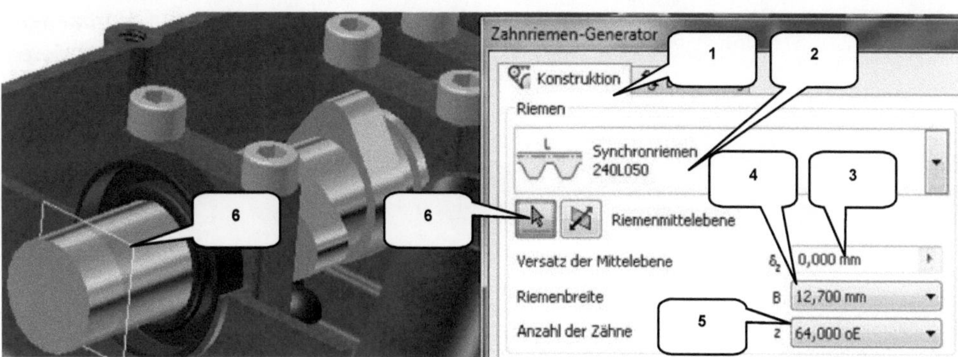

Ändern Sie im Register **_Konstruktion_** (1) die Form des Riemens auf **_Synchronriemen L_** (hierfür bitte auf das **_Riemensymbol_** (2) klicken), wählen Sie einen Versatz von **_0 mm_** (3) eine Riemenbreite von **_12,7 mm_** (4) und **_64_** Zähne (5). Der Zahnriemen-Generator bietet die Möglichkeit, Riemen und Riemenscheiben auf bereits vorhandene geometrische Elemente der Baugruppe zu platzieren, was in unserem Übungsbeispiel durch die Verwendung von Nockenwelle und Kurbelwelle realisiert werden soll. Vorab muss allerdings eine **_Referenzebene_** zugewiesen werden. Wählen Sie hierfür die Ebene (6), welche sich auf der Nockenwelle befindet.

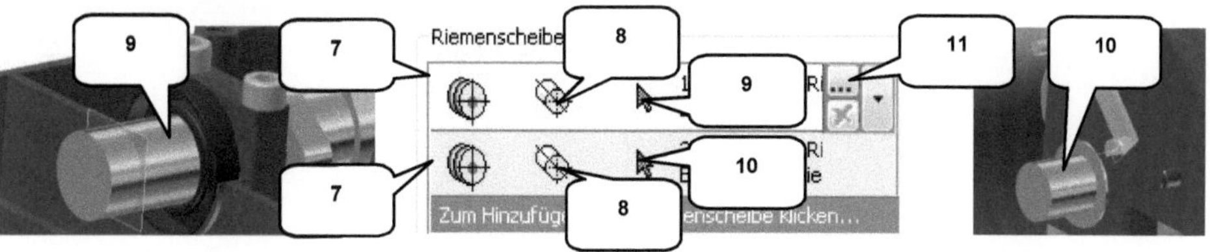

Nach der Definition der Mittelebene können die Riemenscheiben referenziert werden. Im Auswahlfeld **_Riemenscheiben_** sollten bereits zwei Riemenscheiben voreingestellt sein. Achten Sie darauf, dass bei beiden die Optionen Komponente **_Komponente_** (7) und Feste Position **_Feste Position über ausgewählte Geometrie_** (8) aktiviert sein sollte. Andernfalls ist dies nachzuholen.

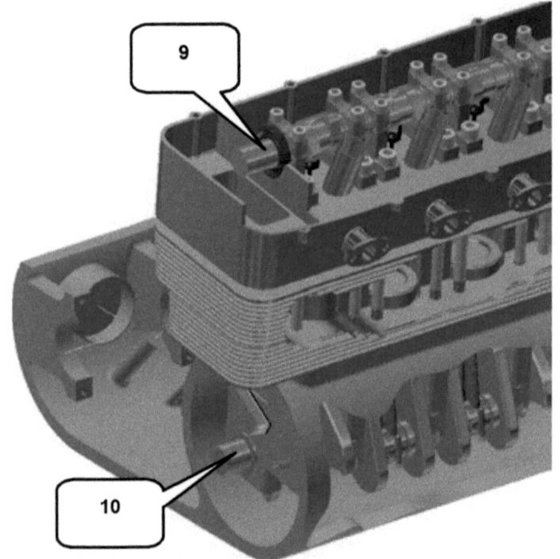

Weisen Sie der ersten Riemenscheibe die Zylinderfläche der Nockenwelle (9) und der zweiten Riemenscheibe die Zylinderfläche der Kurbelwelle (10) zu.

HINWEIS: Sollte es Probleme dabei geben die Referenzen der Riemenscheiben auszuwählen (der ***Pfeil*** bleibt grau hinterlegt und lässt sich nicht aktivieren), aktivieren Sie zuerst die Option Vorhanden ***Vorhanden***, wählen dann die Referenzen und aktivieren im Anschluss daran die Option Komponente ***Komponente***.

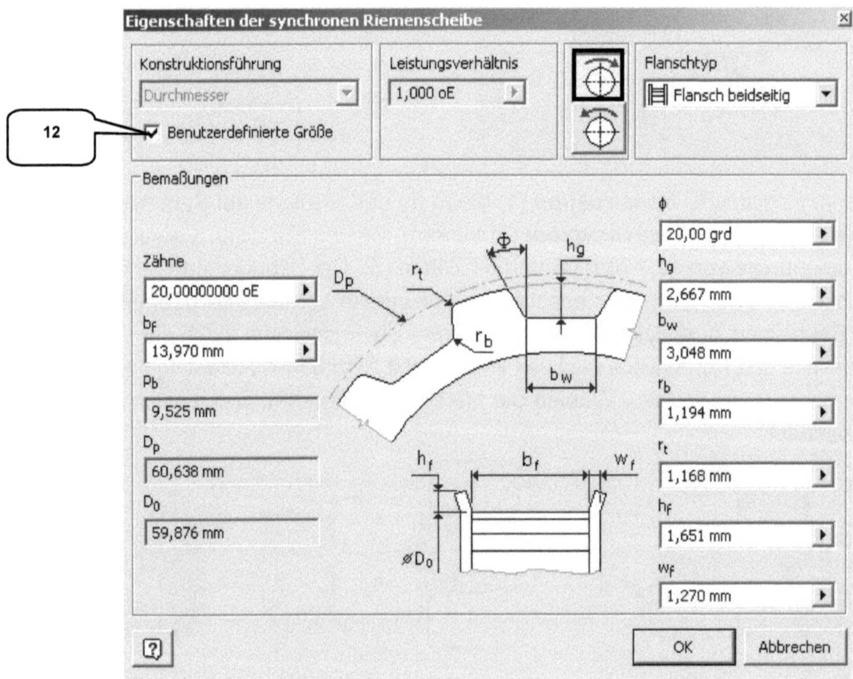

Klicken Sie auf die Zeile des ersten Riemenrades und öffnen Sie die ***Eigenschaften*** (11). Aktivieren Sie die ***Benutzerdefinierte Größe*** (12) und übernehmen Sie die Einstellungen und Werte der oberen Abbildung. Beenden Sie den Befehl abschließend mit OK ***OK***.

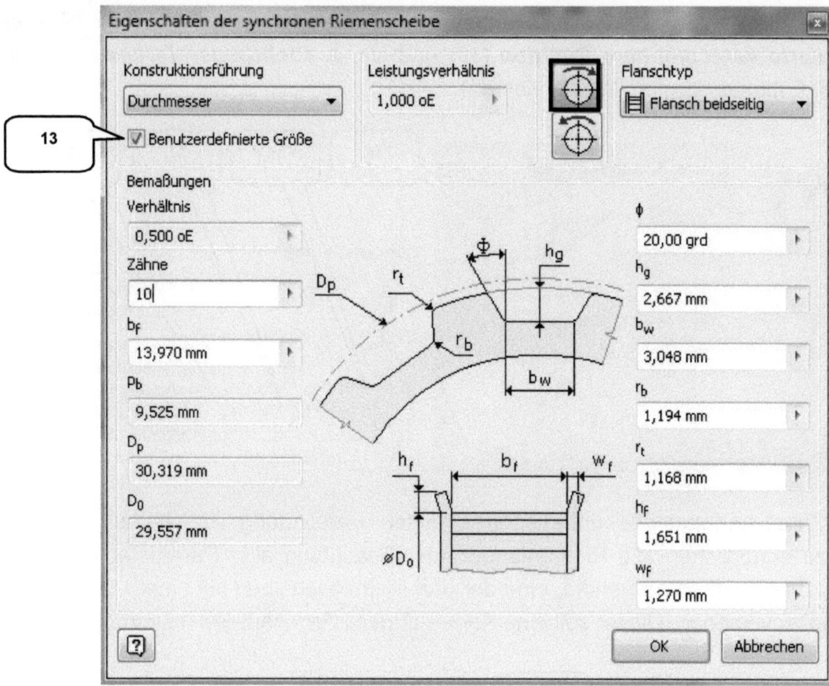

Im Anschluss daran sind die ***Eigenschaften*** der zweiten Riemenscheibe zu bearbeiten. Aktivieren Sie die ***Benutzerdefinierte Größe*** (13) und übernehmen Sie auch hier alle in der oberen Abbildung dargestellten Einstellungen und Werte.

Aufgrund der Materialeigenschaften eines Zahnriemens, kann sich dieser mit der Zeit längen, was im schlimmsten Fall ein Rutschen des Riemens über die Zähne des Zahnrades zur Folge haben kann. Um den Zahnriemen dauerhaft zu spannen, werden automatische Riemenspanner verwendet. Im folgenden Schritt soll eine Spannrolle als flache Riemenscheibe hinzugefügt werden. Klicken Sie hierfür auf das Feld ***Zum Hinzufügen einer Riemenscheibe klicken…*** (14) und wählen Sie die ***Flache Riemenscheibe (metrisch)*** (15).

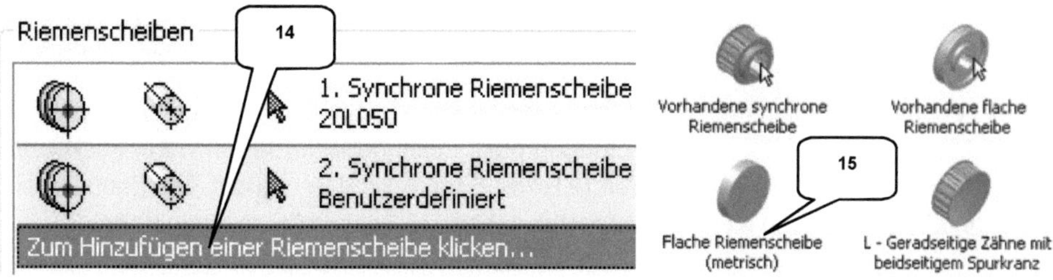

Aktivieren Sie in der neuen Zeile die Optionen Komponente ***Komponente*** (16) sowie ***Richtungsorientierte verschiebbare Position*** (17) und als ***Richtungsreferenz*** die Ebene (18) (Bauteil: Führung-Spannrolle-Zahnriemen).

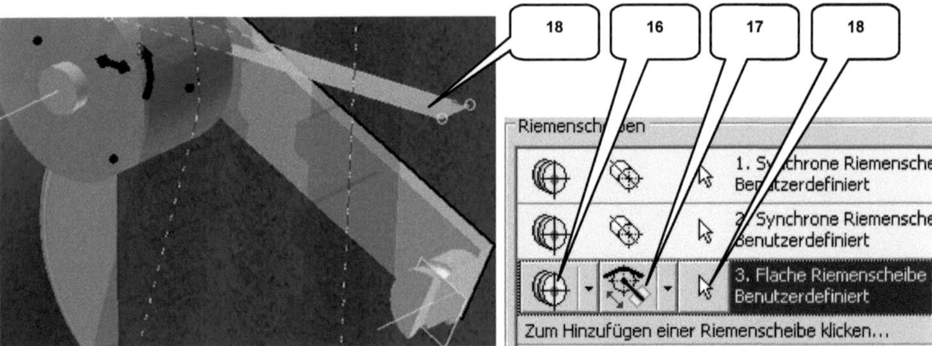

HINWEIS: Zahnriemenantriebe unterliegen strengen Berechnungsvorschriften. Um dem Programm zu ermöglichen, die Riemenlänge unter Beachtung aller Parameter korrekt errechnen zu können, ist es notwendig, eine der drei Riemenscheiben mit einem zusätzlichen Freiheitsgrad zu versehen. Dieser soll eine Korrektur des Längenausgleichs ermöglichen.

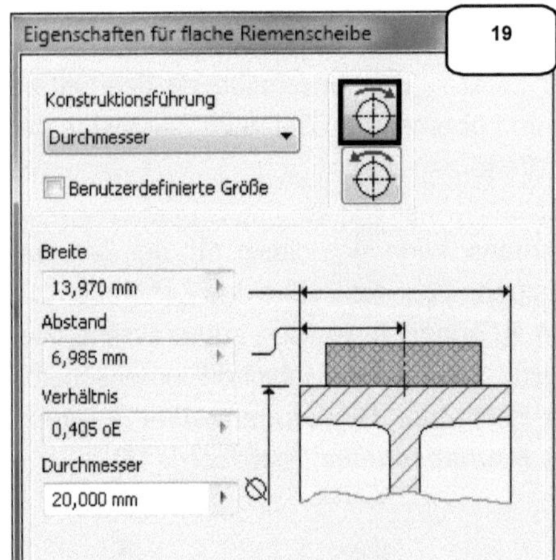

Die Option ***Richtungsorientierte verschiebbare Position*** gibt der Riemenscheibe die Möglichkeit, sich auf einer definierten Ebene frei bewegen zu können. Hierdurch kann die Position der Riemenscheibe auf der Ebene frei verschoben, die Zahnriemenlänge korrekt berechnet und der Zahnriemenantrieb fehlerfrei erzeugt werden.

Öffnen Sie die ***Eigenschaften*** der flachen Riemenscheibe und übernehmen Sie die Einstellungen der linken Abbildung (19).

Derzeit verläuft der Zahnriemen (20) links neben der Spannrolle, was aufgrund der konstruktiven Eigenschaften des Zahnriemens (außen glatt, innen gezahnt) falsch wäre. Klicken Sie zur Korrektur auf den ***gebogenen Pfeil*** (21) der Spannrolle. Der Verlauf des Zahnriemens wird geändert und der Zahnriemen wird rechts neben der Spannrolle entlanggeführt (22).

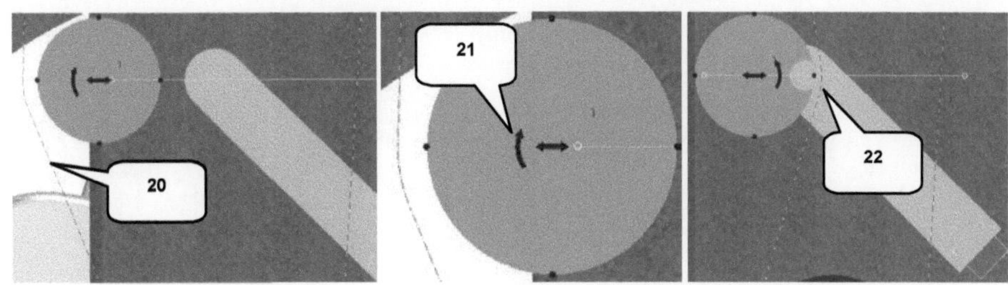

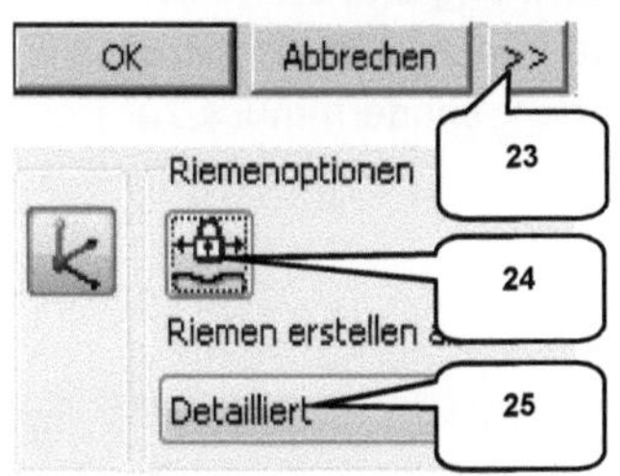

Das korrigierte Ergebnis ist in der oberen, rechten Abbildung zu sehen. Abschließend kann der Riementrieb berechnet werden. >> ***Erweitern*** (23) Sie das Befehlsfenster, deaktivieren Sie im unteren Bereich des Zahnriemen-Generators die ***Riemenlängensperre*** (24) und stellen Sie die Option ***Detailliert*** (25) ein. Wechseln Sie ins Register Berechnung ***Berechnung***, starten Sie hier den Befehl Berechnen ***Berechnen*** und bestätigen Sie die Eingaben mit OK ***OK***.

HINWEIS: Sollten nach der Berechnung Fehlermeldungen angezeigt werden, bestätigen Sie diese und berechnen den Riemen trotzdem. Leider reagiert das Programm auf kleine Abweichungen oft sehr sensibel. Die Berechnung erfolgt trotzdem.

Die Abfrage nach dem Speicherort der neuen Komponenten (Zahnriemen, Riemenräder, Spannrolle) kann durch OK ***OK*** bestätigt werden. Ein weiterer Ordner ***Konstruktions-Assistent*** wird automatisch innerhalb des Projektordners erzeugt, worin die neuen Komponenten gesichert werden. ***Speichern*** Sie die gesamte Baugruppe und achten Sie darauf, die Option Ja für alle ***Ja für alle*** zu aktivieren.

HINWEIS: Um ein Konstruktionselement aus dem Register ***Konstruktion*** zu bearbeiten, klicken Sie mit der ***rechten Maustaste*** darauf und wählen dann die Option ***Mit Konstruktions-Assistent bearbeiten***. Um es zu löschen, muss die Option ***Konstruktions-Assistent-Komponente löschen*** verwendet werden.

6.2.3 Befehlsgrundlagen ZUGFEDER-KOMPONENTEN-GENERATOR

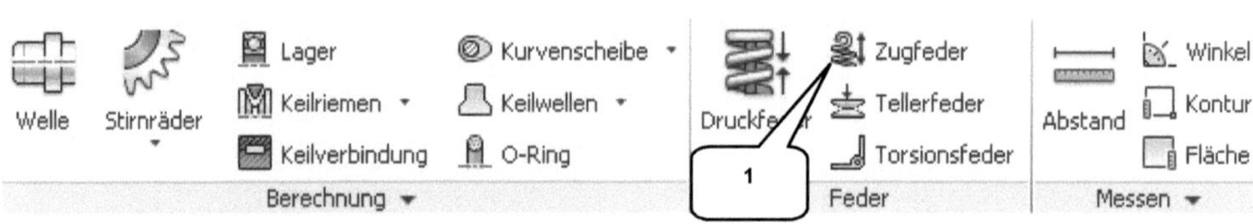

Der **Zugfeder-Komponenten-Generator** (1) dient zur Berechnung und zur Konstruktion von Zugfedern. Im Gegensatz zum vorherigen Befehl, kann die Feder nicht auf bereits vorhandene geometrische Elemente der Baugruppe bezogen werden, sondern muss zur Positionierung manuell mit Abhängigkeiten versehen werden.

6.2.3.1 Register KONSTRUKTION

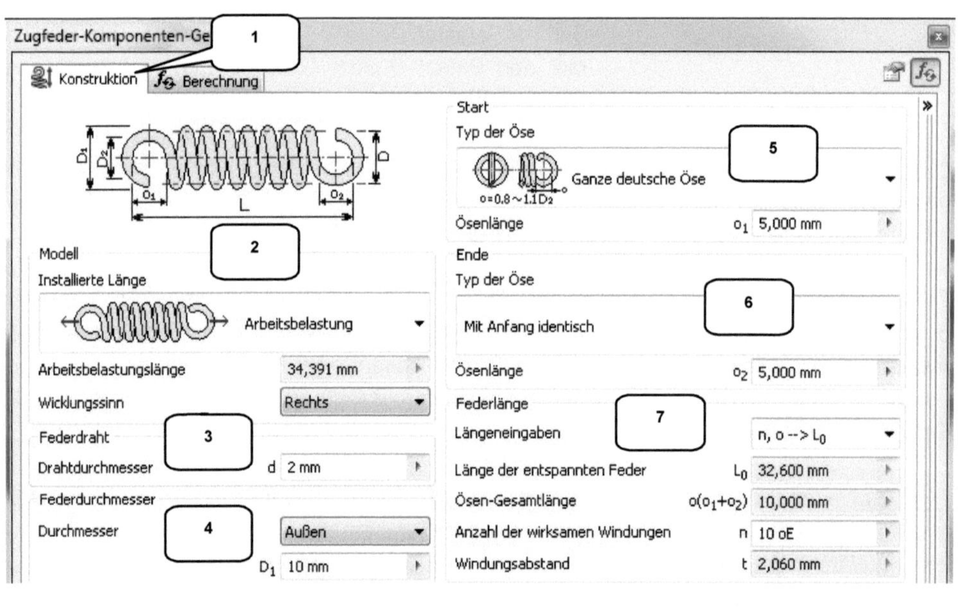

INHALT

Im Register ***Konstruktion*** können Federform, Drahtdurchmesser, Typ der Öse und Federlänge definiert werden.

OPTIONEN

1) Register: Konstruktion/ Berechnung
2) Darzustellende Belastung
3) Durchmesser Federdraht
4) Durchmesser Feder
5) Typ der ersten Öse
6) Typ der zweiten Öse
7) Federlänge

6.2.3.2 Register BERECHNUNG

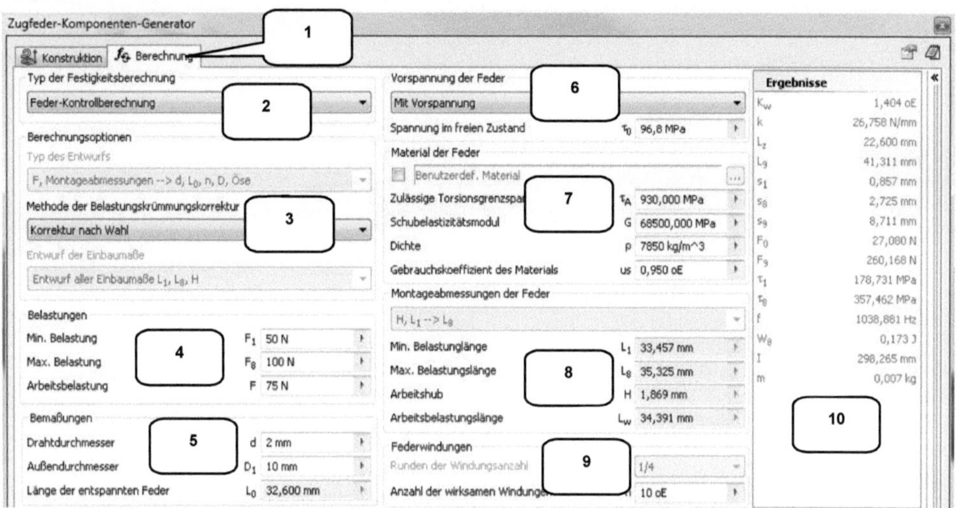

INHALT

Im Register ***Berechnung*** werden der Typ der Festigkeitsberechnung definiert (Zugfederentwurf, Feder-Kontrollberechnung, Berechnung der Arbeitskräfte), sowie Belastungen, Bemaßungen, Vorspannungen, Material, Windungen und Montageabmessungen festgelegt.

OPTIONEN

1) Register: Konstruktion/ Berechnung
2) Typ der Festigkeitsberechnung
3) Berechnungsoptionen
4) Belastungen
5) Bemaßungen
6) Vorspannung der Feder
7) Federmaterial
8) Montageabmessungen der Feder
9) Federwindungen
10) Berechnungsergebnisse

6.2.4 Spannrolle des Zahnriemens mit einer Zugfeder beaufschlagen

Der Zahnriemen in unserem Übungsbeispiel wird durch eine flache Spannrolle gespannt, um ein Springen des Zahnriemens über die Zähne der Zahnräder zu verhindern. Diese Spannrolle muss zusätzlich mit einer Zugfeder versehen werden, um Sie mit einer konstanten Zugkraft gegen den Riemen zu pressen.

Übernehmen Sie alle Werte und Einstellungen aus den folgenden beiden Abbildungen.

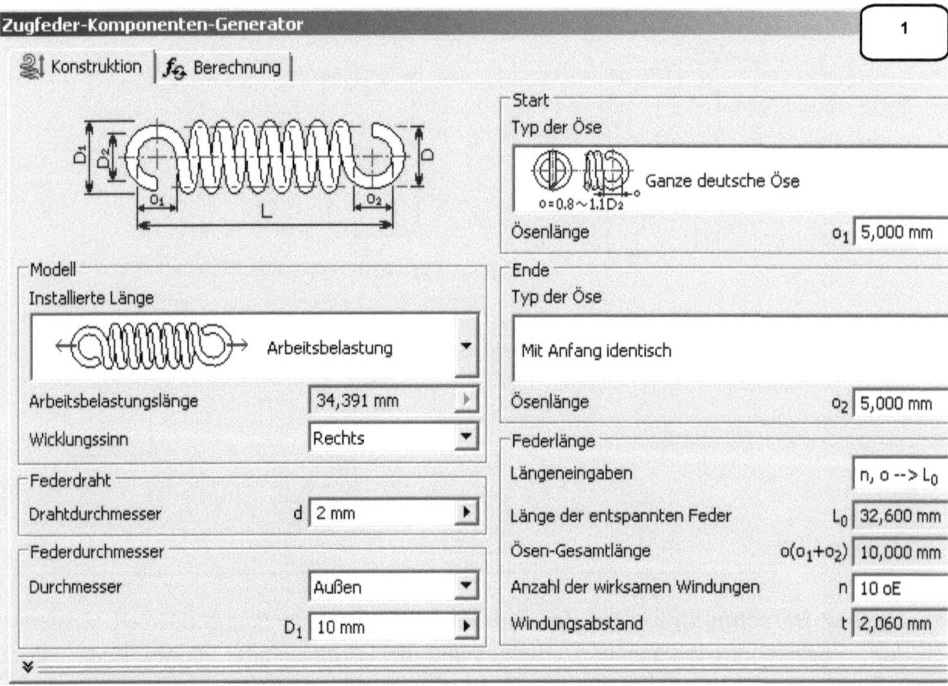

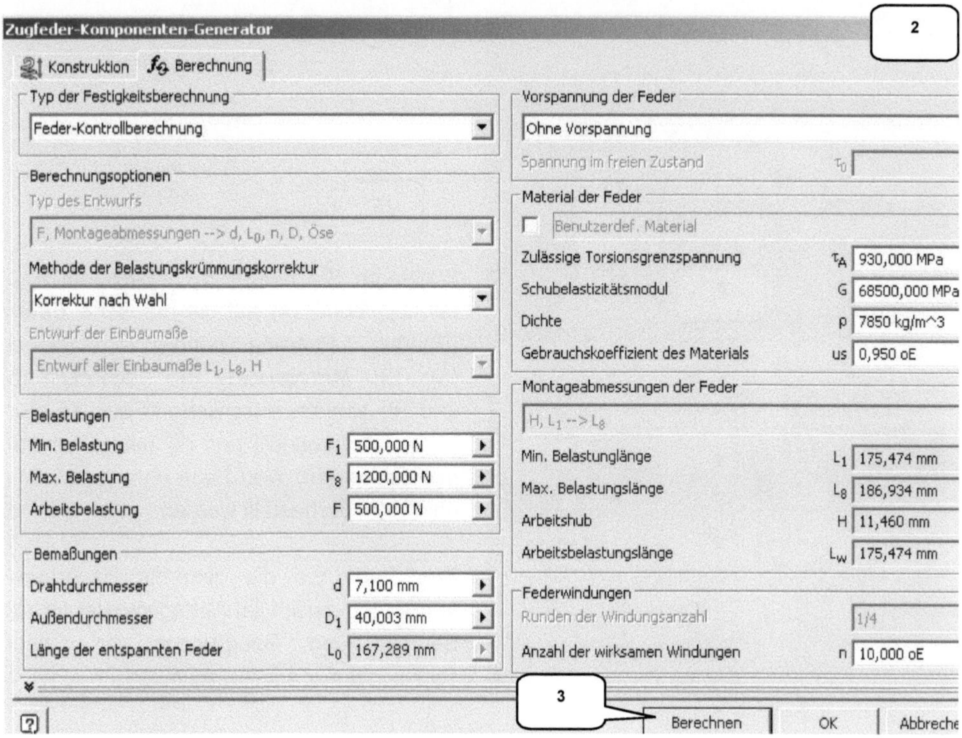

Zugfeder-Komponenten-Generator

2

Konstruktion | Berechnung

Typ der Festigkeitsberechnung

Feder-Kontrollberechnung

Berechnungsoptionen

Typ des Entwurfs

F, Montageabmessungen --> d, L_0, n, D, Öse

Methode der Belastungskrümmungskorrektur

Korrektur nach Wahl

Entwurf der Einbaumaße

Entwurf aller Einbaumaße L_1, L_8, H

Belastungen

Min. Belastung	F_1	500,000 N
Max. Belastung	F_8	1200,000 N
Arbeitsbelastung	F	500,000 N

Bemaßungen

Drahtdurchmesser	d	7,100 mm
Außendurchmesser	D_1	40,003 mm
Länge der entspannten Feder	L_0	167,289 mm

Vorspannung der Feder

Ohne Vorspannung

Spannung im freien Zustand τ_0

Material der Feder

Benutzerdef. Material

Zulässige Torsionsgrenzspannung	τ_A	930,000 MPa
Schubelastizitätsmodul	G	68500,000 MPa
Dichte	ρ	7850 kg/m^3
Gebrauchskoeffizient des Materials	us	0,950 oE

Montageabmessungen der Feder

H, L_1 --> L_8

Min. Belastunglänge	L_1	175,474 mm
Max. Belastungslänge	L_8	186,934 mm
Arbeitshub	H	11,460 mm
Arbeitsbelastungslänge	L_w	175,474 mm

Federwindungen

Runden der Windungsanzahl		1/4
Anzahl der wirksamen Windungen	n	10,000 oE

3

Berechnen | OK | Abbreche

Die Feder kann jetzt frei im Zeichenbereich abgelegt werden. Verwenden Sie die folgenden drei Abhängigkeiten (Register ***Zusammenfügen***, Befehl ***Abhängig machen***), um die Feder zu positionieren.

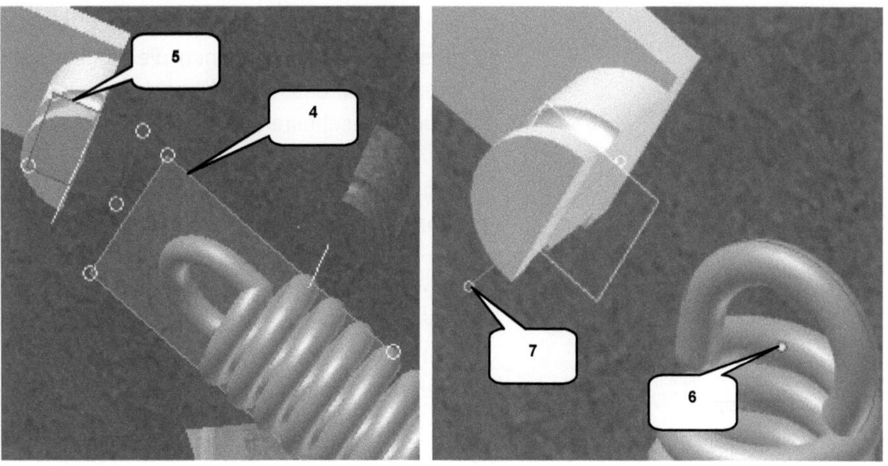

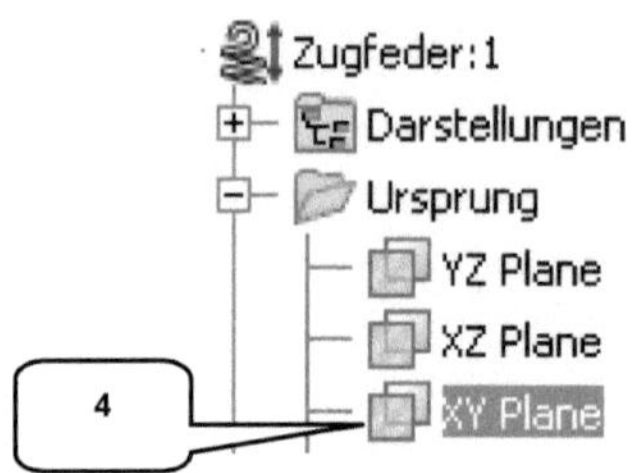

Platzieren Sie hierfür die ***XY-Ebene*** (Bauteil: Zugfeder) (4) auf die markierte ***Ebene*** (Bauteil: Führung-Spannrolle-Zahnriemen (5)). Die ***Mittelpunkte*** der Federösen (6) und (8) können anschließend auf die markierten ***Achsen*** (7) und (9) gelegt werden. In Position (10) sind Lage und Ausrichtung der Feder dargestellt worden.

Speichern Sie die gesamte Baugruppe. Achten Sie darauf, im Abfragefenster für alle Bauteile und Baugruppen die Option ***Ja für alle*** zu aktivieren.

6.3 Konstruktion einer Druckfeder

6.3.1 Erzeugen einer geschnitten dargestellten Ansicht

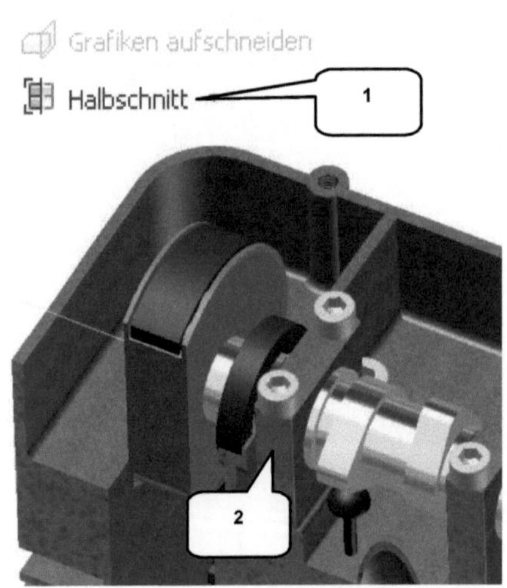

In der folgenden Übung soll zwischen den beiden Bauteilen Ventil und Zylinderkopf eine Druckfeder konstruiert werden, welche das Ventil konstant gegen die Nockenwelle presst. Zur besseren Ansicht soll die Baugruppe geschnitten dargestellt werden.

Wechseln Sie hierfür ins Register ***Ansicht***, starten Sie den Befehl ***Halbschnitt*** (1) in der Befehlsgruppe ***Darstellung*** und wählen Sie die markierte Seitenfläche (2) des Nockenwellenhalters. Bestätigen Sie die Auswahl mit ***OK*** und kehren Sie ins Register ***Konstruktion*** zurück.

6.3.2 Befehlsgrundlagen DRUCKFEDER-GENERATOR

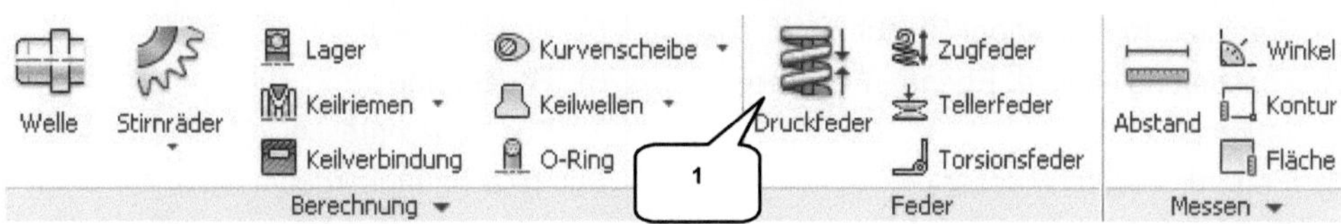

Der Druckfeder-Generator (1) berechnet und konstruiert Druckfedern. Im Gegensatz zum Zugfeder-Komponenten-Generator kann die Druckfeder bereits während des Befehls auf vorhandene geometrische Elemente der Baugruppe platziert werden. Eine nachträgliche, manuelle Platzierung ist daher nicht erforderlich.

6.3.2.1 Register KONSTRUKTION

INHALT

Das Register ***Konstruktion*** bietet eine Platzierung der Druckfeder, die Auswahl der installierten Länge und die Definition der geometrischen Federeigenschaften (Federanfang, Federende, Federlänge und Federdurchmesser) an.

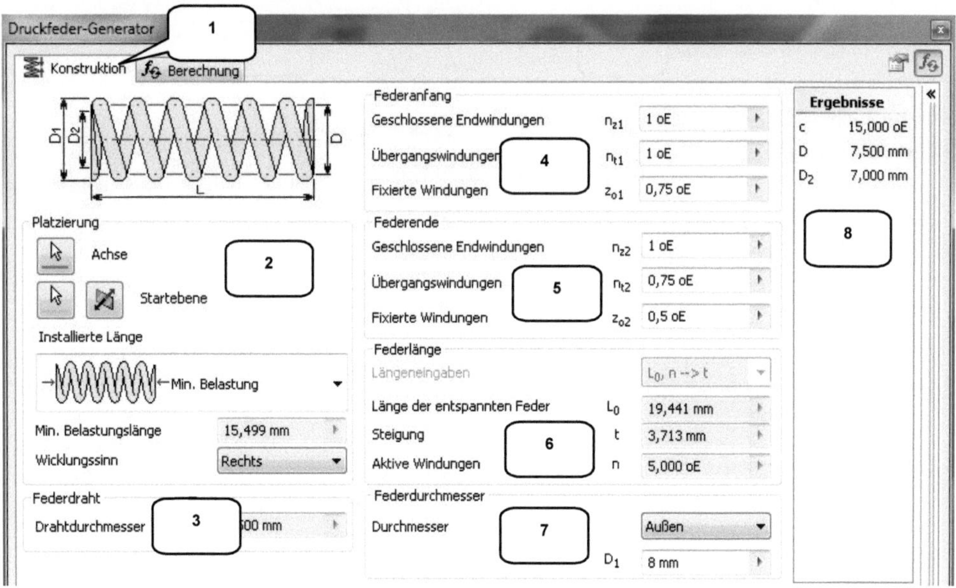

OPTIONEN

1) Register: Konstruktion/ Berechnung
2) Platzierung (Achse, Ebene), Federbelastung
3) Federdrahtdurchmesser
4) Federanfang
5) Federende
6) Federlänge
7) Federdurchmesser
8) Berechnungsergebnisse

6.3.2.2 Register BERECHNUNG

INHALT

Im Register ***Berechnung*** werden Berechnungstyp, Berechnungsoptionen, Federmaterial und Federbelastung festgelegt.

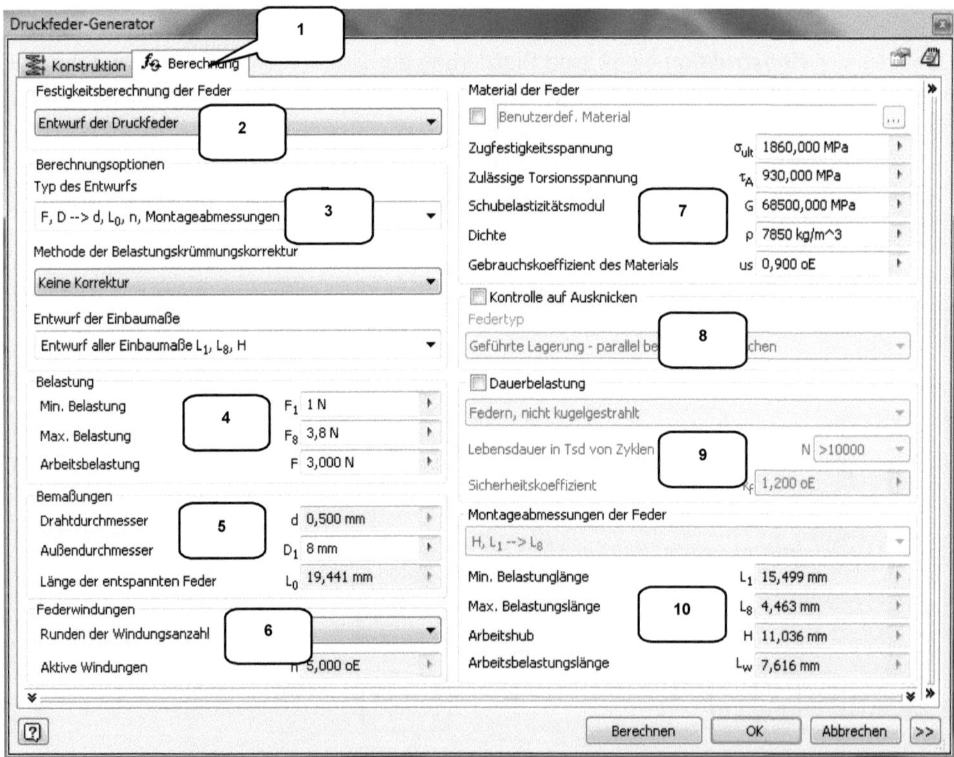

OPTIONEN

1) Register: Konstruktion/ Berechnung
2) Berechnungstyp
3) Berechnungsoptionen
4) Belastung
5) Bemaßungen
6) Windungen
7) Federmaterial
8) Kontrolle auf Ausknicken
9) Dauerbelastung
10) Montageabmessungen der Feder

6.3.3 Druckfeder zwischen Ventil und Zylinderkopf erzeugen

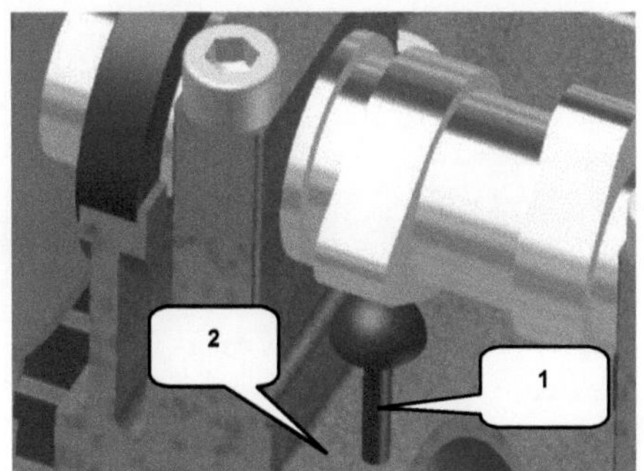

Im Register ***Konstruktion*** soll als ***Achse*** die Zylinderfläche des Ventils (1) gewählt werden. Als ***Startebene*** ist die Oberfläche des Zylinderkopfes (2) zu wählen. Übernehmen Sie auch die restlichen Werte und Einstellungen der beiden Register ***Konstruktion*** (3) und ***Berechnung*** (4) aus den folgenden Abbildungen:

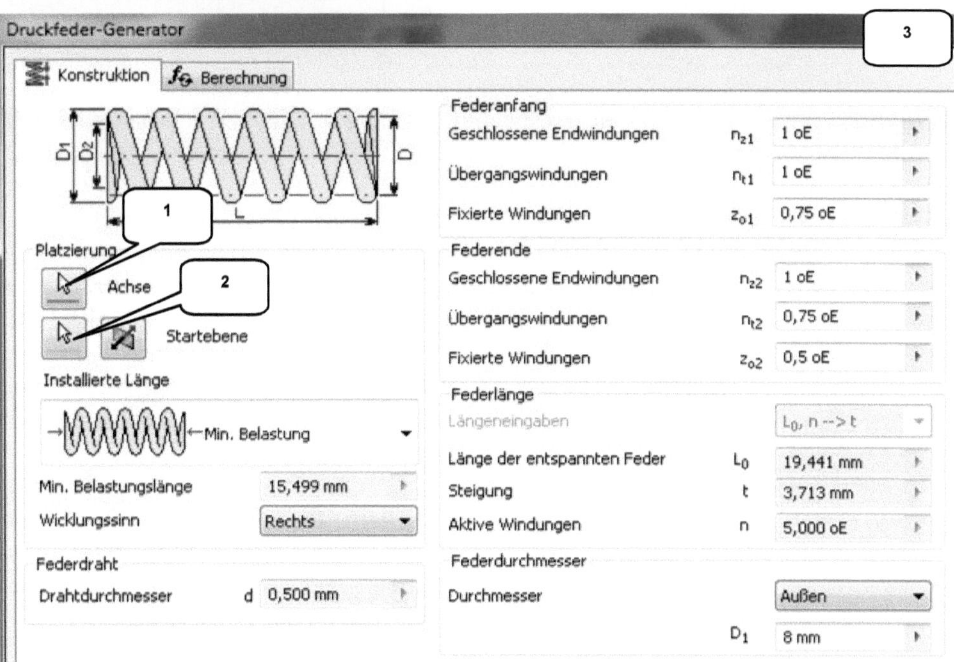

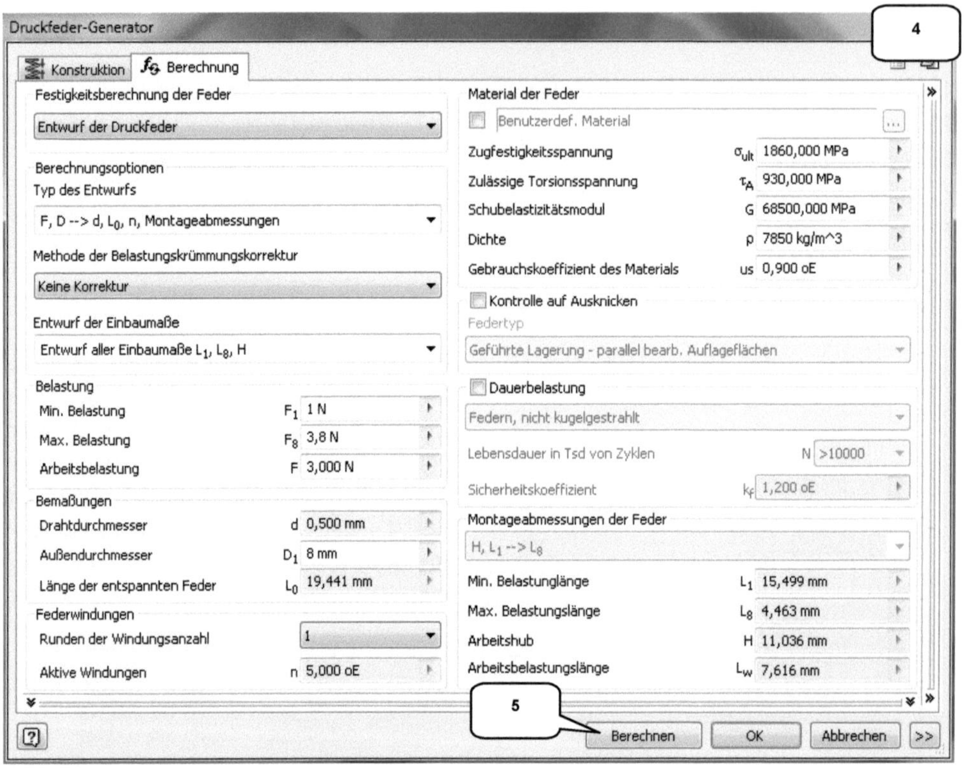

Druckfeder-Generator

4

Konstruktion | Berechnung

Festigkeitsberechnung der Feder

Entwurf der Druckfeder

Berechnungsoptionen

Typ des Entwurfs

F, D --> d, L_0, n, Montageabmessungen

Methode der Belastungskrümmungskorrektur

Keine Korrektur

Entwurf der Einbaumaße

Entwurf aller Einbaumaße L_1, L_8, H

Belastung

Min. Belastung	F_1	1 N
Max. Belastung	F_8	3,8 N
Arbeitsbelastung	F	3,000 N

Bemaßungen

Drahtdurchmesser	d	0,500 mm
Außendurchmesser	D_1	8 mm
Länge der entspannten Feder	L_0	19,441 mm

Federwindungen

Runden der Windungsanzahl		1
Aktive Windungen	n	5,000 oE

Material der Feder

Benutzerdef. Material

Zugfestigkeitsspannung	σ_{ult}	1860,000 MPa
Zulässige Torsionsspannung	τ_A	930,000 MPa
Schubelastizitätsmodul	G	68500,000 MPa
Dichte	ρ	7850 kg/m^3
Gebrauchskoeffizient des Materials	us	0,900 oE

Kontrolle auf Ausknicken

Federtyp

Geführte Lagerung - parallel bearb. Auflageflächen

Dauerbelastung

Federn, nicht kugelgestrahlt

Lebensdauer in Tsd von Zyklen	N	>10000
Sicherheitskoeffizient	k_f	1,200 oE

Montageabmessungen der Feder

H, L_1 --> L_8

Min. Belastunglänge	L_1	15,499 mm
Max. Belastungslänge	L_8	4,463 mm
Arbeitshub	H	11,036 mm
Arbeitsbelastungslänge	L_w	7,616 mm

5

Berechnen | OK | Abbrechen | >>

HINWEIS: Der Wert für die ***minimale Belastungslänge*** errechnet sich automatisch anhand der restlichen Eingaben.

Nachdem alle Werte übernommen wurden, kann die [Berechnen] ***Berechnung*** (5) gestartet und der Befehl mit [OK] ***OK*** beendet werden. Die Schnittansicht (Register ***Ansicht***) ist wieder zu beenden ([Schnitt beenden] ***Schnitt beenden***). Wiederholen Sie diesen Schritt, bis alle 8 Ventile jeweils mit einer Feder versehen wurden.

Speichern Sie die gesamte Baugruppe. Achten Sie darauf, im Abfragefenster für alle Bauteile und Baugruppen die Option [Ja für alle] ***Ja für alle*** zu aktivieren.

Auszug aus dem Buch DYNAMISCHE SIMULATION

Die folgenden Seiten zeigen Auszüge aus dem Buch:

- ***Autodesk® Inventor® 2016 - DYNAMISCHE SIMULATION***

Inventor® verfügt über einen Bereich der ***Dynamischen Simulation***, in dem komplexe Baugruppen unter Einfluss äußerer Randbedingungen, wie Kräften und Drehmomenten, berechnet und simuliert werden können. Die Ergebnisse können dann zur weiteren Bearbeitung in den Bereich der Finiten-Elemente-Methode übertragen werden. In einem komplexen Übungsbeispiel wird der Leser theoretische Grundlagen der Befehle aus dem Bereich der Dynamischen Simulation erlernen und praktisch umsetzen.

Im Buch werden die folgenden Bereiche behandelt:

- ***Gelenkverbindungen einfügen***
- ***Abhängigkeiten in Gelenke konvertieren***
- ***Status des Mechanismus überprüfen***
- ***Kräfte und Drehmomente einfügen***
- ***Dynamische Bewegungen***
- ***Unbekannte Kräfte ermitteln***
- ***Spuren darstellen***
- ***Filme publizieren***
- ***Simulationseinstellungen bearbeiten***
- ***Das Eingabediagramm***
- ***Das Ausgabediagramm***

Weitere Informationen zu diesem und anderen Büchern erhalten Sie auf der Website:

- ***http://www.cad-trainings.de/***

LEICHT VERSTÄNDLICH - KOMPLEXES ÜBUNGSBEISPIEL

Christian Schlieder

Autodesk® Inventor® 2016

DYNAMISCHE SIMULATION

Viele praktische Übungen am Konstruktionsobjekt RADLADER

Gelenke einfügen, Abhängigkeiten ableiten, Status des Mechanismus, Kräfte und Drehmomente, Ausgabediagramm, Dynamische Bewegung, Unbekannte Kräfte ermitteln, Spuren, Filme publizieren, Simulationseinstellungen bearbeiten, Simulationswiedergabe starten, Exportieren nach FEM

INHALTSVERZEICHNIS

1 Grundlegendes zum Buch

Dieses Buch ist ein Aufbaukurs für Fortgeschrittene, die mit den Grundlagen von ***Autodesk® Inventor® 2016*** bereits vertraut sind. Es wird empfohlen, vor der Arbeit mit diesem Buch das dazugehörige Grundlagenbuch

- ***Autodesk® Inventor® 2016 – Grundlagen in Theorie und Praxis***

vollständig durchzuarbeiten.

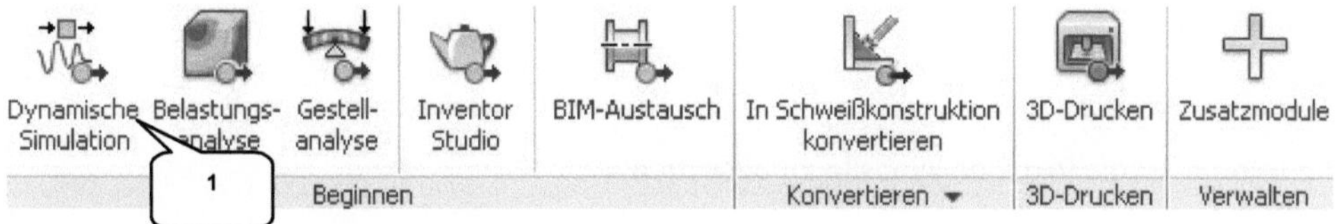

Das Programm verfügt über einen Bereich der ***Dynamischen Simulation*** (1), in welchem komplexe Baugruppen analysiert und simuliert werden können. Hier gibt es die Möglichkeit, externe Kräfte und Drehmomente auf die Baugruppe wirken zu lassen und die resultierenden Ergebnisse zu analysieren.

Die Berechnungsergebnisse können anschließend in den FEM-Bereich exportiert und dort weiter bearbeitet werden.

Die folgenden Befehle der Dynamischen Simulation werden behandelt:

- ***Gelenk einfügen***
- ***Abhängigkeiten ableiten***
- ***Status des Mechanismus***
- ***Kraft***
- ***Drehmoment***
- ***Ausgabediagramm***
- ***Dynamische Bewegung***
- ***Unbekannte Kraft***
- ***Spur***
- ***Film publizieren***
- ***Simulationseinstellungen***
- ***Simulationswiedergabe***
- ***Exportieren nach FEM***

Das Übungsbeispiel bietet genügend Möglichkeiten, die Befehlsketten sporadisch zu verlassen und eigene Versuche zu starten, was dem Anwender auch empfohlen wird. Sollte die Baugruppe dabei irreparabel zerstört werden, kann ersatzweise die im Downloadordner enthaltene Kopie der Baugruppe verwendet werden.

5 Grundlegende Vorbereitungen

5.1 Aktivierung des Einzelbenutzerprojektes

Bevor mit der Umsetzung des Projektes gestartet wird, sollten die folgenden Arbeiten erledigt werden:

Auf dem PC ist an geeigneter Stelle ein neuer Ordner mit folgender Bezeichnung zu erstellen:

- ***Inventor-2016-Übung-Dynamische-Simulation***

5.2 Download der Übungsdateien

Im Internet ist die folgende Website zu besuchen:

- ***http://www.cad-trainings.de/html/Download.html***

Anschließend sind die folgenden Schritte zu erledigen:

- Das passende Buch suchen
- Auf den nebenstehenden Download-Link klicken
- Die Übungsdatei (ZIP-Format) auf dem PC speichern (im Projektordner ***Inventor-2016-Übung-Dynamische-Simulation***)
- Die Datei darin entpacken

5.3 Aktivierung des Einzelbenutzerprojektes

Inventor® arbeitet grundsätzlich in Projekten, was die Koordination zusammenhängender Dateien und Einstellungen vereinfacht. Eine Projektdatei (*.ipj) sichert alle Informationen und Querverweise eines Projektes. Das ist wichtig, wenn später komplexe Baugruppen archiviert oder von einem PC auf einen anderen übertragen werden sollen.

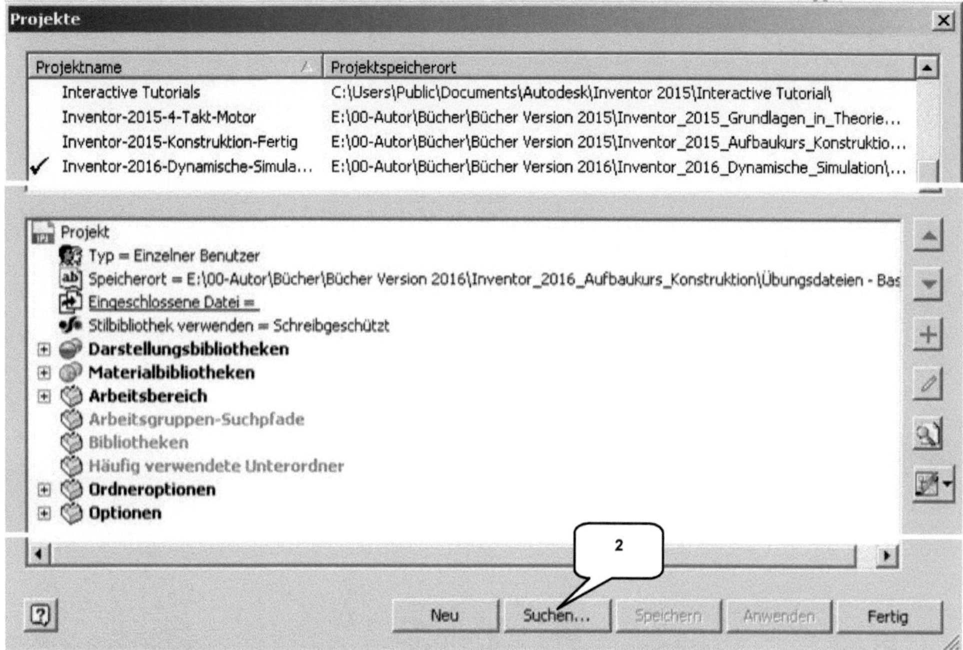

Im Register ***Erste Schritte*** (Befehlsgruppe ***Starten***) ist der Befehl Projekte (1) zu aktivieren.

Mit der Option ***Suchen*** (2) soll der Pfad zum Projektordner ausgewählt und die darin enthaltene Projektdatei ***Inventor-2016-Dynamische-Simulation.ipj*** (3) aktiviert werden.

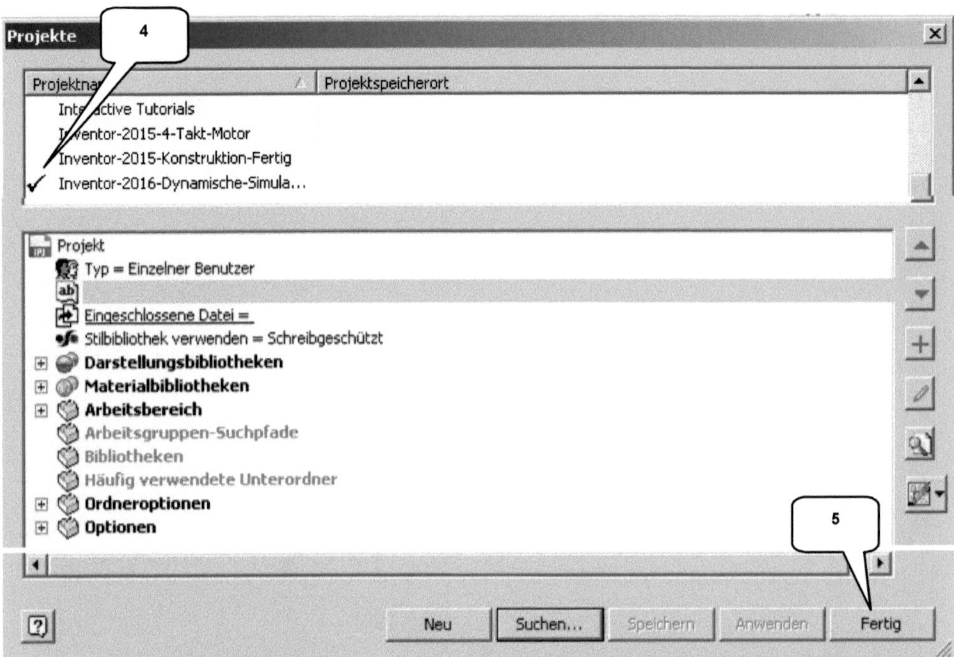

Download
OldVersions
3
Inventor-2016-Dynamische-Simulation

Das neue ***Projekt*** wird automatisch aktiviert, was durch einen kleinen Haken in der entsprechenden Zeile (4) signalisiert wird.

Auch bei der späteren Arbeit mit dem Programm sollte das jeweils aktive Projekt nach Programmstart stets kontrolliert werden.

So kann vermieden werden, dass Dateien unbeabsichtigt einem anderen Projekt zugeordnet werden.

Fertig (5) beendet den Befehl.

6 Die Montage des Radladers im Baugruppenbereich

6.1 Die Baugruppe im Überblick

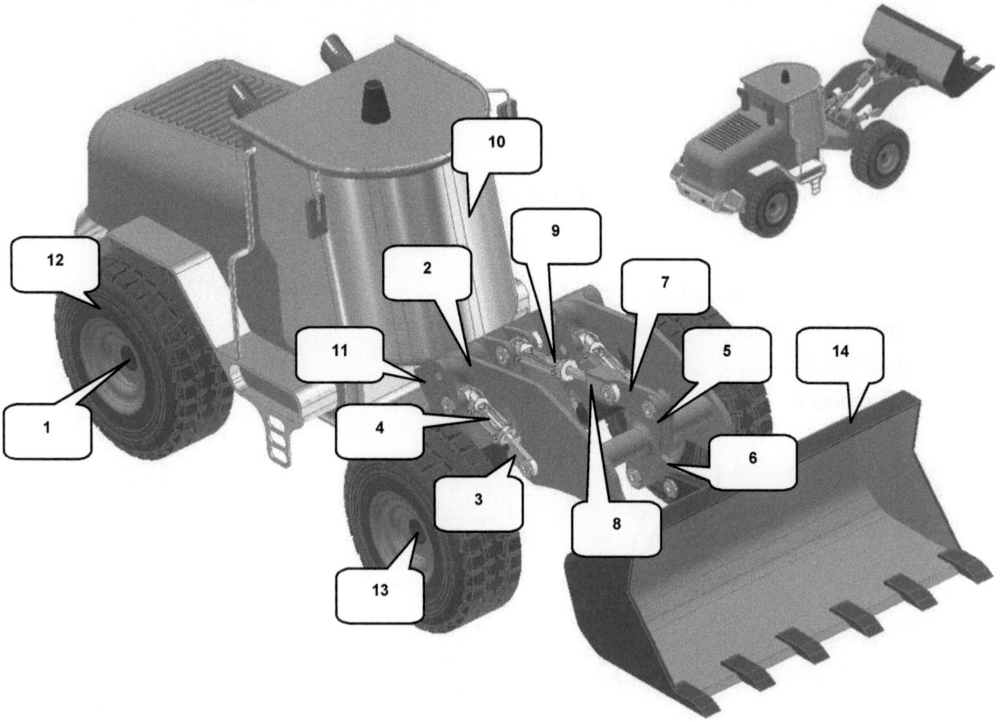

1) Hinterradachse
2) Hubrahmen
3) Hubzylinder-Kolben
4) Hubzylinder-Zylinder
5) Kipphebel
6) Kippschwinge
7) Kippzylinder-Fixierung
8) Kippzylinder-Kolben
9) Kippzylinder-Zylinder
10) Maschinengehäuse
11) Maschinenrahmen
12) Rad
13) Radbolzen
14) Schaufel

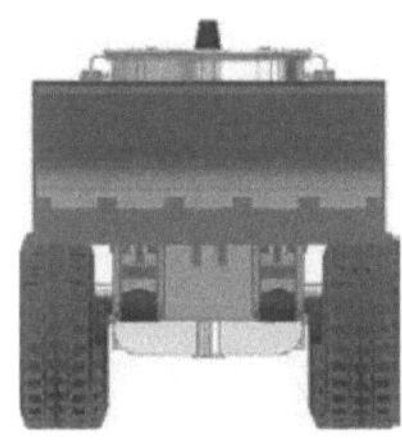

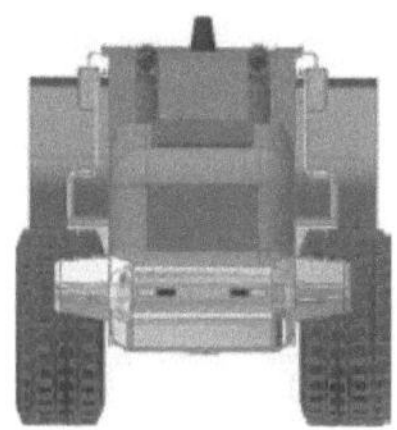

6.2 Öffnen der Baugruppendatei

Im ersten Schritt ist die Baugruppe zu öffnen:

Öffnen (1)
- Order: Radlader Download (2)
- Dateiname: Dynamischer_Radlader (3)
- Dateityp: *.iam
- Öffnen ***Öffnen***

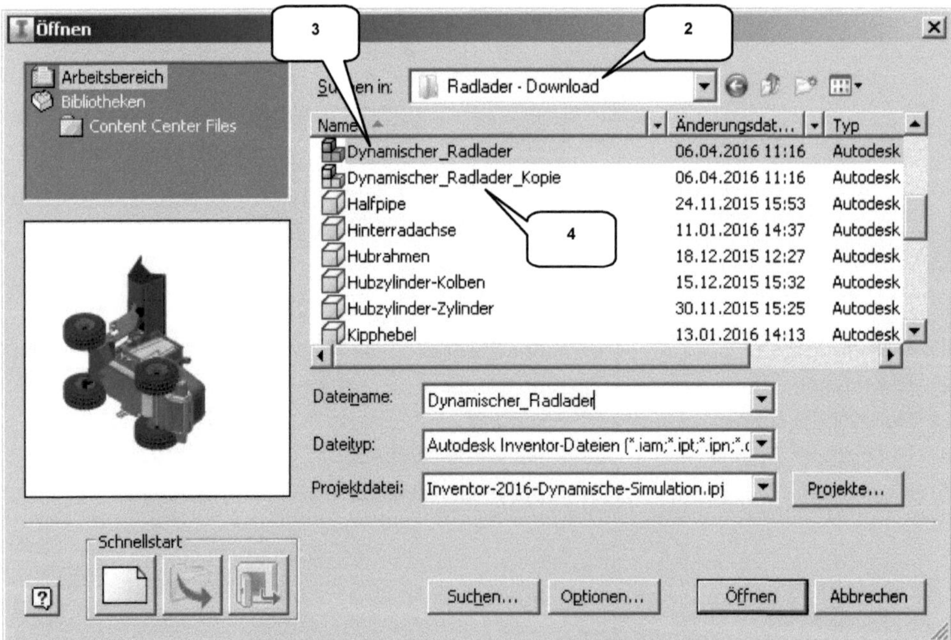

HINWEIS: Sollte die Baugruppe bei einer der Übungen im Buch beschädigt werden, kann zur weiteren Bearbeitung die Kopie ***Dynamischer_Radlader_Kopie*** verwendet werden.

7 Die Umgebung der Dynamischen Simulation

7.1 Die Baugruppenumgebung und die Dynamische Simulation

7.1.1 Freiheitsgrade im Bereich der Baugruppenmodellierung

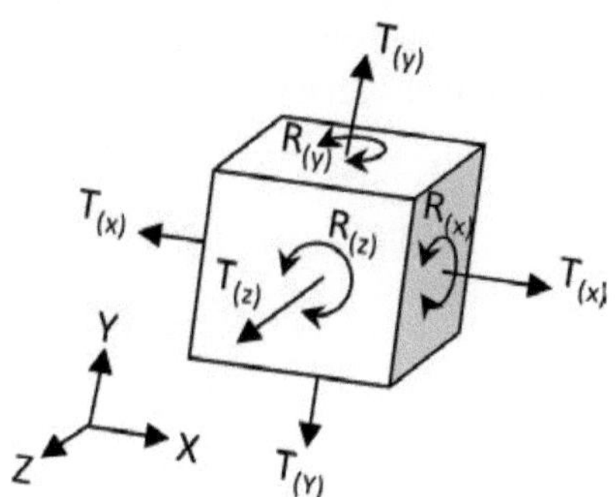

Eine Komponente in der Inventor® ***Baugruppenumgebung*** kann grundsätzlich jede beliebige Position und Ausrichtung einnehmen, da sie frei beweglich ist. Sie verfügt über insgesamt sechs Freiheitsgrade und kann sich entlang der drei Achsen (***X***, ***Y***, ***Z***) linear verschieben (Translation T_X, T_Y, T_Z) und außerdem um jede der drei Achsen frei drehen (Rotation R_X, R_Y, R_Z).

7.1.2 Freiheitsgrade im Bereich der Dynamischen Simulation

Anders ist es im Bereich der ***Dynamischen Simulation***: Hier besitzt eine Komponente grundsätzlich keine Freiheitsgrade. Durch das Setzen von Gelenkverbindungen werden einem Bauteil erst nach und nach Freiheitsgrade zugewiesen. Weiterhin können Abhängigkeiten und Verbindungen aus dem Bereich der Baugruppenmodellierung automatisch in den Bereich der Dynamischen Simulation übernommen und dort in Gelenkverbindungen konvertiert werden.

7.1.3 Möglichkeiten in der Dynamischen Simulation

Im Bereich der ***Dynamischen Simulation*** gibt es die folgenden ***Möglichkeiten***:

- ***Konvertieren*** von Abhängigkeiten/Verbindungen in Gelenkverbindungen
- ***Hinzufügen*** von externen Kräften und Drehmomenten
- ***Berechnung*** unbekannter Kräfte
- ***Definition*** von Reibung, Dämpfung, Steifigkeit und Elastizität
- ***Exportieren*** der Berechnungsergebnisse zur FEM-Analyse
- ***Exportieren*** der Berechnungsergebnisse nach Microsoft® Excel

7.2 Starten der Dynamischen Simulation

Arbeitsbereich:
Dynamische Simulation

Um in den Bereich der ***Dynamischen Simulation*** wechseln zu können, muss das Register ***Umgebungen*** aktiviert und der Befehl ***Dynamische Simulation*** gestartet werden.

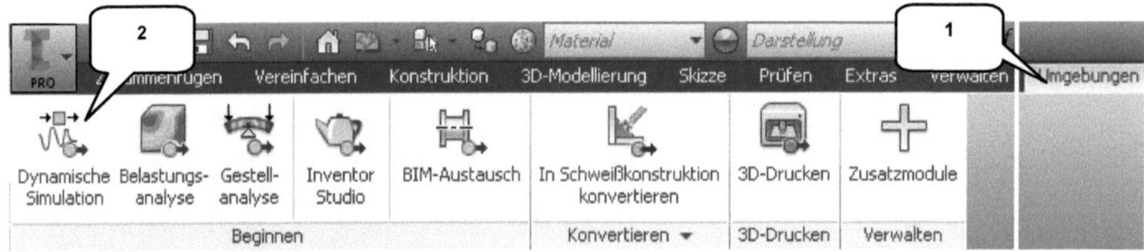

- Register: ***Umgebungen*** (1)
- Dynamische Simulation (2)

7.3 Grundlegender Aufbau der Dynamischen Simulation
7.3.1 Das Lernprogramm

Das Programm sollte jetzt den folgenden Hinweis öffnen, in welchem dem Anwender die Möglichkeit gegeben wird, das ***Lernprogramm*** für diesen Bereich zu starten.

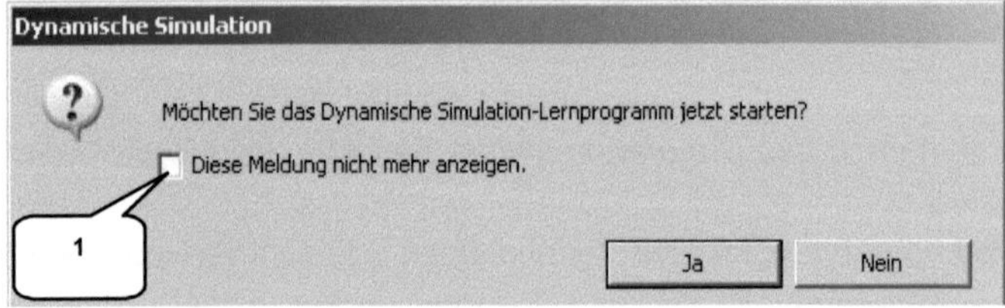

- Aktivieren: Diese Meldung nicht mehr anzeigen. (1)
- Ja ***Ja***

Besteht eine Internetverbindung, sollte sich der Web-Browser öffnen. Alternativ kann die Hilfedatei auch lokal installiert werden.

HINWEIS: Das ***Lernprogramm*** der Dynamischen Simulation kann in der Programmhilfe jederzeit wieder gestartet werden.

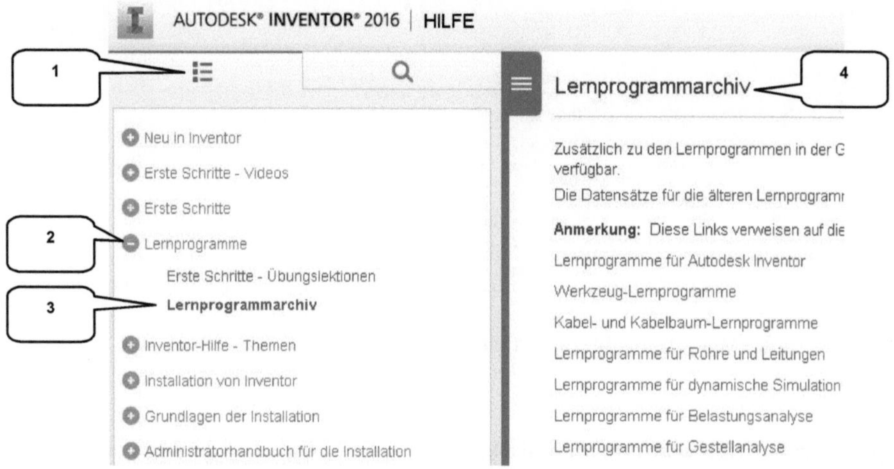

- Register: ***Inhalt*** (1)
- ***Lernprogramme*** erweitern (2)
- ***Lernprogrammarchiv*** wählen (3)

Im rechten Bereich des Befehlsfensters befindet sich eine Übersicht über das ***Lernprogrammarchiv*** (4), in dem die einzelnen Lernprogramme gestartet werden können.

HINWEIS: Das Archiv verweist teilweise auf die Beschreibungen älterer Programmversionen. Es besteht also die Möglichkeit, dass einige der verwendeten Befehle nicht mehr aktuell sind.

- Der Web-Browser kann jetzt wieder ***geschlossen*** werden

Das Programm sollte jetzt einen Hinweis anzeigen, dass der ***Mechanismus*** mit 13 Graden (oder abweichend) überbestimmt ist. Die im Baugruppenbereich verwendeten Verbindungen und Abhängigkeiten überlagern sich teilweise. So entstehen im Bereich der Dynamischen Simulationen sogenannte Redundanzen.

Da dieser Hinweis zum jetzigen Zeitpunkt noch keine Rolle spielt, kann er mit OK ***OK*** bestätigt werden.

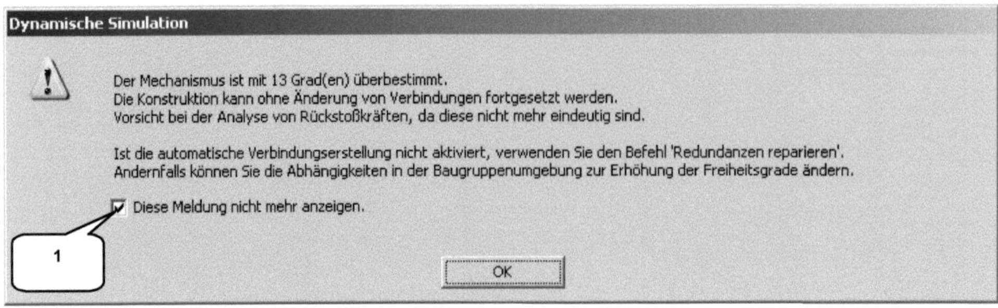

- Aktivieren: Diese Meldung nicht mehr anzeigen. (1)
- OK ***OK***

HINWEIS: In den ***Simulationseinstellungen*** kann diese Meldung jederzeit wieder aktiviert werden.

7.3.2 Die Befehlsgruppen

Zuerst sollten die ***Befehlsgruppen*** auf Vollständigkeit kontrolliert werden:

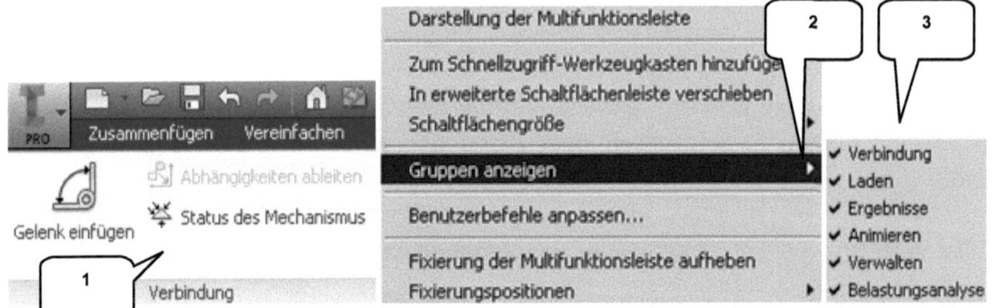

- ***Rechte Maustaste*** auf einen beliebigen Bereich in der Multifunktionsleiste (1)
- ***Gruppen anzeigen*** erweitern (2)
- Kontrollieren, ob alle Befehlsgruppen aktiviert sind (3)

Die folgende tabellarische Übersicht soll die Befehlsgruppen selbst und die darin enthaltenen Befehle darstellen.

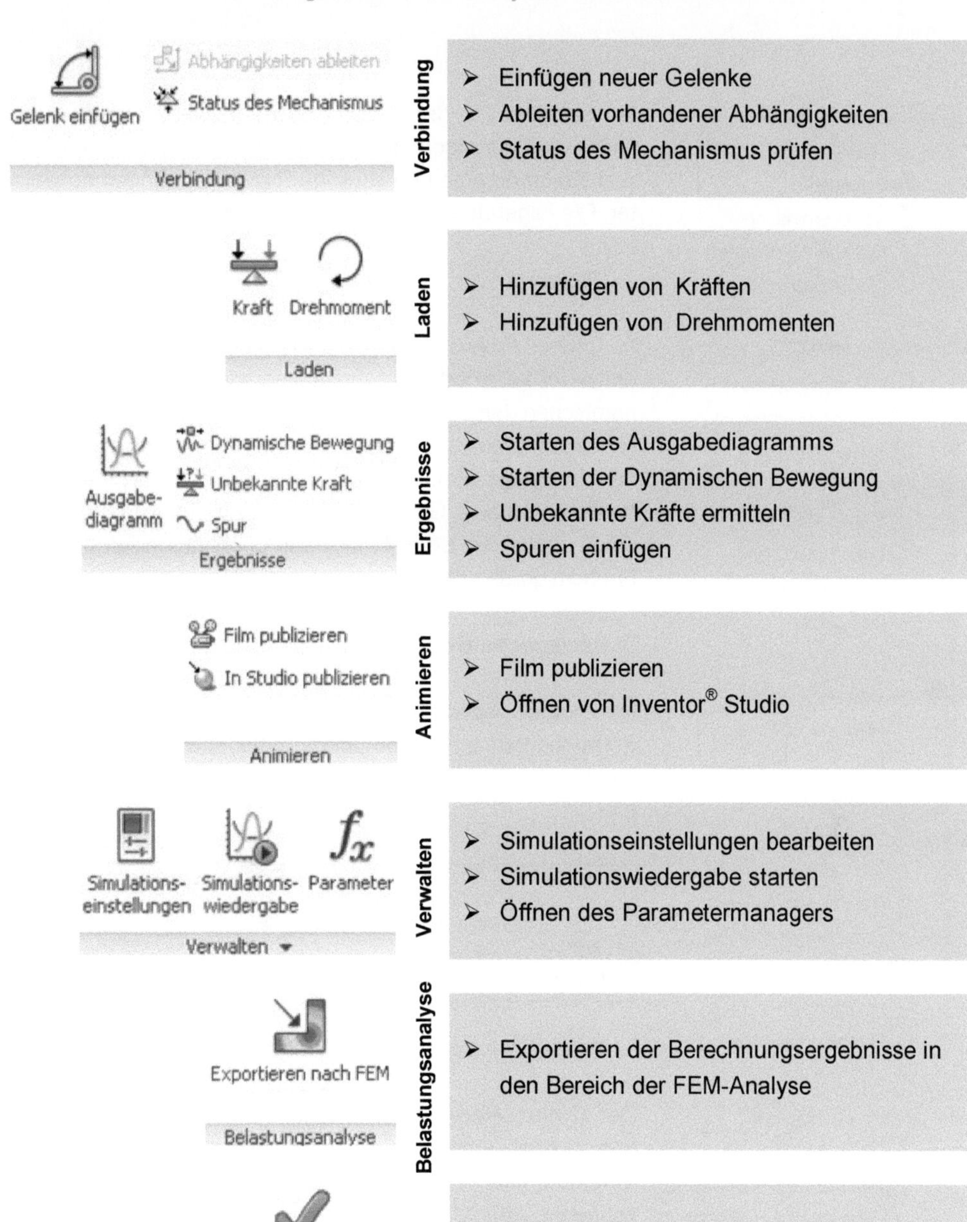
Gelenk einfügen
Abhängigkeiten ableiten
Status des Mechanismus
Verbindung
Verbindung
Einfügen neuer Gelenke
Ableiten vorhandener Abhängigkeiten
Status des Mechanismus prüfen
Kraft
Drehmoment
Laden
Laden
Hinzufügen von Kräften
Hinzufügen von Drehmomenten
Ausgabe-diagramm
Dynamische Bewegung
Unbekannte Kraft
Spur
Ergebnisse
Ergebnisse
Starten des Ausgabediagramms
Starten der Dynamischen Bewegung
Unbekannte Kräfte ermitteln
Spuren einfügen
Film publizieren
In Studio publizieren
Animieren
Animieren
Film publizieren
Öffnen von Inventor® Studio
Simulations-einstellungen
Simulations-wiedergabe
Parameter
Verwalten
Verwalten
Simulationseinstellungen bearbeiten
Simulationswiedergabe starten
Öffnen des Parametermanagers
Exportieren nach FEM
Belastungsanalyse
Belastungsanalyse
Exportieren der Berechnungsergebnisse in den Bereich der FEM-Analyse
fertig stellen Dynamische Simulation
Beenden
Beenden
Beenden der Dynamischen Simulation

7.3.3 Der Browser

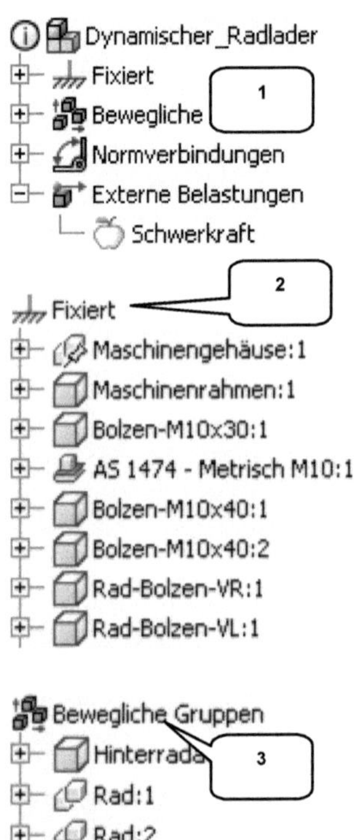

Im ***Browser*** (1) der Dynamischen Simulation werden alle Gelenkverbindungen der Baugruppe, alle externen Kräfte und Drehmomente und sonstige Randbedingungen aufgelistet. Die folgenden Ordner sind bereits vorhanden:

Fixiert (2)

Im Ordner ***Fixiert*** werden alle Komponenten aufgelistet, die entweder keine oder alle Freiheitsgrade im Bereich der Dynamischen Simulation besitzen. Hierfür gibt es zwei Möglichkeiten: Den Komponenten wurden entweder im Bereich der Baugruppenmodellierung alle Freiheitsgrade entfernt (was eine starre Gelenkverbindung zur Folge hätte), oder ihnen wurden im Bereich der Baugruppenmodellierung keine Freiheitsgrade entfernt.

Bewegliche Gruppen (3)

Im Ordner ***Bewegliche Gruppen*** werden alle anderen Komponenten einer Baugruppe zusammengefasst, welche mindestens einen Freiheitsgrad aufweisen aber höchstens fünf.

Ordner	***Freiheitsgrade***
Fixiert	0 oder 6
Bewegliche Gruppen	1 bis 5

Normverbindungen (4)

Der Ordner ***Normverbindungen*** enthält bereits vorhandenen Gelenkverbindungen, deren Bezeichnung durch die Verbindungsart und die dazugehörigen Komponenten beschrieben wird.

Externe Belastungen (5)

Der Ordner ***Externe Belastungen*** beinhaltet alle Kräfte und Drehmomente die von außen auf das System wirken.

Weitere ***Ordner*** im Bereich der Dynamischen Simulation:

- ***Rollverbindungen***
- ***Schiebeverbindungen***
- ***Kontaktverbindungen***
- ***Kraftverbindungen***

Mögliche ***Sonderbedingungen***:

- ***Gelenke*** mit internen Kräften, Drehmomenten oder Grenzen
- ***Gelenke*** mit Redundanzen
- ***Objekte***, die deaktiviert oder unterdrückt wurden
- ***Baugruppenabhängigkeiten***, die unterdrückt wurden

7.4 Die Simulationseinstellungen

7.4.1 Grundlagen: Simulationseinstellungen

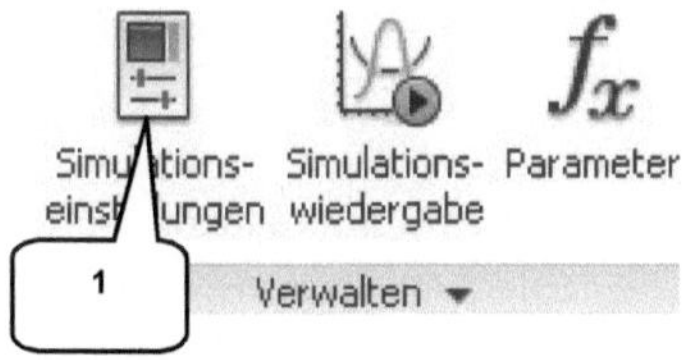

- Befehlsgruppe: ***Verwalten***

Simulationseinstellungen (1)

In den ***Simulationseinstellungen*** kann definiert werden, ob Abhängigkeiten aus dem Baugruppenbereich beim Öffnen der Dynamischen Simulation automatisch in Normgelenke konvertiert werden sollen, ob das Programm beim Starten der Dynamischen Simulation auf einen überbestimmten Mechanismus (Redundanzen) hinweisen soll und ob mobile Gruppen farblich darzustellen sind.

7.4.2 Abhängigkeiten in Gelenkverbindungen konvertieren

In den Simulationseinstellungen des Programms im Bereich der Dynamischen Simulation kann festgelegt werden, dass Verbindungen oder Abhängigkeiten aus der Baugruppenmodellierung ***automatisch*** in Gelenke konvertiert werden, sobald die Dynamische Simulation geöffnet wird.

In der folgenden Tabelle sollen daher die Zusammenhänge zwischen den verschiedenen Gelenkverbindungen und den jeweiligen Kombinationsmöglichkeiten von Abhängigkeiten oder Verbindungen aufgezeigt werden.

Verbindung	***Option***	***Abhängigkeiten***
Drehung	Option 1	Einfügen (Kante auf Kante)
	Option 2	Passend (Linie auf Linie)
	Option 3	Passend (Ebene schneidet Ebene)
	Option 4	Passend (zylindrische Fläche auf zylindrische Fläche)
Prismatisch	Option 1	Kombination zweier Passungen
Zylindrisch	Option 1	Passend (Linie auf Linie)
	Option 2	Passend (zylindrische Fläche auf zylindrische Fläche)
Kugelförmig	Option 1	Passend (Punkt auf Punkt)
	Option 2	Passend (kugelförmige Fläche auf kugelförmige Fläche)
Eben	Option 1	Passend (Ebene auf Ebene)
Punkt-Linie	Option 1	Passend (Linie auf Punkt)
	Option 2	Passend (Linie auf kugelförmige Fläche)
Linie-Ebene	Option 1	Passend (Ebene auf Linie)
Punkt-Ebene	Option 1	Passend (Ebene auf Punkt)
	Option 2	Passend (Ebene auf kugelförmige Fläche)
Verschweißt	Option 1	Kombination dreier Abhängigkeiten

7.4.3 Kontrollieren der Simulationseinstellungen

In den ***Simulationseinstellungen*** soll jetzt geprüft werden, ob nur das automatische Konvertieren von Abhängigkeiten in Normgelenke aktiviert ist. Die restlichen Optionen sollten deaktiviert werden.

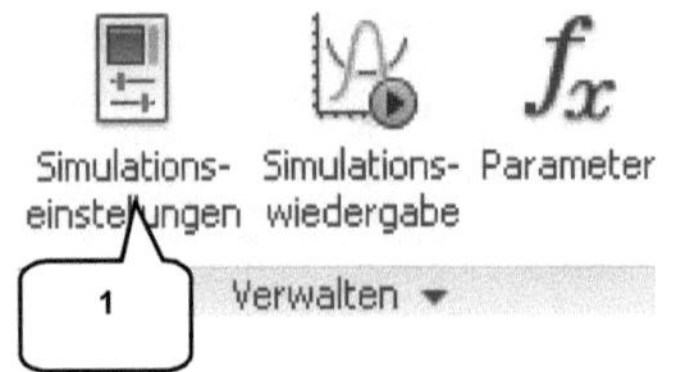

Simulationseinstellungen (1)

- Aktivieren: Abhängigkeiten automatisch in Normgelenke konvertieren (2)
- Restliche Optionen deaktivieren
- OK ***OK*** (alternativ: ***Abbrechen***)

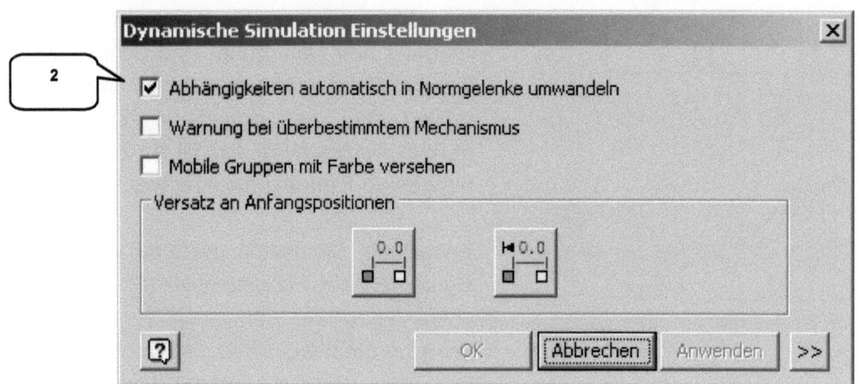

7.5 Manuelle und automatische Simulation

7.5.1 Grundlagen: Dynamische Bauteilbewegung (manuelle Simulation)

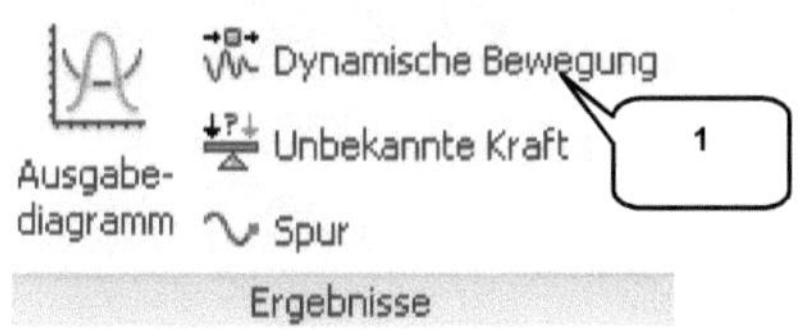

- Befehlsgruppe: ***Ergebnisse***

Dynamische Bewegung (1)

Bei der ***Dynamischen Bewegung*** wird der Mechanismus manuell durch die Bewegung der Maus bei gedrückter linker Maustaste auf ein Bauteil animiert. Die Mausbewegung simuliert hierbei eine äußere Krafteinwirkung, deren Multiplikationsfaktor (2) und Maximalwert (3) zu definieren sind. Der Wert der Dämpfung (4) kann hierbei in drei Stufen eingestellt werden.

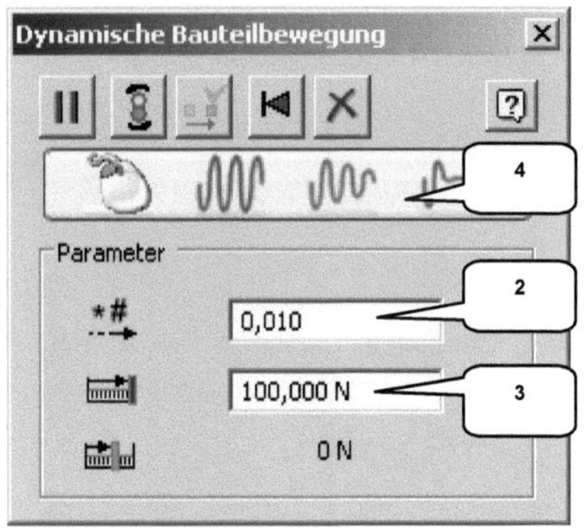

HINWEIS: Leider reagiert das Programm auf diesen Befehl sehr sensibel und stürzt oft ab. Hier hilft dann nur das Programm neu zu starten.

7.5.2 Grundlagen: Simulationswiedergabe (automatische Simulation)

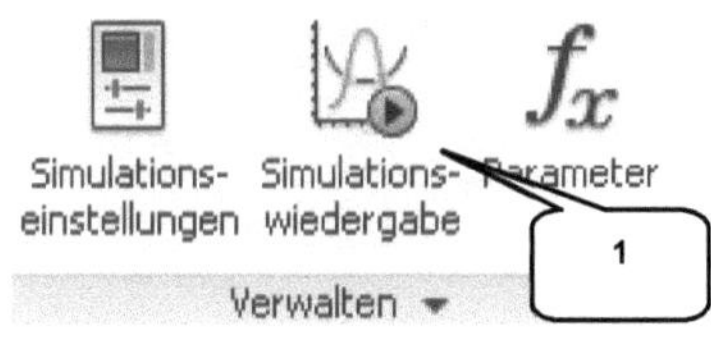

- Befehlsgruppe: ***Verwalten***

Simulationswiedergabe (1)

Mit der ***Simulationswiedergabe*** wird der gesamte Mechanismus unter Beachtung al-

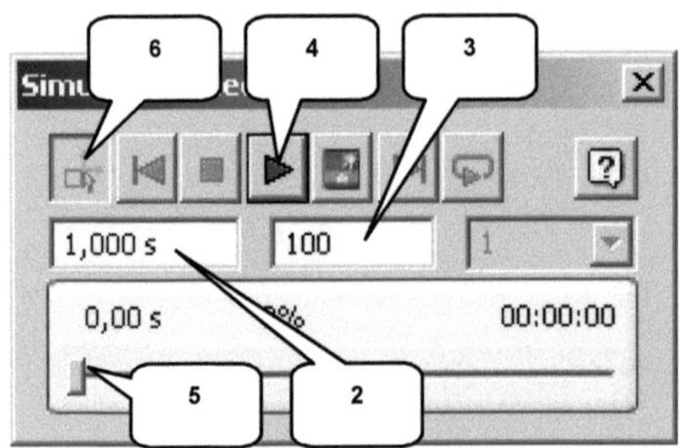

ler voreingestellten Parameter (wie z. B. Reibung und Dämpfung) und unter Einwirkung äußerer Kräfte und Drehmomente simuliert. Die Simulationsdauer (2) und die daraus resultierende Anzahl an Bildberechnungen (3) kann frei definiert werden.

Sobald die Simulation gestartet wurde (4), signalisiert der Schieberegler (5) den zeitlichen Verlauf der Simulation. Nach der Simulation kann wieder in den Konstruktionsmodus (6) zurück gewechselt werden.

7.5.3 Ausführen der Simulation

Alle Abhängigkeiten und Verbindungen aus dem Bereich der Baugruppenmodellierung wurden bereits in Normgelenke konvertiert, und ein erster Versuch der Simulation soll gestartet werden. Das Fenster ***Simulationswiedergabe*** müsste bereits geöffnet sein, was ansonsten nachzuholen ist (Befehlsgruppe ***Verwalten***, Befehl Simulationswiedergabe).

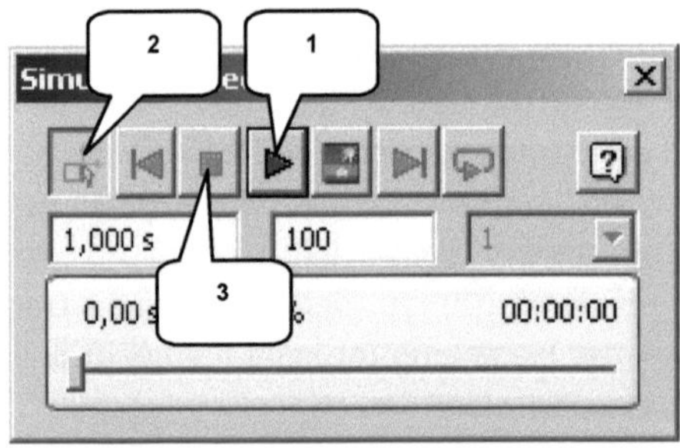

- ***Wiedergabe*** (1)
- Simulation durchführen
- ***Konstruktionsmodus*** (2)

HINWEIS: Der Button ***Stopp*** (3) beendet eine Simulation vorzeitig. Der Button ***Konstruktionsmodus*** (2) lässt das Programm in den Konstruktionsbereich zurückkehren.

Während der Simulation bewegt sich der Schieberegler (4) nach rechts, doch an der Baugruppe selbst ist nichts zu erkennen: Sie bleibt starr!

Eine Simulation erfordert mindestens eine Gelenkverbindung und mindestens eine Kraft / einen Antrieb. Gelenkverbindungen gibt es genügend in der Baugruppe, allerdings wurden noch keine Kräfte im System aktiviert.

7.6 Definieren der Schwerkraft

7.6.1 Die Normalfallbeschleunigung

Um Größe und Richtung der Normalfallbeschleunigung festlegen zu können, muss im Browser der Ordner ***Externe Belastungen*** erweitert und die darin enthaltene ***Schwerkraft*** bearbeitet werden.

Im gleichnamigen Befehlsfenster ist die Option ***Vektorkomponenten*** zu aktivieren. Weil der Radlader auf der X-Z-Ebene angeordnet wurde, muss die Schwerkraft in negativer Richtung der Y-Achse wirken. Hierfür ist im Eingabebereich ***Vektorkomponenten*** der Wert der Normalfallbeschleunigung (g) in der Zeile g[Y] mit -9810 mm/s^2 festzulegen.

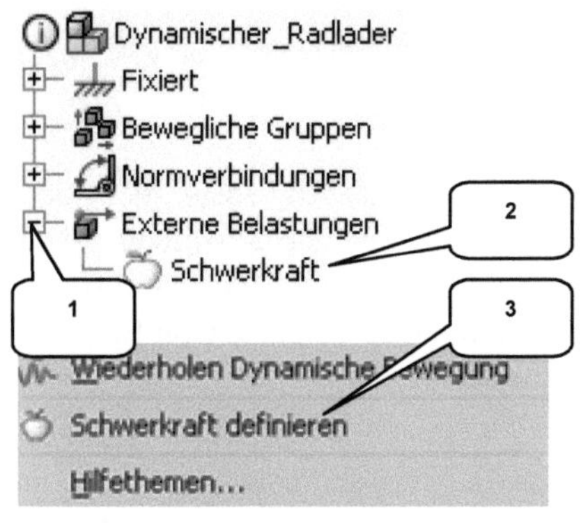

- ***Externe Belastungen*** erweitern (1)
- ***Rechte Maustaste*** auf ***Schwerkraft*** (2)
- ***Schwerkraft definieren*** (3)

- Aktivieren: Vektorkomponenten (4)
- g[Y]: -9810 mm/s^2 (5)
- OK ***OK***

Newtons Apfel (6) sollte im Ergebnis in gelber Farbe leuchten.

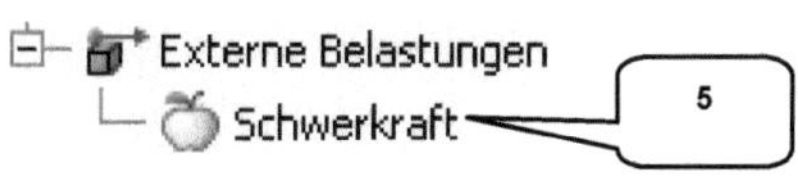

Speichern

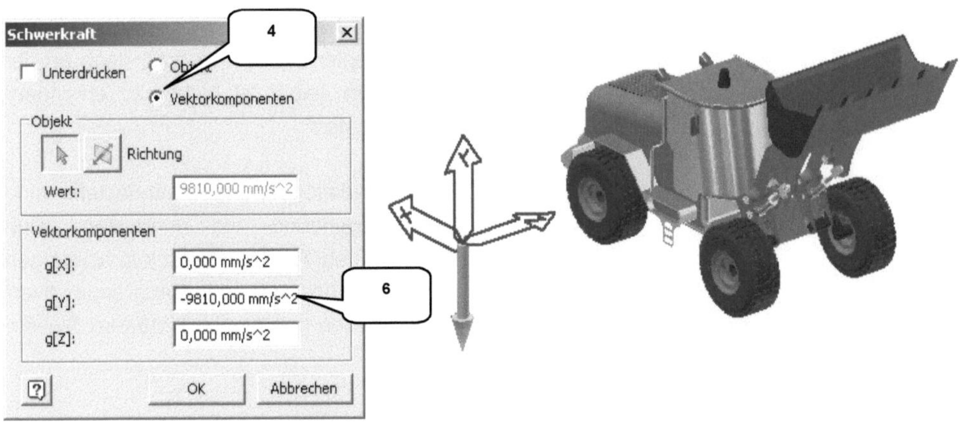

7.6.2 Ausführen und Aufzeichnen der Simulation

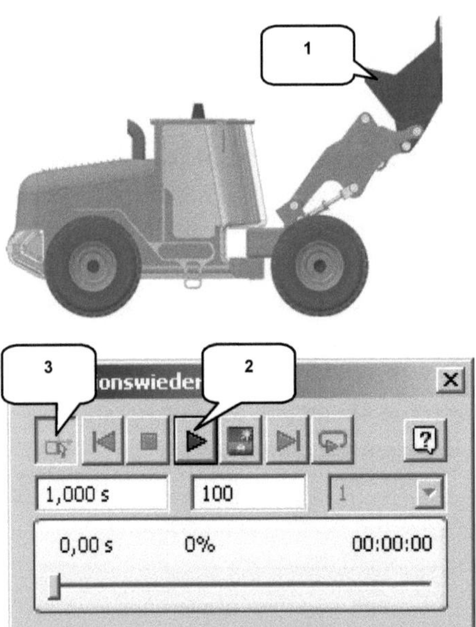

Nachdem jetzt auch eine externe Kraft (Schwerkraft) in das System eingebracht wurde, sollte die Simulation funktionieren. Der Hubapparat ist mit der linken Maustaste nach oben zu bewegen, bevor die ***Wiedergabe*** zu starten ist.

- Hubapparat nach oben schieben (1)
- ***Wiedergabe*** (2)
- Simulation ablaufen lassen
- ***Konstruktionsmodus*** (3)

Während der Simulation sollte sich der Hubapparat nach unten bewegen und dabei alle anderen Bauteile durchschlagen (4), da das Programm keine automatische Begrenzung vornimmt.

HINWEIS: Das Programm erkennt weder im Bereich der Baugruppenmodellierung noch im Bereich der Dynamischen Simulation automatisch ***Kollisionen***, wenn die hierfür benötigten Kontrollmechanismen nicht vorab definiert wurden. Im Bereich der Baugruppenmodellierung können Bewegungen begrenzt oder Kontaktsätze definiert werden: Kollisionen werden dann automatisch erkannt und Bewegungen begrenzt. Im Bereich der Dynamischen Simulation gibt es ähnliche Möglichkeiten.

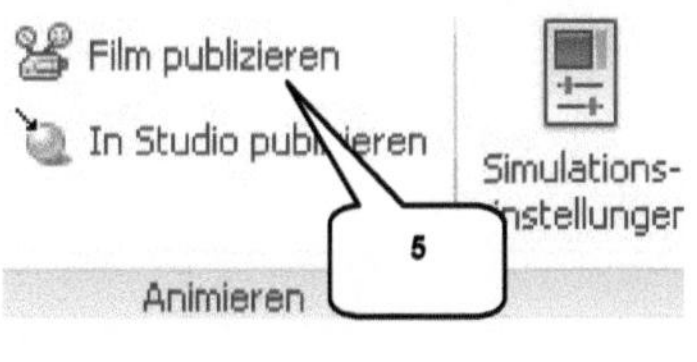

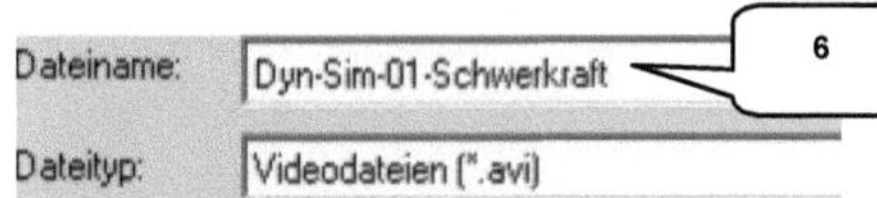

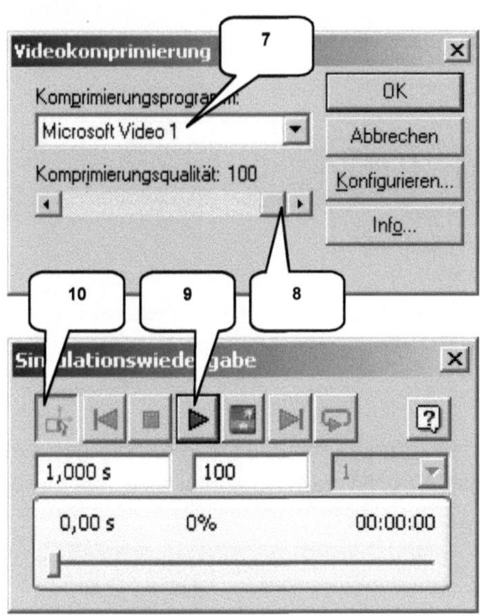

Die letzte Simulation soll noch einmal wiederholt werden, um sie zusätzlich als ***Video*** zu speichern.

Ein Video einer Simulation kann erzeugt werden, wenn vor der Simulation der Befehl ***Film publizieren*** aktiviert wurde.

Film publizieren (5)

- Dateiname: Dyn-Sim-01-Schwerkraft (6)
- Dateityp: *.avi
- Speicherort: Projektordner
- Speichern ***Speichern***

- Komprimierung: Microsoft Video 1 (7)
- Qualität: 100 % (8)
- OK ***OK***

- ***Wiedergabe*** (9)
- Simulation ablaufen lassen
- ***Konstruktionsmodus*** (10)

Nachdem die Simulation einmal komplett durchgelaufen ist und wieder in den Konstruktionsmodus gewechselt wurde, kann die Videoaufnahme gestoppt werden. Hierfür ist der Befehl ***Film publizieren*** erneut anzuklicken.

Film publizieren (5)

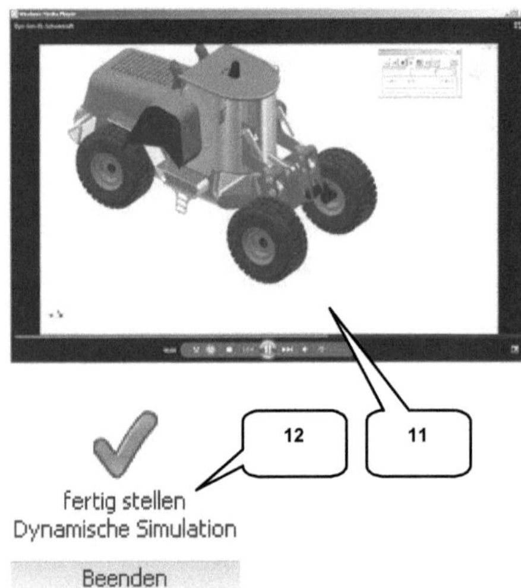

Die Videodatei ***Dyn-Sim-01-Schwerkraft.avi*** (11) sollte jetzt im Projektordner zu finden sein und kann dort per Doppelklick geöffnet und mit einem Video-Player angesehen werden.

Der Bereich der Dynamischen Simulation kann jetzt vorerst wieder verlassen werden, um im Bereich der ***Baugruppenmodellierung*** erste Optimierungen der Baugruppe vorzunehmen.

✔ **Fertigstellen** (12)

7.7 Begrenzen der Hubbewegung

7.7.1 Festlegen der Grenzwerte für die Hubbewegung

Arbeitsbereich:
Baugruppe (Zusammenfügen)

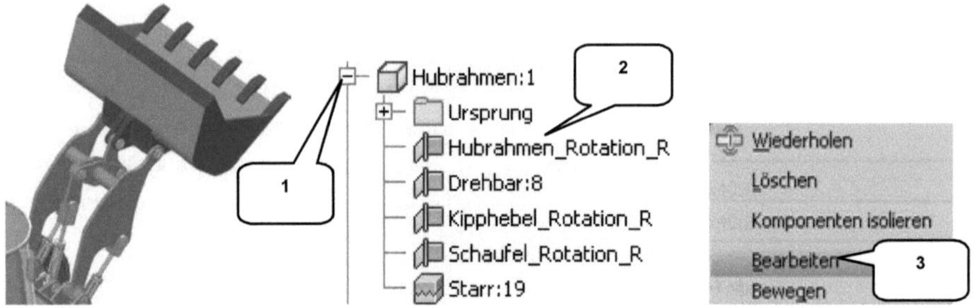

Um die Hubbewegung zu begrenzen, kann eine der vorhandenen Gelenkverbindungen bearbeitet werden. Im Browser unterhalb des Bauteils ***Hubrahmen:1*** befindet sich das Drehgelenk ***Hubrahmen_Rotation_R***, was bearbeitet werden soll.

- ***Hubrahmen:1*** erweitern (1)
- ***Rechte Maustaste*** auf ***Hubrahmen_Rotation_R*** (2)
- ***Bearbeiten*** (3)

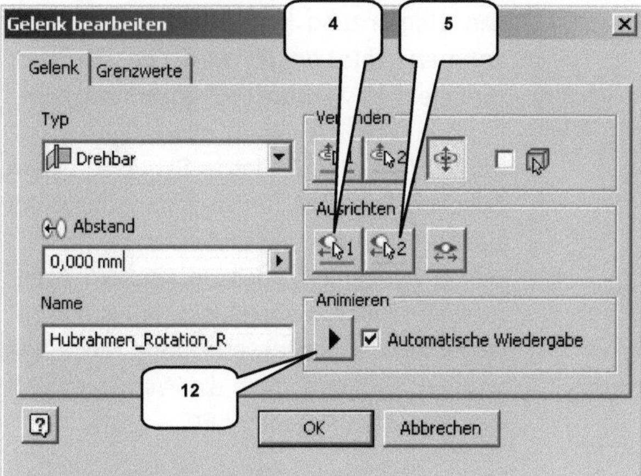

Im Befehlsfenster ***Gelenk bearbeiten*** (Register ***Gelenk***) sind zusätzliche Referenzflächen zwischen Hubrahmen:1 und Maschinenrahmen:1 zu definieren.

- Ausrichten 1: Fläche Hubrahmen:1 (4)
- Ausrichten 2: Fläche Maschinenrahmen:1 (5)

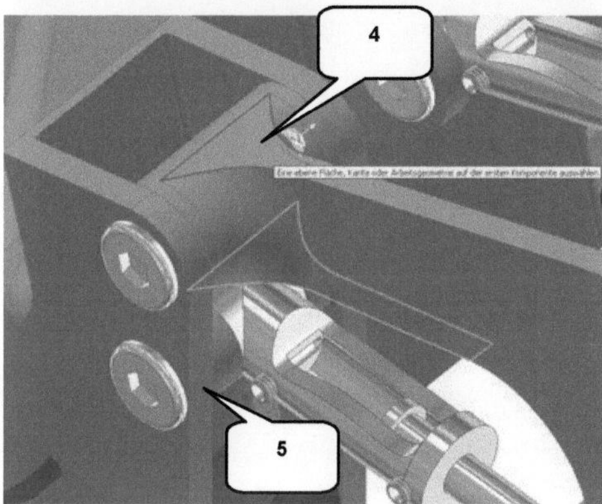

Im Register ***Grenzwerte*** können jetzt die Winkel definiert werden.

- Register: Grenzwerte (6)
- Aktivieren: Start (7)
- Startwinkel: 60 ° (8)
- Aktueller Winkel: 123 ° (9)
- Aktivieren: Ende (10)
- Endwinkel: 123 ° (11)
- OK ***OK***

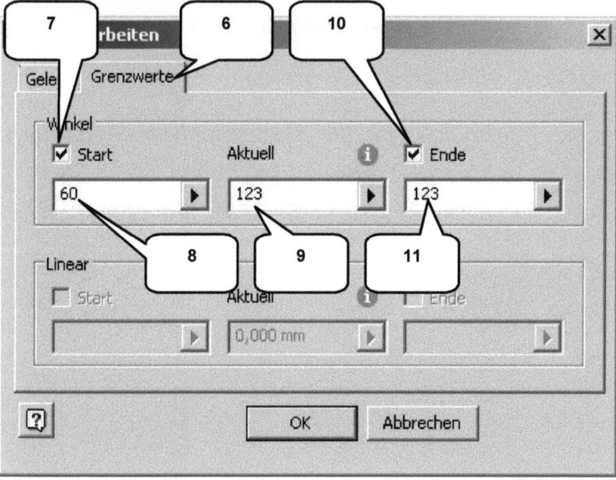

HINWEIS: Mit dem Button ***Animieren*** (12) kann die aktuelle Gelenkverbindung animiert werden.

Speichern

Das Hubsystem sollte jetzt so wie in Abbildung (13) dargestellt ausgerichtet sein, wobei Position und Lage der Schaufel abweichen können.

Hubrahmen:1
Ursprung
Hubrahmen_Rotation_R +/-
14

Die Begrenzung des Drehgelenks ***Hubrahmen_Rotation_R*** wird im Browser durch ein +/- ***Symbol*** (14) gekennzeichnet.

HINWEIS: Sollte der letzte Schritt zu einem falschen Ergebnis führen (das Hubsystem befindet sich nach dem Ausrichten nicht in der gewünschten Position, sondern eventuell im Maschinengehäuse), muss die Bearbeitung der Gelenkverbindung wiederholt werden. Hier sind dann die Werteeingaben der Winkel zu negieren (-60°, -123°).

7.7.2 Ausführen und Aufzeichnen der Simulation

Arbeitsbereich:
Dynamische Simulation 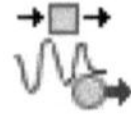

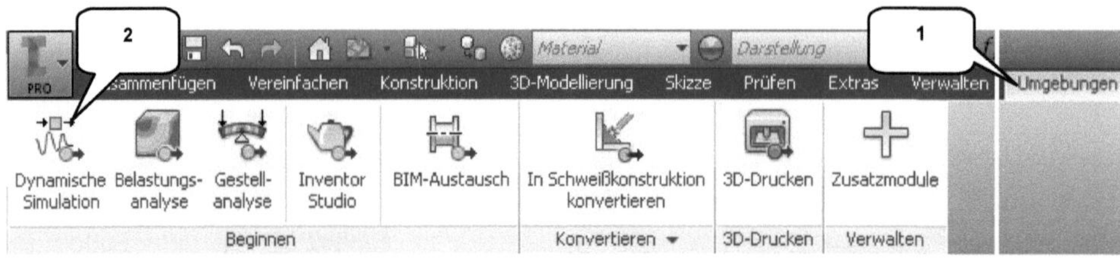

- Register: ***Umgebungen*** (1)
- **Dynamische Simulation** (2)

Im Bereich der ***Dynamischen Simulation*** kann die ***Simulation*** erneut gestartet und zeitgleich ein Video aufgenommen werden.

Film publizieren
- Dateiname:
  Dyn-Sim-02-Hubbegrenzung (3)
- Dateityp: *.avi
- Speichern ***Speichern***

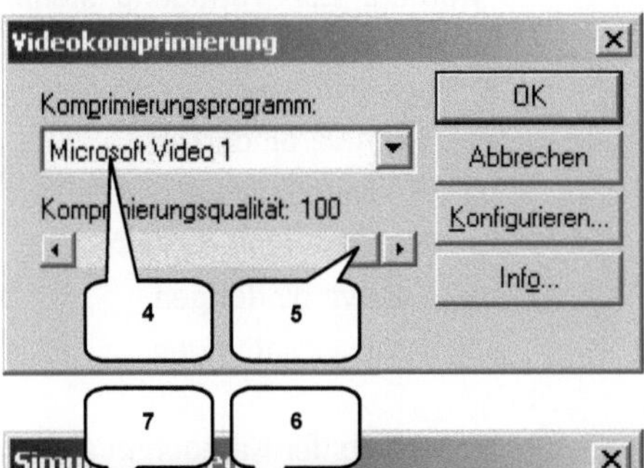

- Komprimierung: Microsoft Video 1 (4)
- Qualität: 100 % (5)
- OK ***OK***

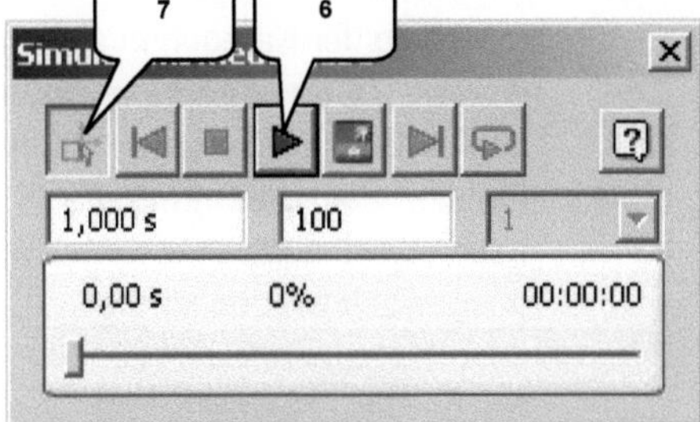

- ***Wiedergabe*** (6)
- Simulation ablaufen lassen
- ***Konstruktionsmodus*** (7)

Film publizieren

Das Hubsystem sollte sich jetzt wie gehabt nach unten bewegen, jedoch nicht mehr mit den anderen Bauteilen kollidieren (8).

Lediglich die Schaufel schwingt noch frei. Auch hier muss die Bewegung begrenzt werden, wobei eine zusätzliche Gelenkverbindung zu verwenden ist.

7.8 Begrenzen der Kippbewegung

7.8.1 Grundlagen: Gelenke in der Dynamischen Simulation

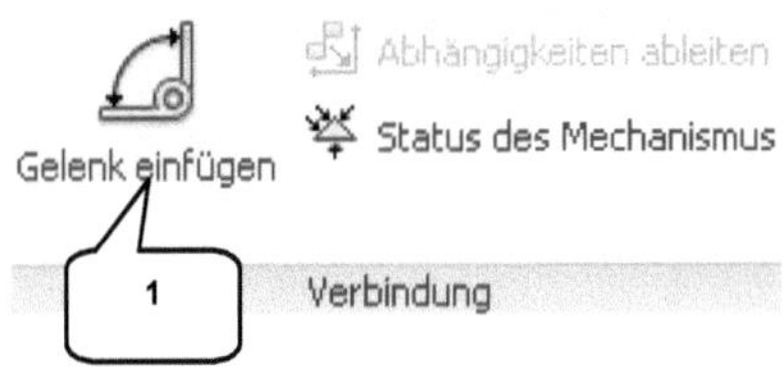

- Befehlsgruppe: ***Verbindung***

Gelenk einfügen (1)

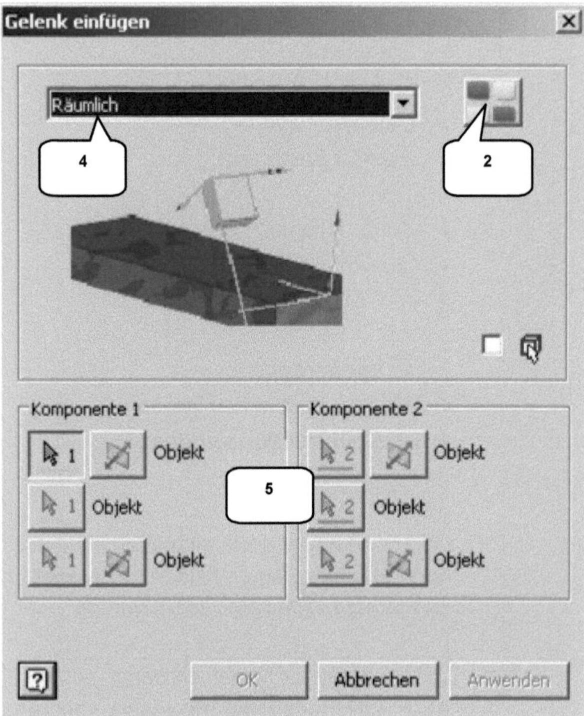

Mit dem Befehl ***Gelenk einfügen*** können zusätzliche Gelenkverbindungen erzeugt werden. Zur Verfügung stehen die folgenden ***Kategorien*** (2):

- Normverbindungen
- Rollverbindungen
- Kontaktverbindungen
- Gleitverbindungen
- Kraftverbindungen

Innerhalb der Kategorien stehen diverse ***Gelenkverbindungen*** zur Verfügung, die entweder im Fenster der ***Gelenktabelle*** (3) oder direkt aus einer Liste (4) ausgewählt werden können.

Nach der Auswahl der gewünschten Gelenkverbindung sind die entsprechenden ***Referenzen*** (5) wie z. B. Achsen, Kanten, Flächen oder Punkte auszuwählen.

Die folgende ***tabellarische Darstellung*** gibt eine Übersicht über die verschiedenen Kategorien und die zugehörigen Gelenkverbindungen.

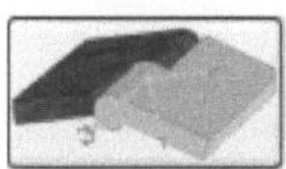

Normverbindungen

Drehung

Prismatisch

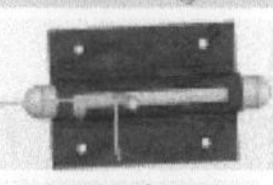

Zylindrisch

Kugelförmig

Eben

Punkt-Linie

Linie-Ebene

Punkt-Ebene

Räumlich

Verschweißt

Rollverbindungen

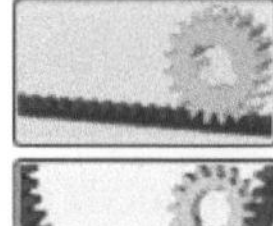

Zylinder auf Ebene

Zylinder auf Zylinder

Zylinder in Zylinder

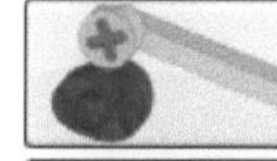

Zylinder auf Kurve

Riemen

Kegel auf Ebene

Kegel auf Kegel

Kegel in Kegel

Schraube

Schneckenrad

Kontaktverbindungen

2D-Kontakt

Gleitverbindungen

Zylinder auf Ebene

Zylinder in Zylinder

Punkt auf Kurve

Zylinder auf Zylinder

Zylinder auf Kurve

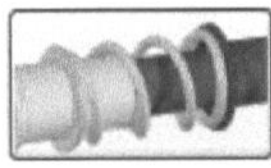

Kraftverbindungen

3D-Kontakt

Feder/ Dämpfung/ Buchse

7.8.2 Grundlagen: 3D-Kontakt

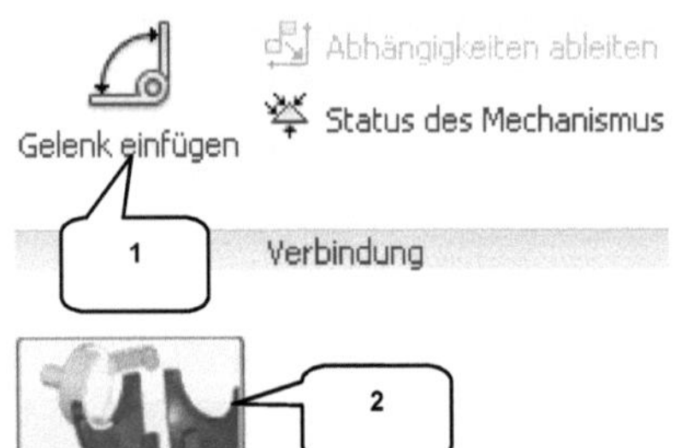

- Befehlsgruppe: ***Verbindung***
- Gelenk einfügen (1)
- Auswahl: 3D-Kontakt (2)

Der ***3D-Kontakt*** ermöglicht es, Kollisionen zwischen Bauteilen aufzuspüren und Bewegungen automatisch zu begrenzen.

Grundsätzlich kann der Befehl mit dem ***Kontaktsatz*** im Bereich der Baugruppenmodellierung verglichen werden, wobei bei der nachträglichen Bearbeitung eines 3D-Kontaktes weitere Optionen zur Auswahl stehen, die später noch erläutert werden sollen.

16 INDEX

A

B

B

D

E

E

F

M

N

O

P

P

R

S

U

U

V

W

Z